高等学校"十三五"应用型本科规划教材

嵌入式系统设计——硬件设计

主编 孙弋 周燕

参编 王方 田杜养 李欢

西安电子科技大学出版社

内 容 简 介

本书以经典的 80C51 单片机为载体，通过丰富的实例，由浅入深地介绍了 51 系列单片机的基础知识及各种应用开发技术。本书内容包括单片机应用系统设计流程及学习方法、中央处理单元及运行原理、输入/输出接口、地址空间与存储器、汇编语言程序设计、C51 程序设计、布尔处理机、中断系统、定时/计数器、串行通信接口，并通过实例介绍数/模转换、模/数转换、外部串行总线扩展等应用技术。

本书以激发学生兴趣为着眼点，以原理、应用、实例三条线索展开编写，各章内容既相互衔接又自成体系，可以根据实际情况选择使用。

本书概念清楚、叙述详细、例题丰富、重点突出、难点分散、便于自学，可作为工科类本专科院校相关专业的教材，也可作为远程教育或培训班的教材，还可供单片机应用技术人员参考。

图书在版编目(CIP)数据

嵌入式系统设计：硬件设计/孙弋，周燕主编. —西安：西安电子科技大学出版社，2018.8(2018.12 重印)
ISBN 978-7-5606-5028-9

Ⅰ. ① 嵌…　Ⅱ. ① 孙…　② 周…　Ⅲ. ① 微型计算机—系统设计　Ⅳ. ① TP360.21

中国版本图书馆 CIP 数据核字(2018)第 191444 号

策划编辑　戚文艳
责任编辑　王　静
出版发行　西安电子科技大学出版社(西安市太白南路 2 号)
电　　话　(029)88242885　88201467　　邮　编　710071
网　　址　www.xduph.com　　　　　　电子邮箱　xdupfxb001@163.com
经　　销　新华书店
印刷单位　陕西天意印务有限责任公司
版　　次　2018 年 8 月第 1 版　　2018 年 12 月第 2 次印刷
开　　本　787 毫米×1092 毫米　1/16　印　张　23
字　　数　541 千字
印　　数　501～3500 册
定　　价　52.00 元

ISBN 978-7-5606-5028-9/TP

XDUP 5330001-2

如有印装问题可调换

本社图书封面为激光防伪覆膜，谨防盗版。

出 版 说 明

　　本书为西安科技大学高新学院课程建设的最新成果之一。西安科技大学高新学院是经教育部批准，由西安科技大学主办的全日制普通本科独立学院。

　　学院秉承西安科技大学五十余年厚重的历史文化积淀，充分发挥其优质教育教学资源和学科优势，注重实践教学，突出"产学研"相结合的办学特色，务实进取，开拓创新，取得了丰硕的办学成果。

　　学院现设置有国际教育学院、信息与科技工程学院、新传媒与艺术设计学院、城市建设学院、经济与管理学院五个二级学院，以及公共基础部、体育部、思想政治教学与研究部三个教学部，开设有本、专科专业44个，涵盖工、管、文、艺等多个学科门类。

　　学院现占地912余亩，总建筑面积22.6万平方米，教学科研仪器设备总值6000余万元，现代化的实验室、图书馆、运动场、多媒体教室、学生公寓、学生活动中心等一应俱全。优质的教育教学资源、紧跟行业需求的学科优势，"产学研"相结合的办学特色，为学子提供了创新、创业和成长、成才平台。

　　学院注重教学研究与教学改革，围绕"应用型创新人才"这一培养目标，充分利用合作各方在能源、建筑、机电、文化创意等方面的产业优势，突出以科技引领、产学研相结合的办学特色，加强实践教学，以科研产业带动就业，为学生提供了学习、就业和创业的广阔平台。学院注重国际交流合作并采用国际化人才培养模式，与美国、加拿大、英国、德国、澳大利亚以及东南亚各国进行深度合作，开展本科双学位、本硕连读、本升硕、专升硕等多个人才培养交流合作项目。

　　在学院全面、协调发展的同时，学院以人才培养为根本，高度重视以课程设计为基本内容的各项专业建设，以扎扎实实的专业建设，构建学院社会办学的核心竞争力。学院大力推进教学内容和教学方法的变革与创新，努力建设与时俱进、先进实用的课程教学体系，在师资队伍、教学条件、社会实践及教材建设等各个方面，不断增加投入、提高质量，为广大学子打造能够适应时代挑战、实现自我发展的人才培养模式。学院与西安电子科技大学出版社合作，发挥学院办学条件及优势，不断推出反映学院教学改革与创新成果的新教材，以逐步建设学校特色系列教材为又一举措，推动学院人才培养质量不断迈向新的台阶，同时为在全国建设独立本科教学示范体系，服务全国独立本科人才培养，做出有益探索。

西安科技大学高新学院

西安电子科技大学出版社

2018 年 1 月

高等学校 "十三五" 应用型本科规划教材
编审专家委员会名单

主 任 委 员 　赵建会　孙龙杰

副主任委员 　汪　阳　张淑萍　翁连正　董世平

委　　　员 　刘淑颖　李小丽　屈钧利　孙　弋

　　　　　　　吴航行　陈　黎　李禾俊　乔宝明

前　　言

本书以经典的 80C51 单片机为载体，通过丰富的实例，重点突出、难点分散、由浅入深地介绍了 51 系列单片机的基础知识及各种应用开发技术。编者在编写过程中注重题材的取舍，使本书颇具特点。

一般的教科书都是在单片机技术课程将要结束时才讲授单片机应用系统设计，为什么本书却要提前讲授这部分内容呢？那是因为，虽然很多学生对这门课程理论知识的掌握还不错，习题和实验都能完成，考试分数也比较高，但是在实际应用中，哪怕遇到一个很小的项目，他们往往也会感到束手无策。空有金刚钻，不知道如何去揽瓷器活！究其原因，是学生学习这门课程目标不明确，不是为用而学，而是为学而学，这样怎么可能真正学会和掌握单片机技术呢？单片机技术是一项技能，学会它是为了设计产品。我们提前讲授单片机应用系统设计流程，就是为了让学生明确学习目标，在他们阅读本书时知道自己在学什么。这是本书的第一个特点。

那么，在单片机的概念、原理、技术、方法之前讲授应用系统设计流程，学生听得懂吗？这个无需担心，不懂没关系，只要有印象就行。重要的是要让学生知道，这门课要学以致用，需要什么学什么。现在不懂的概念先绕过去，后面还会反复遇到，见得多了，迟早会弄懂的，犯不着盯住一个概念死磕。单片机原理与接口技术这门课是典型的技能课，不是理论课。学习技能课讲究的是"先会后懂"，而不是"先懂后会"。先实践后理论，尽量从实验结果来总结理论知识，这是本书的第二个特点。单片机是一种通用的产品，它的功能设计是为了满足大多数使用者的要求，换句话说，不同的使用者只会使用其不同的相关功能，几乎没有人会把全部功能都用到。因此，我们完全没有必要等到把单片机全部知识都搞懂了再去开发产品。

学生在实际环境中学习，接触到的是一个一个真实的项目，所用到的知识、技术包罗万象。他们没有必要等学完所有概念原理再动手设计，而是稍有基础就可以动手，"见招拆招"。无论硬件电路还是程序语言，遇到什么困难就解决什么困难，需要什么知识就学习什么知识。这种学习方法有一个优点：学到的一定是会用的，这就是经验积累。为了这一目的，本书介绍了三种练习方法：分析项目练习、分析电路练习和分析程序练习，用于培养学生项目策划、硬件设计和软件设计的能力。

"工欲善其事必先利其器"，本书引入 Proteus 嵌入式系统设计仿真软件与 Keil C51 开发环境作为教学实验平台，可以进行电原理图设计、汇编及 C51 语言程序设计、联合调试仿真等实践环节的教学。对于学生，也很方便在课余时间自学，就像是有了一个资源丰富的便携式实验室。本书通过将理论概念与所见即所得的实践过程相结合，引领学生在学中做、做中学，边学边做、边做边学。

本课程的知识结构安排如下：

第 1 章　本课程所需的预备知识，重点介绍单片机应用系统设计流程及学习方法。

第 2 章　中央处理单元及运行原理，从流水灯示例引入程序设计方法及概念。

第 3 章　输入/输出接口以及数码管显示和键盘输入技术。

第 4 章　地址空间与存储器，包括并行总线扩展技术。

第 2～4 章是微处理器的主要组成部分。之所以分三章来讲，是考虑到硬件概念太集中，学生理解起来会有困难，不如分开讲授效果更好一些。

第 5 章　汇编语言程序设计。本章主要突出程序设计，大部分汇编指令系统的相关资料在附录里。

第 6 章　C51 程序设计。一般教材习惯上只讲汇编语言，不讲 C 语言，大概是因为 C 语言设计的程序与硬件联系较少，讲它对理解单片机原理没有太大帮助。本书认为 C 语言是程序设计的有力工具，对学生掌握单片机应用设计技术很有用处。因此专门增加 C51 程序设计一章，并在大部分应用实例中也都列出了 C51 编写的代码。

第 7 章　布尔处理机。关于这一点，一般教材不专门列章讲解。在工程控制领域，51 系列单片机的布尔处理器有很大的用途。本章内容可以选讲，方便有自动化、工控方面学习意愿的学生自学。

第 8 章　中断系统。中断是计算机得以走向实用的关键概念。这一章有较多的理论概念，但讲法比较通俗，目的是让学生较容易接受。

第 9 章　定时/计数器。道理简单，主要是实例。

第 10 章　串行接口。相关内容没有完全展开，这一章只讲解初步应用。

第 11 章　接口技术。本章主要是讲解数/模转换器、模/数转换器、I^2C 串行接口扩展技术。

本书的附录部分内容较多，方便自学者查阅。

本书编写线索有三条，代表着三种不同的学习方法。第一种是一般教材的传统方法：先讲硬件结构，详详细细、面面俱到，每一点细节都清清楚楚；然后再讲指令系统，不管当下是否用得上记得住，111 条指令一条不落，来龙去脉交代得非常清楚；然后不论是中断系统、定时/计数器还是串行口，基本上是讲原理多些；接口电路也侧重于讲机理。这种讲法，优点是概念、原理、硬件和软件分门别类，条理分明，对将来打算设计单片机的学生来说很有用处，可对于初学者来说就不太容易接受了。这种方法讲究的是"先懂后会"。而第二种方法正好相反，它强调学习单片机技术要"先会后懂"，技术是学来用的。以应用为驱动，用到电路讲电路，用到指令讲指令，软件、硬件混合讲，逐步展开对概念原理的讨论，及时总结提高。用这种方法讲授，会有效地提高学生的学习积极性，也让他们容易掌握实用技术。第三种是完全适合自学的方法，通过解剖和模仿有实际应用价值的设计实例来学习。学生毕业后在企业工作，很多是用这种方法提高自身的技术水平的。这种方法结合本书提出的三种积累设计经验的练习，对于提高学生解决实际问题的能力是很有效的。这种方法的知识点讲授不像前两种方法那样按部就班，而是软硬混杂、前后穿插，把不同层次的概念和原理交织在一起来讲授，因为真实项目不可能完全按照教科书那样，由浅入深地运用概念。

以这三条线索为经线，以第 2 章到第 10 章共 9 组知识点为纬线，编织成本书结构的主体框架。每一章都按"传统方式""应用方式"和"实例方式"来编排小节。如果按这三条线索，从各章节中把相关内容抽出来，也都能各自成书。有这三条线索，再加上附录里的资料，使得本书适合于多种教学风格。

本书以激发学生兴趣为着眼点，概念清楚、叙述详尽、例题丰富、便于自学，可作为工科类本专科院校相关专业的教材，也可作为远程教育或培训班的教材，还可供单片机应用技术人员参考。为了能够适应不同专业、不同层次以及不同教学学时的需要，本书各章在内容编排上既相互衔接又自成体系，可以根据实际情况选择性使用。

本书编写分工如下：周燕编写了第 1、2、5、6、9 章；孙弋编写了第 3、4 章；王方编写了第 7、8 章；田杜养编写了第 10、11 章，李欢对书稿内容进行了整理。

本书参考和引用了相关教材和专著中的一些内容，在此向作者表示感谢。单片机技术发展迅速，应用领域广泛，而由于篇幅和编者水平所限，书中难免会有疏漏之处，恳请读者不吝赐教。

编　者
2018 年 3 月

目　录

第1章　单片机技术的预备知识

单片机是微型计算机的一个重要分支，51 系列单片机则是其典型代表。通过对 51 系列单片机的学习，读者可以了解并初步掌握微型计算机的组成原理及接口技术。

单片机原理与接口技术这门课程是一门技能课，重点是会用，用得多了对理论概念的理解才能深刻全面。这一章介绍了学习本课程的方法，供大家参考。

本章还介绍了两个工具：Proteus 仿真软件和 Keil C51 编译环境软件。前者用于做仿真实验，后者用于编、调程序。有了这两个很好用的工具，可以为本课程教学提供有效的平台，同时也方便学生课内外练习与自学。

本章最后小节给出了一个非常简单的实验，目的是让学生开始接触硬件(最小系统)、软件(基本程序结构、编译过程)，看到运行效果，引起学生的学习兴趣。

1.1　微型计算机及单片微型计算机介绍

1.1.1　微型计算机简介

1. 微型计算机介绍

微型计算机可粗略地划分为两大类：微处理器(Micro Processor Unit，MPU)和微控制器(Micro Controller Unit，MCU)。微处理器着重于信息处理，如通用微机；微控制器着重于现场控制和计算，如单片机。

通用微机以微处理器为核心，控制微机各个部件的协调运行，并承担大部分数据处理操作。在微机中，MPU 被集成在一片超大规模集成电路芯片上，该芯片常被称为 CPU(中央处理单元)，微处理器插在主板的 CPU 插槽中。

通常所说的 16 位机、32 位机是指该计算机中微处理器内部数据总线的宽度，也就是CPU 可同时操作的二进制数的位数。目前常用的 CPU 都是 32 位的，即一次可传送 32 位二进制数。64 位 CPU 普及已是必然趋势。

2. 硬件功能构成

微处理器的功能结构主要包括运算器、控制器、寄存器三部分。

运算器的主要功能是进行算术运算和逻辑运算。

控制器是整个微机系统的指挥中心，其主要作用是控制程序的执行，包括对指令进行译码、寄存，并按指令要求完成所规定的操作，即指令控制、时序控制和操作控制。

寄存器用来存放操作数、中间数据及结果数据。

3. 软件

仅具备硬件的计算机还是无法使用的，要使计算机能正确地运行以解决各种问题，必须给它编制各种程序。为了运行、管理和维护计算机所编制的各种程序的总和就称为软件。通常软件系统分为系统软件和应用软件。

(1) 系统软件。主要包括：① 各种语言和它们的汇编或解释、编译程序；② 机器的监控管理程序(Moniter)、调试程序(Debug)、故障检查和诊断程序；③ 程序库(为了便于用户使用，机器中设置了各种标准子程序，形成了程序库)；④ 操作系统。

(2) 应用软件。用户利用计算机以及它所提供的各种系统软件，编制的用以解决用户各种实际问题的程序称为应用软件。应用软件逐步标准化、模块化，形成了解决典型问题的应用软件包(Package)。

4. 接口

一般而言，接口泛指任何两个系统之间的交接部分，或两个系统间的连接部分；在计算机系统里，接口指中央处理机与外部设备之间的连接通道及有关的控制电路。

微型计算机要对性能各异的外设进行操作与控制，实现彼此之间的信息交换，就必须在主机与外设之间设置一组中间部件，该部件将 CPU 发出的控制信号和数字信号转换成外设所能识别的数字符号或执行的具体命令，或将外设发送给 CPU 的数据和状态信息转换成CPU 所能接收的数字信息。这组位于主机和外部设备之间的缓冲电路就是接口。微机接口技术包括接口电路和相关编程技术。

5. 微处理器的发展历史

由于集成电路工艺和计算机技术的发展，20 世纪 60 年代末和 70 年代初，袖珍计算机得到了普遍的应用。从 1971 年第一片微处理器推出至今 40 多年的时间里，微处理器经历了飞速的发展。

微处理器位数从 4 位的 Intel 4004，经历了 8 位的 8080(Intel)、MC6800(Motorola)、Z80(Zilog)；16 位的 8086(Intel)、Z8000(Zilog)、MC68000(Motorola)，32 位的 Z80000(Zilog)、MC68020(Motorola)、80386(Intel)，一直到后来的许多高性能的 32 位及 64 位微处理器，如 Motorola 的 MC68030、MC68040，AMD 公司的 K6-2、K6-3、K7 以及 Intel 的 80486、Pentium、Pentium Ⅱ、Pentium Ⅲ、Pentium Ⅳ 等。

微处理器的制造工艺也更加先进，从早期的 10 μm PMOS 工艺、集成度 2000 管/片，发展到 6 μm NMOS 工艺、集成度 5400 管/片，再到 3 μm HMOS 工艺、集成度 68000 管/片，80 年代中期出现了 1.2 μm CHMOS 工艺、集成度 27.5 万管/片，现在早已进入亚微米、超亚微米时代。

1.1.2　单片微型计算机分类及发展简史

1. 单片微型计算机分类

单片微型计算机(Single Chip Microcomputer，SCM)属于是近代计算机技术发展的一个分支——嵌入式计算机系统。它将计算机的主要部件——CPU、RAM、ROM、I/O 等集成在一块超大规模集成电路中，形成芯片级的微型计算机，简称单片机。也有人称其为单芯片微控制器(Single Chip Microcontroller)。经过人们多年的不断研究和发展，单片机经历了 4 位、8 位，到现在的 16 位及 32 位，产品成熟，应用广泛。

单片机可从不同方面进行分类：根据数据总线宽度可分为 8 位、16 位、32 位机；根据存储器结构可分为 Harvard 结构和 Von Neumann 结构单片机；根据内嵌程序存储器的类别可分为掩膜、OTP、EPROM/EEPROM 和闪存 Flash 单片机；根据指令结构又可分为 CISC(Complex Instruction Set Computer)和 RISC(Reduced Instruction Set Computer)单片机。

2. 单片微型计算机发展简史

单片机诞生于 20 世纪 70 年代末，经历了 SCM、MCU、SOC(System On Chip，片上系统)三大阶段。单片机作为微型计算机的一个重要分支，至今已发展出上百种系列的近千个机种。目前，单片机正朝着高性能、高性价比和片上系统方向发展。

(1) SCM 阶段，即单片微型计算机阶段，主要是寻求以单片形态组成嵌入式系统的最佳体系结构，开创 SCM 嵌入式系统与通用计算机完全不同的发展道路。

1976—1978 年，Intel 公司率先推出 MCS-48，在工控领域探索微机应用的新体系结构。随后 Motorola、Zilog 等也都取得了其他成果。这是 SCM 诞生的年代，"单机片"一词即由此而来。

1978—1982 年进入了单片机的完善时期。Intel 公司在 MCS-48 基础上推出了单片机系列 MCS-51。MCS-51 在以下几个方面奠定了典型的通用总线型单片机体系结构。

① 完善的外部总线。MCS-51 设置了经典的 8 位单片机的总线结构，包括 8 位数据总线、16 位地址总线、控制总线及具有多机通信功能的串行通信接口。

② CPU 外围功能单元的集中管理模式。

③ 体现工控特性的位地址空间及位操作方式。

④ 指令系统趋于丰富和完善，并且增加了许多突出控制功能的指令。

(2) MCU 阶段，即微控制器阶段，主要的技术发展方向是：不断扩展满足嵌入式应用要求的各种外围电路与接口电路，突显智能化控制能力。它所涉及的领域都与应用系统相关，因此，发展 MCU 的重任不可避免地落在电气、电子技术厂家身上，Intel 逐渐淡出。在发展 MCU 方面，最著名的厂家当数 Philips 公司。Philips 公司以其在嵌入式应用方面的巨大优势，将 MCS-51 从单片微型计算机迅速发展到微控制器。

1982—1990 年是 8 位单片机的巩固发展及 16 位单片机的推出阶段，也是单片机向微控制器发展的阶段。Intel 公司推出的 MCS－96 系列单片机，将一些用于测控系统的模/数转换器、程序运行监视器、脉宽调制器等纳入片中，体现了单片机的微控制器特征。随着 MCS-51 系列的广泛应用，许多电气厂商竞相使用 80C51 为内核，将许多测控系统中使用的电路技术、接口技术、多通道 A/D 转换部件、可靠性技术等应用到单片机中，增强了外围电路功能，强化了智能控制的特征。

自 1990 年至今，微控制器在各个领域得到全面深入的发展和应用，出现了高速、大寻址范围、强运算能力的 8 位/16 位/32 位通用型单片机，以及小型廉价的专用型单片机。

(3) SOC 阶段是传统单片机向嵌入式系统发展的必经之路，是向 MCU 阶段发展的重要因素，即应用系统在芯片上的最大化解决。随着微电子技术、IC 设计、EDA 工具的水平不断提高，基于 SOC 的单片机应用系统设计的发展前途不可限量。因此，对单片机的理解可以从单片微型计算机、单片微控制器延伸到单片应用系统。

当前单片机应用发展的趋势包括：低功耗化、内部资源丰富化、外围电路内装化、体积微型化；以串行方式为主、并行为辅的外围扩展方式；ISP 及 IAP 技术得到广泛应用。

1.1.3　51 系列单片机

单片机可分为通用型单片机和专用型单片机两大类。通用型单片机可将开发资源全部提供给使用者。专用型单片机则是为过程控制、参数检测、信号处理等方面的特殊需要而设计的单片机。我们通常所说的单片机即指通用型单片机。

1. Intel 三种单片微机系列功能

51 系列单片机源于 Intel 公司的 MCS-51 系列。在 Intel 公司将 MCS-51 系列单片机实行技术开放政策之后，许多公司，如 Philips、Dallas、Siemens、Atmel、华邦、LG 等都以 MCS-51 中的基础结构 80C51 为基核推出了许多各具特色、具有优异性能的单片机。这样，把这些厂家以 80C51 为基核推出的各种型号的兼容型单片机统称为 51 系列单片机。Intel 公司 MCS-51 系列单片机中的 80C51 是其中最基础的单片机型号。

首先简要介绍 Intel 单片微机系列及其主要功能，如表 1.1 所示。

表 1.1　Intel 单片微机系列功能比较表

MCS-48	MCS-51	MCS-96
一、微处理器比较		
CPU 字长 8 位 以累加器 A 为核心的运算部件 2 组工作寄存器 8 级堆栈 定时与控制逻辑 主频 1～11 MHz	CPU 字长 8 位 以累加器 A 为核心的运算部件 4 组工作寄存器 堆栈深度可变 支持位操作的布尔处理机 增设 B 寄存器、16 位数据指针 DPTR 等 定时与控制逻辑 主频 1～12 MHz	CPU 字长 16 位 无累加器，采用寄存器阵列结构 内部寄存器阵列可进行位操作 堆栈可设在内部或外部 RAM 且深度可变 监测故障定时器 主频 1～12 MHz
二、存储器与寻址方式比较		
片内 ROM 为 1～4 KB，寻址范围 4 KB 片内 RAM 为 64～128 B，可外扩 256 字节 寻址方式：4 种	片内 ROM 为 4～8 KB,寻址范围 64 KB 片内 RAM 为 128～256 B，可外扩 64B 寻址方式：7 种	设有一个物理上和逻辑上一致的容量为 64 KB 的存储器空间。其中片内 ROM 为 8 KB，RAM 为 256 B 寻址方式：8 种
三、I/O 与中断比较		
3 个 8 位并行 I/O 口 1 个 8 位定时/计数器 2 个单级中断源	4 个 8 位并行 I/O 口 1 个全双工串行口 2/3 个 16 位多种工作方式的定时/计数器 5/6 个二级中断源	5 个 8 位并行 I/O 口 1 个全双工串行口 有快速 I/O 系统，脉宽调制输出装置 8 路(或 4 路)10 位 A/D 转换器 2 个 16 位定时/计数器 4 个 16 位软件定时器 8 个 8 级中断源

2. MCS-51 系列单片机分类

尽管各类单片机很多，但目前在我国使用最为广泛的单片机系列是 Intel 公司生产的 MCS-51 系列单片机，同时该系列还在不断地完善和发展。随着各种新型号系列产品的推出，它越来越被广大用户所接受。

MCS-51 系列单片机共有二十几种芯片，表 1.2 列出了 MCS-51 系列单片机的产品分类及特点。

表 1.2　MCS-51 系列单片机分类

型号	程序存储器	数据存储器/B	并行口	串行口	中断源	定时器计数器	晶振/MHz	典型指令/μs	其他
8051AH	4 KB	128	4 × 8	UART	5	2 × 16	2～12	1	HMOS-Ⅱ工艺
8751H	4 KB	128	4 × 8	UART	5	2 × 16	2～12	1	HMOS-Ⅰ工艺
8031AH	—	128	4 × 8	UART	5	2 × 16	2～12	1	HMOS-Ⅱ工艺
8052AH	8 KB	256	4 × 8	UART	6	3 × 16	2～12	1	HMOS-Ⅱ工艺
8752H	8 KB	256	4 × 8	UART	6	3 × 16	2～12	1	HMOS-Ⅰ工艺
8032AH	—	256	4 × 8	UART	6	3 × 16	2～12	1	HMOS-Ⅱ工艺
80C51BH	4 KB	128	4 × 8	UART	5	2 × 16	2～12	1	
87C51H	4 KB	128	4 × 8	UART	5	2 × 16	2～12	1	CHMOS 工艺
80C31BH	—	128	4 × 8	UART	5	2 × 16	2～12	1	
83C451	4 KB	128	7 × 8	UART	5	2 × 16	2～12	1	
87C451	4 KB	128	7 × 8	UART	5	2 × 16	2～12	1	CHMOS 工艺有选通方式双向口
80C451	—	128	7 × 8	UART	5	2 × 16	2～12	1	
83C51GA	4 KB	128	4 × 8	UART	7	2 × 16	2～12	1	CHMOS 工艺
87C51GA	4 KB	128	4 × 8	UART	7	2 × 16	2～12	1	8 × 8A/D 有 16 位监视定时器
80C51GA	—	128	4 × 8	UART	7	2 × 16	2～12	1	
83C152	8 KB	256	5 × 8	GSC	6	2 × 16	2～17	0.73	CHMOS 工艺有 DMA 方式
80C152	—	256	5 × 8	GSC	11	2 × 16	2～17		
83C251	8 KB	256	4 × 8	UART	7	3 × 16	2～12	1	CHMOS 工艺
87C251	8 KB	256	4 × 8	UART	7	3 × 16	2～12	1	有高速输出、脉冲调制、
80C251	—	256	4 × 8	UART	7	3 × 16	2～12	1	16 位监视定时器
80C52	8 KB	256	4 × 8	UART	6	3 × 16	2～12	1	CHMOS 工艺
8052AH BASIC	8 KB	256	4 × 8	UART	6	3 × 16	2～12	1	HMOS-Ⅱ工艺片内固化 BASIC

注：UART 即通用异步接受发送器；GSC 即全局串行通道。

3. AT89 系列单片机分类

在 MCS-51 系列单片机 80C51 的基础上，Atmel 公司开发的 AT89 系列单片机问世以来，以其较低廉的价格和独特的程序存储器——快闪存储器(Flash Memory)为用户所青睐。表 1.3 列出了 AT89 系列单片机的几种主要型号。

表 1.3　AT89 系列单片机一览表

型号	快闪程序存储器	数据存储器	寻址范围 ROM	寻址范围 RAM	并行 I/O 口线	串行 UART	中断源	定时器/计数器	工作频率 /MHz
AT89C51	4 KB	128 B	64 K	64 K	32	一个	5	2×16	0~24
AT89C52	8 KB	256 B	64 K	64 K	32	一个	6	3×16	0~24
AT89LV51	4 KB	128 B	64 K	64 K	32	一个	5	2×16	0~24
AT89LV52	8 KB	256 B	64 K	64 K	32	一个	6	3×16	0~24
AT89C1051	1 KB	64 B	4 K	4 K	15	—	3	1×16	0~24
AT89C1051U	1 KB	64 B	4 K	4 K	15	一个	5	2×16	0~24
AT89C2051	2 KB	128 B	4 K	4 K	15	一个	5	2×16	0~24
AT89C4051	4 KB	128 B	4 K	4 K	15	一个	5	2×16	0~24
AT89C55	20 KB	256 B	64 K	64 K	32	一个	6	3×16	0~33
AT89S53	12 KB	256 B	64 K	64 K	32	一个	7	3×16	0~33
AT89S8252	8 KB	256 B	64 K	64 K	32	一个	7	3×16	0~33
AT88SC54C	8 KB	128 B	64 K	64 K	32	一个	5	2×16	0~24

采用了快闪存储器的 AT89 系列单片机，不但具有一般 MCS-51 系列单片机的基本特性(如指令系统兼容、芯片引脚分布相同等)，而且还具有一些独特的优点：

(1) 片内程序存储器为电擦写型 ROM(可重复编程的快闪存储器)。整体擦除时间仅为 10 ms 左右，可写入/擦除 1000 次以上，数据保存 10 年以上。

(2) 两种可选编程模式，即可以用 12 V 电压编程，也可以用 VCC 电压编程。

(3) 宽工作电压范围，VCC = 2.7~6 V。

(4) 全静态工作，工作频率为 0 Hz~24 MHz，频率范围宽，便于系统功耗控制。

(5) 三层可编程的程序存储器上锁加密，使程序和系统更加难以仿制。

总之，AT89 系列单片机与 MCS-51 系列单片机相比，前者对后者有兼容性，但前者的性能价格比等指标更为优越。

4. 其他公司的 51 系列单片机

(1) Philips 公司推出的 LPC 系列，包含 80C51 系列和 80C52 系列单片机，都为 CMOS 型工艺的单片机。

Philips 公司推出的 51 系列单片机与 MCS-51 系列单片机相兼容，但增加了程序存储器 FlashROM、数据存储器 EEPROM、可编程计数器阵列 PCA、I/O 接口的高速输入/输出、串行扩展总线 I^2C BUS、ADC、PWM、I/O 口驱动器、程序监视定时器(Watch Dog Timer，WDT)等功能的扩展。

(2) 华邦公司推出的 W78Cxx 和 W78Exx 系列单片机与 MCS-51 系列单片机相兼容，但增加了程序存储器 FlashROM、数据存储器 EEPROM、可编程计数器阵列 PCA、I/O 接口的高速输入/输出、串行扩展总线 I^2C BUS、ADC、PWM、I/O 口驱动器、程序监视定时器等功能的扩展。华邦公司生产的单片机还具有价格低廉、工作频率高(40 MHz)等特点。

(3) Dallas 公司推出的 DallasHSM 系列单片机主要有 DS80Cxxx、DS83Cxxx 和 DS87Cxxx 等。此产品除了与 MCS-51 系列单片机相兼容外，还具有高速结构(1 个机器周期只有四个 Clock，工作频率为 0～33 MHz)、更大容量的内部存储器(内部 ROM 有 16 KB)、2 个 UART、13 个中断源、程序监视器 WDT 等功能。

(4) LG 公司推出的 GMS90Cxx、GMS97Cxx 和 GMS90Lxx、GMS97Lxx 系列单片机与 MCS-51 系列单片机相兼容。

(5) 基于 51 内核的单片机，目前国内较常见的还有 SST 公司的 SST89C54、SST89C58，Cygnal 公司的 C8051F 系列单片机，AD 公司的 ADuC812、ADuC824。

以上各大公司生产的系列单片机与 Intel 公司的 MCS-51 系列单片机具有良好的兼容性，包括指令兼容、总线兼容和引脚兼容。但各个厂家发展了许多功能不同、类型不一的单片机，给用户提供了广泛的选择空间，其良好的兼容性保证了选择的灵活性。

除上述 51 系列单片机外，常见的还有美国微芯科技股份有限公司的 PIC 系列、Atmel 公司的 AVR 系列、MSP430 系列德州仪器公司出品的 MSP430 系列……在国内也很流行。

1.1.4　单片机的应用

由于单片机具有体积小、质量轻、价格便宜、功耗低、控制功能强、抗干扰、可靠性高等特点，因而在国民经济建设、军事及家用电器等各个领域均得到了广泛的应用。按照单片机的特点，其应用可分为单机应用与多机应用。

1. 家用电器领域

目前国内各种家用电器已普遍采用单片机控制取代传统的控制电路，做成单片机控制系统，如洗衣机、电冰箱、空调机、微波炉、电饭煲、电视机、录像机及其他视频、音像设备的控制器。

2. 办公自动化领域

现代办公室中所使用的大量通信、信息产品多数都采用了单片机，如通用计算机系统中的键盘译码、磁盘驱动、打印机、绘图仪、复印机、电话、传真机及考勤机等。

3. 智能产品领域

单片机微处理器与传统的机械产品相结合，使传统机械产品结构简化、控制智能化，构成新一代的机电一体化的产品。例如传真打字机采用单片机，可以取代近千个机械器件；缝纫机采用单片机控制，可执行多功能自动操作、自动调速，控制缝纫花样的选择。用于智能仪表，用单片机微处理器改良原有的测量、控制仪表，能使仪表数字化、智能化、多功能化、综合化。而测量仪器中的误差修正、线性化等问题也可迎刃而解。

4. 测控系统

使用单片机微处理器可以设计各种工业控制系统、环境控制系统、数据控制系统，例如温室人工气候控制、水闸自动控制、电镀生产线自动控制、汽轮机电液调节系统等。在目前数字控制系统的简易控制机中，采用单片机可提高可靠性，增强其功能、降低成本。

5. 智能接口

微电脑系统，特别是较大型的工业测控系统中，除外围装置(打印机、键盘、磁盘 CRT)外，还用许多外部通信、采集、多路分配管理、驱动控制等接口。这些外围装置与接口如果完全由主机进行管理，势必造成主机负担过重，降低执行速度。如果采用单片机进行接口的控制和管理，单片机微处理器与主机可以并行工作，会大大地提高系统的执行速度。如在大型数据采集系统中，用单片机对模拟/数字转换接口进行控制，不仅可提高采集速度，还可对数据进行预先处理，如数字滤波、线性化处理、误差修正等。在通信接口中采用单片机可对数据进行编码/译码、分配管理、接收/发送控制等。

6. 商业营销领域

在商业营销系统中已广泛使用了电子秤、收款机、条形码阅读器、仓储安全监测系统，主要是由于这种系统有明显的抗病菌侵害、抗电磁干扰等高可靠性能的保证。

7. 工业自动化

如工业过程控制、过程监测、工业控制器及机电一体化控制系统等，这些系统除一些小型工控机外，许多都是以单片机为核心的单机或多机网络系统，如工业机器人的控制系统、行走系统、擒拿系统等节点构成的多机网络系统。

8. 汽车电子与航空航天电子系统

通常在这些电子系统中的集中显示系统、动力监测控制系统、自动驾驶系统、通信系统及运行监视器等，都要构成冗余的网络系统，以提高整个系统的可靠性。

单片机的应用意义绝不限于它的多种功能及所带来的经济效益。更重要的意义在于，单片机的应用正在从根本上改变着传统的控制系统设计思想和设计方法。从前必须由模拟电路或数字电路实现的大部分控制功能，现在已能使用单片机通过软件方法实现了。这种以软件取代硬件，并能提高系统性能的控制技术，称为"微控制技术"。这标志着一种全新概念的建立。随着单片机应用技术的推广、普及，微控制技术必将不断发展、日益完善、更加充实。

1.2　单片机应用系统设计技术的工具及学习方法

1.2.1　单片机应用系统设计开发主要步骤

1. 策划阶段

策划阶段决定研发方向，是整个研发流程中的重中之重，所谓"失之毫厘谬以千里"，因此必须"运筹帷幄，谋定而动"。策划有两大内涵：做什么？怎么做？

(1) 项目需求分析。解决"做什么？""做到什么程度？"问题。对项目进行功能描述，要能够满足用户使用要求。对项目设定性能指标，要能够满足可测性要求。所有的需求分析结果应该落实到文字记录上。

(2) 总体设计，又叫概要设计、模块设计、层次设计，解决"怎么做？""如何克服关键难题？"问题。以对项目需求分析为依据，提出解决方案的设想，摸清关键技术及其难度，明确技术主攻问题。针对主攻问题开展调研工作，查找中外有关资料，确定初步方案，包括模块功能、信息流向、输入/输出的描述说明。在这一步，仿真是进行方案选择时有力的决策支持工具。

(3) 在总体设计中还要划分硬件和软件的设计内容。单片机应用开发技术是软硬件结合的技术，方案设计要权衡任务的软硬件分工。硬件设计会影响到软件程序结构。如果系统中增加某个硬件接口芯片，而给系统程序的模块化带来了可能和方便，那么这个硬件开销是值得的。在无碍大局的情况下，以软件代替硬件正是计算机技术的长处。

(4) 进行总体设计时要注意，尽量采纳可借鉴的成熟技术，减少重复性劳动，同时还能增加可靠性，对设计进度也更具可预测性。

2. 实施阶段之硬件设计

策划好了之后就该落实阶段，有硬件也有软件。随着单片机嵌入式系统设计技术的飞速发展，元器件集成功能越来越强大，设计工作重心也越来越向软件设计方面转移。硬件设计的特点是设计任务前重后轻。

单片机应用系统的设计可分为两部分：一部分是与单片机直接接口的电路芯片相关数字电路的设计，如存储器和并行接口的扩展，定时系统、中断系统扩展，一般的外部设备的接口，甚至于 A/D、D/A 芯片的接口。另一部分是与模拟电路相关的电路设计，包括信号整形、变换、隔离和选用传感器，输出通道中的隔离和驱动以及执行元件的选用。工作内容：

(1) 模块分解。策划阶段给出的方案只是一个概念方案，在这一步要把它转化为电子产品设计的概念描述的模块，并且要一层层分解下去，直到熟悉的典型电路。尽可能地选用符合单片机用法的典型电路。当系统扩展的各类接口芯片较多时，要充分考虑到总线驱动能力。当负载超过允许范围时，为了保证系统可靠工作，必须加总线驱动器。

(2) 选择元器件。尽可能地采用新技术，选用新的元件及芯片。

(3) 设计电原理图及说明。

(4) 设计 PCB 及说明。

(5) 设计分级调试、测试方法。

设计中要注意：

(1) 抗干扰设计是硬件设计的重要内容，如看门狗电路、去耦滤波、通道隔离、合理的印制板布线等。

(2) 所有设计工作都要落实到文字记录上。

3. 实施阶段之软件设计

实施阶段的另一支路是软件设计。软件设计贯穿整个产品研发过程，有占主导地位的趋势。在进行软件设计工作时，选择一款合用的编程开发环境软件，对提高工作效率特别是团队协作开发效率很重要。工作内容：

(1) 模块分解。策划阶段给出的方案是面向用户功能的概念方案，在这一步要把它转化为软件设计常用的概念描述的模块，并且要采用自顶向下的程序设计方法，一层层分解下去，直到最基本的功能模块、子程序(函数)。

(2) 依据对模块的分解结果及硬件设计的元器件方案，进行数据结构规划和资源划分定义。结果一定要落实到文字记录中。

(3) 充分利用流程图这个工具。用分层流程图，可以圆满完成前面的工作。第一步，先进行最原始的规划，将总任务分解成若干个子任务，安排好它们的关系，暂不管各个子任务如何完成。第二步，将规划流程图的各个子任务进行细化。

这一步的主要任务是设计算法，不考虑实现的细节。利用成熟的常用算法子程序可以简化程序设计。通常第二张程序流程图已能说明该程序的设计方法和思路，用来向他人解释本程序的设计方法是很适宜的。这一步算法的合理性和效率决定了程序的质量。第三步，以资源分配为策划重点，要为每一个参数、中间结果、各种指针、计数器分配工作单元，定义数据类型和数据结构。在进行这一步工作时，要注意上下左右的关系，本模块的入口参数和出口参数的格式要和全局定义一致，本程序要调用低级子程序时，要和低级子程序发生参数传递，必须协调好它们之间的数据格式。本模块中各个环节之间传递中间结果时，其格式也要协调好。在定点数系统中，中间结果存放格式要仔细设计，避免发生溢出和精度损失。一般中间结果要比原始数据范围大，精度高，才能使最终结果可靠。

(4) 一般的程序都可划分为监控程序、功能模块子程序(函数)、中断服务程序这几种类型。参考现成的模板可大大简化设计的难度。监控程序中的初始化部分需要根据数据结构规划和资源划分定义来设计。

(5) 到了这一步，软件编程工作其实已经完成了九成，剩下就是把流程图代码化，不少人把这一步错称为"编程序"。难度不大但很繁琐，只要认真有耐心，坚持到汇编(编译)通过就看到曙光了。

(6) 拟定调试、试验、验收方案。这一步不光是方案，还得搭建测试环境，主要内容还是编程序，可以当做一个新项目再做一遍策划与实施，有时还得考虑硬件(包括信号源、测量仪器、电源等)。

注意：(1) 外部设备和外部事件尽量采用中断方式与 CPU 联络，这样，既便于系统模块化，也可提高程序效率。

(2) 目前已有一些实用子程序发表，程序设计时可适当使用，其中包括运行子程序和控制算法程序等。本书附录中就收录了一些常用子程序，见附录五。

(3) 系统的软件设计应充分考虑到软件的抗干扰性能。

(4) 一切设计都要落实到文字记录上。文档的作用怎么强调都不过分。

4．验证阶段

验证阶段包括的内容比较多也比较杂：软硬件调试，局部和整理的测试大纲及实施，整体测试成功后 EPROM 固化脱机运行及测试，以及所有的设计检验文档记录的整理。毕竟所谓"设计"，指的是文档而不是样品(包括实物和软件演示效果)，样品只是证明文档正确的一种手段。这一步内容因项目而异，变化多端，大概的工作内容如下：

(1) 软硬件联调，包括局部联调和整体联调。主要目标是尽量使设计结果能够按预想的目标运行。联调离不了开发机，有时候反复很大，甚至推倒重来都不罕见。联调的每一步目标在软件设计时就设定好了。一个很重要的问题是软硬件的抗干扰、可靠性测试，要考虑到尽可能多的意外情况。

(2) 脱机调试。调试通过的程序，最终要脱机运行，即将仿真 ROM 中运行的程序固化到 EPROM 脱机运行。但在开发装置上运行正常的程序，固化后脱机运行并不一定同样正常。若脱机运行有问题，需分析原因，如是否总线驱动功能不够，或是对接口芯片操作的时间不匹配等。经修改的程序需再次写入。这是真实环境下的软硬件联调。

(3) 验证设计。以策划阶段的项目需求分析、硬件设计的测试设计文件、软件设计的测试设计文件和搭建的测试环境为依据，编写功能测试大纲、性能测试大纲，并实施验收检验。

(4) 项目验收时，最重要的是完整的文档记录，大致包括项目管理类、硬件设计类、软件设计类、验收检验类等。

1.2.2　积累设计实践经验的练习方法

1. 分析项目的练习

这个练习对应的是项目研发流程的策划阶段，是针对学生面对项目束手无策或盲目操作而设计的练习，旨在培养项目分析设计方案策划能力。下面是练习的实施步骤：

(1) 寻找项目资料，深入理解需求，概括出本项目的设计目标，即功能特征、性能指标。要求这些功能是明确的、可以书面表达的，指标是可测的、数字化的。

(2) 分析总体设计，分解到功能模块。要能清晰定义这些模块的功能及输入/输出接口。这些模块功能的总和应该能够满足项目设计目标的要求，模块的输入/输出接口应该是自洽的、与项目外部输入/输出条件兼容的。还要考虑维持系统自身正常工作的辅助模块，如电源及管理模块。

(3) 将模块功能当做新的子项目目标再分解，反复进行，直到分解模块到最简化，所谓最简化，是指有成熟可靠的解决方案的模块。记录整理整个分析过程，写出初步的模块化设计方案。方案中包括硬件部分、软件部分、机械结构策划。

(4) 分析模块化设计方案原理到实现方法，找出关键部分、难点重点，简化问题后，做局部仿真，寻找解决办法。这一步实际上就是项目的算法设计。仿真手段可以起到支持方案选择决策的作用。

(5) 依据模块化设计方案，分析模块的调试方法，项目总体的调试方法，分层构思调试方案。

(6) 依据本项目的设计目标，构思项目总体的检验验收大纲。所谓大纲，是指可按部就班一步一步进行的执行计划，其包含两大内容：标准、操作步骤。

(7) 总结以上步骤的结果，写出分析报告。包括设计目标，完整详细解决方案，关键点及其解决技术路线(包括原理及方法)，调试制作方法，检验验收大纲。

本书各章基本上都有比较实用的应用设计实例，来龙去脉都比较清楚，可以作为学生进行分析项目练习的参考。

2. 分析电路的练习

这个练习对应项目研发流程的详细设计阶段中硬件部分。学习硬件是个慢活，一点一滴练习，才能积累应用经验。本练习的内容是分析已有的电原理图，弄懂其设计思路，学习成熟的电路模块、芯片用法，供自己今后使用。下面是练习的实施步骤：

(1) 收集与待分析电原理图有关的资料，包括项目功能性能描述，产品说明书，元器件说明书，相关应用电路的原理、参数计算方法等。分析这些资料，理解本电原理图的设计目的，要解决什么问题，以书面形式把设计目的表达出来。

(2) 以设计目的为中心，以功能为线索分解电路模块。搞清楚模块的功能，输入/输出接口，模块之间信息流。有时电路复杂，还需要按层次分解模块，反复进行直到最简化模块。所谓最简化模块，是指自己已经熟悉理解并完全掌握的模块。掌握的模块越多，分析电路就越快越准确，这就是经验积累。

(3) 分析模块内部元器件作用，注意是每一个元器件，清楚理解其作用、参数计算或选择的方法。与相关的概念电路、制造商推荐电路比较，分析变化的设计初衷。进一步掌握这个模块设计技巧的方法是，改变参数看功能性能如何变化，改变功能性能看参数如何设计，改变输入/输出接口条件看对功能性能的影响，书面写出元器件容差分析。

(4) 注意电源、滤波等容易忽略的专用电路措施。这里面经常可以学到一些硬件设计技巧。

(5) 整理以上步骤之结果，尤其是关键模块、新集成电路应用、模块应用条件及服务场合，写出分析报告。

本书各章后面的应用设计实例的电原理图大多较复杂，可以作为学生分析电路的素材。

3．分析程序的练习

这个练习对应项目研发流程的详细设计阶段中的软件部分。软件设计是单片机应用技术中的重点，学习软件靠的是练，而不是单纯地学软件就是学某种编程语言的概念、规则。大家都有体会：1～2岁时没有学语法就先学说话，结果汉语说得非常流利；英语倒是先学语法、概念，结果学了10年下来，还是不会说英语。编程序就是理清思路、表达思路的过程，流程图就是一个很好的工具。最后用程序设计语言写代码，与其说是编程序，不如说是翻译更恰当些。分析别人设计的程序，是学习软件设计的基础训练。下面是练习的实施步骤：

(1) 收集相关项目资料，搞清楚这个程序要实现什么目标功能。先尝试编程解决，不必太详细，想明白算法方案即可。什么是算法？初学者容易把算法仅仅理解为计算公式。实际上，算法是解决问题的方法和步骤，公式计算、数值计算只是算法的一种。

(2) 清理程序最前边的定义区，把声明的变量名、函数名列表，这一步是准备工作，方便后面操作。列表不全面也没关系，后面还要补充。

(3) 从主程序开始分析流程。分解程序为模块(函数，子程序)，找出调用关系，列出模块关系图(函数调用图)。

(4) 从最底层模块入手，分析每个语句的作用，进而清楚理解模块功能及接口条件。依据模块关系图，理清信息流动变化，逐级向上推导各级模块功能，与本程序的目标功能比较，修改调整。

(5) 按照整理出来的功能，设计检验方法去验证所整理出来的模块功能的正确性。

(6) 尝试自己去修改程序，看是否能实现程序的预期效果。

(7) 最后总结以上步骤，清理并用流程图描述算法，整理改造可重用模块供今后直接使用，写出分析报告。对于今后有用的模块，无论能否完全看懂理解，先把它背会，重点是模块的功能和接口使用条件，以后用得多了理解自然就深了。

做这个练习，用来分析的程序太小不能达到练习的目的。本书各章后面的应用设计实例，程序都比较长，对初学者来说较复杂，可以作为分析程序的素材。

1.3　嵌入式系统设计与仿真软件 Proteus 简介

1.3.1　用 Proteus 做什么

学习单片机技术，重在实践。选择合用的实验平台显得尤为重要。开发机是不错的实验平台，尤其是对初学者来说，接触实物的实践过程必不可少。但从使用方便、实验成本方面来讲，仿真软件要更加灵活些，有台微机就能用，实验成本几乎为零。不但如此，初学者从踏入单片机技术领域开始，就开始熟悉并习惯仿真工具，这对于今后深刻理解、掌握运用 EDA 技术无疑有很大的推动作用。

Proteus 是英国 Labcenter 公司开发的嵌入式系统设计与仿真平台，可以实现数字电路、模拟电路及微处理器系统的电路仿真、软件仿真、系统协同仿真和 PCB 设计等全部功能。其主要由两部分构成：Proteus ISIS，用于电原理图设计和仿真；Proteus ARES 则用于 PCB 设计。该软件能模拟 51 单片机，AVR 单片机，PIC 单片机，以及部分 ARM 芯片；还提供了 30 多种元器件库，数千种元器件；能仿真和模拟数字电路，比如时序分析、频响分析、傅里叶分析、噪声分析等；支持的外围器件也很多，包括 A/D、LCD、LED 数码管、温度、时钟芯片、A/D 转换器等。

有了 Proteus 的上述多种功能和资源，就能够为学生打开一扇通向丰富多彩的单片机应用技术领域的大门。以它为主，以实物开发机为辅，既可以组成配合单片机仿真教学的平台，又是嵌入式系统的开发工具；能做电路硬件实验，也能做汇编程序设计软件实验，还能进行各种类型的仿真，为系统方案决策提供支持；方便灵活、经济实用。

1.3.2　用 Proteus 设计电原理图

电路设计的第一步是进行原理图设计，这是电路设计的基础。只有在设计好的原理图的基础上才可以进行电路图的仿真等操作。

1. 原理图设计的要求

首先，需要保证原理图的正确性；其次，原理图应该布局合理以便于读图、查找和纠正错误；再次，原理图要力求美观。

2. 原理图设计步骤

(1) 新建设计文档。在进入原理图设计之前，首先要构思好原理图，即必须知道所设计的项目需要哪些电路来完成，用何种模板；然后在 Proteus ISIS 编辑环境中画出电路原理图。

(2) 设置工作环境。根据实际电路的复杂程度来设置图纸的大小等。在电路图设计的整个过程中，图纸的大小可以不断地调整。设置合适的图纸大小是完成原理图设计的第一步。

(3) 放置元器件。首先从添加元器件对话框中选中需要添加的元器件，将其放置在图纸的合适位置，并对元器件的名称、标注进行设定；再根据元器件之间的走线等联系对元器件在工作平面上的位置进行调整和修改，使得原理图美观、易懂。

(4) 对原理图进行布线。根据实际电路的需要，利用 Proteus ISIS 编辑环境所提供的各种工具、命令进行布线，将工作平面上的元器件用导线连接起来，构成一幅完整的电路原理图。

(5) 建立网络表。在完成上述步骤之后，即可看到一张完整的电路图，但要完成印制板电路设计，还需要生成一个网络表文件。网络表是印制板电路与电路原理图之间的纽带。

(6) 原理图的电气规则检查。当完成原理图布线后，利用 Proteus ISIS 编辑环境所提供的电气规则检查命令对设计进行检查，并根据系统提示的错误检查报告修改原理图

(7) 调整。如果原理图已通过电气规则检查，那么原理图的设计就完成了，但是对于一般电路设计而言，尤其是较大的项目，通常需要对电路进行多次修改才能通过电气规则检查。

(8) 存盘和输出报表。Proteus ISIS 提供了多种报表输出格式，同时可以对设计好的原理图和报表进行存盘和输出打印。

3. 原理图的设计流程

原理图的设计流程如图 1.1 所示。

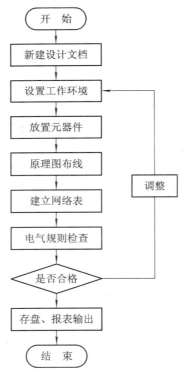

图 1.1　一般电路原理图的设计流程

从最简单的电路入手，先设计一个单个 LED 灯闪烁试验，并通过电路仿真观察其闪烁状态。电路原理图如图 1.2 所示。

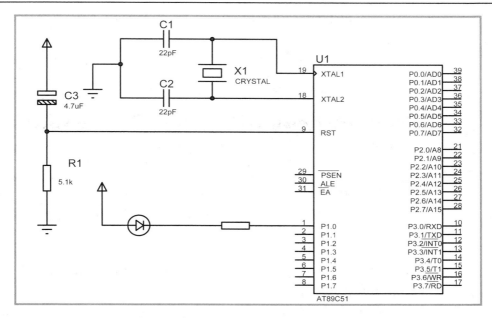

图 1.2　LED 闪烁灯原理图

1) 元件拾取

在桌面上选择"开始"→"程序"→"Proteus 7 Professional",打开应用程序。ISIS Professional 的编辑界面如图 1.3 所示。

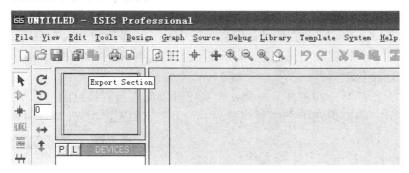

图 1.3　ISIS Professional 的编辑界面

本例所用清单如表 1.4 所示。

表 1.4　元 器 件 清 单

元器件名称	所属类	所属子类
AT89C51	Microprocessor ICs	8051 Family
CAP	Capacitors	Generic
CAP-ELEC	Capacitors	Generic
CRYSTAL	Miscellaneous	—
RES	Resistors	Generic
LED-RED	Optoelectronics	LEDS

用鼠标左键单击界面左侧预览窗口下面的"P"按钮,弹出"Pick Devices"(元件拾取)对话框,如图 1.4 所示。

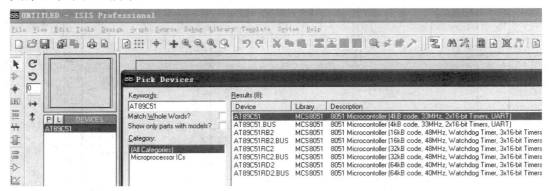

图 1.4　元件拾取对话框

ISIS 7 Professional 的元件拾取就是把元件从元件拾取对话框中拾取到图形编辑界面的对象选择器中。元件拾取共有两种方法。

(1) 按类别查找和拾取元件。元件通常以其英文名称或器件代号在库中存放。我们在取一个元件时,首先要清楚它属于哪一大类,然后还要知道它归属哪一子类,这样就缩小了查找范围,然后在子类所列出的元件中逐个查找,根据显示的元件符号、参数来判断是否找到了所需要的元件。双击找到的元件名,该元件便拾取到编辑界面中了。

按照表 1.4 中的顺序依次拾取元件。首先是 AT89C51 芯片,在图 1.4 打开的元件对话框中,在"Category"类中选中"Microprocessor ICs"电容类,在下方的"Sub-category"(子类)中选中"8051 Family",在查询结果元件列表中找我们需要的 AT89C51 芯片。双击元件名,元件即被选入编辑界面的元件区中了。连续拾取元件时不要单击"OK"按钮,直接双击元件名即可继续拾取元件。

拾取元件对话框共分四部分,左侧从上到下分别为直接查找时的名称输入、分类查找时的大类列表、子类列表和生产厂家列表。中间为查到的元件列表。右侧自上而下分别为元件图形和元件封装。

(2) 直接查找和拾取元件。把元件名的全称或部分输入到 Pick Devices(元件拾取)对话框中的"Keywords"栏,在中间的查找结果"Results"中显示所有电容元件列表,用鼠标拖动右边的滚动条,出现灰色标示的元件即为找到的匹配元件。这种方法主要用于对元件名熟悉之后,为节约时间而直接进行的查找。

图 1.5　元件拾取后的界面

按照 AT89C51 芯片的拾取方法,依次把 6 个元件拾取到编辑界面的对象选择器中,然后关闭元件拾取对话框。元件拾取后的界面如图 1.5 所示。

下面把元件从对象选择器中放置到图形编辑区中。用鼠标单击对象选择区中的某一元件名,把鼠标指针移动到图形编辑区,双击鼠标左键,元件即被放置到编辑区中,如图 1.6 所示。

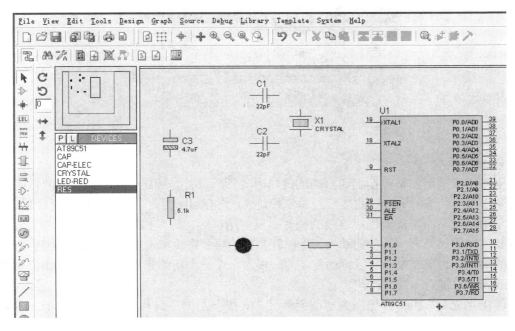

图 1.6　放置元器件

2) 编辑窗口视野控制

学会合理控制编辑区的视野是元件编辑和电路连接进行前的首要工作。

编辑窗口的视野平移可用以下方法：

(1) 在原理图编辑区的蓝色方框内，把鼠标指针放置在一个地方后，按下"F5"键，则以鼠标指针为中心显示图形。

(2) 当图形不能全部显示出来时，按住"Shift"键，移动鼠标指针到上、下、左、右边界，则图形自动平移。

(3) 当快速显示想要显示的图形部分时，把鼠标指向左上预览窗口中某处，并单击鼠标左键，则编辑窗口内图形自动移动到指定位置。

3) 元件位置的调整和参数的修改

(1) 元件位置的调整。在编辑区的元件上单击鼠标左键选中元件(为红色)，在选中的元件上再次单击鼠标右键则删除该元件，而在元件以外的区域内单击右键则取消选择。元件误删除后可用图标 ↰ 找回。选中单个元件后，单击鼠标左键不松可以拖动该元件。群选元件，可使用鼠标左键拖出一个选择区域，使用图标 ▓ 可整体移动元件。使用图标 ▓ 可整体复制元件。

存盘。建立一个名为 Proteus 的目录，选择主菜单 File 中的 Save Design As，在打开的对话框中把文件保存为 Proteus 目录下的"LED1.DSN"，只用输入"LED1"，扩展名系统自动添加。

(2) 元件参数的设置。左键双击原理图编辑区中的电阻 R1，弹出"Edit Component"(元件属性设置)对话框，把 R1 的 Resistance(阻值)由 10 kΩ 改为 1 kΩ，把 R 的阻值由 10 kΩ 改为 100 Ω。Edit Component 对话框如图 1.7 所示。

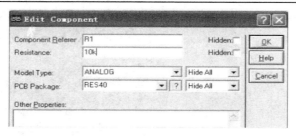

图 1.7　Edit Component 对话框

4) 电路连线

电路连线采用按格点捕捉和自动连线的形式，所以首先确定编辑窗口上方的自动连接图标为按下状态。Proteus 的连线是非常智能的，它会判断用户下一步的操作是否想连线，从而自动连线，而不需要选择连线的操作，只需用鼠标左键单击编辑区元件的一个端点拖动到要连接的另外一个元件的端点，先松开左键后再单击鼠标左键，即完成一根连线(在第一根线画完后，第二根线可以自动复制前一根线，在一个新的起点双击即可)。如果要删除一根连线，右键双击连线即可。

连接完成后，如果再想回到拾取元件状态，按下左侧工具栏中的"元件拾取"图标即可。

5) 添加电源和地

在左边工具栏单击终端图标　　　，即可出现可用的终端。在对象选择器中的对象列表中，单击 POWER，在预览窗口中出现电源符号，在需要放置电源的地方单击，即可放置电源符号，放置之后，就可以连线了。

放置接地符号(地线)的方法与放置电源类似，在对象选择列表中单击 GROUND，然后在需要接地符号的地方单击，就可以了。

注意：放置电源和地之后，如果又需要放置元件，应该先单击左边工具栏元件图标，就会在对象列表中出现我们从元件库中调出来的元件。

1.3.3　用 Proteus 进行汇编语言程序设计

单片机应用系统的原理图设计完成之后，还要设计和添加程序，否则无法仿真运行。实际的单片机也是这样。

1. 建立源程序文件

在 Proteus 的单片机仿真项目中添加源程序，可按以下步骤进行：

单击菜单"Source"→"Add/Remove Source files…"如图 1.8 所示。

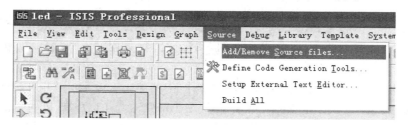

图 1.8　菜单 Source

弹出对话框，如图 1.9 所示。

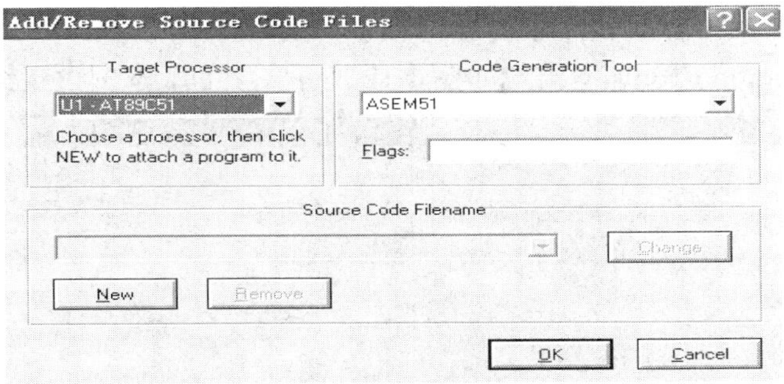

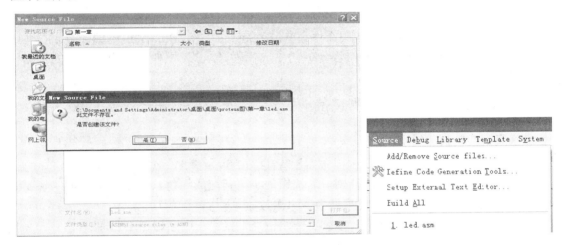

图 1.9　　Add/Remove Source Code Files 对话框

　　在弹出的对话框中，选择 Code Generation Tool 下拉菜单中的代码生成工具 ASEM51，然后单击 New 按钮，弹出选择文件对话框，在文件名框中输入新建源程序文件名"LED"，单击"打开"按钮，弹出如图 1.10 所示的小对话框，选择"是"按钮，新建的源程序文件就添加到"Source Code Filename"方框中，同时在 ISIS 界面的"Source"菜单中也加入源程序文件名"led.asm"。

图 1.10　　源程序文件创建窗口

2. 编写源程序代码

　　单击菜单"Source"→"led.asm"，出现如图 1.11 所示的源程序编辑窗口，编写源程序后存盘退出。

图 1.11　　源程序编辑窗口

3. 源程序编译

(1) 编译器设置。第一次使用编译器时需要进行相关的设置，单击菜单"Source"→"Define Code Generation Tools"，出现如图 1.12 所示的界面，本例设置结果如图 1.12 所示。

图 1.12　编译器设置界面

(2) 编译源程序，生成目标代码文件。单击"Source"→"Build All"，编译结果在弹出的编译日志对话框中。如果没有错误便成功生成代码".hex"文件。本例中生成的目标代码文件为"led.hex"。

1.3.4　用 Proteus 交互式仿真调试

1. 交互式仿真

在原理图编辑窗口下面有一排按钮 ![▶] ![▶▶] ![❚❚] ![■]，利用它可以控制仿真的过程。单击按钮 ![▶] 开始仿真，开始以后按钮的小三角变成绿色，单击按钮 ![▶▶] 单步仿真，单击按钮 ![❚❚] 暂停和继续仿真切换，单击按钮 ![■] 停止仿真。

以实验为例，说明仿真效果。单击"开始仿真"按钮，电路如图 1.13 所示。

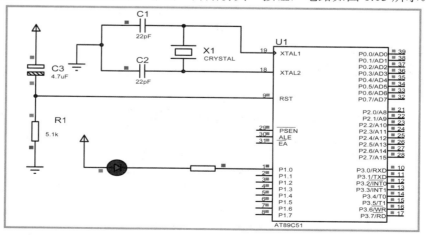

图 1.13　单个 LED 闪烁原理图

2. 调试

单击"暂停"按钮，出现暂停画面，如图 1.14 所示。

由于我们是添加过源程序的，所以会出现源代码窗口。

源代码窗口内容从左到右是：地址　指令　注释。这幅图里没有注释内容。如果需要，可以设置使其显示行号和机器码。方法是：在窗口内单击鼠标右键，在出现的选项中单击所需要的项目就可以了，如图 1.15 所示。

图 1.14　源代码窗口

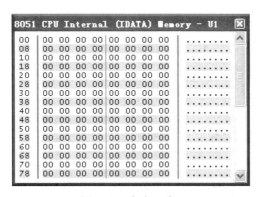

当指令执行到光标处时，先在要暂停的指令上点一下，这一行就会变成蓝色，然后单击执行到光标处的按钮，就会从原来的指令开始执行，直到光标所在的位置暂停。

在暂停状态，还可以选择显示特殊功能寄存器窗口、内存窗口等，如图 1.16、图 1.17 所示。

图 1.15　源代码窗口右键菜单

图 1.16　寄存器窗口　　　　　　　　图 1.17　片内数据存储器

3. 其他功能

还有一些功能，在比较复杂的项目中会用到，比如虚拟仪器、信号源、仿真图表等，如图 1.18～图 1.20 所示。

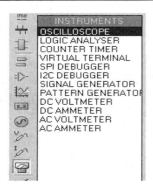
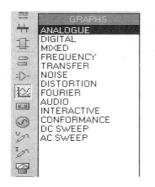

　　图 1.18　虚拟仪器　　　　　图 1.19　信号源　　　　　图 1.20　仿真图表

1.4　最简单的单片机实验

做了这么多的准备，现在开始做第一个实验。

1. 目标

要求设计一个装置，能够控制一盏灯闪亮。

2. 方案

用发光二极管(LED)充当光源。LED 与开关串联接到电源上，控制开关"接通""关断"，LED 就会"发亮""熄灭"。用 80C51 组成所谓"最小系统"，充当自动控制的开关。编制自动控制的程序，就可使得 LED 灯光闪烁发光了。

3. 详细设计

下面先介绍主要元件，接着在 Proteus 中设计电原理图，再编程序，然后用 Proteus 仿真调试；以此为平台，试着做几个循序渐进的实验；最后对这次实验做出总结。

1.4.1　80C51 单片机芯片

1. 封装

80C51 单片机芯片共有 40 条引脚，其中，输入/输出接口引脚 32 条、控制引脚 4 条、电源引脚 2 条、时钟引脚 2 条。只有熟练地掌握这些引脚的功能、特点和使用方法才能够正确地运用单片机。图 1.21 是常见的 80C51 类单片机(包括 80C51、89C51、8052…都类似)实物照片，图 1.22 是常用 80C51 单片机逻辑符号和芯片引脚图。

　　(a) DIP 封装　　　　　　(b) QFP 封装　　　　　　(c) LDCC 封装

图 1.21　不同封装形式的 80C51 单片机实物照片

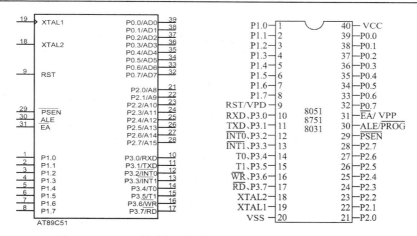

图 1.22　80C51 单片机逻辑符号及 DIP 封装 40 引脚配置图

80C51 单片机的封装有双列直插式 DIP 封装的形式，40 引脚；也有方形封装形式 QFP、PLCC，方形封装有 44 引脚，其中 4 个 NC 为空引脚，所以也是 40 个有效引脚。HMOS 工艺的 80C51 单片机采用 DIP 封装，CHMOS 工艺的单片机 80C51 除采用 DIP 封装外，还采用 QFP、PLCC 封装形式。所谓封装，就是把微小的集成电路管芯上的引线压焊点连接出来的带管脚的管壳，使芯片能够方便焊接加工。依照芯片引脚、间距、大小尺寸、排列方式、适用的工艺种类不同，而有许多种封装形式。双列直插式 DIP 是最常用的封装形式之一。

在产品研发阶段，双列直插式封装(DIP)芯片最常用，80C51 系列单片机是 40 引脚，简称 DIP40。将这种封装形式的芯片圆形标记朝向左方，第 1 引脚在芯片左下角，按照逆时针数，分别为第 2，3，…，40 脚。相邻引脚间距为 0.1 in，即 100 mil (2.54 mm)，了解引脚间距对印制线路板布线时确定线条宽度和引脚间走线条数很重要。mil 是画印制板时用的基本长度单位。

2. 引脚功能

(1) 电源引脚(2 条)。DIP 封装的数字集成电路(模拟集成电路不是这个规矩)一般都是左上角为电源引脚，右下角为接地引脚。DIP40 封装的 80C51 单片机遵守这个规矩，左上角即 40 脚为电源 VCC，接 +5 V 工作电源；右下角即 20 脚为参考地 GND，接地。注意：所谓接地，是指整个电路的电位参考点(通常也是工作电源负极)，可不是连接到真实的大地。

80C51 单片机能够正常工作的电源电压范围为额定电压的 ±10%，即 4.5～5.5 V 之间。记住这点对维修由单片机构成的产品、设备会有所帮助。

(2) 输入/输出接口(I/O)引脚(4 × 8 = 32 条)。无论单片机对外界进行何种控制，或接受外部的何种控制，都是通过输入/输出接口(I/O: Input/Output)完成的。51 单片机内部有 P0、P1、P2、P3 四个 8 位双向 I/O 口，因此，外设可直接连接于这几个接口线上，而无须另加接口芯片。P0～P3 的每个端口可以按字节输入或输出，也可以按位进行输入或输出，用于位控制十分方便。80C51 单片机的接口驱动能力不大，Pl、P2、P3 大概是 10mA 左右，P0 口大一些，有 20 mA。由于新的芯片设计、新的制造工艺，使得单片机的性能也提高很快，驱动能力也增加了不少。准确的极限参数需要用时再查手册，现在只要知道每根口线都能点亮一个发光二极管就行。

(3) 时钟引脚(2 条)。80C51 单片机内部有一个用于构成振荡器的高增益反相放大器，引脚 XTAL1 和 XTAL2(芯片的第 18、19 引脚)分别是此放大器的输入端和输出端。XTAL1 和 XTAL2 引脚外接石英晶体和微调电容，单片机就能正常工作。

(4) 复位引脚 RST。对于所有的可编程集成电路都需要复位操作，80C51 单片机也不例外。只要在复位引脚(RST)上施加一个时间超过 2 μs 的高电平信号，即可产生复位操作。

(5) 外部总线控制引脚(3 条)。

① 外部程序存储器 ROM 读选通引脚 $\overline{\text{PSEN}}$。该引脚输出读外部程序存储器的选通信号。

② 地址锁存 ALE。该引脚是地址锁存控制脉冲输出引脚，用于芯片外部扩展并行总线。

③ 访问外部程序存储器控制引脚 $\overline{\text{EA}}$。当该引脚接低电平时，单片机只访问扩展的外部程序存储器。对于内部没有程序存储器的单片机(如 8031 单片机)而言，该引脚必须接地。对内部带有程序存储器的单片机(如 80C51 单片机)，该引脚应接高电平，但若地址值超过单片机内部程序存储器的范围，将自动访问外部程序存储器。

注意： 为什么有的管脚上的字符上面带一杠(如 $\overline{\text{EA}}$、$\overline{\text{PSEN}}$)，有的管脚上的字符不带一杠(如 RST、ALE)？这是集成电路(IC)标记的规则：管脚字符上面的一杠表示该管脚上信号是低电平有效的，如：负脉冲(有效时是低电平)输出 $\overline{\text{PSEN}}$，低电平输入 $\overline{\text{EA}}$。没有一杠的表示该管脚上信号是高电平有效的，如：高电平输入 RST，正脉冲(有效时是高电平)输出 ALE。熟悉这一点对掌握查阅元器件手册的技能、读电原理图很有帮助。

1.4.2　发光二极管与石英晶体谐振器

1. 发光二极管

LED(Light Emitting Diode，发光二极管)是一种由磷化镓(GaP)等化合物半导体材料制成的能直接将电能转变成光能的发光显示器件。当其内部有一定电流通过时，它就会发光。LED 的"心脏"是一个半导体的 LED 芯片，芯片的一端附在一个支架上，一端是负极，另一端连接电源的正极，使整个晶片被圆形环氧树脂封装起来，其构成如图 1.23 所示。

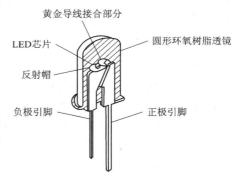

图 1.23　LED 结构图

LED 芯片是一个"P-N 结"。当电压通过导线作用于这个芯片时，N 区的电子在电场作用下就会被推向 P 区，在 P 区里电子跟空穴复合，然后就会以光子的形式发出能量，这就是 LED 发光的大致原理。而光的波长(也就是光的颜色)是由形成 P-N 结的材料决定的。N 区叫做阳极，在逻辑符号中由三角形代表；P 区叫做阴极，用平板代表，与普通的半导体二极管的逻辑符号一样。LED 的逻辑符号上还有两个小小的箭头从二极管指向外边，象征有光自二极管发出，以示与普通二极管的区别，如图 1.24、图 1.25 所示。

LED 可分为普通单色 LED、三色 LED、变色 LED、闪烁 LED、电压控制型 LED、红外 LED 和负阻 LED 等。在此只介绍普通单色 LED 的相关知识。

普通单色 LED 主要有发红光、绿光、蓝光、黄光、白光的 LED。它们具有体积小、工作电压低、工作电流小、发光均匀稳定、响应速度快、寿命长等优点，可用各种直流、交流、脉冲等电源驱动点亮。普通单色 LED 的发光颜色取决于制造 LED 所用的半导体材料。

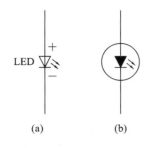

图 1.24　LED 电路图形符号

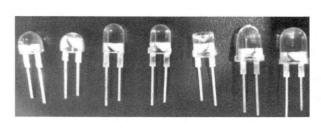

图 1.25　LED 实物图

LED 属于电流控制型半导体器件，使用时需要串接合适的限流电阻。

常用的 LED 有普通亮度和高亮度之分。普通亮度的 LED 正常发光时，电流大约为 10 mA，最小也需 3 mA；而高亮 LED，有 1 mA 就有清晰亮度，5 mA 就够亮了。

2. 石英晶体谐振器

石英晶体谐振器又叫石英晶体，简称晶振，是一种用于稳定频率和选择频率的电子元件，广泛应用于军事电子设备、有线和无线通信设备、广播和电视的发射与接收设备、数字仪表及日用钟表等。

(1) 结构。石英晶体核心是具有压电效应的石英晶片。石英晶片是一种各向异性的结晶体，从一块晶体上按一定的方位角切下的薄片称为晶片(可以是正方形、矩形或圆形等)，然后在晶片的两个对应表面上涂敷银层并装上一对金属板作为电极，就构成石英晶体谐振器，如图 1.26 所示。

(2) 分类。晶体本身是无源器件，要和分立的阻容元件协同工作才能产生振荡信号；我们经常使用的 2 引脚或者 3 引脚的晶振即是这种晶体。如果把完整的带晶体的振荡电路集成在一起，封装好，引出几个引脚(通常为四个引脚)出来，这就是所谓的有源晶振，英文叫 Oscillator。而石英晶体的英文名称则是 Crystal。

晶振元件按封装材料、频率稳定度、应用领域、频率高低、体积大小等有很多分类方法。实际使用中，只要频率和体积符合要求，是可以互换使用的。常见晶振元件外形如图 1.27 所示。

(3) 石英晶体的工作原理。若在极板间施加机械力，会在垂直的方向上产生电场；反之，若在晶片的两个极板间加一电场，又会使晶体产生机械变形；这种现象称为正向或逆向压电效应。如在极板间所加的是交变电压，就会产生机械变形振动，同时机

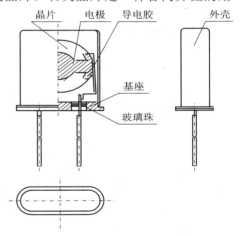

图 1.26　一种石英晶体元件的结构

图 1.27　常见晶振元件外形

械变形振动又会产生交变电压。这种机械振动的振幅是比较小的。但当外加交变电压的频率与晶片的固有谐振频率(决定于晶片的尺寸)相等时，机械振动的幅度将急剧增加，晶体振动幅度达到最大，同时由于压电效应产生的交变电压也达到最大，这种现象称为"压电谐振"。

(4) 石英晶体的等效电路。石英晶体具有串联和并联两种谐振现象，可构成并联晶体振荡器和串联晶体振荡器，有两个谐振频率。当电路的振荡频率在这两个频率之间时，晶体呈感性，若电路振荡频率在这两个谐振频率之外，晶体呈容性。

(5) 石英晶体的标称频率 f_0。在规定的负载电容下，晶振元件的振荡频率即为标称频率 f_0。标称频率是晶体技术条件中规定的频率，通常标识在产品外壳上。需要注意的是，晶体外壳所标注的频率，既不是串联谐振频率也不是并联谐振频率，而是在外接负载电容时测定的频率，数值界于串联谐振频率与并联谐振频率之间。所以即使两个晶体外壳所标注的频率一样，其实际频率也会有些偏差(工艺引起的离散性)。石英晶体(晶振)的标称值在测试时有一个"负载电容"的条件，在工作时满足这个条件，振荡频率才与标称值一致。

(6) 石英晶体的应用电路。单片机中已经集成有振荡电路，只需要外加一个晶振即可。石英晶体与集成电路搭配时，通常是连接到集成电路的振荡端(OSC1/CLKIN 或 OSC2/CLKOUT),以建立振荡。与 OSC1/CLKIN 相连的 C1 是相位调节电容，与 OSC2/CLKOUT 相连的 C2 是增益调节电容。对于 32 kHz 以上的晶体振荡器，当 VDD > 4.5 V 时，建议 C1 = C2 ≈ 20～30 pF。由于每一种晶振都有各自的特性，所以 C1、C2 最好按制造厂商所提供的数值选择，在许可范围内，电容值偏大虽有利于振荡器的稳定，但将会增加起振时间。对于有些电压低于 4.5 V 的电路，应使 C2 值稍大于 C1 值，这样可在上电时加快晶振起振。

1.4.3　电路原理图

1. 硬件设计说明

以 80C51 单片机为核心组成"最小系统"：包括 80C51 单片机；由 12M 振荡晶体、两个 22 pF 电容连接到单片机的 18、19 引脚(XTAL1、XTAL2)，构成时钟振荡电路；由一个 4.7 μF 电解电容和一个 5.1 kΩ 电阻连接到单片机的 9 引脚(RST),组成简单实用的上电复位电路。这个最小系统是单片机能够工作的必要的最简化的结构。

LED 的阳极接电源。阴极通过串联限流电阻连接到单片机。限流电阻的大小需要计算：LED 的 P-N 结正向压降约 2 V，电源电压为 5 V，则降落在限流电阻上的电压为 3 V；用高亮 LED，电流有 5 mA 就够亮了；用限流电阻上的压降 3 V 除以电流 5 mA，得 600 Ω，选用 560 Ω。为什么不直接用 600 Ω？因为电阻制造是按照一定的规律分档的，阻值不连续，按分档数值规定，在数字 6 附近只有 5.6，6.2，如果非要选 6，模拟仿真，算算玩玩可以，真要设计产品时，600 Ω 的电阻恐怕买不到，除非定制。那为什么选 560 Ω 而不选 620 Ω 呢？考虑到控制 LED 亮、灭的开关也会有一些压降没有计算进去,选小一点的电阻会好些，后面还可以根据仿真或实际制作效果修改。

为控制 LED 灯的闪烁,LED 阴极通过电阻与单片机的 P1.0 管脚相连(用其他口线也行,如 P1.4、P2.3、P3.2 等，当然选择别的口线，后面的程序就要进行相应改动。这里选 P1.0),当单片机 P1.0 输出电平为高电平的时候，LED 两端都是高电平(差不多 5 V)，处于关断的状态不发光；当单片机 P1.0 输出电平为低电平时，LED 导通而发光，通过控制 P1.0 输出的高电平与低电平从而实现 LED 的闪烁。

2．在 Proteus 中画电路原理图

在 1.3 节中介绍了 Proteus 中画电原理图的流程：建工程；找元件；布局连线；设置元件与标号属性；规则检查后存盘。具体步骤如下：

(1) 先建立工程，取个工程名：TEST1。设置好存盘的路径。

(2) 找元件。寻找的结果如表 1.5 所示。

表 1.5　元 器 件 清 单

元器件名称	所属类	所属子类
AT89C51	Microprocessor ICs	8051 Family
CAP	Capacitors	Generic
CAP-ELEC	Capacitors	Generic
CRYSTAL	Miscellaneous	—
RES	Resistors	Generic
LED-RED	Optoelectronics	LEDS

(3) 布局连线。先将元件摆放到预想的大概位置，也可以先随便放个地方，然后调整移动到合适的位置。连线，留心导线节点与交叉点的区别。注意画图要尽量美观大方。

由于最小系统中必然包含时钟振荡电路和上电复位电路，所以 Proteus 默认，只要画个单片机就隐含这两个最小系统的组成部分，可以省略不画。不过还是明确画出来的概念清晰一些。每个集成电路都要接电源和地，因此 Proteus 中将集成电路的电源、地线的引脚隐藏起来，该接哪里自动接好隐去，图纸画面上少了一些线条和注释文字，主要内容也显得更清楚些。本例的 80C51 就是这样处理的。如果要显示出来，只要在设置 80C51 芯片属性时去掉 VCC、GND 的隐藏勾选即可。

(4) 设置元件与标号属性。元件数值大小、名称是必需的。摆放元件时 Proteus 已经给每个元件起了个名字。如果觉得不合适可以修改。注意线条的标号设置要清晰易辨认，最好含义明确。画好的电原理图如图 1.28 所示。

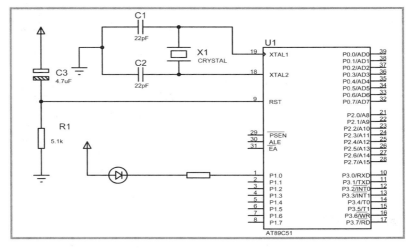

图 1.28　LED 闪烁实验的电原理图

　　设置线条的标号并不只是为了让电原理图容易辨认。实际上，对于电原理图上的每一条线、每一个端头，在 Proteus 里都是有标号的，将每一条连线的每一个端头与哪个端头连接都记录下来就叫做"网表"，网表记录了电原理图的拓扑结构。对人来说，电原理图是纸面上画出来的线条、符号和文字；而对 Proteus 来说，电原理图就是网表。Proteus 利用网表在屏幕上画、或在纸面上打印人能看得懂的"图纸"，检查是否有电源与地线短路之类的故障，即所谓的设计规则检验。到了画印制板的时候，除了利用网表进行 PCB 的设计规则检验外，还能进行自动寻找封装，自动布线引导，自动布线，甚至自动布局。组成网表的主要元素之一就是端头的标号。

　　既然网表就是电原理图，画电原理图其实就是告诉网表哪个端头与谁相连。我们在屏幕上画一条线把两个元件或线段连接起来，在网表中就是把相关的端头标号换成相同的标号。如果设计者没有给某个线条、端头起名字即设置线条的标号，Proteus 就会自动赋予一个它能搞明白的名字。注意，自动起的名字是隐藏起来不显示的，而设计者起的名字是显示在电原理图上的。利用这一点可以产生一种不同于传统的用连线来画电原理图的方法：不用连线，只要给欲连接的两个端头设置同样的标号，就等价于在这两个端头之间画了一条连线。当然，元件引脚上还是要画根短线段的，否则没法给这个端头起名字。这种画电原理图的方法与传统方法相结合，可以使整个图纸清晰，不至于因为线条(尤其是长线条)过多导致画面纷乱；分层电原理图更是利用了这种方法去表示极复杂的电原理图。但也有几乎完全使用这种"标号法"画全图的，原理上没错，但图面更适合计算机看，而由人来看时就有些费解。图 1.29 就是用这种方法重画的图 1.28，最后是检验存盘。

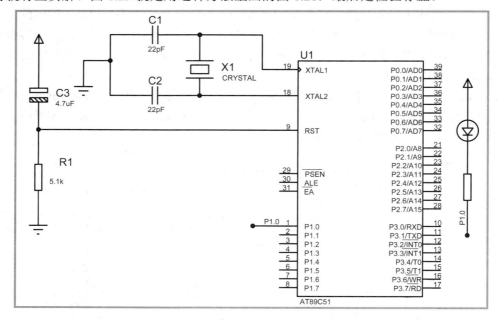

图 1.29　用标号法画电原理图

1.4.4　简单的程序设计

　　要想开灯就得按一下开关，同样的道理，要想让 LED 亮，就要发命令给 80C51，即"指令"。在这个实验里，有两条指令与 LED 亮、灭有关。第一条是 CLR P1.0，意思是把 P1.0 这根引线设置成 "0"，即相当于 P1.0 "接地"。结合图 1.28，可以看出，电源 VCC 通过电阻 R2 与 LED 串联后连到 P1.0，通过 P1.0 内部接地，LED 正向偏置(阳极相对于阴极加正电压叫做 P-N 结正向偏置，简称正偏)，有电流流过而发光。

另一条与之相对的指令是 SET P1.0，功能是设置 P1.0 为 "1"，即高电平。在这个实验里，其作用就是断开开关，LED 熄灭。

我们来体验一下这两条指令的效果。打开 Proteus "添加源程序"，取文件：first_1。设置好存盘的路径，在编辑窗口写下如下指令：

```
CLR    P1.0
END
```

指令虽短，也是个程序，意思是：LED 发亮。END 是程序结束的意思，相当于整个程序有效部分的句号。

然后汇编，没有报错，即语法检验通过，汇编完成。

把汇编得到的 first.HEX 文件装载(对实物开发板或产品一般说下载，对仿真而言一般说装载，但说下载也能听得懂)到图 1.28 中的 AT80C51，装载方法在 1.3 节中介绍过。

启动仿真，LED 灯亮了。还是刚才的文件，将 CLR 换成 SETB，再汇编、装载、启动仿真，LED 灯不亮。

如果让 LED "亮"、"灭"、"亮"、"灭" 不断地轮番操作，灯光闪烁的任务就完成了。把上述思路用流程图表示出来，如图 1.30 所示。

接着就该正式编程序了。按照图 1.30 的流程图编辑程序。程序如下：

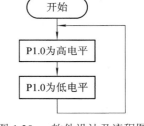

图 1.30　软件设计及流程图

```
MAIN:   CLR     P1.0      ; LED 发亮
        SETB    P1.0      ; LED 熄灭
        AJMP    MAIN      ; 转移到 MAIN 执行
        END               ; 结束
```

第一句程序的意思是让 LED 发亮，第二句程序是让 LED 熄灭。第三句程序 AJMP MAIN，意思是让程序 "跳" 到有语句标号 "MAIN" 的地方继续执行。所以，在第三句指令执行完后，就会跳到第一句重复执行。对照图 1.30，AJMP MAIN 这条指令表达了流程图中返回箭头的含义。循环不断。最后一句是 END，程序结束。

编译、装载、仿真。为什么 LED 灯没有闪烁？重新启动仿真，暂停，然后单步运行，LED 一亮一灭一亮一灭都没有错。问题出在哪儿？

问题的关键是没有考虑延迟时间。人眼分辨出亮、灭至少需要 50 毫秒的反应时间，而单片机执行一条指令仅仅需要几微秒，变化太快了，人眼根本反应不过来。所以在亮转灭或灭转亮之间需要延时。

将上面的实验程序加上延时，就变成下面的程序：

```
MAIN:   CLR     P1.0          ; LED 发亮
        ACALL   DELAY         ; 调用延时 300 ms 的子程序
        SETB    P1.0          ; LED 熄灭
```

```
        ACALL    DELAY         ; 调用延时 300 ms 的子程序
        AJMP     MAIN          ; 转移到 MAIN 执行
DELAY:  MOV      R5,#3         ; 延时 300 ms
DEL1:   MOV      R6,#200
DEL2:   MOV      R7,#230
DEL3:   DJNZ     R7,DEL3
        DJNZ     R6,DEL2
        DJNZ     R5,DEL1
        RET
        END                    ; 结束
```

比较修改前后，在 LED 亮、灭指令后面都增加了 ACALL　DELAY 这条语句，就是调用叫做 DELAY 的子程序，这个子程序就在后面语句标号为 DELAY 那里开始，到 RET 指令那一行结束，其功能是延时 300 毫秒。

重新汇编、启动仿真，LED 开始闪烁了。

我们还可以在电原理图上接上示波器，再启动仿真，调整示波器就会看到 P1.0 引脚上面一高一低一高一低的脉冲波形，周期是 600 毫秒。

实际上，如果只是观察 P1.0 上的信号"0"还是"1"，不用示波器也可以做到。注意在 P1.0 引脚附近有一个小方点在红蓝闪烁。红代表"1"，蓝代表"0"。所有元件的引脚上都可以看到这种电平指示，非常方便。

我们还可以换条引脚接着再做实验。在电原理图上，把 LED 从 P1.0 改接到 P2.3，程序中所有 P1.0 都改为 P2.3，启动仿真，LED 照样闪烁，只是换了条引脚当 LED 灯开关，如图 1.31 所示。

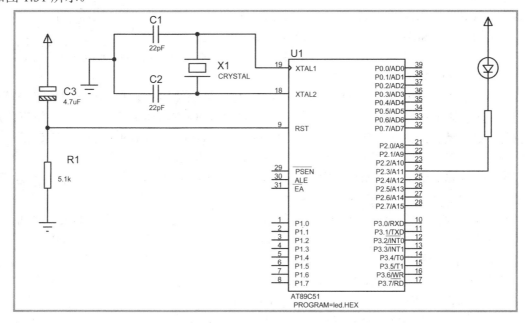

图 1.31　P2.3 驱动 LED 闪烁实验的仿真图

1.4.5　实验总结

1．应用方法

这一小节的实验虽然简单，但包含了学习单片机技术的多种方法：

(1) 分析项目的方法。明确需求目标；提出解决方案；分析关键原理；策划详细设计。

(2) 硬件电路设计方法。先分析电路组成原理；了解元件资料；用 Proteus 画电原理图。

(3) Proteus 中画电原理图的流程：建工程；找元件；布局连线；设置元件与标号属性；存盘。

(4) 软件程序设计方法。先分析程序思路(这其实就是算法设计)；资源分配；画流程图；Proteus(C 语言时用 Keil C51)编程。

(5) Proteus 中编程序的流程：建工程；编辑程序；汇编排错；存盘。

(6) Proteus 中仿真调试方法：装载程序；单步调试；全速仿真；功能性能测试。

2．相关知识

这一小节中还介绍了一些知识：

(1) 单片机 80C51 芯片，主要是介绍引脚。

(2) 一些读元件芯片资料的知识。

(3) 简单的封装概念。

(4) 数字电路的电源、地线引脚位置。

(5) LED 知识和限流电阻的取值方法。

(6) 振荡晶体知识和振荡电路原理、接法。

(7) 最小系统组成。

(8) Proteus 中的网表概念及"传统连线法""标号法"画电原理图及其优缺点。

(9) 三条指令：CLR、SET、AJMP。

本节是第一个实验，需要详细讲解，以后的例子讲解会简化一些。一方面是篇幅有限，更重要的是循序渐进地引导学生培养自学能力。

习　　题

1. 什么是单片微机？为什么说单片微机是典型的嵌入式系统？

2. 单片微机可以应用于哪些领域？

3. 80C51 单片微机在片内集成了哪些主要逻辑功能部件？各个逻辑部件的最主要功能是什么？

4. 简述最小系统的概念。

5. 熟悉 Proteus 的应用，并绘出一个发光二极管的电原理图。

6. 试写出一个发光二极管的程序流程图。

7. 在 Proteus 中验证一个发光二极管闪烁实验。

8. 试更改程序，延长发光二极管发光时间。

第 2 章　51 系列单片机的结构

　　单片机的核心有三大基本组成部分：中央处理单元(CPU)、存储器、总线及输入/输出接口。本章首先介绍 51 系列单片机最小系统及内部指令运行过程。单片机其实就是一块功能复杂的芯片，需要"设置"才能表现出预期的"效果"，单片机的内部指令运行过程就是"设置"落实到"效果"的过程。

　　由于有存储器，单片机便能够记住历史效果，即过去的状态。在过去的状态上执行新的指令就产生新的状态。一连串的指令引起了一连串的内部状态的改变，最终达到预期的目的，这就是程序。本章通过实验陆续介绍了编程序的一些概念和方法，最重要的是用流程图编程。

　　本章还通过一个设计实例，给学生展示实用设计的分析、实现过程。这有助于使学生从一开始就建立起有目标地学习、需要什么就学什么、学一点就用一点的学习习惯。

2.1　51 系列单片机内部结构

　　51 系列单片机内部有哪些具体部件可以供我们使用呢？又如何让这些部件很好地为我们服务呢？为了更好地从事实践活动，掌握一些必需的理论知识还是极其必要的。

　　从 Intel 公司推出 MCS-51 系列单片机到现在，世界上不少公司都在制造与 MCS-51 兼容的单片机芯片，都是以 MCS-51 的核为基础做进一步开发的，有着共同的指令系统和核心结构，统称为 51 系列单片机。51 系列单片机型号种类繁多，芯片内部资源五花八门，选择 MCS-51 系列单片机中的 80C51 作为典型来分析内部结构，有助于对 51 系列单片机的理解。表 2.1 是 MCS-51 系列单片机的配置。

表 2.1　MCS-51 系列单片机配置一览表

系列	片内存储器				定时/计数器	并行I/O	串行I/O	中断源	制造工艺
	无ROM	片内ROM	片内EPROM	片内RAM					
MCS-51子系列	8031 0 KB	8051 4 KB	8751 4 KB	128	2×16 位	4×8 位	1	5	HMOS
	80C31 0 KB	80C51 4 KB	87C51 4 KB	128	2×16 位	4×8 位	1	5	CHMOS
MCS-52子系列	8032 0 KB	8052 8 KB	8752 8 KB	256	3×16 位	4×8 位	1	6	HMOS
	80C232 0 KB	80C252 8 KB	87C252 8 KB	256	3×16 位	4×8 位	1	7	CHMOS

1. 80C51 单片机的内部结构

图 2.1 是 80C51 单片机的内部结构图。可以看出，与微型计算机的基本组成一样，其核心部分有中央处理器(CPU，包括运算器和控制器)、存储器和输入/输出(I/O)接口。为了提供更多的功能，其内部还集成了定时/计数器、串行口、中断系统等电路，大大小小几十块，相当复杂。

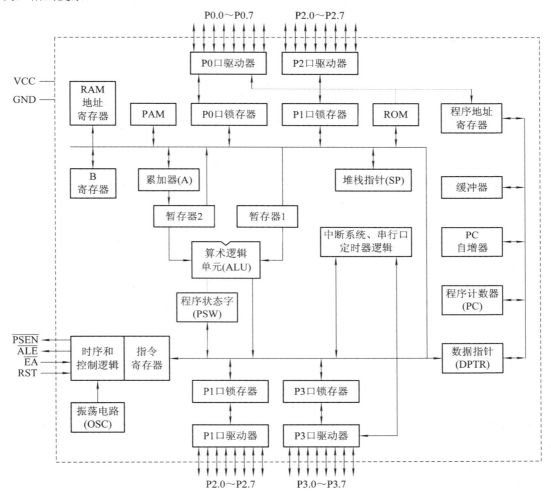

图 2.1　80C51 单片机的内部结构图

2. 内部功能部件划分

分析图 2.1，可以将 80C51 单片机的内部功能部件划分为 8 个部分来学习，如图 2.2 所示。这 8 个部分如下：

(1) 中央处理器(CPU)。中央处理器是单片机的核心，完成运算和控制功能。80C51 的 CPU 能处理 8 位二进制数或代码。在本章下一小节就会讲解 CPU 的组成及运行过程。另外，以 8 位的 CPU 以及内部存储器 RAM、输入/输出接口 I/O 等资源为基础，80C51 单片机还包含了一个 1 位的处理器，与之相关的内容将在第 7 章布尔处理机中详细介绍。

(2) 总线及其外部扩展控制部分。所有部件，包括 CPU 在内，都靠总线来传递交换数据。数据总线是 8 位的，地址总线是 16 位的，还有若干控制总线。如果单片机需要扩展外部存储器、外部功能设备，也需要通过总线外部扩展控制部分把内部总线连接到管脚上。

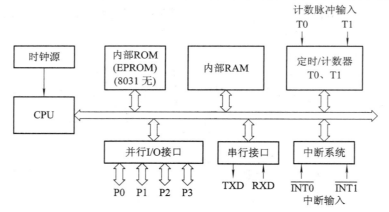

图 2.2　80C51 单片机的内部功能部件

(3) 内部数据存储器(内部 RAM)。80C51 芯片中共有 128 字节 RAM 单元(另一个型号 8052 有 256 字节 RAM 单元)。另外还有一些特殊功能寄存器，简称 SFR。

(4) 内部程序存储器(内部 ROM)。80C51 共有 4 KB 掩膜 ROM，用于存放程序和原始数据，因此，称之为程序存储器，简称内部 ROM。以上(2)(3)(4)部分将在第 4 章存储器中详细介绍。

(5) 并行 I/O 接口。80C51 有 4 个 8 位的通用输入/输出接口(I/O 口：P0、P1、P2、P3)，即可以当做 4 个 8 位输入/输出接口用，也可以当做 32 个独立的位输入/输出接口用，非常灵活。这部分内容在第 3 章输入/输出口中详细介绍。

(6) 中断系统。中断系统在计算机中所起的作用非常关键。80C51 有 5 个中断源(8052 有 6 个)，即外部中断两个，定时/计数中断两个(8052 三个)，串行口中断一个。全部中断分为高级和低级共两个优先级别。这部分内容将在第 8 章中断系统中详细介绍。

(7) 定时/计数器。80C51 共有两个 16 位的定时/计数器，以实现定时或计数功能，并以其定时或计数结果对单片机进行控制。8052 还多一个功能更强大的定时/计数器。这部分内容在第 9 章定时/计数器介绍。

(8) 串行接口。80C51 单片机有一个全双工的串行接口，以实现单片机和其他设备之间的串行数据传送。该串行接口功能较强，既可作为全双工异步通信收发器使用，也可作为同步移位器使用。这部分内容在第 10 章串行接口中介绍。

2.2　中央处理单元及最小系统

中央处理单元(CPU)是整个单片机的核心部件，80C51 单片机的 CPU 是 8 位数据宽度的处理器，即一次处理 8 位二进制数(1 字节)。CPU 负责控制、指挥和调度各个单元系统的协调工作，用来完成运算、控制和输入/输出等功能。CPU 由运算器、控制器等部件组成。

在单片机芯片外部加上时钟电路、复位电路就组成了单片机最小系统，即加载程序后就可以正常工作的最简化硬件电路。

2.2.1　运算部件与程序状态字

运算部件是以算术逻辑单元 ALU 为核心，加上累加器 A、寄存器 B、暂存器 1 和暂存器 2 及程序状态字 PSW 组成的，它能实现数据的算术、逻辑运算，位变量处理和数据传送操作。

1．算术逻辑单元

算术逻辑单元(Arithmetic and Logical Unit，ALU)是 CPU 的核心，不仅能完成 8 位二进制数的加(带进位加)、减(带借位减)、乘、除、加 1、减 1 及 BCD 加法的十进制调整等算术运算，还能对 8 位变量进行逻辑"与""或""异或""求补""清零"等逻辑运算，并具有数据传送功能。

2．参与运算的寄存器

(1) 累加器 ACC，简称 A，8 位寄存器，它是 CPU 中使用最频繁的寄存器。进入 ALU 做算术和逻辑运算的操作数多来自 A，运算结果也常送回 A 保存。

(2) 寄存器 B，是为 ALU 进行乘除法设置的。在执行乘法运算指令时，用于存放一个乘数或乘积的高 8 位数；在执行除法运算指令时，B 中存放除数或余数；若不作乘除运算时，则可作为通用寄存器使用。

3．程序状态字

程序状态字 PSW(8 位)是一个标志寄存器，它保存指令执行结果的特征信息，以供程序查询和判别。程序状态字格式及含义如下：

PSW.7		···					PSW.0
CY	AC	F0	RS1	RS0	OV	—	P

(1) CY(PSW.7)：进位标志位。在执行某些算数、逻辑指令时，可以被硬件或软件置位或清除。在布尔(位)处理器中，它被认为是位累加器。它的重要性相当于字节处理中的累加器(ACC)。

(2) AC(PSW.6)：辅助进位(或称半进位)标志位。在加减运算中，当低 4 位向高 4 位有进位或借位时，AC 由硬件置位，否则 AC 位被清零。在 BCD 码运算时要十进制调整，也要用到 AC 位状态进行判断。

(3) F0 (PSW.5)：由用户定义的标志位。

(4) RS1(PSW.4)、RS0(PSW.3)：工作寄存器组选择位。可用软件置"1""0"，以选择当前工作寄存器区。RS1、RS0 与寄存器区的关系如表 2.2 所示。

表 2.2　工作寄存器组的选择表

RS1、RS0		寄存器工作区
0	0	0 区
0	1	1 区
1	0	2 区
1	1	3 区

(5) OV(PSW.2)：溢出标志位。当执行算数指令时，反映带符号数的运算结果是否溢出。溢出时 OV = 1，否则 OV = 0。注意区别溢出和进位是两种不同的概念。溢出是指两个带符号数运算时，结果超出了累加器(A)所能表示的带符号数的范围(−128～+127)。而进位是两个无符号数最高位(D7)相加(或相减)有进位(或有借位)时 CY 的变化。无符号数乘法指令 MUL 的执行结果也会影响溢出标志位。累加器 A 和寄存器 B 中的两个乘数的积超过 255(0FFH)时，OV = 1，否则 OV = 0。此积的高 8 位放在寄存器 B 内,低 8 位放在累加器 A 内。因此 OV = 0 意味着乘积结果只从累加器 A 中取得即可；否则要从寄存器 B 中取得乘积的高位字节。除法指令 DIV 也会影响溢出标志位。当除数为 0 时，OV = 1，否则 OV = 0。

(6) —(PSW.1)：未定义位，也不能用。

(7) P(PSW.0)：奇偶标志位，表示累加器 A 中"1"的个数的奇偶性。若累加器 A 中"1"的个数为奇数，则 P = 1，否则 P = 0。此标志位对串行通信中数据传输校验有重要意义。常用 P 作为发送一个符号的奇偶校验位，以增加通信的可靠性。

4．布尔处理机

为了能更好地"面向控制"，适应各种应用系统的需要，MCS-51 系列单片机特设了一个结构完整、功能极强的布尔处理机。布尔处理(即位处理)是 MCS-51 单片机 ALU 所具有的一种功能。单片机指令系统中的布尔指令集(17 条位操作指令)，存储器中的位地址空间，以及借用程序状态标志寄存器 PSW 中的进位标志 CY 作为位操作"累加器"，构成了单片机内的布尔处理机。它可对直接寻址的位(bit)变量进行位处理，如置位、清零、取反、测试转移以及逻辑"与""或"等位操作，使用户在编程时可以利用指令完成原来需要复杂的硬件逻辑所完成的功能，并可方便地设置标志等。

2.2.2　控制部件

控制器主要由指令部件、时序部件和微操作控制部件等组成。控制器的主要功能是按一定顺序从存储器(内存)中取出指令进行解释，并按解释结果发布操作命令，使单片机的各部分按相应的节拍产生相应的动作。具体地说，就是完成取指令、分析指令和执行指令的处理过程。

1．指令部件

指令部件是一种对指令进行分析、处理和产生控制信号的逻辑部件，主要包括如下部件：

(1) 程序计数器(Program Counter，PC)：PC 是一个 16 位的专用寄存器，其内容决定了程序的走向，用于存放下一条 CPU 要执行的指令地址，可寻址范围是 0000H～0FFFFH 共 64 KB。程序中的每条指令存放在 ROM 区的某一单元，并都有自己的存放地址。CPU 要执行哪条指令时，就把该条指令所在的单元的地址送上地址总线。没有可以直接设置 PC 的指令，只能通过某些与程序流程控制相关的指令的操作间接地影响 PC 的值。

(2) PC 自增器：在顺序执行程序中，当 PC 的内容被送到地址总线后，会自动加 1，即 (PC)←(PC)+1，指向 CPU 下一条要执行的指令地址。

(3) 指令寄存器(Instruction Register，IR)：用于暂存当前指令的操作码(8 位)。

(4) 控制逻辑指令译码器(Instruction Decoder，ID)：用于对操作码进行分析、解释，产生各种控制电平，送往时序部件。

2. 时序部件

时序部件用于产生微操作部件所需的定时脉冲信号，主要包括如下部件：

(1) 时钟电路(Clock Circuit)：包括振荡电路(OSC)，配合外部元件产生主频振荡，由振荡产生机器的时钟脉冲序列。

(2) 节拍发生器(Beat Generator)：产生节拍电压和节拍脉冲。

(3) 微操作控制部件：主要功能是为 ID 输出信号配上节拍电位和节拍脉冲，组合外部控制信号，产生微操作控制序列，完成规定的操作。

2.2.3　时钟电路与时序

1. 时钟电路

时钟电路用于产生单片机工作所需要的时钟信号。时钟电路框图如图 2.3 所示。单片机芯片内部有一个反向放大器，其输入引脚为 XTAL1，输出引脚为 XTAL2，芯片外部通过这两个引脚接晶体振荡器CYS 和微调电容器C1、C2 形成反馈电路(通常取值在 20～30 pF)，构成稳定的自激振荡器，振荡频率范围通常是 1 MHz～12 MHz。振荡脉冲经分频后再为系统所用。

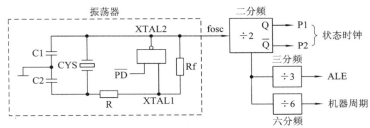

图 2.3　MCS-51 单片机时钟电路框图

$\overline{PD}$ 是寄存器 PCON 中的控制位，当 $\overline{PD}$ =1 时，振荡器停止工作，系统进入低功耗工作态。时钟发生器实质上是一个 2 分频的触发器，其输入来自振荡器，输出为 2 相时钟信号，即状态时钟信号，其频率为 fosc/2；状态时钟 3 分频后为 ALE 信号，其频率为 fosc/6；状态时钟 6 分频后为机器周期，其频率为 fosc/12。

2. 时序与时序定时单位

所谓时序，是指在执行指令过程中，CPU 的控制器所发出的一系列特定的控制信号在时间上的相互序列关系。

(1) 振荡周期：振荡脉冲的周期(晶振周期)，图 2.4 中的"P"。

(2) 状态周期：振荡脉冲经过两分频后，就是单片机的时钟信号。图 2.4 中用"S"来表示。一个状态包含的前半周期为 P1，后半周期为 P2。

(3) 机器周期：一个机器周期为 6 个状态周期，相当于 12 个振荡周期，图 2.4 分别用 S1～S6 来表示状态周期，S1P1，S1P2，S2P1，S2P2，…，S6P2 来表示振荡周期。

(4) 指令周期：执行一条指令所需要的时间称为指令周期，指令周期以机器周期的数目来表示。

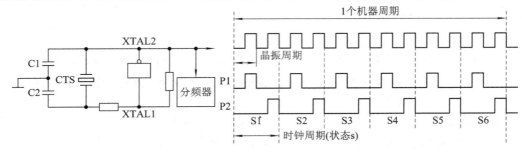

图 2.4　单片机的时序定时单位

2.2.4　复位电路

1. 复位概念

复位就是单片机的初始化操作。程序计数器 PC 初始化为 0000H，使单片机从 0000H 单元开始执行程序；同时使 CPU 和系统中其他部件处于一个确定的初始状态，并从这个状态开始工作；另外，由于程序运行过程中的错误或操作失误也可能使系统处于死锁状态，为了摆脱这种状态，也需要进行一系列的操作使其恢复到某一初始状态。复位还可使单片机退出低功耗工作方式而进入正常工作状态。

单片机复位以后的初始状态如表 2.3 所示。

表 2.3　MCS-51 单片机复位以后的初始状态

寄存器	复位状态	寄存器	复位状态
PC	0000H	TMOD	00H
ACC	00H	TCON	00H
B	00H	TH0	00H
PSW	00H	TL0	00H
SP	07H	TH1	00H
DPTR	0000H	TL1	00H
P0～P3	00H	SCON	00H
IP	00H	SBUF	×××××××B
IE	00H	PCON	0000000B

注　×××为不确定。

2. 复位方法

单片机本身是不能自动进行复位操作的，必须配合相应的外部电路才能实现。

复位操作通常有两种基本形式：上电自动复位、手动按键复位，如图 2.5 所示。

上电自动复位操作要求接通电源后自动实现复位操作。如图 2.5(a)所示。

手动按键复位要求在电源接通的条件下，在单片机运行期间，用按钮开关操作使单片机复位，如图 2.5(c)所示。

在 80C51 单片机的 RST 引脚上输入高电平并至少保持两个机器周期(即 24 个振荡周期)以上时，复位过程即可完成。如果 RST 引脚持续保持高电平，单片机就处于循环复位状态。

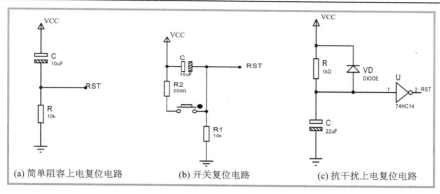

图 2.5　复位电路

2.2.5　最小系统

51 系列单片机内部配有 ROM 和 RAM，能够运行的最基本配置包括单片机芯片，时钟晶振电路，复位电路，如图 2.6 所示。

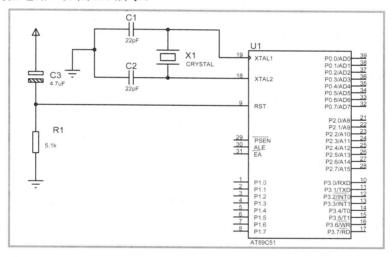

图 2.6　80C51 的最小系统电原理图

2.2.6　工作方式与电源控制寄存器

1. 电源控制寄存器 PCON

单片机 80C51 有正常程序执行方式和两种低功耗节电方式：空闲方式(Idle Mode)和掉电方式(Power Down Mode)。空闲方式和掉电方式都是由特殊功能寄存器中的电源控制寄存器 PCON 的有关控制位来控制的：

PCON.7　　　　　　　　　　　　　　　　　　　　　　　　　　　　PCON.0

SMOD	/	/	/	GF1	GF0	PD	IDL

电源控制寄存器 PCON 不可位寻址，字节地址为 87H，其每位的定义如下：

SMOD：波特率倍增位，在串行通信中应用。

/：保留位。

GF1：用户通用标志在 1。

GF0：用户通用标志在 0。

PD：掉电方式控制位，PD = 1，单片机进入掉电方式。

IDL：空闲方式控制位，IDP = 1，单片机进入空闲方式。

2. 程序执行方式

程序执行方式是单片机的基本工作方式。单片机上电复位后，从程序存储器的 0000H 单元开始执行程序。

3. 空闲方式

使 PCON 中的 IDL 置 1，单片机系统就可进入空闲方式。

在空闲方式下，振荡器仍然运行，所有外围电路(中断系统、串行口和定时/计数器)仍继续工作，但 CPU 进入睡眠状态。此时，CPU 现场(即堆栈指针 SP、程序计数器 PC、程序状态字 PSW、累加器 ACC 等)、片内 RAM 和 SFR 中其他寄存器内容都被冻结起来，保持进入空闲工作模式前的内容。单片机的电流消耗将从 24 mA 降为 3.7 mA 左右。

退出空闲方式有两种方法：一种是产生中断，因为在待机工作模式下，中断系统仍在工作，任何被允许的中断发生时，均可使单片机退出待机工作模式；另一种办法是通过硬件复位，因为在空闲方式下振荡器仍在工作，只要使复位信号满足复位时间要求，就可使单片机进入复位状态。

4. 掉电方式

使 PCON 中的 PD 位置 1(是运行程序中最后执行的指令)，单片机系统就可进入掉电方式。在掉电方式下，振荡器停止运行，但内部 RAM 和特殊功能寄存器中的数据保持在原状态不变，直到退出掉电方式。掉电方式下，电源电压可以降到 2 V(可以由电池供电)，此时耗电仅 50 μA 左右。

退出掉电工作方式的唯一方法是复位，复位要重新定义特殊功能寄存器，但不改变单片机片内 RAM 的内容。应在电源电压恢复到正常值后再进行复位，复位时间要大于 10 ms，在复位完成进入掉电方式前，电源电压是不能降下来的，因此可靠的单片机电路最好要有电源检测电路。

掉电方式和待机方式是两种不同的低功耗工作方式，前者可以在无外部事件触发时降低电源的消耗，而后者则在程序停止运行时才使用。

需要说明的是，MCS-51 系列单片机不属于低功耗单片机类型，在需要长时间电池供电的仪器仪表中，往往采用其他低功耗系列单片机，如 MSP430 系列等。

2.3　LED 流水灯实验

2.3.1　基本的流水灯实验

1. 电原理图及实验说明

在第 1 章最后小节的实验中，我们用单片机 80C51 的一根输出口线 P1.0 作为开关，使

LED 灯实现闪烁。后来又从 P1.0 换到 P2.3，实现了同样的闪烁效果。这一次我们将 LED 灯增加到 8 个，接在 P2 口上，P2 口有 8 根输出口线，P2.0，P2.1，…，P2.7 分别驱动 LED1，LED2，…，LED8。电原理图如图 2.7 所示。

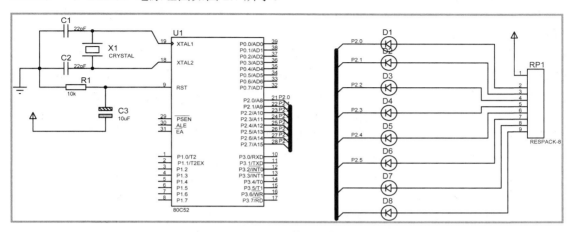

图 2.7　8 路 LED 流水灯电路原图

当单片机 80C51 的 I/O 口输出电平为高电平的时候，LED 关断而处于熄灭状态；当单片机 I/O 口输出电平为低电平时，LED 导通而发光。

2．基本程序结构

对比图 1.31 和图 2.7，除了增加了 7 个 LED 灯路外，什么都一样，因此可以预想，第 1 章的程序在此应该可以运行。

结合上次的程序，先讲一点基本程序结构的知识，更详细的内容见第 5 章，第 6 章。

一般程序由语句组成，一条语句的主要部分是指令，前面可以加语句标号，语句标号后面必须加 "："才能接着写指令。注意，标号是字符串，不是纯数字。指令后面可以加注释，注释的第一个字符必须是 "；"，后边是注释内容，要在同一行内。

将上次的程序重新整理后如下：

```
        LED     EQU     P2.3        ; 将 P2.3 叫做 LED
                ORG     0000        ; 程序入口设在 0000
        MAIN:   CLR     LED         ; LED 发亮
                ACALL   DELAY       ; 调用延时 300 ms 的子程序
                SETB    LED         ; LED 熄灭
                ACALL   DELAY       ; 调用延时 300 ms 的子程序
                AJMP    MAIN        ; 转移到 MAIN 执行
        DELAY:  MOV     R5, #3      ; 延时 300 ms 子程序
        DEL1:   MOV     R6, #200
        DEL2:   MOV     R7, #230
        DEL3:   DJNZ    R7, DEL3    ; DJNZ 循环控制指令
                DJNZ    R6, DEL2
                DJNZ    R5, DEL1
```

```
        RET                              ；子程序返回
        END                              ；结束
```

与未修改前相比，增加了第 1 句：LED　EQU　P2.3，其意思是字符串"LED"等价于 P2.3。相应地，原来的 CLR、SETB 后面的 P2.3 改成了 LED。含义虽然和原来完全一样，但概念却更加清楚了，使用也更方便了。

上次实验曾经把 P1.0 换成 P2.3，需要将程序中 2 处 P1.0 改为 P2.3。如果原来有 LED EQU　P1.0 这一句程序，就不用修改程序中的每一处 P1.0，而是只修改 LED　EQU　P1.0 为 LED　EQU　P2.3 这一句程序就完全解决问题了。现在还感觉不到这句话的好处，只是因为这个程序太简单了，仅 2 处需要修改，只涉及 1 个变量 P1.0，并不麻烦。真实程序一般都很大，变量也多，如果像这样需要修改的地方有 2000 处，并且涉及 10 种变量，就能体会到什么叫做麻烦了。这一句代表了程序的一个组成部分：定义部分。

接下来看，增加了第 2 句：ORG　0000，这句话的含义是后面的程序从 0000 开始向后排放。在这里代表的是程序的入口部分。

从语句标号 MAIN 开始到 AJMP 这句指令，是主程序。叫它主程序并不是因为语句标号是"MAIN"(完全可以改为"SUBPROG"或其他字符串)，而是因为在程序里没有任何一条语句调用它，它的最后一句也不是 RET 或 RETI。这些知识概念以后都会反复涉及，现在不必急着弄懂，有一定了解，以后留心就可以了。这也是学习本书的一个特点，不必在意搞懂所碰到的每一个概念，搞不懂就先绕过去，留心记住，以后经过多次重复应用，自然会加深理解的。关键是先会用，先"会"后"懂"。多用才能真正弄懂。

从语句标号 DELAY 开始直到语句 RET，是名叫 DELAY 的子程序，功能是延时 300 ms，至于怎么实现的这个功能，下一章会讲到。DELAY 子程序被主程序中的 ACALL DELAY 语句所调用。所谓调用，是指程序运行到子程序调用指令 ACALL 时，就自动记下当前这个位置(叫做断点)后，转到语句标号 DELAY 处执行，直到碰见语句 RET 就返回到刚才记下的断点位置接着向下继续执行。

最后一句是 END，前面已讲过其作用。

总结一下，基本的程序结构包括：

     定义部分
     程序入口
     语句序列(包括主程序和若干子程序)
     结束

其中，语句序列是由 51 系列单片机的指令组成的；定义部分的 EQU、程序入口的 ORG、结束 END 则不是 51 系列单片机指令系统的成员，它们是属于汇编软件的，叫做"伪指令"。汇编软件的功能是把汇编指令翻译成计算机能理解的机器码，伪指令就是我们告诉它如何翻译的规矩。这些概念在第 5 章、第 6 章都会详细讲解。

3. 软件设计及流程图

现在开始做实验。实验目标是实现流水灯效果。

我们已经可以使 1 个 LED 一会亮一会灭。如果是 8 个 LED，先让第一个 LED(命名为 LED1，后面类推)即 LED1 亮一会，随后让 LED1 灭，紧接着 LED2 亮，延续一会，LED2

灭、LED3 亮，延续一会······LED8 灭，LED1 亮······这样的效果就是，一盏灯光像流水一样在一排灯中间移动循环。

　　1 路 LED 闪烁实验的流程图如图 2.8 所示，按同样的思路，8 路 LED 流水灯实验的流程图如图 2.9 所示。

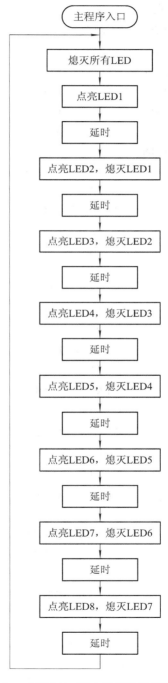

图 2.8　1 路 LED 灯闪烁实验的流程图　　　　图 2.9　8 路 LED 流水灯实验的流程图

4. 程序代码

实验程序如下：

```
LED1    EQU     P2.0        ; 将 P2.0 叫做 LED1
LED2    EQU     P2.1        ; 将 P2.1 叫做 LED2
LED3    EQU     P2.2        ; 将 P2.2 叫做 LED3
LED4    EQU     P2.3        ; 将 P2.3 叫做 LED4
LED5    EQU     P2.4        ; 将 P2.4 叫做 LED5
LED6    EQU     P2.5        ; 将 P2.5 叫做 LED6
LED7    EQU     P2.6        ; 将 P2.6 叫做 LED7
LED8    EQU     P2.7        ; 将 P2.7 叫做 LED8
        ORG     0000        ; 程序入口设在 0000
MAIN:   CLR     LED1        ; LED1 发亮
        ACALL   DELAY       ; 调用延时 300 ms 的子程序
        SETB    LED1        ; LED1 熄灭
        CLR     LED2        ; LED2 发亮
        ACALL   DELAY       ; 调用延时 300 ms 的子程序
        SETB    LED2        ; LED2 熄灭
        CLR     LED3        ; LED3 发亮
        ACALL   DELAY       ; 调用延时 300 ms 的子程序
        SETB    LED3        ; LED3 熄灭
        CLR     LED4        ; LED4 发亮
        ACALL   DELAY       ; 调用延时 300 ms 的子程序
        SETB    LED4        ; LED4 熄灭
        CLR     LED5        ; LED5 发亮
        ACALL   DELAY       ; 调用延时 300 ms 的子程序
        SETB    LED5        ; LED5 熄灭
        CLR     LED6        ; LED6 发亮
        ACALL   DELAY       ; 调用延时 300 ms 的子程序
        SETB    LED6        ; LED6 熄灭
        CLR     LED7        ; LED7 发亮
        ACALL   DELAY       ; 调用延时 300 ms 的子程序
        SETB    LED7        ; LED7 熄灭
        CLR     LED8        ; LED8 发亮
        ACALL   DELAY       ; 调用延时 300 ms 的子程序
        SETB    LED8        ; LED8 熄灭
        AJMP    MAIN        ; 转移到 MAIN 执行
DELAY:  MOV     R5,#3       ; 延时 300 ms 子程序
DEL1:   MOV     R6,#200
DEL2:   MOV     R7,#230
```

```
DEL3:   DJNZ    R7,DEL3             ; DJNZ 循环控制指令
        DJNZ    R6,DEL2
        DJNZ    R5,DEL1
        RET                         ; 子程序返回
        END                         ; 结束
```

汇编、装载、仿真，看看是不是"流水"灯？

这个灯光是从上向下"流动"的，如果想反过来，让灯光从下向上流动，该怎么办？

从上往下流动，灯的点亮顺序为 LED1→LED2→LED3→…→LED8。只要调换顺序为 LED8→LED7→LED6→…→LED1，就变成从下向上流动。调换顺序有两个办法：一个是把程序中 CLR、SETB 后边的 LED 顺序调换；另一个办法是把程序开头的 EQU 后面的 P2 口的口线顺序调换一下。两种办法都能达到目的，但麻烦程度不同。大家应该有点体会了。

2.3.2　用数据传送和环移指令的流水灯实验程序

1. 用数据传送指令的流水灯实验程序

要达到前面流水灯的效果，还有不少办法。下面就介绍另一种。

像 P2.0 这种口线，只能控制 1 个 LED 的亮、灭，因为它只有电平高(1)、低(0)这两种状态。这种只有 1、0 两个状态的叫做 1 个"位"，它是二进制的最小单位。8 个位就组成 1 个"字节"，字节是在计算机使用的数值中最基本的单位。P2.0，P2.1，…，P2.7 这 8 位可以组成 1 个字节，叫做"P2"，80C51 的设计者用 P2 命名 1 个输出口，一般就简称 P2 口，像这样的输出口共有 4 个，第 3 章会详细讲解。

通过上面的解释可知，在 8 位流水灯实验中，既可以说 80C51 的 P2.0 控制 LED1，P2.1 控制 LED2，…，P2.7 控制 LED8；也可以说 80C51 的 P2 口控制 8 个 LED，其中 P2.0 控制 LED1，P2.1 控制 LED2，…，P2.7 控制 LED8。请仔细体会这两种说法的含义不同。

依照第二种说法，可以以字节为单位来编程序。

把 P2 出现过的状态展开成二进制数，见表 2.4。记住，在这个实验中，"1"代表 LED 灭，"0"代表 LED 亮，一次只亮一个灯。

表 2.4　一次只亮一个灯的 P2 口状态

二进制，位表示的数	十六进制，字节表示的数
1 1 1 1 1 1 1 0	FE
1 1 1 1 1 1 0 1	FD
1 1 1 1 1 0 1 1	FB
1 1 1 1 0 1 1 1	F7
1 1 1 0 1 1 1 1	EF
1 1 0 1 1 1 1 1	DF
1 0 1 1 1 1 1 1	BF
0 1 1 1 1 1 1 1	7F

观察表 2.4 左边一栏，能够清楚看到 1 盏 LED 灯的亮光从右向左流动。注意这里的"从

右向左"和图 2.9 中的"从上向下"相对应。这一栏是以位为单位来表示状态的，或者说二进制数。

表 2.4 右边一栏是按字节来表示的左边一栏对应的二进制数，更经常的说法是十六进制数。同一个状态例如 LED1 亮，可以用二进制表示：11111110B，也可以用十六进制表示：0FEH。其他状态类同。为了表示区别，二进制数后面用"B"标示，十六进制数后面则加一个"H"。至于 FEH 前缀"0"，并不是十六进制数表示要求的。这是汇编程序的规则，必须遵守，所有数值表示的第一个字符必须是"0~9"，不能是英文字母。否则汇编程序就罢工。附录里有关于数制的知识介绍。

图 2.9 中流程图用字节的方式写出的汇编程序代码如下：

```
        LED1    EQU     P2.0        ; 将 P2.0 叫做 LED1
        LED2    EQU     P2.1        ; 将 P2.1 叫做 LED2
        LED3    EQU     P2.2        ; 将 P2.2 叫做 LED3
        LED4    EQU     P2.3        ; 将 P2.3 叫做 LED4
        LED5    EQU     P2.4        ; 将 P2.4 叫做 LED5
        LED6    EQU     P2.5        ; 将 P2.5 叫做 LED6
        LED7    EQU     P2.6        ; 将 P2.6 叫做 LED7
        LED8    EQU     P2.7        ; 将 P2.7 叫做 LED8
                ORG     0000        ; 程序入口设在 0000
MAIN:           MOV     P2, #0FFH   ; 灯全灭
                ACALL   DELAY       ; 调用延时 300 ms 的子程序
                MOV     P2, #0FEH   ; 仅 LED1 发亮
                ACALL   DELAY       ; 调用延时 300 ms 的子程序
                MOV     P2, #0FDH   ; 仅 LED2 发亮
                ACALL   DELAY       ; 调用延时 300 ms 的子程序
                MOV     P2, #0FBH   ; 仅 LED3 发亮
                ACALL   DELAY       ; 调用延时 300 ms 的子程序
                MOV     P2, #0F7H   ; 仅 LED4 发亮
                ACALL   DELAY       ; 调用延时 300 ms 的子程序
                MOV     P2, #0EFH   ; 仅 LED5 发亮
                ACALL   DELAY       ; 调用延时 300 ms 的子程序
                MOV     P2, #0DFH   ; 仅 LED6 发亮
                ACALL   DELAY       ; 调用延时 300 ms 的子程序
                MOV     P2, #0BFH   ; 仅 LED7 发亮
                ACALL   DELAY       ; 调用延时 300 ms 的子程序
                MOV     P2, #7FH    ; 仅 LED8 发亮
                ACALL   DELAY       ; 调用延时 300 ms 的子程序
                AJMP    MAIN        ; 转移到 MAIN 执行
        ;
DELAY:          MOV     R5, #3      ; 延时 300 ms 子程序
```

```
DEL1:       MOV      R6, #200
DEL2:       MOV      R7, #230
DEL3:       DJNZ     R7, DEL3        ; DJNZ 循环控制指令
            DJNZ     R6, DEL2
            DJNZ     R5, DEL1
            RET                      ; 子程序返回
;
            END                      ; 结束
```

看看程序是不是短一些了？注意程序中出现了一个新语句：MOV P2, #0FEH，意思是把十六进制数 "FE" 送到 P2 中。这个指令是数据传送指令，MOV 来自英文单词 "move"。送个快递，一要有接收者，二要有货物，缺一不可。数据传送也一样，MOV 后边紧挨着的就是 "接收者"，下一个就是 "货物"。快递只送货，可不能损坏货物；同理，数据传送指令 MOV 的特点就是只传送数据，对数据不做任何加工。还有个 "#"，表示后面跟的是数据。

汇编、装载、仿真，看看效果是不是一样？这个程序叫 "字节方法" 的流水灯实验程序，前一个程序就叫 "位方法" 的流水灯实验程序。

2. 用环移指令的流水灯实验程序

再来一种写流水灯实验程序的办法。

前边通过观察表 2.4 的左边一栏，已经注意到 "0" 从左向右移动。51 系列汇编指令系统中恰好有一条指令叫做 "累加器左环移" 的，就实现这一效果。RL A：累加器是 CPU 中最核心的寄存器(暂时寄存数据的地方)，名字叫 ACC，简称 A；1 个字节 8 位，所以这 8 位就叫做 ACC.0，ACC.1，…，ACC.7。RL 来自英文 Rotate Left，向左循环移动的意思(顺便说说，有向左就有向右：RR = Rotate Right)。语句 RL A 执行完，原来 ACC.0 的内容(1 或 0)就转到 ACC.1，即 ACC.0→ACC.1，而 ACC.1 的内容就转到 ACC.2，ACC.1→ACC.2，…，到了 ACC.7 就又转回到 ACC.0，即 ACC.0→ACC.1，整整一个循环移动。现在就用它来写流水灯实验程序。程序最前面的定义部分和最后面的延时子程序都没有变化。下面就用省略号代替了。这个程序叫 "左移方法" 的程序。

```
...
            MOV      A, #07FH        ; 给累加器赋初值
MAIN:       RL       A
            MOV      P2, A           ; LED1 发亮
            ACALL    DELAY           ; 调用延时 300 ms 的子程序
            RL       A
            MOV      P2, A           ; LED2 发亮
            ACALL    DELAY           ; 调用延时 300 ms 的子程序
            RL       A
            MOV      P2, A           ; LED3 发亮
            ACALL    DELAY           ; 调用延时 300 ms 的子程序
            RL       A
```

```
        MOV      P2, A          ; LED4 发亮
        ACALL    DELAY          ; 调用延时 300 ms 的子程序
        RL       A
        MOV      P2, A          ; LED5 发亮
        ACALL    DELAY          ; 调用延时 300 ms 的子程序
        RL       A
        MOV      P2, A          ; LED6 发亮
        ACALL    DELAY          ; 调用延时 300 ms 的子程序
        RL       A
        MOV      P2, A          ; LED7 发亮
        ACALL    DELAY          ; 调用延时 300 ms 的子程序
        RL       A
        MOV      P2, A          ; LED8 发亮
        ACALL    DELAY          ; 调用延时 300 ms 的子程序
        AJMP     MAIN           ; 转移到 MAIN 执行
        …
```

与前面的"字节方法"的程序相比，除了 RL A 语句外，还有两个新特点：一个是每句 RL A 之后，都加了一条 MOV P2，A。这是条新语句，和 MOV P2，#0FEH 很像。MOV 是传送数据的意思，紧跟着的是数据接收者 P2，再下一个"货物"就不一样了。MOV P2，#0FEH 中，#0FEH 中的"#"，表示紧跟着的就是"货物"；而 MOV P2，A 中，A 表示"货物"。在"A"中，要从"A"那里拿到"货物"再传送给"接收者"P2。这句话的意思是把累加器 A 中的数据传送给 P2。这种表达"货物"即数据存放地点的方式叫做"直接寻址"。而 #0FEH 这种表达数据存放地点的方式叫做"立即数寻址"。所谓"立即数"，就是"数"的意思，"立即"二字没有其他含义。

每句 RL A 之后，都加了一条 MOV P2，A。是因为单片机 80C51 只能使累加器 A 的数据循环左移，不能使 P2 的数据循环左移。所以先把 A 的数据循环左移，再把 A 中循环左移过了的数据传送给 P2。

另一个新特点是程序结构上的：在主程序前边又加了一句 MOV A, #7FH。主程序从标号为 MAIN 的语句开始，直到最后 AJMP MAIN 构成了一个永无止境的循环。所谓"循环"，就是循环内部的所有状态都轮番出现，最初出现那个状态不定。如果最初必须出现某个状态，就必须设置好循环确保这一点，这就是所谓"循环的初始化"。MOV A, #7FH 就正是这个主程序循环的初始化语句。它让循环的第一步是 LED1 亮。主程序一般都配备有初始化段，放在主程序循环之前，程序定义段和程序入口之后。这是初始化的第一个特点。第二个特点是只执行一次。

2.3.3　循环结构的流水灯实验程序及延时子程序

1. 循环结构的流水灯实验程序

观察"左移方法"程序，发现下面这三条语句的组合连续出现了 8 次。

```
RL        A
MOV       P2, A
ACALL     DELAY
```

　　把这三条语句叫做"循环体"；循环体要运行不多不少 8 次，这就是"循环次数上限"；当前运行状态就需要"计数器"来数循环次数；再加上个"比较器"，随时比较计数器的值与循环次数上限，看看循环数够了没有，够数了就退出循环。这就叫"循环结构"，是组成程序的三大结构之一，非常有用。后面第 5 章会详细讲解，现在记住就行。用这种结构画出流程图，如图 2.10 所示，重写"左移方法"程序如下：

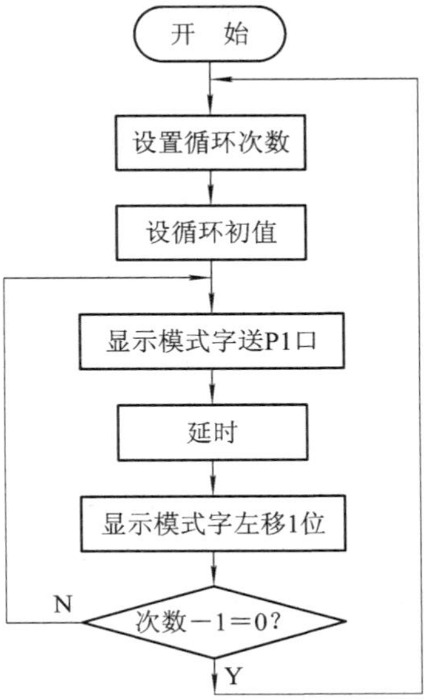

```
          ...
          MOV       A, #07FH    ; 给累加器赋初值
MAIN:     MOV       R7, #8      ;
MAIN_1:   RL        A
          MOV       P2, A       ; LED1 发亮
          ACALL     DELAY       ; 调用延时 300 ms 的子程序
          DJNZ      R7, MAIN_1
          AJMP      MAIN        ; 转移到 MAIN 执行
          ...
```

图 2.10　"循环-左移"的流程图

　　"循环–左移"程序 MOV R7，#8，R7 是什么意思呢？R7 和累加器 ACC 类似，是最常用的寄存器，叫做"工作寄存器"。像这样的寄存器有 8 个：R0，R1，…，R7，到第 4 章再详细讲。这里用 R7 当循环结构中的"计数器"，这也是在工作寄存器中经常担任的角色。

　　DJNZ　R7，MAIN_1 也是新增加的。DJNE 起到图 2.10 中"减 1 比较器"的功能。实际上"DJNZ"就是"(操作数 1)减 1 不为 0 则跳转到(操作数 2)"的英文缩写。

　　操作数是什么？一条指令由所谓"操作码"和"操作数"组成。DJNZ 是操作码，MOV、AJMP、ACALL、CLR、SETB、RL 都是操作码，其共同特征是都含有动词的性质；操作码后面跟的就是操作数，操作数可以有 1 个(如 CLR P2.3)、2 个(如 MOV A，#07FH)，后面还可以看到 3 个、0 个的情况。DJNZ 有两个操作数，紧跟着的是"操作数 1"，接着是"操作数 2"，两个操作数之间由"，"隔开。

　　DJNZ R7，MAIN_1 的含义：计数器 R7 中的数减 1 后，如果不等于 0 就跳转到标号为"MAIN_1"的语句执行；如果等于 0 就执行下一条语句。下一条语句是 AJMP　MAIN，跳回到开头 MAIN 重新开始又一次循环。

　　我们计划这个循环执行"循环体"共 8 次，也就是循环次数上限是 8。MAIN：　MOV R7，#8 就是设置计数器的计数上限，也就是"循环的初始化"。

2. 延时子程序

　　对"循环结构"有了一定的认识后，就可以分析前边一直在使用的延时子程序：

```
DELAY:    MOV       R5, #3                    ; 延时 300 ms 子程序
DEL1:     MOV       R6, #200
```

```
DEL2:   MOV     R7, #250
DEL3:   DJNZ    R7, DEL3            ; DJNZ 循环控制指令
        DJNZ    R6, DEL2
        DJNZ    R5, DEL1
        RET                        ; 子程序返回
```

该程序一共有 3 重循环：从第 1 句到第 6 句为第 1 重循环，第 2 句到第 5 句为第 1 重循环体，R5 是计数器，循环 3 次；第 2 句到第 5 句为第 2 重循环，第 3 句到第 4 句为第 2 重循环体，R6 是计数器，循环 200 次；第 3 句到第 4 句为第 3 重循环，没有循环体，第 4 句就是在原地跳 230 次，R7 是计数器。也就是说，第 3 重循环主要就是 DJNZ 这条指令运行了 250 次，从第 2 重循环看，DJNZ 差不多运行了 $200 \times 250 = 50\,000$ 次，从第 1 重循环看，DJNZ 运行了 $3 \times 50\,000 = 150\,000$ 次。

运行指令是需要一点时间的。衡量这个时间的单位叫做机器周期。这是个有关"时序"的概念。单片机有个振荡器不停地产生振荡脉冲，这个振荡脉冲就是单片机运行时的节奏号子(不只是单片机，所有的计算机、时序电路运行都是由这种脉冲驱动的)，指令执行时有不少步骤，一个机器周期就是基本的步骤组合。一般的定义是：单片机完成一次完整的基本操作所需要的时间(其实机器周期就是单片机访问一次存储器的时间，这不用背，理解就行，不理解也没关系)。机器周期随单片机的内部硬件结构不同而不同，有的需要 12 个振荡周期，有的是 6 个，还有 1 个的。80C51 的机器周期是 12 个振荡周期。对于 12 MHz 的振荡频率，80C51 的一个机器周期刚好需要 1 μs。

按照指令执行的复杂程度，一条指令需要 1～4 个机器周期不等，在附录中的汇编指令分类表中给出了每条指令需要的机器周期数。我们这个实验里用的振荡频率是 12 MHz，DJNZ 需要 2 个机器周期，也就是说，执行 1 条 DJNZ 指令需要 2 μs。

因此，调用一次延时子程序，大约可延时 300 ms。

现在明白延时时间的计算方法了，想要修改流水灯"流动"的速度，就很简单了。

由于一个 8 位的计数器，最多有 $2^8 = 256$ 个数，如果延时时间不够的话，就得再增加一重循环。这个延时子程序是 3 重循环。其实还有另一种做法，就是在最内层的循环中增加一些语句，使得每一次循环组需要的时间增多。但要注意，增加的语句只是为了延长时间，不产生其他的效果。指令 NOP 即可满足这种要求。NOP 是"空操作"指令，美中不足是 NOP 只占用 1 个机器周期，可以多用几次，见下面程序：

```
DELAY:  MOV     R6, #200           ; 延时 300 ms 子程序
DEL1:   MOV     R7, #250
DEL2:   NOP
        NOP
        NOP
        NOP
        DJNZ    R7, DEL2           ; DJNZ 循环控制指令
        DJNZ    R6, DEL1
        RET                        ; 子程序返回
```

该程序同样可以延时 300 ms，但是少用了一个工作寄存器 R5。这在资源紧张时就有用了。

2.3.4　用查表指令的流水灯实验程序及多种花样的流水灯

1. 用查表指令的流水灯实验程序

接下来还是讨论 8 位流水灯实验的程序。还有一种常用的办法：查表法。"循环-查表"程序：

```
        …
MAIN:   MOV    DPTR, #TAB      ; 给 DPTR 赋初值
        MOV    R7, #8          ;
MAIN_1:
        MOV    A,#0
        MOVC   A, @A+DPTR
        MOV    P2, A           ; LED1 发亮
        INC    DPTR
        ACALL  DELAY           ; 调用延时 300 ms 的子程序
        DJNZ   R7, MAIN_1
        AJMP   MAIN            ; 转移到 MAIN 执行
        …
        …
TAB:    DB     0FEH, 0FDH, 0FBH, 0F7H, 0EFH, 0DFH, 0BFH, 7FH
        END
```

这个循环体中核心的指令是：MOVC A,@A+DPTR。首先是 MOVC，我们已经知道 MOV 就是传送数据的意思，确切地说，MOV 传送的数据都是在单片机的内存里放着的数据(当然还有立即数是个例外)。MOVC 也是传送数据的，只不过这个数据是在程序代码中存放的。"C"就是 code 的字头，代码的意思。最后一行的数据就按顺序排在 DB 后面。

MOVC 后边的"A"是操作数，这个操作数是目的操作数，数据的接收者。接着的第二操作数(源操作数)"@A+DPTR"，"@"意思是"间接寻址"。以前学过 MOV P2,A，源操作数是 A，就是说，要传送给目的操作数 P2 的数据就在 A 里放着，这种情况叫做"直接寻址"。"间接寻址"则是数据其实在另一个地方存放着，第二操作数里边存放的不是准备传送的数据，而是存放准备传送的数据的地址。打个比方，我们查找一段资料，一种方式是直接翻到资料所在的那一页；另一种方式是查索引给出资料所在的页码。前一种是直接寻址，后一种就是间接寻址了。间接寻址又有好几种情况。如果已知这段资料所在章节的页码，又已知在这一章翻过几页才能找到这段资料，那这段资料所在的页码就等于章节的页码加上"翻过几页"(这叫偏移量)。MOVC A,@A+DPTR 中 DPTR 是一个 16 位的寄存器，里边存放着数据区的首址，相当于章节的页码；A 里边存放着偏移量，相当于"翻过几页"，偏移量加上首址，就是数据存放的地址(注意这个地址在代码中)；把这个地址的数据传送给 A，这条指令就结束了。间接寻址并不比直接寻址慢。

DPTR 是个 16 位的寄存器。它是用 DPH、DPL 两个 8 位寄存器拼起来的。DPH 是高 8 位，H 代表 high；DPL 是低 8 位，L 代表 low，主要用作指示地址，所以又叫做地址指针。

第一句 MOV　DPTR，#TAB，就是给 DPTR 赋初值，#表示后面跟的 TAB 是个立即数。它代表的是 DB 后面第一个数据 0FEH 的存放地址。"DB"是条伪指令，表示它后面跟着的都是数据。如果数据多于一个，就要用"，"隔开。

A 中存放的是偏移量。如果 A 中是 3，那 A+DPTR 就表示 DB 后面第 4 个数据(注意：从 0 开始，3 是第 4 个而不是第 3 个，计算机都是这规矩)，@A+DPTR 取出来的就是 0F7H，传送到 A 中，所以，MOVC A，@A+DPTR 执行完后，A 中的数就是 0F7H。当然如果执行这条指令之前，A 中是 0，执行后 A 中就是 0FEH。只要有了数据表的首地址，想要哪个数据，在执行这条指令前把相应的偏移量赋给 A，这条指令就会在数据表中查到想要的数据。这就是"查表"的由来。

注意到@A+DPTR 这个间接寻址是两个数的和。如果固定偏移量，比如 A 中装的偏移量为 0，而改变 DPTR，照样可以查得到想要的数据。当前这段程序(循环-查表)用的就是这种方法。在 MOVC A，@A+DPTR 查到数据之后，接着的语句是 INC DPTR，就是改变 DPTR，为下一次循环查表时做准备。INC 是加 1 的意思，把后面的操作数加 1。

有了前面讲的这些语句和程序结构，足够我们编些多种多样的程序了。

2. 多种花样的流水灯

原来的程序都是灯光从上"流"到下，下面这个程序的灯光是从上到下再从下到上循环不断。分析一下，有什么程序上的变化产生了这个效果？

```
LED1    EQU    P2.0              ; 将 P2.0 叫做 LED1
LED2    EQU    P2.1              ; 将 P2.1 叫做 LED2
LED3    EQU    P2.2              ; 将 P2.2 叫做 LED3
LED4    EQU    P2.3              ; 将 P2.3 叫做 LED4
LED5    EQU    P2.4              ; 将 P2.4 叫做 LED5
LED6    EQU    P2.5              ; 将 P2.5 叫做 LED6
LED7    EQU    P2.6              ; 将 P2.6 叫做 LED7
LED8    EQU    P2.7              ; 将 P2.7 叫做 LED8
        ORG    0000              ; 程序入口设在 0000
MAIN:   MOV    DPTR, #TAB        ; 给 DPTR 赋初值
        MOV    R7, #16           ;
MAIN_1:
        MOV    A, #0
        MOVC   A, @A+DPTR
        MOV    P2, A             ; LED1 发亮
        INC    DPTR
        ACALL  DELAY             ; 调用延时 300 ms 的子程序
        DJNZ   R7, MAIN_1
        AJMP   MAIN              ; 转移到 MAIN 执行
DELAY:  MOV    R5, #3            ; 延时 300 ms 子程序
DEL1:   MOV    R6, #200
```

```
DEL2:       MOV       R7,#250
DEL3:       DJNZ      R7,DEL3              ; DJNZ 循环控制指令
            DJNZ      R6,DEL2
            DJNZ      R5,DEL1
            RET                            ; 子程序返回
TAB:        DB        0FEH, 0FDH, 0FBH, 0F7H, 0EFH, 0DFH, 0BFH, 7FH
            DB        7FH, 0BFH, 0DFH, 0EFH, 0F7H, 0FBH, 0FDH, 0FEH
            END
```

　　还可以再加花样。循环次数改为 32，在最后再加上下面的数据：

```
DB          0FEH, 0FCH, 0F8H, 0F0H, 0E0H, 0C0H, 080H, 000H
DB          000H, 080H, 0C0H, 0E0H, 0F0H, 0F8H, 0FCH, 0FEH
```

　　看看有什么效果。这叫效果"拉幕灯"。

　　有了查表程序，还可以构思许多花样。

　　另外，如果把几段不同效果的程序接起来形成一个大循环，能实现的花样就更多了。

　　还有一种扩展花样的办法：扩展硬件。80C51 有 4 个 8 位口共 32 条口线，可以带 32 个 LED 灯。想想流程图该怎么画，程序代码该怎么写。

2.3.5　用流程图编程

　　如何将构思变成源程序，在前期策划基本结束后，有些初学者喜欢马上就上机编程序，想到哪里就编到哪里，一天下来编出几百行，以为收获不小。实际上这几百行程序是很靠不住的，日后必然要大修大改。经验表明，一个初学者每天有效编程量大约只有几行到十几行。也就是说，一个 1000～2000 行的软件系统能在三四个月内完成就不错了。而上机输入这 2000 行程序最多也只要一两天时间，绝大多数时间都在反反复复地修改，甚至推倒重来。

　　提高软件设计总体效率的有效方法是熟练绘制程序流程图。下面就绘制程序流程图进行简单的讨论。

1.　认识程序流程图

　　什么是程序流程图，这一点大家早就知道了，但是程序流程图的作用，未必都明白。有些人一说编程序，就控制不住上机的欲望，马上就在键盘上敲起来，一行一行往下编。这些人就不明白程序流程图的真正作用，以为程序流程图是画出来给别人看的。其实，程序流程图是为编程者自己用的。正确的做法是：先画程序流程图，再开始编程，而不是编完程序后再补画程序流程图。

　　什么是程序设计？有人以为上机编辑源程序就是程序设计，这是不对的。画程序流程图也是程序设计的一个重要组成部分，而且是决定成败的关键部分。画程序流程图的过程就是进行程序的逻辑设计过程，这中间的任何错误或忽视将导致程序出错或可靠性下降。因此，我们可以认为：真正的程序设计过程是流程图设计，而上机编程只是将设计好的程序流程图转换成程序设计语言而已。

　　程序流程图与相对应的源程序是等效的，但给人的感受是不同的。源程序是一维的指令流，而流程图是二维的平面图形。一般来说，在表达逻辑思维策略时，二维图形比一维

指令流要直观明了得多，因而更有利于查错和修改。多花一点时间来设计程序流程图，就可以节约大量的源程序编辑调试时间。

2．程序流程图绘制方法

程序流程图用于描述程序中各种问题的解决方法、思路或算法。

(1) 符号。基本的流程图符号有 4 种：

① 椭圆：一般用作一个流程的开始与终结。

② 方框：操作、算法、流程的描述，是流程图的主体。

③ 菱形：选择的意思，用于控制流程的走向。

④ 小圆：表示按顺序的流程节点，用于连接两段流程。

(2) 流线。

① 标准流向是从左到右和从上到下，用箭头指示流向。

② 应当尽量避免流线的交叉。即使出现流线的交叉，交叉的流线之间也没有任何逻辑关系，并不对流向产生任何影响。

③ 一般情况下，流线应从符号的左边或顶端进入，并从右边或底端离开。其进出点均应对准符号的中心。

④ 多出口判断可直接从判断符号引出多条流线。多出口判断的每个出口都应标有相应的条件值，用以反映它所引出的逻辑路径。

(3) 绘制流程图。绘制时需要注意以下几点：

① 图的布局。流程图中符号应均匀地分布，连线长度合理，尽量少使用长线。

② 符号内的空白供标注说明性文字。应注意符号的外形和各符号大小的统一。

③ 符号内的说明文字尽可能简明，用动词或动词+名词表示做什么。通常按从左向右和从上向下方式书写，与流向无关。如果说明文字较多，符号内写不完，可使用注解符。若注解符干扰或影响到图形的流程，应将正文写在另外一页上，并注明引用符号。

3. 程序流程图的设计步骤

程序流程图大家都画过，也见过不少，按说都会画了。其实有些人并没有掌握真正的画法，他们一上手画流程图，已经和要编的源程序相差无几，甚至一个方框对应一条指令。有的流程图方框里几乎没有什么说明文字，都是一些汇编语言的指令，这样的流程图画出来也没有什么意义，所以有的人干脆不画了，直接编辑源程序。

正确的流程图画法是先粗后细、一步一个脚印，只考虑逻辑结构和算法，不考虑或少考虑具体指令。这样画流程图就可以集中精力考虑程序的结构，从根本上保证程序的合理性和可靠性，剩下来的任务只是进行指令代换，这时只要消除语法错误，一般就能顺利编出源程序，并且很少大返工。下面通过一个例子来说明程序流程图的画法。

有一数据采集系统，将采集到的一批数据存放在片外 RAM 中，数据类型为双字节十六进制正整数，存放格式为顺序存放，高字节在前(低地址)，低字节在后(高地址)。数据块的首址已知，数据总个数(不超过 256 个)也已知。现在需要设计一个程序，计算下列公式的值：

$$V = \frac{1}{\overline{X}} \sqrt{\frac{1}{n-1} \sum_{i=1}^{n} \left(X_i - \overline{X} \right)^2} \times 100\%$$

式中，n 为数据总个数，X_i 为某个数据值，$\overline{X}$ 为所有数据的平均值。要求最后结果以 BCD 码百分数表示，并精确到 0.1%。

(1) 先进行最原始的规划，画出第一张程序流程图，如图 2.11 所示。在画第一张程序流程图时，将总任务分解成若干个子任务，安排好它们的关系，暂不考虑各个子任务如何完成。这一步看起来简单，但千万不能出错，这一步的错误属于宏观决策错误，有可能造成整体推倒重来。

(2) 将第一张流程图的各个子任务进行细化。决定每个子任务采用哪种算法，而暂不考虑如何为数据指针、计数器、中间结果配置存放单元等具体问题。由于内容比第一张流程图详细，如果全图画在一起不方便，可以分开画，但要注明各分图之间的连接关系。第二张程序流程图如图 2.12 所示。在第二张流程图中，主要任务是设计算法，因此会用到很多常用算法子程序。为了简化程序设计，应该将那些本系统要用到的常用子程序收入系统，建立一个子程序库，而各个功能模块就不必自己编制这些子程序了。本例中，假设系统子程序库中已有除法子程序、开平方子程序、十六进制与 BCD 码的转换子程序。因此，在第二张流程图中，与这些子程序有关的算法就不再细化了。通常第二张程序流程图已能说明该程序的设计方法和思路，用来向他人解释本程序的设计方法是很适宜的。一般软件说明里的程序流程图大都属于这种类型。

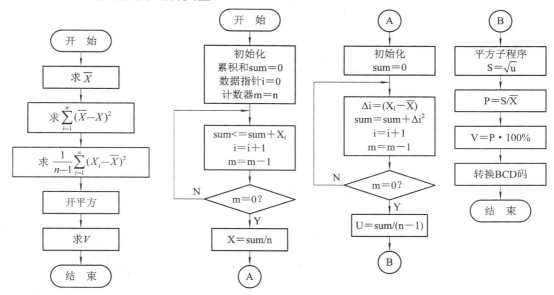

图 2.11　第一张程序流程图　　　　　　　　　　图 2.12　第二张程序流程图

由于第二张流程图以算法为重点，这一步花的时间必然比第一步要多。算法的合理性和效率决定了程序的质量。同样一个任务，新手和老手画出的第二张流程图可能差异很大。而对同样一张第二步设计出来的程序流程图，新手和老手编出来的程序差异就很小，有差异也是非实质性的。

(3) 画出第二张流程图后还不能马上就进行编程，这时往往需要画第三张流程图，用它来指导编程。第三张流程图以资源分配为策划重点，要为每一个参数、中间结果、各种指针、计数器分配工作单元，定义数据类型和数据结构。在进行这一步工作时，要注意上下左右的关系，本模块的入口参数和出口参数的格式要和全局定义一致，本程序要调用低级子程序时，要和低级子程序发生参数传递，必须协调好它们之间的数据格式。本模块中各个环节之间传递中间结果时，其格式也要协调好。在定点数系统中，中间结果存放格式要仔细设计，避免发生溢出和精度损失。一般中间结果要比原始数据范围大，精度高，才能使最终结果可靠。

设数据块首址在 3EH 和 3FH 中，数据总个数在 3DH 中。在求平均值 X 的子任务中，用 R2、R3、R4 存放累加和，用 DPTR 作数据指针，用 R7 作计数器，R5 和 R6 作机动单元。这样规划后，第三张流程图的求 X 子程序部分就可以画出来了，如图 2.13 所示。与第二张程序流程图相比，每一个量都是具体的，由此来编程就很容易了。

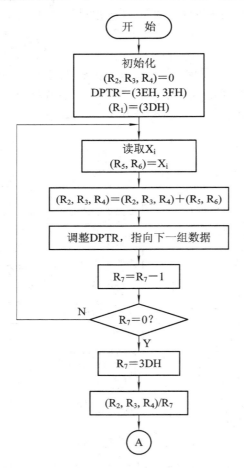

图 2.13　第三张流程图的一部分

简易显示屏设计实例

由于第三张图中要注明具体单元，流程图的规模就更大了，这时一般分成若干部分，并注明它们之间的连接去向。用同样的方法画出其余各部分，然后就可以准备进行编程了。

画好程序流程图后，就可以比较方便地进行编程了。从流程图到程序的过程发生了两个变化：形式上从二维图形变成了一维的程序，内容上从功能描述变成了具体的指令实现。

习　题

1．单片机有几种工作方式？

2．为什么要进行复位？使 80C51 单片微机复位有几种方法？复位后 80C51 的初始状态如何，即各寄存器及 RAM 中的状态如何？

3．80C51 单片微机的节拍、状态、机器周期、指令周期是如何设置的？当主频为 12 MHz 时，各种周期等于多少毫秒？

4．80C51 单片微机有哪几种工作方式？简单说明它们的应用场合和特点。

5．举例说明单片微机在工业控制系统中低功耗工作方式的意义及方法。

6．单片微机"面向控制"应用的特点，在硬件结构方面有哪些体现？

7．什么是子程序？它的结构特点是什么？什么是子程序嵌套？

8．试画出受控流水灯的程序流程图。

9．如何用软件控制流水灯的运行方向？

第3章　51系列单片机的输入/输出接口

通用输入/输出接口是单片机的非常重要的外设。所谓外设(外部设备),并不一定在芯片之外,根据不同的应用需求,将一些外设与CPU、存储器集成到同一块芯片上,是谓单片机。单片机的大部分功能都是通过通用输入/输出接口表现出来的。

要想了解和支配单片机的工作过程,必须建立人机交流的通道。利用通用输入/输出接口实现的按键、数码管显示,就是又简单又常用的人机交互装置。本章较详细地介绍了常见键盘技术和数码管显示技术。有些对键盘、数码管显示技术的讨论并不是马上就要用到,可以当作储备知识来了解,最后通过电子日历钟设计实例展示了按键和数码管技术的应用。

3.1　输入/输出接口功能

单片机芯片内一项重要的资源是并行输入/输出(Input/Output,简称I/O)口。MCS-51共有4个8位的并行I/O口,分别是P0、P1、P2、P3。有些51系列单片机,根据封装的不同又增加了P4,其内部结构也是源自MCS-51的4个并行口。所谓口是集数据输入缓冲、数据输出驱动及锁存等多项内容为一体的I/O电路。

I/O口并不等于单片机芯片引脚。单片机芯片引脚负责连接MCU内外电路,经常集多种与连接内外相关的功能于一身。单片机输入/输出的一个功能是扩展外部并行总线,这属于CPU组成部分的延伸,留到第4章讲解;另一个就是供外设使用。单片机作为MCU,其强大就在于CPU与外设融合在一体。通用输入和输出功能是最基本的外设。另外,为充分利用引脚资源,许多引脚都有第二功能,作为片内外设的I/O,如串行口、定时计数器、中断、A/D、PWM等。

3.1.1　通用输出功能

前两章的实验已多次使用80C51单片机的通用输出功能。80C51的各个口线输出功能电路结构大体类似,如图3.1所示。

(1) 单片机的MOS管与内部上拉电阻组成输出级,CPU要输出的数据并不是直接由输出级接到引脚上,而是先送到锁存器中,再由锁存器去激励输出级。相当于锁存器与输出级组成了通用输出功能模块,挂在CPU总线上。需要输出的数据只要写到锁存器中,其他的(输出数据)就由锁存器负责,CPU就可以干别的事了。

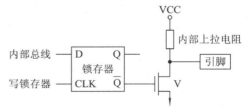

图 3.1　通用输出功能等效电原理图

(2) 引脚输出低电平时，意味着从引脚所接的外围电路中"吸"电流。能吸收多大电流完全由 MOSFET 决定。80C51 一条引脚"吸"电流最好在 10 mA 以下，还要看同时有多少条引脚在吸，一共有多大电流。毕竟一个芯片的功耗有限。

引脚输出高电平则靠的是上拉电阻。这个电阻在电路中始终在把引脚电平拉高，换句话说，为引脚提供"拉"电流。由于上拉电阻的存在，会隐含地改变引脚外部电路的阻抗特性，因此，内部上拉电阻不可以太小。这导致引脚能提供的上"拉"电流较小，几个毫安。如果需要带动比较重的负载，例如超过 5mA，最好还是外加驱动电路。

3.1.2　通用输入功能

80C51 的各个口线输入功能电路结构也基本相同，如图 3.2 所示。

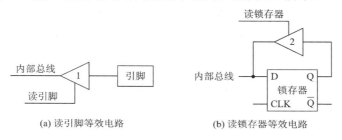

(a) 读引脚等效电路　　　　　　　(b) 读锁存器等效电路

图 3.2　　通用输入功能等效电路图

(1) 输入功能有两种实现方式。通常都是图 3.2 (a)等效电路所示的"读引脚"方式，需要输入时，由"读引脚"信号打开三态门 1，引脚上的电平就直接到了内部总线上，是 0 是 1 清清楚楚。这是纯粹输入引脚数据的情况。

(2) 还有一种情况。由于这个引脚还有输出功能，当我们希望读入的是曾经输出到引脚的状态时，上述读引脚的方式就不适用了。设想某引脚连接一个 NPN 晶体管的基极，曾经输出"1"使这个晶体管导通；现在需要查询这个晶体管所处的状态。由于晶体管发射结正向压降只有零点几伏，如果采用读引脚的方式，这个电压送到内部总线上，CPU 就会误判为 0；既然基极接 0，晶体管自然处于截止状态。实际情况是饱和状态，从而出现判断错误。所以针对这种情况设计了所谓"读锁存器"方式，见图 3.2(b)。需要输入引脚的最近的历史状态时，由"读锁存器"信号打开三态门 2，锁存器中的信息(最近的历史状态)就会放到内部总线上。

(3) 至于什么时候"读引脚"，什么时候"读锁存器"，完全由指令自动完成，不需要设计者操心。有一类指令专门处理这种问题，叫做"读-修改-写"指令。这类指令的特点是：先读口，随之对读入的数据进行修改，然后再写到端口上。例如 ANL P0，A 就属于这类指令。此指令先把 P0 上的数据读入 CPU，随之与累加器 A 内的数据按位进行逻辑与操作，最后再把与的结果送回 P0 口。操作过程：$(P0) \leftarrow (P0) \wedge (A)$。属于这类指令的还有一些把 P0(同样适用于 P1～P3)作为目的操作数的其他指令。这些指令是：ORL、XRL、JBC、CPL、INC、DEC、DJNZ、MOV Px.Y，C、CLR Px.Y 和 SET Px.Y，它们的含义参见附录。后三条指令中的 Px.Y 表示 Px 口的位 Y，初看起来这三条不像是"读-修改-写"指令，事实上，这些指令操作时，是先把口字节的全部 8 位读入，再修改其中寻址位，然后把新的字节写回到口。

(4) 还有问题需要注意，由于引脚是双向口，图 3.1、图 3.2 结合起来看，引脚上的外部信号既加在三态门的输入端上，又加在输出级 MOSFET 的漏极上，若此 MOSFET 是导通的(相当于曾输出锁存过数据 0)，则引脚上的电位始终被钳在 0 电平上(除非引脚上连接的外部信号源有极大的负载能力)，输入数据不可能正确地读入。把这种输出状态对输入操作有影响的双向口叫做"准双向口"。用准双向口输入数据时，应先把口置 1(写 1)，也就是锁存器的值为 1，这样使输出级的 MOSFET 截止，引脚处于悬浮状态，才可作高阻抗输入。

3.1.3   4 个输入/输出口

4 个端口的位结构如图 3.3(a)(b)(c)(d)所示，同一个端口的各位具有相同的结构。由图 3.3 可见，4 个端口的结构有相同之处，都有两个输入三态门缓冲器，分别受内部读锁存器和读引脚信号的控制，都有锁存器(即特殊功能寄存器 P0～P3)及场效应管输出驱动器。依据每个端口的不同功能，内部结构亦有不同之处，下面分别加以介绍。

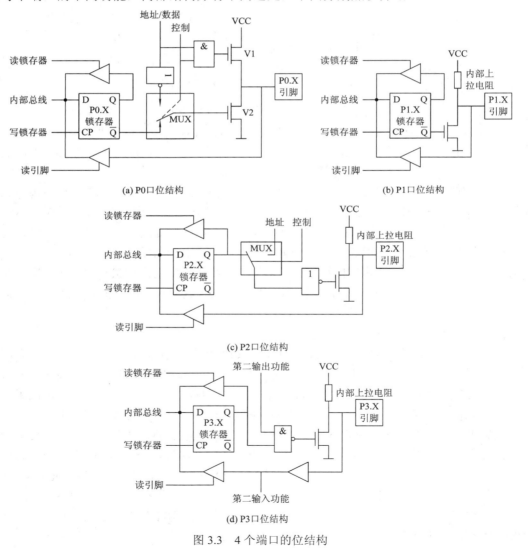

图 3.3   4 个端口的位结构

1. P0 口(P0.0~P0.7)

双列直插式封装的芯片的第 32~39 引脚，根据设计需要，P0 口可以提供两种功能：一是做通用输入/输出接口使用，简称通用 I/O 口；二是做地址/数据总线使用。

作为通用输入/输出口的 P0 的字节地址为 80H，位地址为 80H~87H。图 3.3(a)给出了 P0 口的某位 P0.x(x = 0~7)结构图。

与图 3.1、图 3.2 对比，P0 口的电路不同点：一是多了用于功能选择的多路开关和反向器 4 与门 3，控制信号用于使 P0 口在通用 I/O 和平行总线之间切换，这个切换是由指令自动决定的，使用者不必操心；二是用一个 MOSFET 替换上拉电阻，这样才能够使 P0 口存在"高阻态"，而这是作为并行总线接口所必需的。也正是由于这个高阻态，使得 P0 作为通用输出口用时，实际上输出级是"开漏"输出，必须外接上拉电阻。现在 51 系列单片机有的公司的产品已经能够使 P0 口在通用输出功能时，自带上拉而不影响并行总线功能的全双向口，方便多了。

概括地讲，P0 口的特点包括：

(1) P0 口的 8 位皆为漏极开路输出，每个引脚可驱动 8 个 LS 型 TTL 负载。

(2) 当 P0 口作为通用 I/O 口执行输出功能时，外部必须接上拉电阻(10 kΩ 即可)。

(3) 必须先输出高电平"1"，使 V2 截止，才能正确读取该端口引脚的外部数据。

(4) P0 口可作为地址总线(A0~A7)及数据总线(D0~D7)引脚，不用外接上拉电阻。

2. P1 口(P1.0~P1.7)

芯片的第 1~8 引脚。P1 口是内部带有上拉电阻的通用双向 I/O 口，每只引脚均可当成输入脚或输出脚使用，可以驱动 4 个 TTL 负载，如图 3.3(b)所示。

P1 口字节地址为 90H，位地址为 90H~97H。P1 口只能作为通用数据 I/O 口使用，所以在电路结构上与 P0 口有些不同。其电路逻辑如图 3.3(b)所示。

P1 口特点：

(1) P1 口内部具备约 30 kΩ 的上拉电阻 R，实现输出功能时，不需外接上拉电阻。

(2) P1 口每个引脚可驱动 4 个 LS 型 TTL 负载。

(3) 必须先输出高电平"1"，才能正确读取该端口所连接的外部数据。

3. P2 口(P2.0~P2.7)

芯片的第 21~18 引脚，和 P1 口一样，P2 口也是内部带有上拉电阻的通用双向 I/O 口，每只引脚均可当成输入或输出使用，可以驱动 4 个 TTL 负载。P2 口同时还具有第二功能，当使用外扩并行总线时，P2 口被用来输出高 8 位地址。

P2 口字节地址为 A0H，位地址为 A0H~A7H。P2 口与 P0 口类似，也有一个多路复用开关 MUX，如图 3.3(c)所示。

P2 口特点：

(1) 当 P2 口作为通用 I/O 口使用时，其特点与 P1 口相同。

(2) 在外扩并行总线时，P2 口作为地址总线(A8~A15)引脚。注意：当 P2 口的某几位作为地址线使用时，剩下的 P2 口线不能直接作为 I/O 口线使用。

4. P3 口(P3.0～P3.7)

芯片的第 10～17 引脚。P3 口也是内部具有上拉电阻的通用双向 I/O 口，也可以驱动 4 个 TTL 负载。

P3 口字节地址为 B0H，位地址为 B0H～B7H。虽然 P3 口可以作为通用 I/O 口使用，但在实际应用中，它的第二功能信号更为重要。为适应口线第二功能的转换需要，在口线电路中增加了第二功能控制逻辑。P3 口电路逻辑如图 3.3(d)所示。

P3 口特点：

(1) 当 P3 口作为通用 I/O 口使用时，其特点与 P1 口相同。

(2) 当 P3 口作为第二功能使用时，每一位的功能定义见表 3.1。

表 3.1　P3 口的第二功能

端口引脚	第二功能	说　　明
P3.0	RXD	串行输入线
P3.1	TXD	串行输出线
P3.2	INT0	外部中断 0 输入线
P3.3	INT1	外部中断 1 输入线
P3.4	T0	定时器 0 外部计数脉冲输入
P3.5	T1	定时器 1 外部计数脉冲输入
P3.6	WR	外部数据存储器"写选通"信号输出
P3.7	RD	外部数据存储器"读选通"信号输出

注意：在应用中，P3 口的各位如不设定为第二功能，则自动处于通用 I/O 功能。一般根据需要把几条口线用于第二功能，剩下的口线仍可作为通用 I/O 使用，宜采用位操作形式。

3.2　数码管显示

3.2.1　数码管

1. 数码管结构

LED 数码管(LED Segment Displays)是由多个发光二极管封装在一起组成"8"字型的器件，引线已在内部连接完成，只需引出它们的各个笔画和公共电极。LED 数码管常用段数一般为 7 段，有的另加一个小数点。

LED 数码管根据 LED 的接法不同分为共阳和共阴两类，共阳就是把所有 LED 的阳极接在一起连到公共引脚，使用时接系统高电平；共阴则正好相反，公共端接系统低电平。除了它们的硬件电路有差异外，编程方法也是不同的，如图 3.4 所示。与第 3 章流水灯实验对照，是不是有似曾相识的感觉？

LED 数码管广泛用于仪表、时钟、车站、家电等场合。

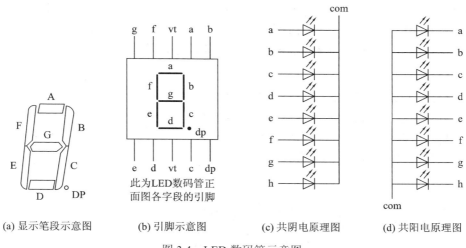

(a) 显示笔段示意图　　(b) 引脚示意图　　(c) 共阴电原理图　　(d) 共阳电原理图

图 3.4　LED 数码管示意图

2. 数码管工作原理

数码管由 8 个发光二极管(以下简称字段)构成，通过不同的组合可用来显示数字 0～9、字符 A、b、C、d、E、F、H、L、P、U、y、－及小数点。共阳极数码管的 8 个发光二极管的阳极(二极管正端)连接在一起。通常，公共阳极接高电平(一般接电源)，其他管脚接段驱动电路输出端。当某段驱动电路的输出端为低电平时，则该端所连接的字段导通并点亮。根据发光字段的不同组合可显示出各种数字或字符。此时，要求段驱动电路能吸收额定的段导通电流，还需根据外接电源及额定段导通电流来确定相应的限流电阻。

共阴极数码管的 8 个发光二极管的阴极(二极管负端)连接在一起。通常，公共阴极接低电平(一般接地)，其他管脚接段驱动电路输出端。工作原理类似。

例：共阳数码管公共端接 +5 V 电源，其他管脚分别接 P1 口的 8 个端口，限流电阻为 510 Ω，数码管字段导通电流约为 5 mA(额定字段导通电流一般为 5～20 mA)。

3. 数码管字形编码

要使数码管显示出相应的数字或字符，必须使段数据口输出相应的字形编码。对照图 3.4(a)，字型码(或叫段码、笔形码)各位定义为：数据线 D0 与 a 字段对应，D1 与 b 字段对应……，以此类推。如使用共阳数码管，数据 0 表示对应字段亮，数据 1 表示对应字段暗；如使用共阴数码管，则正相反。如要显示"0"，共阳极数码管的字型编码应为 11000000B(即 C0H)；共阴极数码管的字型编码应为 00111111B(即 3FH)。以此类推，求得数码管字形编码不是太难的事，大家可以练习。

3.2.2　数码管静态显示

1. 静态显示概念

静态显示是指数码管显示某一字符时，相应的发光二极管始终导通或截止。这种显示方式的各位数码管相互独立，公共端固定接地(共阴极)或接正电源(共阳极)。每个数码管的 8 个字段分别与一个 8 位 I/O 口地址相连，I/O 口只要有段码输出，相应字符即显示出来，由于有锁存器，数据保持不变，直到 I/O 口输出新的段码。

采用静态显示方式，较小的电流即可获得较高的亮度，且占用 CPU 时间少，编程简单，显示便于监测和控制，但其占用的口线多，如果口线不够用，就需要扩展锁存器来驱动数码管，导致硬件电路复杂，成本高。因此只适合于显示位数很少的场合。

2. 静态显示例

图 3.5 是 LED 数码管静态显示原理图。单片机 P2 口为数据输出口，用于数码管的段码输出。数码管选用 7 段共阳数码管。一般显示中，小数点是否点亮不定，若把它与 7 段码放在一起，就会形成小数点亮或不亮两套段码表，使显示驱动程序增加复杂度。所以通常的做法是 7 段码与小数点分开显示。

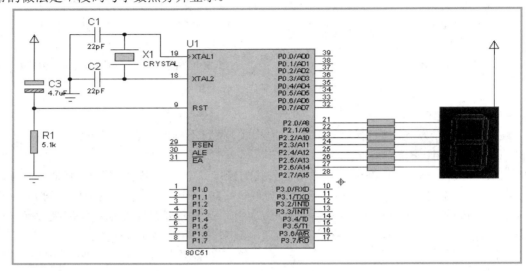

图 3.5　LED 数码管静态显示原理图

限流电阻选 510 Ω。有一种有多个相同的电阻并排做在一起的排阻，用在这里十分方便。LED 数码管显示流程图如图 3.6 所示。

```
            ORG      0000        ; 程序入口
MAIN:       MOV      DPTR, #TAB  ; DPTR 赋初值
            MOV      R7, #16     ;
MAIN_1:     MOV      A, #0
            MOVC     A, @A+DPTR  ; 查表取段码
            MOV      P2, A       ; 送数码管
            INC      DPTR
            ACALL    DELAY       ; 延时 1 s
            DJNZ     R7, MAIN_1
            AJMP     MAIN        ; 跳 MAIN 执行
DELAY:      MOV      R5, #10     ; 延时 1 s 子程序
DEL1:       MOV      R6, #200
DEL2:       MOV      R7, #250
DEL3:       DJNZ     R7, DEL3
```

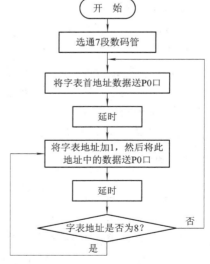

图 3.6　LED 数码管显示流程图

```
        DJNZ    R6, DEL2
        DJNZ    R5, DEL1
        RET
TAB:    DB      0C0H, 0F9H, 0A4H, 0B0H, 099H, 092H, 082H, 0F8H
        DB      080H, 090H, 088H, 083H, 0C6H, 0A1H, 0B0H, 08EH
        END
```

　　这个程序其实就是第 2 章流水灯实验程序中的"循环-查表"程序，只是改动了最后的数据，改为"0、1、2、3、4、5、6、7、8、9、A、b、C、d、E、F"对应的共阳 7 段码。另外，延时也改成了 1 秒。

3. 多位静态显示

　　数码管静态显示方式，如果只显示 1 位，其硬件及软件都非常简单；如要显示多位，则每位数码管都应有各自的锁存、译码与驱动器，还需有相应的位选通电路。位选通电路输出位码。这其实是并行总线扩展 I/O 口的基本方式，在第 11 章介绍。

3.2.3　数码管动态显示

1. 动态显示概念

　　动态显示是一位一位地轮流点亮各位数码管，这种逐位点亮显示器的方式称为位扫描。图 3.7 所示为 4 位数码管动态扫描显示实验电原理图。通常，各数码管的段选线相应并联在一起，由一个 8 位的 I/O 口控制；各位的位选线(公共阴极或阳极)由另外的 I/O 口线控制。动态方式显示时，各数码管分时轮流选通，要使其稳定显示，必须采用扫描方式，即在某一时刻只选通一位数码管，并送出相应的段码，在另一时刻选通另一位数码管，并送出相应的段码。依此规律循环，即可使各位数码管显示将要显示的字符。虽然这些字符是在不同的时刻分别显示，但由于人眼存在视觉暂留效应，只要每位显示间隔足够短就可以给人以同时显示的感觉。回忆第 2 章的设计实例，其中是不是用过动态显示的概念呢？

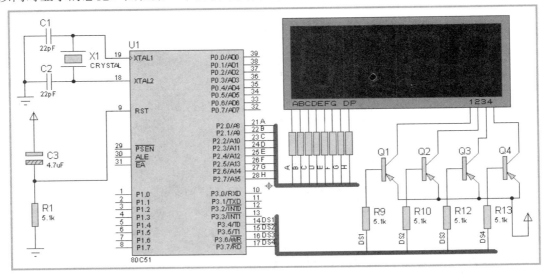

图 3.7　4 位数码管动态扫描显示实验电原理图

采用动态显示方式比较节省 I/O 口，硬件电路也较静态显示方式简单，但其亮度不如静态显示方式，而且在显示位数较多时，CPU 要依次扫描，占用 CPU 较多的时间。

2. 用口线动态显示

在静态显示程序中，数码管的公共端总是固定接在电源端(共阳的)；在动态显示程序中，数码管的公共端是需要选通的，在本例中，4 个数码管，从高位到低位，分别由 P3.4、P3.5、P3.6、P3.7 负责，只要使口线输出"0"，相应的数码管就选通了，此时这个数码管的驱动电路与静态显示程序完全等效。

在静态显示程序中，两个段码之间的时间间隔是 1 秒；因此我们看到的显示的数字从 0 变到 F，一秒一变。如果只有 4 个数字，就会"1→2→3→4→1→…"连续不断地循环变化。若是减小延时时间，循环就会加快，延时太短，数字变得太快就看不清了。看不清的原因是在同一个数码管里变化。在动态显示中，可以把这 4 个数字分到 4 个数码管里去显示，每一个数码管都是固定的内容，这时看到的就是清清楚楚的"1234"了，只是有点闪烁。如果延时再减小一点，就不闪烁了。

把上述思路用流程图表示出来，如图 3.8 所示。程序如下：

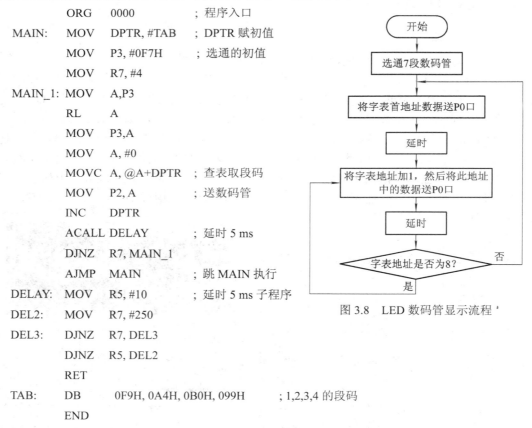

```
        ORG     0000            ; 程序入口
MAIN:   MOV     DPTR, #TAB      ; DPTR 赋初值
        MOV     P3, #0F7H       ; 选通的初值
        MOV     R7, #4
MAIN_1: MOV     A, P3
        RL      A
        MOV     P3, A
        MOV     A, #0
        MOVC    A, @A+DPTR      ; 查表取段码
        MOV     P2, A           ; 送数码管
        INC     DPTR
        ACALL   DELAY           ; 延时 5 ms
        DJNZ    R7, MAIN_1
        AJMP    MAIN            ; 跳 MAIN 执行
DELAY:  MOV     R5, #10         ; 延时 5 ms 子程序
DEL2:   MOV     R7, #250
DEL3:   DJNZ    R7, DEL3
        DJNZ    R5, DEL2
        RET
TAB:    DB      0F9H, 0A4H, 0B0H, 099H   ; 1,2,3,4 的段码
        END
```

图 3.8　LED 数码管显示流程

流程图文字：开始 → 选通7段数码管 → 将字表首地址数据送P0口 → 延时 → 将字表地址加1，然后将此地址中的数据送P0口 → 延时 → 字表地址是否为8？ 否 / 是

3. 串行口显示

使用更多也更灵活、方便的是串行口显示配置方式。显示配置方式与系统功能有关，低级一些的一般是数字显示装置，高级一些的可配置大面积液晶屏。这里来讨论一下最常

用的数码管显示装置中采用的串行口显示技巧。用一个 5 位数字的串行显示来作为讨论的例子，电路图如图 3.9 所示。

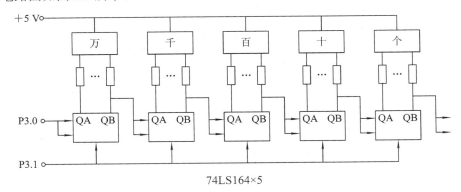

图 3.9　串行显示电路示意图

这里采用 5 只共阳数码管、5 块 74LS164 集成电路和若干限流电阻组成显示电路(也可以用 74LS595，但需要增加一个锁存信号)。

74LS164 是 8 位移位寄存器，常用作同步串口扩展并行 8 位输出口。图 3.10 是 74LS164 的引脚图和真值表。与 74LS595 比较，595 比 164 多了输出锁存功能，多了一根锁存控制线，对各种速度的显示都合适；而 74LS164 就只适合扫描速度较慢的场合，像本例就是这种情况。

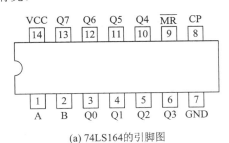

Inputs				Outputs			
Clear	Clock	A	B	QA	QB	⋯	QH
L	X	X	X	L	L	⋯	L
H	L	X	X	QAQ	QBQ	⋯	QHQ
H	↑	H	H	H	QAn	⋯	QGn
H	↑	L	X	L	QAn	⋯	QGn
H	↑	X	L	L	QAn	⋯	QGn

(a) 74LS164的引脚图　　　　　　(b) 74LS164的真值表

图 3.10　74LS164 的引脚图及真值表

单片机利用串行口的工作方式 0 就可以将笔型码输入到 5 块 74LS164 中。什么是串行口、工作方式 0，先不必考虑，在第 9 章会详细讲授，现在重要的是接受思路。由于是共阳数码管，故 74LS164 的输出电平为 0 时，对应笔画发光，为 1 时熄灭，只要输出 0FFH 就可以熄灭整个数码管。而各个数字及符号的段码可以根据实际电路连接来安排，并不要求 QA 一定接数码管的 a，QH 一定接数码管的 h。正确的方法是：先设计硬件显示板，怎样连接方便就怎样连接。电路板设计好以后，再找出 QA～QH 与笔型 a～h 的对应关系，各位数字之间也不一定要求具有同样的对应关系，可以各位有各位的笔型表。这样做，笔型表的设计虽然麻烦一些，但并不太难，而先统一规范笔型表，再制电路板，往往很难布线。

各位 74LS164 的 QA～QH 与相应数码管的 a～h 的对应关系确定后，就可以决定各种笔型码了。这时要注意 QA 对应笔型码的最高位 D7，QB 对应 D6，⋯，QH 对应 D0，因为串行口是先移出 D0，最后移出 D7。

　　由于串行口接到数码显示的最高位(万位)，故在更新显示内容时，应按个位、十位、百位、千位、万位的顺序依次移出。有不少书刊的介绍中加了一根复位控制线，在进行显示前先清除 5 块 74LS164 中的内容，再将新内容送入，其实这是没有必要的。在新的内容输出后，原内容自动被挤出去了，而这个过程是很快的，在像本例这样的慢速刷新速度的显示系统中，人眼是感觉不到的。增加这个清零控制线还要浪费一个端口资源。

　　对应 5 位数码管，RAM 中开辟 5 字节的显示缓冲区，用来存放 5 位显示内容，这里定义 DSBUF0、DSBUF1、DSBUF2、DSBUF3、DSBUF4，分别存放万位、千位、百位、十位、个位的内容。程序中使用了"DATA"，与前面学过的"EQU"一样，都是伪指令；不同的是，DATA 定义的是变量，EQU 定义的是常量。后面还用到"BIT"定义的是位变量。定义 XSD0～XSD4 对应于万位到个位的小数点，0 为灭，1 为亮。对共阳数码管，应将其取反后拼入笔型码中。为了控制小数点的显示，在段码设计时暂不考虑小数点而另外开辟一个小数点控制单元 XSDS。为方便讨论，假设各位具有相同的段码，小数点均安排在段码的最低位。当显示内容为 0FH 时，对应的段码为 0FFH，对应数码管熄灭。设计显示的串行输出驱动程序如下：

```
        DSBUFS    EQU     5BH             ; 显示缓冲区首址
        DSBUF0    DATA    5BH             ; 万位显示内容存放单元
        DSBUFl    DATA    0CH             ; 千位显示内容存放单元
        DSBUF2    DATA    5DH             ; 百位显示内容存放单元
        DSBUF3    DATA    5EH             ; 十位显示内容存放单元
        DSBUF4    DATA    5FH             ; 个位显示内容存放单元
        XSDS      DATA    2AH             ; 小数点控制单元
        XSD0      BIT     XSDS.0          ; 万位小数点控制标志(0:熄灭，1:点亮)
        XSD1      BIT     XSDS.1          ; 千位小数点控制标志(0:熄灭，1:点亮)
        XSD2      BIT     XSDS.2          ; 百位小数点控制标志(0:熄灭，1:点亮)
        XSD3      BIT     XSDS.3          ; 十位小数点控制标志(0:熄灭，1:点亮)
        XSD4      BIT     XSDS.4          ; 个位小数点控制标志(0:熄灭，1:点亮)
DSOUT:            MOV     DPTR, #DISCOD   ; 指向段码表
                  MOV     A, DSBUF4       ; 取个位内容
                  MOV     C, XSD4         ; 取个位小数点
                  LCALL   OUT0            ; 输出个位
                  MOV     A, DSBUF3       ; 取十位内容
                  MOV     C, XSD3         ; 取十位小数点
                  LCALL   OUT0            ; 输出十位
                  MOV     A, DSBUF2       ; 取百位内容
                  MOV     C, XSD2         ; 取百位小数点
                  LCALL   OUT0            ; 输出百位
                  MOV     A, DSBUFI       ; 取千位内容
                  MOV     C, XSD1         ; 取千位小数点
                  LCALL   OUT0            ; 输出千位
```

	MOV	A, DSBUF0	; 取万位内容
	MOV	C, XSD0	; 取万位小数点
OUT0:	CJNE	A, #0FH, OUT1	; 是否要求熄灭？
	CLR	C	; 小数点也一并熄灭
OUT1:	CPL	C	; 按共阳接法校正小数点
	MOVC	A, @A+DPTR	; 查笔型表
	MOV	ACC.0, C	; 拼入小数点
	MOV	SCON, #0	; 串行口0方式
	MOV	SBUF, A	; 串行移位输出
WAIT0:	JNB	TI, WAIT0	; 等待输出完成
	CLR	TI	; 清串行输出标志
	RET		

程序中的万位、千位等是指数码管的相对位置，并非一定显示实际的万位、千位；当 XSD1 = 1 时，万位实际上是十位，千位实际上是个位。

程序中出现了几条新指令。CJNE　A, #0FH, OUT1 是用于控制程序流向的选择语句，与大家熟悉的 "DJNZ" 相比，"CJNE" 更复杂些，意思是操作数 1 与操作数 2 比较，如果相等就顺序进行下一语句；如果不等就跳转到操作数 3 处执行那里的语句。这就是典型的二分枝选择结构。不但如此，比较时还能分出大小，小于时进位标志 C 就要置 1，大于时 C 清 0。利用这一点可以组成三分枝选择结构。另外一句 JNB　TI, WAIT0 是位操作指令，也是控制程序流向的，但是其操作数 1 是位变量，整句意思是，如果位变量 TI 不为 1 就跳转到 WAIT0 去执行。

CPL　C 也是位操作指令，意思是将 C 中的值取反再送回 C。现在已经接触了不少常用汇编指令，再出现的新指令大部分的功能都能和学过的指令相类似。可以参考附录自己查询。除非有必要，以后出现新语句不再详细讲解。

4. 模拟串行显示

如果系统的串行口需要用来进行串行通信，那么就不能直接用来进行串行显示(除非增加硬件切换电路)。如果系统还有两个空闲端口，则可以用软件来模拟串行口的 0 方式，进行串行移位输出。由于现在的输出方式是用软件来模拟的，速度可以自由决定，输出端口也可以自由挑选，因此完全可以用任何两个输出端口来完成串行显示任务，从而将单片机的串行口解放出来，让它完成真正的通信任务。

例如，某单片机系统，串行口用于通信，INT0 用于掉电中断，T1 用于外部计数，T0 用于系统定时中断。这时，INT1 和 T0 的两个端口(P3.3 和 P3.4)未能充分利用，则可以用来进行模拟串行移位输出。当需要传送的笔型码装入累加器 A 后，调用下面的程序，就可以将一个字节移位出去：

DAT	BIT	P3.3	; 数据输出线
CP	BIT	P3.4	; 时钟输出线
OUT0:	MOV	B, #8	; 准备移位8 bit
OUT1:	RRC	A	; 移出1 bit(低位)

	MOV	DAT, C	; 置于数据端口上
	DB	0, 0, 0	; 空操作、延时
	CLR	CP	; 发出移位脉冲
DB	0, 0, 0		; 空操作、延时
	SETB	CP	; 复位移位脉冲
	DJNZ	B, OUT1	; 判断是否移完 8 bit
	SETB	DAT	; 恢复空闲状态
	RET		

当显示器件与单片机的距离比较远时，应该增加延时时间，降低传输速度，并在显示电路板上增加施密特器件，对输入的信号和移位脉冲进行整形，然后再供给各块 74LS164 电路。

如果直接采用传送来的移位脉冲，由于各块电路的输入特性差异，则可能导致移位动作不同步而使显示出错。

由于 74LS164 的移位寄存器直接驱动数码管，故在输出笔型码的过程中数码管会出现闪烁现象，当数码管个数比较多时，这种现象就更加明显。而 74LS595 的移位寄存器要通过锁存寄存器来驱动数码管，如果用 74LS595 进行串行显示，就可以克服这个缺点，但需要增加一条锁存控制线。

3.2.4　数码管显示技巧

显示功能与硬件关系极大，当硬件固定后，如何在不引起操作者误解的前提下提供尽可能丰富的信息，就全靠软件来解决了。

1. 显示模块在系统软件中的安排

设备操作者主要是从显示装置上获取单片机系统的信息，因此操作者每操作一下，显示装置上都应该有一定的反应。这说明显示模块与操作有关，即系统监控程序需要调用显示模块。

不同的操作需要显示不同的内容，说明各执行模块对显示模块的驱动方式是不同的。另外，在操作者没有进行操作时，显示内容也可能是变化的，如显示现场各物理量的变化情况。这时显示模块不是由操作者通过命令键来驱动，而是由各类自动执行的功能模块来驱动。

自动执行的各类模块经常安排在各种中断子程序中，也就是说，各种中断子程序也可能要调用显示模块。如果监控程序安排在中断子程序中，两者的要求就统一了，问题比较好解决。如果监控程序安排在主程序中，在监控程序调用显示模块的过程中间发生了中断，中断子程序也调用显示模块，这时就容易出问题。

一种比较妥善的办法是只让一处调用显示模块，其他各处均不得直接调用显示模块，但有权申请显示。这就要设置一个显示申请标志，当某模块需要显示时，将申请标志置位，同时设定有关显示内容(或指向显示内容的指针)。由于调用显示模块的只有一处，就不会发生冲突。

为了使显示模块能及时反映系统需要，应将显示模块安排在一个重复执行的循环中(如监控循环或时钟中断子程序)。当监控程序(键盘解释程序)安排在时钟中断子程序中时，比较方便处理，只要在监控程序的返回前调用显示模块即可。例如，若用 DISP 做显示申请标志，就显示模块调用的安排如下：

DISP	BIT	2DH.4	; 显示申请标志
KEYEND:	JNB	DISP, RETIO	; 判断是否有显示申请
	LCALL	DISPLAY	; 调用显示模块，更新显示内容
	CLR	DISP	; 清除申请
RETIO:	...		; 恢复现场
	RETI		; 中断返回

　　KEYEND 为键盘解释程序的最后汇集点。这时如果发现有显示申请，就进行显示操作，更新显示内容，否则就跳过这一步。

　　这里将显示功能集中到一起，作为一个功能模块，这就要求它的功能全面，能根据系统软件提供的信息自动完成显示内容的查找、变换、输出驱动。这样设计使得各功能模块都不必考虑显示问题，只需给出一个简单的信息(如显示格式编号)，甚至不用再提供额外信息，直接利用当前状态变量和软件标志就可以完成所需的显示。

　　如果编写这样一个集中显示模块有困难，也可以将显示模块编小一些，只完成将显示缓冲区的内容输出到显示器件上的工作。这时各功能模块在提出显示申请时，还要将显示内容按需要的格式送入显示缓冲区中。这样分而治之比较容易编程，但要小心出现显示混乱。例如，后台程序需要调用显示，将有关内容送入显示缓冲区，送到一半时，中断发生了，并将它的显示内容送入显示缓冲区进行显示。中断返回后，后台程序继续送完后半部分显示内容，但前半部分内容已经改变了，这样就出现了显示错误。解决的办法是，在申请显示前，先检查是否已经有显示申请，如果有，就不再申请，等待下次机会；如果没有其他模块提出申请，就先置位申请标志，再将显示内容送显示缓冲区，这时就不必担心其他前台模块来打扰了，可以得到一次完整的显示机会。

2. 灭零处理

　　在显示的时候，应该将高位的零熄灭，例如 00367 应该显示成 367，这样比较符合习惯。这种显示方式称为灭零显示，它的处理规则是：整数部分从高位到低位的连续零均不显示，从遇到的第一个非零数值开始均要显示，个位的零和小数部分均应显示。有些液晶显示器件具有硬件灭零功能，但发光数码管得靠软件来实现。根据灭零规则，可以得到如图 3.11 所示的处理程序流程图。

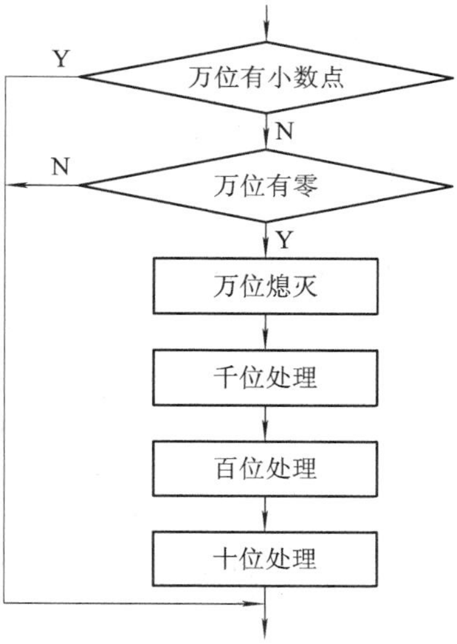

图 3.11　灭零处理程序流程图

　　编成程序如下：

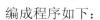

| DISPA: | JB | XSD0, DISPS | ; 万位有小数点，不需灭零 |
| | MOV | A, DSBUF0 | ; 取万位内容 |

```
        JNZ      DISPS                    ; 万位不为零，不需灭零
        MOV      DSBUF0, # 0FH            ; 熄灭万位图2灭零处理流程
        JB       XSD1, DISPS             ; 千位有小数点，不需灭零
        MOV      A, DSBUF1               ; 取千位内容
        JNZ      DISPS                    ; 千位不为零，不需灭零
        MOV      DSBUF1, #0FH            ; 熄灭千位
        JB       XSD2, DISPS             ; 百位有小数点，不需灭零
        MOV      A, DSBUF2               ; 取百位内容
        JNZ      DISPS                    ; 百位不为零，不需灭零
        MOV      DSBUF2, #0FH            ; 熄灭百位
        JB       XSD3, DISPS             ; 十位有小数点，不需灭零
        MOV      A, DSBUF3               ; 取十位内容
        JNZ      DISPS                    ; 十位不为零，不需灭零
        MOV      DSBUF3, #0FH            ; 熄灭十位
DISPS:  …                                ; 后续处理
```

3. 闪烁处理

在显示过程中，有时为了提醒操作者注意，可对显示进行闪烁处理。闪烁方式有两种：一种是全闪，即整个内容进行闪烁，多用于异常状态的提示，例如显示的参数超过正常范围，提醒操作者及时处理，以免引起更大的异常情况；另一种是单字闪烁，多用于定位指示，例如采用按键来调整一个多位数字参数时，可用单字闪烁的方法来指示当前正被调整的数字位置。

闪烁处理的基本方法是：一段时间正常显示，一段时间熄灭显示，互相交替就产生了闪烁的效果。一般每秒钟闪烁 1～4 次，闪烁速度可以用系统的时钟来控制。在系统时钟中，有一个不足 1s 的单元，例如前面介绍的系统时钟是用 SECD 单元来存放 0.01 s 的计数值。如果每秒钟闪烁 2 次，当 SECD 中是 BCD 码时，可用 SECD.5 位来控制，这时 1 s 被分成 5 份，成为 01010 的重复过程。可以在 SECD.5 位成为 1 时进行正常显示，成为 0 时熄灭显示，每秒钟就有两次亮两次灭(其中一次灭的时间长一些)。闪烁处理一般在灭零处理之后。全闪的处理比较简单，程序如下：

```
DISPS:  JB       SECD.5, DSOUT          ; 当前该显示？
        MOV      A,# 0FH                 ; 取熄灭码
        MOV      DSBUF0, A              ; 全部熄灭
        MOV      DSBUF1,A
        MOV      DSBUF2. A
        MOV      DSBUF3. A
        MOV      DSBUF4. A
        ANL      XSDS, # 0E0H           ; 熄灭所有小数点
DSOUT:  …                                ; 显示输出
```

如果要进行单字闪烁，则必须另外提供定位信息。例如定位信息由定位指针 POINT 决定，0 对应万位，1 对应千位，2 对应百位，3 对应十位，4 对应个位，则单字闪烁的处理

程序如下：

```
DISPS1:     JB      SECD. 5, DSOUT          ; 时间判断
            MOV     A, POINT                ; 取定位信息
            ANL     A, #7                   ; 计算地址：偏移量+首址
            ADD     A, #DSBUFS
            MOV     R0, A
            MOV     @R0, #0FH               ; 熄灭指定位置的数码管
DSOUT:      ...                             ; 显示输出
```

在进行闪烁显示时，如果显示模块由显示申请标志来驱动，则在时钟中断子程序中，应该每隔 0.2 s 自动申请一次显示，否则就不能产生闪烁效果。

3.3　按键与键盘输入

3.3.1　按键原理

前面一直都在讨论 I/O 口的输出功能，现在开始介绍 I/O 的输入功能。利用输入功能可以探测按键的状态；多个按键组成键盘。不过在单片机的简单应用中，经常不严格区分按键和键盘这两个概念。

键盘是单片机应用系统不可缺少的重要输入设备，我们可以通过键盘向单片机输入各种指令、地址和数据。

1．按键的分类

按键按照结构原理可分为两类，一类是触点式开关按键，如机械式开关、导电橡胶式开关等；另一类是无触点式开关按键，如电气式按键，磁感应按键等。前者造价低，后者寿命长。目前，微机系统中最常见的是触点式开关按键。

按键按照其与单片机连接方式的不同，可分独立式接法与矩阵式接法。

按键按照接口原理可分为编码键盘与非编码键盘两类，这两类键盘的主要区别是识别键符及给出相应键码的方法。编码键盘能够由硬件逻辑自动提供与键对应的编码，此外，一般还具有去抖动和多键、窜键保护电路。这种键盘使用方便，但需要较多的硬件，价格较贵，一般的单片机应用系统较少采用。非编码键盘只简单地提供行和列的矩阵，其他工作均由软件完成。由于其经济实用，较多地应用于单片机系统中。

2．按键输入原理

在单片机应用系统中，除了复位按键有专门的复位电路及专一的复位功能外，其他按键都是以开关状态来设置控制功能或输入数据的，系统应完成按键所设定的功能。

对于一组按键或一个键盘，总有一个接口电路与 CPU 相连。CPU 可以采用查询或中断方式了解有无按键输入，并检查是哪一个键按下，将该键号送入累加器 ACC，然后通过跳转指令转入执行该键的功能程序，执行完后再返回主程序。

3．按键结构与特点

微机键盘通常使用机械触点式按键开关把机械上的通断转换成为电气上的逻辑关系。

也就是说，它能提供标准的 TTL 逻辑电平，以便与通用数字系统的逻辑电平相容。

机械式按键再按下或释放时，由于机械弹性作用的影响，通常伴随有一定时间的触点机械抖动。其抖动过程如图 3.12 所示，抖动时间的长短与开关的机械特性有关，约为几个毫秒。

按键的触点在闭合和断开时均会产生抖动，这时触点的逻辑电平是不稳定的，如不妥善处理，将会引起按键命令的错误执行或重复执行。为了克服按键触点机械抖动所致的检测误判，必须采取去抖动措施，用硬件、软件都可以做到去抖动。

在硬件方面，可采用在按键输出端加 R-S 触发器(双稳态触发器)或单稳态触发器构成去抖动电路。图 3.13 是一种由 R-S 触发器构成的去抖动电路，触发器一旦翻转，触点抖动不会对输出产生任何影响。为降低电路复杂度，单片机应用系统一般不采用硬件去抖措施。

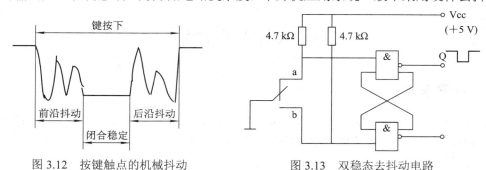

图 3.12　按键触点的机械抖动　　　　图 3.13　双稳态去抖动电路

软件上采取的措施是：在检测到有按键按下时，执行一个 5～20 ms 的延时程序后，再检测该键是否仍保持闭合状态电平。若仍保持闭合状态电平，则确认该键处于闭合状态。从理论上讲，在检测到该键释放时，也应采用相同的步骤确认消除抖动的影响。

4. 按键编码

一组按键或键盘都要通过 I/O 口线检测按键的开关状态。根据键盘结构的不同，采用不同的编码。无论有无编码，以及采用什么编码，最后都要转换为与累加器中数值相对应的键值，以实现按键功能程序的跳转。

5. 编制键盘程序

一个基本的键盘控制程序应具备以下功能：

(1) 检测有无按键按下，并采取措施，消除键盘按键机械触点抖动的影响。

(2) 有可靠的逻辑处理办法。每次只处理一个按键，其间对任何按键的操作均对系统不产生影响，且无论一次按键时间有多长，系统仅执行一次按键功能程序。

(3) 准确输出按键值(或键号)，以满足跳转指令要求。

3.3.2　独立式键盘

单片机控制系统中，往往只需要几个功能键，此时，可采用独立式按键结构。

1. 独立式键盘的结构

独立式按键结构特点是：每个按键单独占用一根 I/O 口线，且每个按键的操作不会影响其他 I/O 口线的状态。独立式按键电路配置灵活，软件结构简单，但每个按键必须占用一根 I/O 口线，因此，在按键较多时，I/O 口线浪费较大，不宜采用。

　　独立式键盘是由若干个机械触点开关构成的，把它与单片机的 I/O 口线连起来，通过读 I/O 口的电平状态，即可识别出相应的按键是否被按下。图 3.14 是演示独立式键盘的实验的电原理图。

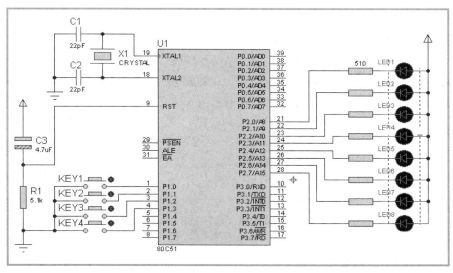

图 3.14　独立式键盘实验电原理图

　　如果不按下按键，由于 P1 口内部有上拉电阻，与按键相连的端口就为高电平；如果按下按键，则端口就变为低电平。如果是 P0 口，由于使用通用输入功能时，没有内部上拉电阻，无法自动得到输入高电平，所以通常采用上拉电阻接法，即各按键开关一端接低电平，另一端接 P0 口线并通过上拉电阻与 VCC 相连。

　　按下按键或释放按键时会产生电平抖动。这种抖动对于人来说是感觉不到的，但单片机完全可以感应到，因为计算机处理的速度是论微秒的，而机械抖动的时间至少是毫秒级，对计算机而言，这已是一个很"漫长"的过程了。

　　下面我们通过一个实验来体验一下：

```
          ORG    0000H
          AJMP   START
          ORG    0030H
START:    MOV    SP,5FH
          MOV    P1,#0FFH
          MOV    P3,#0FFH
L1:       JB     P3.4,L2          ; P3.4 为"1"，无键按下，转查 P3.5
          CPL    P1.0             ; 有键 P3.4 按下执行取反 P1.0 操作
L2:       JB     P3.5,L1          ; P3.5 为"1"，无键按下，转查 P3.4
          CPL    P1.1             ; 有键 P3.5 按下执行取反 P1.1 操作
          LJMP   L1
          END
```

　　把这个程序下载到单片机，我们会发现，当按下相应的按键时，灯并不是想象中的按一下亮，再按一下就灭，而是有时灵，有时不灵，为什么会这样呢？原来，当按了一次按键，单片机实际上却早已执行了好多次，如果执行的次数正好是奇数次，结果与用户设想一致；如果执行的次数是偶数次，那结果就不对了。为了使 CPU 能正确地读出端口的状态，对每一次按键只作一次响应，就必须考虑如何去除按键的抖动。

2．按键的去抖动方法

　　单片机中常用软件延时去抖动法，就是在单片机获得端口为低电平的信息后，不是立即认定按键已被按下，而是延时 5 ms 或更长一些时间后再次检测该端口，如果仍为低，说明此键的确被按下了，这实际上是避开了按键按下时的抖动时间；如果监控程序中的读键操作安排在主程序(后台程序)或键盘中断(外部中断)子程序中，则该延时子程序便可直接插入读键过程中。如果读键过程安排在定时中断子程序中，就可省去专门的延时子程序，利用两次定时中断的时间间隔来完成去抖动处理。

　　而在检测到按键释放后(端口为高电平时)再延时 5～20 毫秒，消除后沿的抖动，然后再对按键进行的处理。不过一般情况下，我们不对按键释放的后沿进行处理，实践证明，也能满足通常的要求。下面我们把前面的程序改一下，看看按键的去抖动是如何实现的。看下面的程序：

```
            ORG    0000H
            AJMP   START
            ORG    0030H
START:      MOV    SP, #5FH
            MOV    P1, #0FFH
            MOV    P3, #0FFH
L1:         JB     P3.4, L2        ; P3.4 为"1"，不做处理，转 P3.5
            LCALL  D10ms           ; 调用延时程序
            JB     P3.4, L1        ; P3.4 为"0"，说明此键确实被按下了
            CPL    P1.0            ; 去除抖动后执行取反 P1.0 操作
L3:         JNB    P3.4, L3        ; 直到 P3.4 释放后转去判断第二个键
L2:         JB     P3.5, L1        ; P3.5 为"1"，返回去继续处理 P3.4
            LCALL  D10mS           ; 调用延时程序
            JB     P3.5, L2        ; P3.5 为"0"，说明此键确实被按下了
            CPL    P1.1            ; 去除抖动后执行取反 P1.1 操作
L4:         JNB    P3.5, L4        ; 直到 P3.5 释放为止
            LJMP   L1              ; 返回
D10ms:      MOV    R7, #20         ; 延时 10 ms
D1:         MOV    R6, #250
D2:         DJNZ   R6, D2
            DJNZ   R7, D1
            RET
            END
```

　　把这段程序写入单片机，试试看，是不是可以，这就是独立式按键去抖动的基本方法。不过这个程序在实际应用中并没有多大的意义，因为如果按键数量比较多的话，程序就会变得很长，为什么会这样呢？因为这里我们采用了直接进行按键处理的方式，如果把键值放入一个表格中，通过查表程序来判断到底按下了哪个按键，再去处理相应的程序，就会很简单，想想看，该怎么做？

3.3.3　矩阵式键盘

1. 矩阵式键盘的连接方法

　　当键盘中按键数量较多时，为了减少 I/O 口线的占用，通常将按键排列成矩阵形式，如图 3.15 所示。在矩阵式键盘中，每条水平线和垂直线在交叉处通过一个按键加以连接。这样做可以大量节约口线。图 3.15 中，一个并行口可以构成 4×4=16 个按键，比之直接将端口线用于键盘多出了一倍，而且按键越多，区别就越明显。在需要的按键数量比较多时，采用矩阵法来连接键盘更合理些。

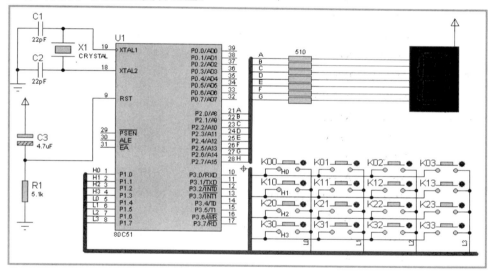

图 3.15　矩阵键盘实验的电原理图

矩阵式结构的键盘比独立式键盘复杂，识别也要复杂一些。

2. 矩阵式键盘的按键识别方法

　　确定矩阵式键盘上任何一个键被按下，通常采用"行扫描法"或者"行反转法"。行扫描法又称为逐行(或列)扫描查询法，我们以它为例介绍矩阵式键盘的工作原理(行反转法后面程序中会用到，思路都差不多，请自行分析)：

　　(1) 判断键盘中有无键按下。将全部行线置低电平，然后检测列线的状态，只要有一列的电平为低，则表示键盘中有键被按下，而且闭合的键位于低电平线与 4 根行线相交叉的 4 个按键之中；若所有列线均为高电平，则表示键盘中无键按下。

　　(2) 判断闭合键所在的位置。在确认有键按下后，依次将行线置为低电平，逐行检测各列线的电平状态，若某列为低，则该列线与置为低电平的行线交叉处的按键就是闭合的按键。下面结合图 3.15 分析：键盘的列线接到 P1 口的低 4 位，键盘的行线接到 P1 口的高

4 位，也就是把列线 P1.0～P1.3 设置为输入线，行线 P1.4～P1.7 设置为输出线，形成 16 个相交点。

　　检测当前是否有键按下的方法是：P1.4～P1.7 输出全"0"，读取 P1.0～P1.3 的状态，若 P1.0～P1.3 全为"1"，则说明无键闭合；否则有键闭合。

　　去除键抖动：当检测到有键按下后，延时一段时间再做下一次的检测判断。

　　识别键闭合位置：对键盘的行线进行扫描，P1.4～P1.7 按下述 4 种组合依次输出：P1.7 1110；P1.6 1101；P1.5 1011；P1.4 0111；在每组行输出时读取 P1.0～P1.3；若全为"1"，则表示为"0"，这一行没有键闭合；否则就是有键闭合。由此得到闭合键的行值和列值，然后可采用计算法或查表法将闭合键的行值和列值转换成所定义的键值。

3．矩阵式键盘的实验程序

```
              ORG      0030H
SCAN:         MOV      P1, #0FH
              MOV      A, P1
              ANL      A, #0FH
              CJNE     A, #0FH, NEXT1
              SJMP     NEXT3
NEXT1:        ACALL    D20Ms
              MOV      A, #0EFH
NEXT2:        MOV      R1, A
              MOV      P1, A
              MOV      A, P1
              ANL      A, #0FH
              CJNE     A, #0FH, KCODE
              MOV      A, R1
              SETB     C
              RLC      A
              JC       NEXT2
NEXT3:        MOV      R0, #00H
              RET
KCODE:        MOV      B, #0FBH
NEXT4:        RRC      A
              INC      B
              JC       NEXT4
              MOV      A, R1
              SWAP     A
NEXT5:        RRC      A
              INC      B
              JC       NEXT5
```

```
NEXT6:      MOV      A, P1
            ANL      A, #0FH
            CJNE     A, #0FH,NEXT6
            MOV      R0, #0FFH
            RET
            END
```

3.3.4　简单的监控程序实验

一般用键盘做监控程序。下面是一个简单的监控程序实验，流程图如图 3.16 所示。

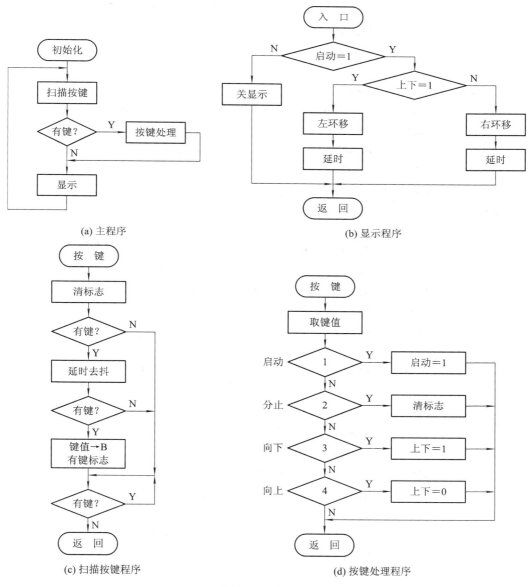

(a) 主程序　　　　　　　　　　(b) 显示程序

(c) 扫描按键程序　　　　　　　(d) 按键处理程序

图 3.16　流程图

　　P2 口上是 8 位 LED 流水灯，由按键控制流水动作的启、停；有两种流水动作：由上向下流动和由下向上流动。P1 口上接了 4 个按键，定义如下：

P1.0 开始键，按此键则灯开始由上向下流动；

P1.1 停止键，按此键则停止流动，所有灯为灭；

P1.2 向下键，按此键则灯由上向下流动；

P1.3 向上键，按此键则灯由下向上流动。

实验程序如下：

```
        UpDown     EQU    00H                 ; 上下行标志
        StartEnd   EQU    01H                 ; 启动及停止标志
        LampCode   EQU    21H                 ; 存放流动的数据代码
                   ORG    0000H
                   AJMP   MAIN
                   ORG    30H
LOOP:              ACALL  KEY                 ; 调用键盘程序
                   JNB    F0, LNEXT           ; 如果无键按下，则继续
                   ACALL  KEYPROC             ; 否则调用键盘处理程序
LNEXT:             ACALL  LAMP                ; 调用灯显示程序
                   AJMP   LOOP                ; 反复循环，主程序到此结束
==================按键扫描子程序
KEY:               CLR    F0                  ; 清 F0，表示无键按下

                   ORL    P3, #01111000B      ; 将 P3 口接有四个键的位置 "1"
                   MOV    A, P3               ; 取 P3 口的值
                   ORL    A, #10000111B       ; 将其余四位也置 "1"
                   CPL    A                   ; 取反
                   JZ     K_RET               ; 如果为 "0" 则无键按下

                   ACALL  DELAY               ; 否则延时去键抖

                   ORL    P3, #01111000B
                   MOV    A, P3
                   ORL    A, #10000111B
                   CPL    A
                   JZ     K_RET

                   MOV    B, A                ; 确实有键按下，将键值存入 B 中
                   SETB   F0                  ; 设置有键按下的标志

K_RET:             ORL    P3, #01111000B      ; 此处循环等待键的释放
```

```
            MOV      A, P3
            ORL      A, #10000111B
            CPL      A
            JZ       K_RET1          ; 直到读取的数据取反后为"0"说明键释放了，才从键
                                       盘处理程序返回
            AJMP     K_RET
K_RET1:     RET
===================去抖动延时子程序
DELAY:      MOV      R7, #100
D1:         MOV      R6, #100
            DJNZ     R6, $
            DJNZ     R7, D1
            RET
===================按键处理子程序
KEYPROC:    MOV      A, B            ; 从 B 寄存器中获取键值
            JB       ACC.2, KeyStart ; 分析键的代码，某位被按下，则该位为"1"
                                       (在键盘程序中已取反)
            JB       ACC.3, KeyOver
            JB       ACC.4, KeyUp
            JB       ACC.5, KeyDown
            AJMP     KEY_RET
KeyStart:   SETB     StartEnd        ; 第一个键按下后的处理
            AJMP     KEY_RET
KeyOver:    CLR      StartEnd        ; 第二个键按下后的处理
            AJMP     KEY_RET
KeyUp:      SETB     UpDown          ; 第三个键按下后的处理
            AJMP     KEY_RET
KeyDown:    CLR      UpDown          ; 第四个键按下后的处理
KEY_RET:    RET
===================流水灯显示子程序
LAMP:       JB       StartEnd, LampStart  ; 如果 StartEnd=1，则启动
            MOV      P1, #0FFH            ; 否则关闭所有显示，返回
            AJMP     LAMPRET
LampStart:  JB       UpDown, LAMPUP       ; 如果 UpDown=1，则向上流动
            MOV      A,LAMPCODE ;
            RL       A                    ; 向下流动实际就是左环移
            MOV      LAMPCODE,A ;
            MOV      P1,A       ;
            LCALL    D500ms ;
```

```
                AJMP        LAMPRET
LAMPUP:         MOV         A,LAMPCODE ;
                RR          A                           ; 向上流动实际就是右环移
                MOV         LAMPCODE,A ;
                MOV         P1, A       ;
                LCALL       D500ms ;
LAMPRET:        RET         ;
==================流水灯延时子程序
D500ms:         PUSH        PSW
                SETB        RS0
                MOV         R7, #200
D51:            MOV         R6, #250
D52:            NOP
                NOP
                NOP
                NOP
                DJNZ        R6, D52
                DJNZ        R7, D51
                POP         PSW
                RET
                END
```

这段程序演示了一个监控程序的基本思路。键盘扫描是独立按键方式的，只要把查询按键的部分换成矩阵按键方式，就可以用于有较多按键的场合。程序本身很简单，但不很实用，实际工作中还会有好多要考虑的因素，比如主循环每次都调用了灯的循环程序，会造成按键反应"迟钝"；如果一直按着键不放，则灯不会再流动，一直要到松开手为止。大家可以仔细考虑一下这些问题，想想有什么好的解决办法。

除了上面介绍的这种编程扫描方式，我们还可以采用定时、中断扫描方式。第 8 章中有中断系统相关例子介绍。

3.3.5 按键的应用技巧

键盘是人与单片机系统打交道的主要设备。站在系统监控软件设计的立场上来看，仅仅完成键盘扫描，读取当前时刻的键盘状态是不够的，还有不少问题需要妥善解决，否则，操作键盘时就容易引起误操作和操作失控等现象。本节就如何妥善处理这些问题进行讨论。

1. 键盘的工作方式

对键盘的响应取决于键盘的工作方式，键盘的工作方式应根据实际应用系统中 CPU 的工作状况而定，其选取的原则是既要保证 CPU 能及时响应按键操作，又不要过多占用 CPU 的工作时间。通常，键盘的工作方式有三种，即编程扫描、定时扫描和中断扫描。

(1) 编程扫描方式。编程扫描方式是利用 CPU 完成其他工作的空余时间，调用键盘扫

描子程序来响应键盘输入的要求。在执行键功能程序时，CPU 不再响应键输入要求，直到
CPU 重新扫描键盘为止。

键盘扫描程序一般应包括以下内容：

① 判别有无键按下。

② 键盘扫描取得闭合键的行、列值。

③ 用计算法或查表法得到键值。

④ 判断闭合键是否释放，如没释放则继续等待。

⑤ 将闭合键键号保存，同时转去执行该闭合键的功能。

(2) 定时扫描方式。定时扫描方式就是每隔一段时间对键盘扫描一次，它利用单片机
内部的定时器产生一定时间(例如 10 ms)的定时，当定时时间到就产生定时器溢出中断。
CPU 响应中断后对键盘进行扫描，并在有键按下时识别出该键，再执行该键的功能程序。
定时扫描方式的硬件电路与编程扫描方式相同，程序流程图如图 3.17 所示。

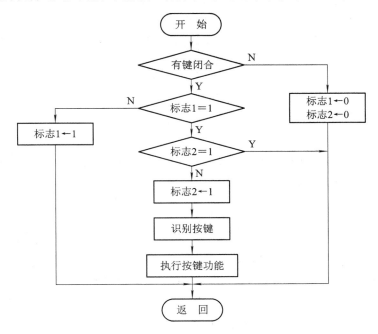

图 3.17　定时扫描方式程序流程图

标志 1 和标志 2 是在单片机内部 RAM 的位寻址区设置的两个标志位，标志 1 为去抖
动标志位，标志 2 为识别完按键的标志位。初始化时将这两个标志位设置为 0，执行中断
服务程序时，首先判别有无键闭合，若无键闭合，将标志 1 和标志 2 置 0 后返回；若有键
闭合，先检查标志 1，当标志 1 为 0 时，说明还未进行去抖动处理，此时置位标志 1，并中
断返回。由于中断返回后要经过 10 ms 才会再次中断，相当于延时了 10 ms，因此，程序无
须再延时。下次中断时，因标志 1 为 1，CPU 再检查标志 2，如标志 2 为 0 说明还未进行
按键的识别处理，这时，CPU 先置位标志 2，然后进行按键识别处理，再执行相应的按键
功能子程序，最后，中断返回。如标志 2 已经为 1，则说明此次按键已做过识别处理，只
是还未释放按键。当按键释放后，在下一次中断服务程序中，标志 1 和标志 2 又重新置 0，

等待下一次按键。

(3) 中断扫描方式。采用上述两种键盘扫描方式时，无论是否按键，CPU 都要定时扫描键盘，而单片机应用系统工作时，并非经常需要键盘输入，因此，CPU 经常处于空扫描状态。

为提高 CPU 工作效率，可采用中断扫描工作方式。其工作过程如下：当无键按下时，CPU 处理自己的工作，当有键按下时，产生中断请求，CPU 转去执行键盘扫描子程序，并识别键号。

2. 键盘编码

对于独立式按键键盘，因按键数量少，可根据实际需要灵活编码。对于矩阵式键盘，按键的位置由行号和列号唯一确定，因此可分别对行号和列号进行二进制编码，然后将两值合成一个字节，高 4 位是行号，低 4 位是列号。如图 3.15 中的 K20 号键，它位于第 2 行，第 0 列，因此，其键盘编码应为 20H。采用上述编码对于不同行的键离散性较大，不利于散转指令对按键进行处理。因此，可采用依次排列键号的方式对按键进行编码。以图 3.15 中的 4×4 键盘为例，可将键号编码为 01H、02H、03H…0EH、0FH、10H 等 16 个键号。编码相互转换可通过计算或查表的方法实现。

键盘编码有两种方式：一种是特征编码；另一种是顺序编码。

对于独立式按键小键盘，特征编码比较有用。所谓特征码，是指在读键盘过程中，通过键盘扫描等方法得到的可以唯一标示每一个按键的数值，这些数值不连续，离散度很大。

对于中、大型键盘，有效键码较多，监控中一般采取散转处理或查表处理，这时就要采用顺序编码。下面介绍一种将特征码转换成顺序码的通用查表方法。以 4×4 的 16 键为例，用反转法读取键盘状态。先从 P1 口的高四位输出零电平，从 P1 口的低四位读取键盘的状态。再从 P1 口的低四位输出零电平，从 P1 口的高四位读取键盘状态，将两次读取结果组合起来就可以得到当前按键的特征编码，见表 3.2。现在希望将它们转换成顺序编码，这时只要将各特征编码按希望的顺序排成一张表，然后用当前读得的特征码来查表，当表中有该特征码时，它的位置就是对应的顺序编码；当表中没有该特征码时，说明这是一个没有定义的键码，与没有按键(0FFH)同等看待。表格以 0FFH 作为结束标志，没有固定长度，这样便于扩充新的键码(用于增加新的复合键)。

表 3.2　键码转换表

按键名称	K0	K1	K2	K3	K4	K5	K6	K7	K8
特征键码	77H	7BH	0BBH	0DBH	7DH	0BDH	0DDH	7EH	0BEH
顺序键码	00H	01H	02H	03H	04H	05H	06H	07H	08H
按键名称	K9	KA	KB	KC	KD	KE	KF	KB+KF	未按
特征键码	0DEH	0B7H	0D7H	0EEH	0EDH	0EBH	0E7H	0C7H	0FFH
顺序键码	09H	0AH	0BH	0CH	0DH	0EH	0FH	10H	0FFH

读键及键码转换程序如下：

```
KEYIN:      MOV     P1, # 0FH                    ; 反转读键
```

```
              MOV       A, P1
              ANL       A, #0FH
              MOV       B, A
              MOV       P1, #0F0H
              MOV       A, P1
              ANL       A, #0F0H
              ORL       A, B
              CJNE      A, #0FFH,KEYIN1
              RET                           ; 未按键
KEYIN1:       MOV       B,A                 ; 暂存特征码
              MOV       DPTR, #KEYCOD       ; 指向码表
              MOV       R3, #0FFH           ; 顺序码初始化
KEYIN2:       INC       R3
              MOV       A,R3
              MOVC      A, @A+DPTR
              CJNE      A, B, KEYIN3
              MOV       A, R3               ; 找到, 取顺序码
              RET
KEYIN3:       CJIVE     A, #0FFH, KEYIN2    ; 未完, 再查
              RET                           ; 已查完, 未找到, 以未按键处理
KEYCOD:       DB        77H, 7BH, 0BBH      ; 码表
              DB        0DBH, 7DH, 0BDH
              DB        0DDH, 7EH, 0BEH
              DB        0DEH, 0B7H, 0D7H
              DB        0EEH, 0EDH, 0EBH
              DB        0E7H, 0C7H, 0FFH
```

3. 连击的处理

当按下某个键时，对应的功能通过键盘解释程序得到执行，如果这时操作者还没有释放按键，则对应的功能就会反复被执行，好像操作者在连续操作该键一样，这种现象就称为连击。连击在很多情况下都是不允许的，它使操作者很难准确地进行操作。

解决连击的关键是一次按键只让它响应一次，该键不释放就不执行第二次。为此要分别检测到按键按下和释放的时刻。有两种程序结构都可以解决连击问题，如图 3.18(a)和图 3.18(b)所示。

图 3.18(a)是按下键盘就执行，执行完后就等待操作者释放按键，在未释放前不再执行指定功能，从而避免了一次按键重复执行的现象。图 3.18(b)是在按键释放后再执行指定功能，同样可以避免连击，但给人一种反应迟钝的感觉，因此常采用图 3.18(a)的结构。假定有一个子程序 KEYIN，它负责对当前键盘状态进行采样，获得当前的键码。再假定，当键盘完全释放时，键码为 0FFH。KEYIN 子程序的具体内容随硬件结构不同而不同。

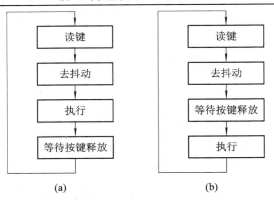

图 3.18　解决连击的两种程序结构

对于图 3.18(a)所示流程图,可得如下程序:

KEY:	LCALL	KEYIN	;读键
	CPL	A	
	JZ	KEY	;未按,再读
	LCALL	TIME	;延时 10 ms,去抖动
	LCALL	KEYIN	;再读键
	CPL	A	
	JZ	KEY	;未按,再读
	CPL	A	;恢复有效键码
	…		;键盘解析、执行相应模块
KEYOFF:	LCALL	KEYIN	;读键
	CJNE	A, #0FFH, KEYOFF	;未释放,再读
	LJMP	KEY	;已释放,读新的按键

　　将连击加以合理利用,有时也能给操作者带来方便。在某些简易智能仪器中,因设置的按键数目很少,没有数字键 0～9,这时只能采用加 1(或减 1)的方式来调整有关参数。当参数的调整量比较大时,就需要按很多次调整键。如果这时有连击功能,只要按住调整键不放,参数就会不停地加 1(或减 1),调整到我们需要的参数时再放开按键,这就给操作带来了便利。

　　计算机处理过程的速度很快,如果允许连击,还来不及放手它就可以执行几十次到几百次,则使人无法控制连击的次数。因此,要对连击速度进行限制,例如 3～4 次/秒,使操作者能有效控制连击次数。连击功能的实现如图 3.19 所示。图中如果延时环节为 250 ms,则连击速度为 4 次/秒。连击现象对于调整键是有利的,但对其他功能键则是有害的,必须区别对待。一个能同时实现连击和防止连击的程序结构如图 3.20 所示。当键盘解释程序安排在后台主程序中时,上述处理连击的方法比较适用。当键盘解释程序安排在定时中断子程序中时,上述方法就不适用,因为每次定时中断的时间间隔是很短的(例如 10 ms),不能停下来等待键盘释放,也不能另外再延时 250 ms。这时采用另一种方法,不但能解决连击问题,而且可以解决得更好,这就是利用定时中断间隔作为时间单位来测量按键的持续时间,我们用"键龄"来比喻按键按下的持续时间。从按下时开始计算,持续时间每增加一个定时间隔时间，"键龄"就加 1，直到释放时为止。我们再定义一个软件标志，用来表示某键指定的功能是否已经被执行过，如果已经被执行，则软件标志置 1，表示"已响应"。有了"键龄"和"已响应"这两个辅助信息后，处理防抖动、防止连击、利用连击、延时响应均很方便。这时的键盘处理流程图如图 3.21 所示。

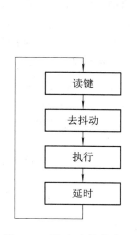

图 3.19　连击功能的实现

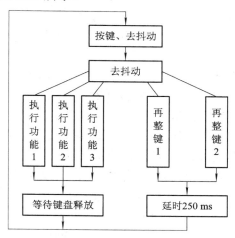

图 3.20　同时实现连击和防止连击的程序结构

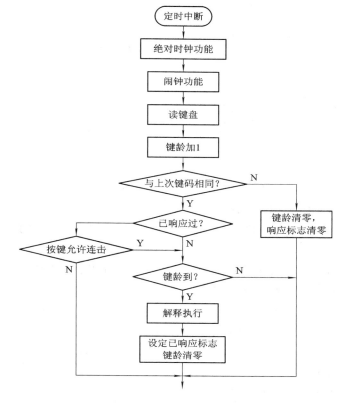

图 3.21　键盘处理流程图

每次定时中断发生后，在完成例行处理任务后就对键盘进行一次采样，获得当前的键码，并和上一次采样的键码进行比较，如果相同，则该键码的键龄加 1；如果不同，则说明键盘状态发生变化(包括释放按键)，这时就对键龄和响应标志初始化，并保存新键码。在对键码进行解释前，先检查响应标志，如果已经响应过了，而且该键码不允许连击，则不进行解释，从而防止了连击现象。当该键码尚未响应过，或者虽已响应过但该键允许连击时，则具有解释执行权。但在解释执行前先要检查它的键龄，当键龄小于某一个数值时暂不解释执行，当键龄达到某一数值(例如 2)时就进行解释执行。这样做以后，触点抖动问题就可以得以解决，因为触点抖动时间小于定时中断间隔，当键龄达到预定值时，抖动早已消失。对于允许连击的键码，其键龄要求为指定的连击间隔。例如，连击速度为 4 次/秒，定时中断间隔为 10 ms，则键龄限制为25。通过键龄审查之后，就可以解释执行了，解释执行后便设定"已响应"标志，阻止这个按键重复响应。这个标志对允许连击的按键无效，因此，还要将键龄值清零，使允许连击的按键不会马上得到响应，而必须使键龄再次增长到 25 才响应一次，从而达到控制连击速度的目的。

　　　设 KEYCODE 为键码存放单元，KEYT 为键龄存放单元，KEYOK 为响应标志，允许连击的按键的键码为 5，则程序如下：

```
            KEYCODE   DATA    38H          ; 键码存放单元
            KEYT      DATA    39H          ; 键龄存放单元
            KEYOK     BIT     2DH.5        ; "已经响应"标志
KEY:        LCALL     KEYIN                ; 读键盘
            CPL       A
            JZ        KEYO                 ; 键盘释放
            CPL       A                    ; 恢复键码
            INC       KEYT                 ; 键龄加 1
            XCH       A, KEYCODE           ; 暂存键码
            XRL       A, KEYCODE           ; 与上次键码相同否？
            JZ        KEY1
KEYO:       MOV       KEYT, #0             ; 键码变化，键龄清零
            CLR       KEYOK                ; 响应标志清零
            LJMP      KEYEND
KEY1:       MOV       B, #0FEH             ; 键龄要求初始化(02H)
            JNB       KEYOK, KEY2          ; 已响应过否？
            MOV       B, #0E7H             ; 连击速度控制(19H)
            MOV       A, KEYCODE
            XRL       A, #5                ; 是允许连击的键吗？
            JZ        KEY2
            LJMP      KEYOFF               ; 不允许连击
KEY2:       MOV       A, KEYT
            ADD       A, B
            JC        KEY3                 ; 键龄到否？
            LJMP      KEYEND
```

KEY3:	MOV A,	KEYCODE	；解释执行
	MOV	B，#3	
	MUL	AB	
	MOV	DPTR,# KEYN	
	JMP	@A+DPTR	；散转到对应模块
KEYN:	LJMP	KEYWK0	
	LJMP	KEYWK1	
	LJMP	KEYWK2	
	…		
KEYOFF:	SETB	KEYOK	；对应模块执行完毕，设立"已响应"标志
	MOV	KEYT, #0	；键龄清零
KEYEND:	…		；后续处理

当某键获准执行后，通过散转指令到达各执行模块的入口，各模块结束时，最后一条指令应该为"LJMP KEYOFF"，汇合到同一点。

4. 复合键的处理

当总键数较少，而需要定义的操作命令较多时，可以定义一些复合键来扩充键盘功能。复合键的另一个优点是操作安全性好，对一些重要操作用复合键来完成可以减少误碰键盘引起的差错。

复合键利用了两个以上按键同时按下时产生的按键效果，但实际情况中不可能做到真正的"同时按下"，它们的时间差可以长到 50 ms 左右，这对单片机来说是足够长了，完全可能引起错误后果。

设 K1 为动作 1 的功能键，K2 为动作 2 的功能键，复合键 K1+K2 为动作 3 的功能键。当要执行动作 3 时，"同时按下" K1 和 K2，结果 K1(或 K2)先闭合，单片机系统先执行动作 1(或动作 2)，然后 K2(或 K1)才闭合，这时才执行我们希望的动作 3，从而产生了额外的动作。因此，要使用复合键必须解决这个问题。

如果键盘解释程序安排在定时中断中，并引入了键龄这个控制信息，则问题就很容易解决。我们将最低键龄定义到 5(即 50 ms)，当 K1 先闭合时，只要提前时间小于 50ms，则K1 的键龄还来不及增长到 5 就"夭亡"了，当然也不会引起额外的动作。

当键盘解释程序安排在后台主程序中(或外部键盘中断程序中)时，计算键龄是困难的，这时采用另一种策略比较有效：定义一个或两个"引导"键，这些"引导"键单独按下时没有什么意义(执行空操作)，而和其他键同时按下时就形成一个复合键。这种方式在操作时要求先按下"引导"键，再按下其他功能键。我们在通用计算机上看到的 Ctrl、Shift、Alt 键均是"引导"键的例子。

电子日历钟设计实例

习　题

1．80C51 端口 P0～P3 用作通用 I/O 口时，要注意什么？
2．单片微机控制 I/O 的操作有几种方法？说明各种方法的特点及使用范围。
3．什么是键盘的去抖动问题？为什么要对键盘进行去抖动处理？
4．矩阵式键盘采用什么样的扫描方式？
5．识别矩阵式键盘包括哪几个步骤？

第4章　51系列单片机的存储器

　　存储器使单片机具有了记忆功能，而对存储单元、外部设备、接口……(只要是用总线够得着的)统一编址，就形成了单片机活动的"空间"。这个地址空间是架构在 CPU 总线上的。

　　单片机只认得"0、1"形式的数码，有两种用途的数码：程序和数据。单片机对这两种数码都需要存储。单片机一般采用程序与数据分开的方式存储这些数码，即所谓"哈佛"结构。其实就是两组独立的总线分别挂着一大堆程序、数据存储器。

　　还有一组数据存储器，使用方便，速度快，叫做内部数据存储器。实际上，虽然总的存储空间很大，但单片机绝大多数时间都活动在不大的内部数据存储空间上。

　　依据统一编址原则，把单片机众多功能的设置管理寄存器也编到内部数据存储空间中，叫做特殊功能寄存器(SFR)。SFR 中也包括使用最频繁的寄存器，如：累加器 ACC，数据指针 DPTR，堆栈指针 SP，程序状态字 PSW 等。

　　为提高可靠性，单片机应用系统越来越多使用串行接口扩展在线非易失存储器，这些存储器并不在统一编址里边，因为它们没有挂在并行总线上。本章对这方面的应用技术也有所涉及。

　　最后的综合设计实例光立方，是一个尽量使用单片机资源尤其是存储空间资源的应用设计。光立方流传的设计比较多，这一个的程序内容简单，但后续扩展利用的潜力比较大，适合做教学平台用。

4.1　存　储　器

　　存储器(Memory)是计算机系统中的记忆设备，用来存放程序和数据。计算机中的全部信息，包括输入的原始数据、程序、中间运行结果和最终运行结果都保存在存储器中，它根据控制器指定的位置存入和取出信息。有了存储器，计算机及其产品才有了记忆功能，才能保证正常工作。

4.1.1　存储器原理

1. 存储器中存什么

　　目前主要采用半导体器件和磁性材料作为构成存储器的存储介质。存储器中最小的存储单位，就是一个双稳态电路或一个 CMOS 晶体管或磁性材料的物理存储元，它可以有两种稳定状态，比如"高电平"和"低电平"，磁场的"N""S"。这两种状态可以分别用"1""0"表示，也就是说，这个存储元可存储一个二进制代码。如果加上一些负责测试存储元物理状态(叫做"读")的辅助电路和改变存储元物理状态(叫做"写")的辅助电路，就构成了最小的存储单元，叫做 1 "位"，用 bit 表示。位是计算机中所能表示的最小的数据单位。对存储单元的读写操作又叫做"访问"。

一个"位"可以表示"0"或"1"两个状态，两个"位"的组合可以是"00""01""10""11"四种状态，能够用来表示十进制数字 0～3，即 2 的 2 次方(2^2)个状态。计算机中通常用 8 位同时计数，就可以区分 2^8 个状态，即表示十进制数字 0～255。这 8 位二进制数就称为一个字节(Byte)。为了方便，常用"B"表示"Byte"，而用"b"表示"bit"，则 1B = 8b。

计算机中的数据是以字节为单位进行存放的。通常把 2^{10} 即 1024 个字节称为 1 KB(即千字节，1 KB = 1024 B)，更大的表达单位还有 MB(兆字节)，1MB = 1024 KB = 2^{20} B；GB(吉字节)，1 GB = 1024 MB = 2^{30} B；TB(太字节)，1TB = 1024 GB = 2^{40} B。

计算机中作为一个基本单位来处理或运算的一串二进制数字，称为一个计算机字，简称字(Word)。一个字由若干个字节组成。

计算机的每个字所包含的二进制位数称为字长。不同的计算机系统的字长是不同的，常见的有 8 位、16 位、32 位、64 位等。字长越长，计算机一次处理的信息位就越多，精度就越高，字长是衡量计算机性能的一个重要指标。

许多存储单元组成一个存储器。由于字节这个单位更常用些，所以说到存储单元时，单位一般指的是字节，有时也指位或其他单位。

一个存储器包含许多存储单元，每个存储单元可存放一个字节(按字节编址，也有按位编址的)。每个存储单元的位置都有一个编号，即地址，一般用十六进制表示。一个存储器中所有存储单元可存放数据的总和称为它的存储容量。假设一个存储器的地址码由 16 位二进制数(即 2 字节，4 位十六进制数)组成，则可表示 2^{16} 个存储单元地址。

所以说，存储器中存的数据，其实就是"一大堆可以用地址唯一区分的"物理状态。

2. 存储器的基本工作原理

存储器存放的是电平的高或低的状态，而不是我们所习惯的"1234"这样的数字。那么它是如何工作的呢？一个存储单元就像一个小抽屉，一个小抽屉里有 8 个小盒子，每个小盒子用来存放 1 位"电荷"，电荷通过与它相连的导线传进来或释放掉。1 个小抽屉相当于 1 个字节，而 1 个小盒子就相当于 1 位。有了这个构造，就可以开始存放数据了，比如要放进一组数据"00011011"，只要把从右向左数第 1、2、4、5 个小盒子里存满电荷，而其他小盒子里的电荷给放掉就行了。为了方便操作，计算机计数的规则与我们熟悉的有点不同。我们计数是从 1 开始的，而计算机计数是从 0 开始的。所以，"从右向左数第 1、2、4、5 个小盒子"就应该说成"0、1、3、4 号小盒子"。

可是问题又来了，CPU 只有 1 个，存储单元却有很多，其引出导线必然是并联着接到CPU 数据总线上的。所有存储单元的信息一起流到 CPU，分辨不开可不行，所以还得增加一个选通机构，才能保证想要哪个单元就接通该单元，这就是地址译码器。在每个单元上有根选择线与地址译码器相连，当要把数据放进某个单元，就通过地址译码器给那个单元发一个信号，由地址译码器通过这根选通线把相应的开关打开，这样，电荷就可以自由地进出了。这相当于给每个存储单元起了个名字，就是地址。

如果存储单元很少，那么一根选择线接一个存储单元就行了。但若是存储单元很多，这个一维的(一对一的)选择排列方式需要的选择线就太多了。第 2 章讲的 LED 广告屏中，用矩阵排列方式可以很好地解决这个问题。当存储单元很多时，通常半导体存储器使用存储阵列这种二维方式排列存储单元，就可以只用很少的选择线来应对很多的存储单元。

还有数据流向的问题需要解决。以 CPU 为出发点，数据从存储器流向 CPU 叫做"读"，反过来就叫"写"。所以还需要增加读、写控制线。另外存储器可能不止一个，因此还需要用"片选"控制线来选通所需要的那片存储器。它们都是所谓"控制总线"的成员。

3. 半导体存储器基本结构

半导体存储器类型很多，但基本结构差别不大，都是由存储阵列、地址译码器、三态双向缓冲器和控制电路四部分组成。存储阵列是存储器的主体，是用来存储信息的部分；其他部分用来实现对存储阵列的访问。存储器的基本结构如图 4.1 所示。

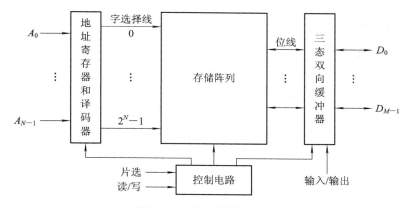

图 4.1　存储器的基本结构

(1) 存储阵列。存储阵列由若干存储单元构成，每个存储单元保存若干二进制位信息，每个二进制位对应一个基本存储电路。由地址译码器输出的"字选择线"进行存储单元的选取。

(2) 地址译码器。地址译码器由地址寄存器和地址译码器两部分组成。地址寄存器用于存放 CPU 送来的地址码，其位数通常由地址线条数决定；地址译码器用于对地址寄存器中的地址码进行译码，译码后产生的"字选择线"可用来选择存储阵列中的相应存储单元工作。

(3) 三态双向缓冲器。三态双向缓冲器用于传送从存储阵列中被选中存储单元里读出或写入信息，因此它必须是双向缓冲器，其个数等于存储阵列中存储单元的位数 M(字长)。三态双向缓冲器受控制电路和输入/输出允许控制引脚控制。

(4) 控制电路。控制电路通过对 CPU 送来的读/写控制信号和片选信号进行组合变换后对存储器的其他部件进行控制。片选信号无效时，存储器处于禁止工作状态；片选信号有效时，存储器处于工作状态，由读/写控制信号决定其操作类型。

4.1.2　存储器分类

半导体存储器通常可按照功能分为随机存取存储器(RAM)和只读存储器(ROM)。它们的区别主要是存储体不同。

1．随机存储器(RAM)

如果存储器中任何存储单元的内容都能被随机存取，存取时间与存储单元的物理位置无关，则这种存储器称为随机存储器(Random Access Memory，RAM)。所谓随机，是相对于磁带等顺序存储器而言的。RAM 主要用来存放各种现场的输入/输出数据、中间运算结果、与外存交换的信息以及作为堆栈使用，它的存储单元的内容按照需要既可以读出，也可以写入，数据读出后原数据不变；新数据写入后，原数据被新数据取代。其特点是访问速度快，但断电后将丢失其内部存储的信息，故主要用于存储短时间使用的程序和数据。

随机存储器按照信息的存储方式又可分为静态 RAM(SRAM)和动态 RAM (DRAM)两种，其主要区别在于非断电情况下，SRAM 保存的信息不会因为时间的推移而丢失，而DRAM 存储的信息经过一段时间会自动丢失，因此动态 RAM 需用专门的动态刷新电路来保证信息的不丢失。单片机应用系统一般采用 SRAM 作为数据存储器使用。单片机内部的数据存储器也属于 SRAM。

2．只读存储器(ROM)

所谓只读，从字面上理解就是只可以从里面读出数据，而不能写进去，它类似于书本，我们只能阅读里面的内容，不可以随意更改。只读存储器(Read-Only Memory，ROM)就是单片机中用来存放程序的地方，程序不可以随意更改。讲到这里大家也许会感到困惑，既然 ROM 是只读存储器，那么程序又是如何写入其中的呢？其实所谓的只读只是针对正常工作情况，也就是在使用这块存储器的时候，而不是指制造这块芯片的时候。只要让存储器满足一定的条件，数据还是能写进去的。这个道理也很好理解，书本拿到手里是不能改了，但当它还是一叠白纸的时候，完全可以由印刷厂把内容印上去。

所以，ROM 写入(叫做"编程")要通过专门的编程器，采用一定的编程工具软件进行。按写入方式 ROM 可分为掩膜 ROM (MROM)、可编程 ROM(PROM)、紫外线擦除ROM(EPROM)、电擦除 ROM(EEPROM)和 Flash ROM。

MROM 在制造存储器芯片时就做好了，如音乐卡片、硬字库等，用户直接用，不能改动。

PROM 就像练习本，买来时是空白的，可以写字；可一旦写上去，就擦不掉了。所以PROM 只能写一次，写错就报废了。一般把带这种程序 ROM 的单片机称为 OTP 型单片机，适合产品大批量生产，性价比高。

EPROM 写上内容后，可以用紫外线照射消除。紫外线就像"消字灵"，可以把字去掉，然后再重写。当然消的次数太多，就不灵了。所以这种 ROM 可以擦除的次数也是有限的，有几百次吧，电脑上的 BIOS 芯片采用的就是这种结构的存储器。

EEPROM 不像 EPROM 擦写要用很不方便的紫外线擦除装置，它可以直接用电擦写，比较方便数据的改写，虽然改写有点慢。

Flash ROM 是一种快速写入式只读存储器，特点是不但可以电擦写，而且写入速度大大高于 EEPROM，掉电后程序也照样能保存，结构又有所简化，进一步提高了集成度和可靠性，从而降低了成本，近年来发展很快，大有取代 EEPROM 的趋势。编程写入寿命可以达到几万次甚至百万次。现在新型的外部扩展存储器大多是这种结构。新型的单片机也是采用这种程序存储器。

ROM 电路比 RAM 简单、集成度高，成本低，是一种非易失性存储器，因而常用于存储各种固定程序和数据。

3. 铁电存储器(FRAM)

另外有种叫铁电存储器(FRAM)的值得一提。FRAM 的特点是读写速度快，能够像 RAM 一样操作，但断电后数据不会丢失。读写功耗极低，不存在如 EEPROM、Flash 等的最大写入次数限制问题。但受铁电晶体特性制约，FRAM 仍有最大访问(读)次数的限制，一般最大访问(读)次数可达到 10^{10} 次，即 100 亿次，这已经能够满足一般单片机应用系统的寿命周期需求。FRAM 的非易失存储器特性将给单片机应用系统设计带来极大的灵活性。

铁电存储技术早在 1921 年就已经提出，直到 1993 年美国 Ramtron 公司才成功开发出第一个 4K 位的铁电存储器(FRAM)产品。目前所有的 FRAM 产品均由 Ramtron 公司制造或授权。常见的芯片有 Intel 公司推出的 28F 系列，如 28F020 (256K×8 位)和 Atmel 公司推出的 AT29 系列，如 AT29C040A(512K×8 位)等。

4.2　地址空间及 51 系列单片机存储结构

4.2.1　51 系列单片机存储地址空间

1. MCS-51 单片机的存储器组织

微型计算机的存储器有两种基本结构：一种是在通用微型计算机中广泛采用的将程序和数据合用一个存储器空间的结构，称为普林斯顿(Princeton)结构；另一种是将程序存储器和数据存储器分别寻址的结构，称为哈佛(Harward)结构。图 4.2 是微型计算机的存储器的两种结构形式。Intel 的 MCS-51 系列单片机采用哈佛结构。

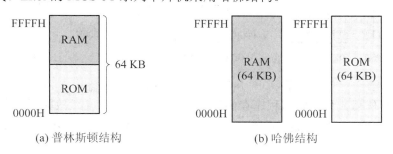

(a) 普林斯顿结构　　　　　　　　(b) 哈佛结构

图 4.2　微型计算机的存储器的两种结构形式

在计算机中，外设(如 I/O)在逻辑上可看做是"存储器"，也要占用地址。将所有占用的地址(包括存储器、外设等)"统一编址"，是计算机中通常的做法。这个统一编址，表示的就是"地址空间"，是地址总线能够呈现出区分的状态的总和。

从物理上看，MCS-51 有 4 个存储器地址空间，即片内程序存储器(简称片内 ROM)、片外程序存储器(片外 ROM)、片内数据存储器(片内 RAM)和片外数据存储器(片外 RAM)。外部可直接扩展的程序存储器或数据存储器最多为 64 KB。标准的 8×51 系列具有 4 KB 程序存储器、128 B 数据存储器，而标准的 8×52 系列具有 8 KB 程序存储器、256 B 数据存储器。

由于片内、片外程序存储器统一编址，因此从逻辑地址空间看，MCS-51 有 3 个存储器地址空间，即片内 RAM、片外 RAM 及片内片外统一编址的 ROM。

MCS-51 的兼容单片机(即 51 系列单片机)一般都增大了其内部程序存储器与数据存储器的容量。我们在此只讨论基本的 MCS-51 单片机的标准存储器结构。

2. 程序存储器

顾名思义，程序存储器(ROM)主要是用来存放程序的，另外，也可以存储一些始终保留的固定表格、常量等信息。程序存储器以程序计数器 PC 作为地址指针，通过 16 位地址总线可寻址 64 KB 的地址空间。设计时可以选择使用片内 ROM 或片外 ROM，具体说明如下。

(1) 若使用内部没有 ROM 的型号如 8031 或 8032，一定要使用片外 ROM，所以单片机的 EA 引脚必须接地，强制 CPU 从外部程序存储器读取程序。

(2) 对于有片内 ROM 的单片机，在正常运行时，应将 EA 引脚接高电平，使 CPU 先从片内 ROM 中读取程序。当 PC 值超过片内 ROM 的容量时，才会自动转向片外 ROM 读取程序。

(3) 对于有片内 ROM 的单片机，若把 EA 引脚接地，CPU 将直接从片外 ROM 中读取程序，而片内 ROM 形同虚设。可利用这一特点进行程序调试，即把要调试的程序放在与片内 ROM 空间重叠的片外 ROM 中，以便进行调试和修改。

MCS-51 的程序存储器结构如图 4.3 所示。

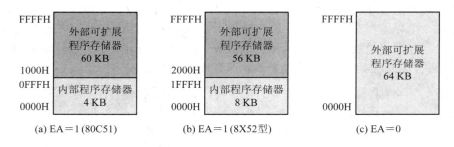

图 4.3   MCS-51 的程序存储器结构

当 CPU 复位后，程序将从程序存储器 0000H 位置开始执行，如没有遇到跳转指令，则程序将顺序执行。程序存储器前面几个位置叫做中断入口，留待第 8 章中断系统再详细说明。

3. 内部数据存储器

MCS-51 的程序存储器与数据存储器是分开的独立区域，所以访问数据存储器时，所使用的地址并不会与程序存储器发生冲突。这是由专用指令保证的。相对于程序存储器，数据存储器的结构比较复杂，其示意图如图 4.4 所示。

MCS-51 单片机的数据存储器在物理上和逻辑上都分为两个地址空间，一个内部数据存储区和一个外部数据存储区。MCS-51 内部 RAM 有 128 个或 256 个字节的用户数据存储(不同的型号有区别)，它们是用于存放执行的中间结果和过程数据的。

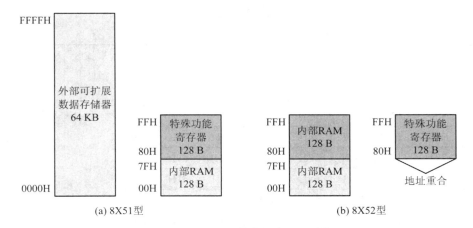

图 4.4　MCS-51 的数据存储器结构

(1) 内部数据存储器。这是使用最多的地址空间，所有的运算指令(算术运算、逻辑运算、位操作运算等)的操作数只能在此地址空间或特殊功能寄存器(SFR，后面介绍)中存放。

内部 RAM 地址只有 8 位，因而最大寻址范围为 256 个字节。它在物理上又分成两个独立的功能区。

① 内部 RAM 区：对于普通型 51 子系列单片机，地址为 00H~7FH(128 B 空间)；对于增强型 52 子系列单片机，地址为 00H~FFH(256 B 空间)。

② 特殊功能寄存器(SFR)区：地址为 80H~FFH(128 B 空间)。

(2) 外部数据存储器。MCS-51 单片机中设置有一个专门的数据存储器的地址指示器——数据指针 DPTR，用于访问片外数据存储器。数据指针 DPTR 也是 16 位的寄存器，这样，就使 MCS-51 具有 64 KB 外部 RAM 和 I/O 端口扩展能力，外部 RAM 和外部 I/O 端口实行统一编址，并使用相同的选通控制信号，使用相同的汇编语言指令 MOVX 访问，使用相同的寄存器间接寻址方式。

4.2.2　内部数据存储器

1. 内部 RAM 区

对于普通型 51 子系列单片机，地址为 00H~7FH(128 B 空间)；对于增强型 52 子系列单片机，地址为 00H~FFH(256 B 空间)，见表 4.1。

2. 通用工作寄存器区

(1) 在 00H~1FH 之间的 32 个单元被均匀地分为四块，每块包含 8 个 8 位寄存器，均以 R0~R7 来命名，称为通用工作寄存器。

(2) 这 4 块中的寄存器都称为 R0~R7，那么在程序中怎么区分和使用它们呢？由程序状态字(Program Status Word，PSW)寄存器来管理它们，CPU 只要定义这个 PSW 寄存器的第 3 和第 4 位(RS0 和 RS1)，即可选中这 4 组通用寄存器。对应的编码关系如表 4.2 所示。

(3) 一旦选中了一组寄存器，其他 3 组只能作为数据存储器使用，而不能作为寄存器使用。

(4) CPU 复位时，自动选中第 0 组。

表 4.1 内部 RAM 使用分配

BYTE (MSB)							(LSB)	特点	寻址
7FH … 30H	位地址							堆栈区 通用 数据	80个字节 只能字 节寻址
2FH	7FH	7EH	7DH	7CH	7BH	7AH	79H	78H	位可寻址区	16字节 128位 即可 字节 寻址 又可 位寻 址
2EH	77H	76H	75H	74H	73H	72H	71H	70H
2DH	6FH	6EH	6DH	6CH	6BH	6AH	69H	68H
2CH	67H	66H	65H	64H	63H	62H	61H	60H
2BH	5FH	5EH	5DH	5CH	5BH	5AH	59H	58H
2AH	57H	56H	55H	54H	53H	52H	51H	50H
29H	4FH	4EH	4DH	4CH	4BH	4AH	49H	48H
28H	47H	46H	45H	44H	43H	42H	41H	40H
27H	3FH	3EH	3DH	3CH	3BH	3AH	39H	38H
26H	37H	36H	35H	34H	33H	32H	31H	30H
25H	2FH	2EH	2DH	2CH	2BH	2AH	29H	28H
24H	27H	26H	25H	24H	23H	22H	21H	20H
23H	1FH	1EH	1DH	1CH	1BH	1AH	19H	18H
22H	17H	16H	15H	14H	13H	12H	11H	10H
21H	0FH	0EH	0DH	0CH	0BH	0AH	09H	08H
20H	07H	06H	05H	04H	03H	02H	01H	00H
1FH ⋮ 18H	R7 ⋮ R0	第 3 组工作寄存器区						通用工作寄存器区	4组寄存器 共32个寄存器 字节寻址 寄存器寻址 寄存器间接寻址
17H ⋮ 10H	R7 ⋮ R0	第 2 组工作寄存器区					
0FH ⋮ 08H	R7 ⋮ R0	第 1 组工作寄存器区					
07H ⋮ 00H	R7 ⋮ R0	第 0 组工作寄存器区					

表 4.2 程序状态字与通用寄存器对应关系

RSl	RS2	寄存器组	RS1	RS2	寄存器组
0	0	0 组 (00H～07H)	1	0	2 组 (10H～17H)
0	1	1 组 (08H～0FH)	1	1	3 组 (18H～1FH)

3．位寻址区

(1) 内部 RAM 的 20H～2FH 单元为位寻址区，共有 16 个字节，128 个位，位地址为 00H～7FH。

(2) 通常访问存储器是以字节为单位，"可位寻址"是指 CPU 可以直接寻址这些位(bit)。在 MCS-51 的汇编语言里，可以使用位运算指令执行如置"1"、清"0"、求"反"、移位、传送和逻辑等位操作。我们常称 MCS-51 具有布尔处理功能，布尔处理的存储空间指的就是这些位寻址区。

(3) 该区既可位寻址，也可作为一般数据单元用字节寻址，如 MOV C，20H，这里 C 是进位标志位 CY，该指令将 20H 位地址内容送 CY；而 MOV A，20H，即将字节地址为 20H 单元的内容送 A 累加器。可见，20H 是位地址还是字节地址要看另一个操作数的类型，单片机会自动选择。

4．通用数据与堆栈区

(1) 30H～7FH 单元(对 52 子系列来说还有 80H～FFH 单元)的 80 个字节地址为通用数据访问及堆栈区。由于 CPU 复位后，堆栈指针(SP)指向 07H 位置(第 0 组通用寄存器的 R7 地址)，为了确保数据的安全与程序执行的正确，如果在程序中进行了堆栈操作，最好能把堆栈指针移到 30H 以后的地址。

(2) 除堆栈指针(SP)以上区域，都可以作为通用数据区使用。

4.2.3　特殊功能存储器

1．特殊功能寄存器区

什么是"特殊功能寄存器(Special Function Register，SFR)"呢？特殊功能寄存器就是 MCS-51 内部的专用寄存器，用来设置片内电路的运行方式，记录电路的运行状态，并表明有关标志的。此外，并行和串行 I/O 端口也映射到 SFR，只要对这些 SFR 进行读/写，就可实现从相应 I/O 端口的输入和输出操作。若用汇编语言编写程序，我们必须确切地掌握这些寄存器。若用 C51 语言编写程序，就不是那么重要了，其具体地址的声明放在 Keil C51 所提供的"reg51.h"头文件里，我们只要把它包含在程序里即可，而不必记忆这些具体地址。

MCS-51 单片机共有 21 个 SFR，不连续地分布在 80H～FFH 之间的 128 B 地址空间中，地址为×0H 和×8H 的寄存器是可位寻址的，见表 4.3，表中用"*"表示可位寻址的寄存器。

表 4.3　特殊功能寄存器的名称及主要功能(*为可位寻址的 SFR)

D7		位地址					D0	字节地址	SFR	寄存器名
P0.7	P0.6	P0.5	P0.4	P0.3	P0.2	P0.1	P0.0	80H	P0	*P0端口
87H	86H	85H	84H	83H	82H	81H	80H			
								81H	SP	堆栈指针
								82H	DPL	数据指针
								83H	DPH	

续表

D7			位地址				D0	字节地址	SFR	寄存器名
SMOD								87H	PCON	电源控制
TF1	TR1	TF0	TR0	IE1	IT1	IE0	IT0	88H	TCON	*定时器控制
87H	86H	85H	84H	83H	82H	81H	80H			
GATE	C/T	M1	M0	GATE	C/T	M1	M0	89H	TMOD	定时器模式
								8AH	TL0	T0低字节
								8BH	TL1	T1低字节
								8CH	TH0	T0高字节
								8DH	TH1	T1高字节
P1.	P1.	P1.	P1.	P1.	P1.	P1.	P1.	90H	P1	*P1端口
9H	9H	9H	9H	9H	9H	9H	9H			
SM0	SM1'	SM2	REN	TB8	RB8	TI	RI	98H	SCON	*串行口控制
9H	9H	9H	9H	9H	9H	9H	9H			
								99H	SBUF	串行口数据
P2.7	P2.6	P2.5	P2.4	P2.3	P2.2	P2.1	P2.0	A0H	P2	*P2端口
A7H	A6H	A5H	A4H	A3H	A2H	A1H	A0H			
EA			ES	ET1	EX1	ET0	EX0	A8H	IE	*中断允许
A7H			A4H	A3H	A2H	A1H	A0H			
P3.7	P3.6	P3.5	P3.4	P3.3	P3.2	P3.1	P3.0	B0H	P3	*P3端口
B7H	B6H	B5H	B4H	B3H	B2H	B1H	B0H			
			PS	PT1	PX1	PT0	PX0	B8H	IP	*中断优先级
			BCH	BBH	BAH	B9H	B8H			
CY	AC	F0	RS1	RS0	OV		P	D0H	PSW	*程序状态字
D7H	D6H	D5H	D4H	D3H	D2H		D0H			
ACC.7	ACC.6	ACC.5	ACC.4	ACC.3	ACC.2	ACC.1	ACC.0	E0H	ACC	*A累加器
E7H	E6H	E5H	E4H	E3H	E2H	E1H	E0H			
B.7	B.6	B.5	B.4	B.3	B.2	B.1	B.0	F0H	B	*B寄存器
F7H	F6H	F5H	F4H	F3H	F2H	F1H	F0H			

2. 特殊功能寄存器主要功能简介

(1) ACC(A)：累加器(Accumulator)。累加器 A 是一个最常用的特殊功能寄存器，汇编语言中大部分单操作数指令的一个操作数取自累加器。很多双操作数指令中的一个操作数也取自累加器。大部分的数据操作都会通过累加器 A 进行，它如同交通要道，在程序比较复杂的运算中，累加器成了制约软件效率的"瓶颈"，它的功能较多，地位也十分重要。以至于有的单片机集成了多累加器结构，或者使用寄存器阵列来代替累加器，赋予更多寄存器以累加器的功能，目的就是解决累加器的"交通堵塞"问题，提高单片机的软件执行效率。

(2) B：寄存器。寄存器 B 的主要功能是在汇编语言中配合累加器 A 进行乘、除法运算。

(3) PSW：程序状态字(Program Status Word)。程序状态字是一个 8 位寄存器，用于存放程序运行的状态信息，这个寄存器的一些位可由软件设置，有些位则是由硬件运行时自动设置的。详细内容可参见第 2 章。

(4) DPTR：数据指针(Data Pointer)。数据指针为 16 位寄存器，编程时，既可以按 16 位寄存器来使用，也可以按两个 8 位寄存器来使用，即高位字节寄存器 DPH 和低位字节寄存器 DPL。DPTR 主要是用来保存 16 位地址，当对 64 KB 外部数据存储器寻址时，可作为间址寄存器使用。

(5) P0～P3：I/O 端口(Port)寄存器。P0～P3 是 4 个并行 I/O 端口映入 SFR 中的寄存器。通过对该寄存器的读/写，可实现从相应 I/O 端口的输入/输出。

下面这些特殊功能寄存器将在后面的相关内容中作详细介绍，这里仅给出寄存器的名称。

(6) IP：中断优先级控制(Interrupt Priority)寄存器。

(7) IE：中断允许控制(Interrupt Enable)寄存器。

(8) TMOD：定时/计数器方式控制(Timer/Counter Mode Control)寄存器。

(9) TCON：定时/计数器控制(Timer/Counter Control)寄存器。

(10) TH0、TL0、TH1、TL1：定时/计数器 0、定时/计数器 1 的计数寄存器。

(11) SCON：串行端口控制(Serial Port Control)寄存器。

(12) SBUF：串行数据缓冲器(Serial Buffer)。

(13) PCON：电源控制(Power Control)寄存器。

3. 堆栈指针

堆栈在计算机中非常重要，所以结合堆栈指针(Stack Pointer，SP)一起介绍。

堆栈是一种特殊的数据存储方式，其数据的操作顺序是先进后出(First In Last Out，FILO)。就像在箱子里面放衣服，后放进去的衣服可以先拿出来，而先放进去的就必须等上面的衣服拿光了才能取出。

堆栈的设立是为了中断操作和子程序调用时断点保护及现场保护。

程序跳转进入中断服务程序或子程序执行完后，还是要回到原来的程序，从跳出的那条语句后面继续执行原程序。原来程序被打断的地方叫做"断点"。所以在进入中断服务程序或子程序之前，就必须保存断点地址，以备中断服务程序或子程序执行完成后"返回"到原来程序。这在计算机中是由硬件自动操作的，使用者不必操心。

进入中断服务程序或子程序后，原来程序正在使用的寄存器中的数据(所谓"现场")必须先保存起来，否则当执行中断服务程序或子程序操作时，有可能改变这些数据，返回原来程序后，"现场"已经被破坏，原来程序将无法正确继续运行。所以在进入中断服务程序或子程序的第一件事就是"保护现场"，返回之前最后一件事是"恢复现场"。当然，若中断服务程序或子程序不会破坏现场时，自然也不用保护现场。

利用堆栈，在断点保护和现场保护时将断点地址或现场数据装入堆栈，在恢复时把地址或数据重新还回原有的寄存器。用堆栈还可以在两段程序之间传递数据。

MCS-51 的堆栈是在内部 RAM 中开辟的，它要占据一定的存储单元，其位置由使用者自行设置。指示堆栈位置的就是堆栈指针。

SP 是一个 8 位寄存器，它指示"当前"堆栈顶部(就是最近装入的数据所占的地址)在内部 RAM 中的位置。数据写入堆栈称为入栈(PUSH)，从堆栈中取出数据称为出栈(POP)。当数据以 PUSH 命令送入堆栈时，数据被存入 SP 指针上面一个存储单元，SP 自动加 1；若以 POP 命令从堆栈取出数据时，SP 自动减系统复位后，SP 的初始值为 07H，使得堆栈实际上是从 08H 开始的。但我们从 RAM 的结构分布中可知，08H～1FH 隶属 1～3 工作寄存器区，若编程时需要用到这些数据单元，必须对堆栈指针 SP 进行初始化，原则上，设在任何一个区域均可，但一般设在 30H～7FH 之间较为适宜。如果是 52 子系列，可用 80H以后的区域。当然，使用 C 语言编写程序时，几乎可以不管这个寄存器。

4.3　外部并行总线及存储器扩展

4.3.1　外部并行总线扩展

1. 51 系列单片机的并行总线

在单片机内部，总线就是连接 CPU 及各部件的一组公共信号线，按照功能可分为地址总线 AB、数据总线 DB 和控制总线 CB。

在单片机外部，整个扩展系统以单片机为核心，通过总线把各扩展部件连接起来，各扩展部件"挂"在总线之上。

典型的单片机扩展系统结构如图 4.5 所示。

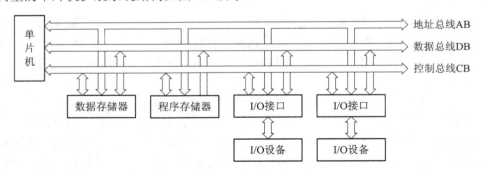

图 4.5　单片机扩展系统结构示意图

扩展内容包括 ROM、RAM 和 I/O 接口电路等。因为扩展是在单片机芯片之外进行的，通常称扩展的 ROM 为外部 ROM，称扩展的 RAM 为外部 RAM。必须指出：MCS-51 系列单片机外部扩展 I/O 接口时，其地址是与外部 RAM 统一编址的。换句话说，外部扩展的I/O 接口要占用外部 RAM 的地址。

(1) 地址总线(Address Bus，AB)。地址总线用于传送单片机送出的地址信号，以便进行存储单元和 I/O 端口的选择。地址总线是单向的，只能由单片机向外发出。地址总线的数目决定着可以直接访问的存储单元的数目。N 位地址可以产生 $2N$ 个连续地址编码，可访问 $2N$ 个存储单元。通常也说寻址范围为 $2N$ 个地址单元。MCS-51 单片机有 16 根地址线，存储器或 I/O 接口扩展最多可达 64 KB，即 2^{16} 个地址单元。

(2) 数据总线(Data Bus，DB)。数据总线用于在单片机与存储器之间或单片机与 I/O 端口之间传送数据。数据总线是双向的，可以进行两个方向的数据传送。单片机系统数据总线的位数与单片机处理数据的字长一致。MCS-51 单片机字长为 8 位，所以它的数据总线位数也是 8 位。

(3) 控制总线(Control Bus，CB)。控制总线实际上就是一组控制信号线，包括由单片机发出的控制信号，以及从其他部件送给单片机的请求信号和状态信号。每一条控制信号线的传送方向是单向的，是固定的，但由不同方向的控制信号线组合的控制总线则表示为双向。

总线结构形式大大减少了单片机系统中传输线的数目，提高了系统的可靠性，增加了系统的灵活性。另外，总线结构也使扩展易于实现，只要符合总线规范的各功能部件，都可以很方便地接入系统，实现单片机的扩展。

2. 51 系列单片机外部并行总线的构成

MCS-51 系列单片机可以利用 P0 口、P2 口和 P3 口的部分口线的第二功能构成总线，如图 4.6 所示。

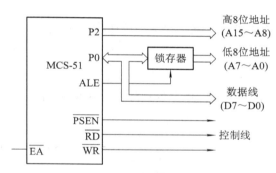

图 4.6　外部并行总线构成示意图

(1) P0 口线用作数据线/低 8 位地址线。P0 口线具有地址线/数据线分时复用功能。在访问片外存储器时，自动进入第二功能，不需要进行设置。

在一个片外存储器读写周期中，首先 P0 口输出低 8 位地址(A0～A7)，然后以 ALE 为锁存控制信号，选择高电平或下降沿触发的 8D 触发器作为地址锁存器(通常使用的锁存器是 74HC373、74HC573 或 INTEL 的 8282)，低 8 位地址信息被送入锁存器暂存起来并由锁存器输出，作为地址总线的低 8 位(A7～A0)，直到这个读写周期结束。

地址信号被锁存之后，P0 口转换为数据线，以便传输数据，直到读写周期结束，从而实现了对地址和数据的分离。

(2) P2 口线用作高 8 位地址线。P2 口线用于进行高 8 位地址线的扩展。在访问片外存储器时，自动进入第二功能，不需要进行设置。由于 P2 口的第二功能只具有地址线扩展的功能，在一个片外存储器读写周期中，P2 口线始终输出地址总线的高 8 位，可直接与存储器或接口芯片的地址线相连，无需锁存。

P2 与 P0 共同提供了 16 根地址线，实现了 MCS-51 单片机系统 64 KB(2^{16})的寻址范围，见表 4.4。

表 4.4　P2 和 P0 口线与地址线的对应关系

A15	A14	A13	A12	A11	A10	A9	A8	A7	A6	A5	A4	A3	A2	A1	A0
P2.7	P2.6	P2.5	P2.4	P2.3	P2.2	P2.1	P2.0	QB.7	QB.6	QB.5	QB.4	QB.3	QB.2	QB.1	QB.0
QB.7～QB.0 为锁存器的输出端								P0.7	P0.6	P0.5	P0.4	P0.3	P0.2	P0.1	P0.0

(3) 控制信号。构成系统控制总线的控制信号包括 ALE 是锁存信号，用于进行 P0 口地址线和数据线的分离；PSEN 是程序存储器读选通控制信号；RD，WR 分别是外部数据存储器的读写选通控制信号。

(4) EA 是程序存储器访问控制信号。当它为低电平时，对程序存储器的访问仅限于外部存储器；为高电平时，对程序存储器的访问从单片机的内部存储器开始，超过片内存储器地址时自动转向外部存储器。

4.3.2　地址选通方式

用于单片机并行总线扩展的器件一般都具有能够与单片机相适应的总线接口，即数据线、地址线和控制线，如果只扩展一个接口器件，在使用时将接口器件的三总线与单片机的外扩三总线相连即可。

超过一个接口器件需要扩展，就必须考虑选通(即"片选")问题。选通方式有两种：

1. 线选法

当扩展的接口芯片不多时，可用线选法。用高位地址线充当片选，当该地址线为低电平时(一般片选信号为低电平，但也有不少例外。无论电平高低，道理都一样)，就满足了片选要求了。图 4.7 是一个线选法的例子。

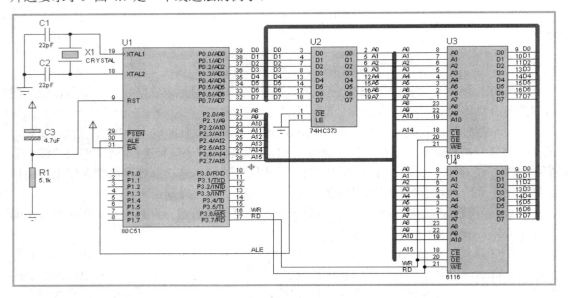

图 4.7　线选法的例子

图中的 6116 是一个常用的 SRAM，2 KB。从地址线也能看出来：从 A0 最高到 A10 一共 11 根地址线，2 的 11 次方正好是 2K。这个芯片在下一节还要讲到。

这个例子扩展了 2 个 6116，U3 用 A14 做选片，U4 用 A15 做选片。当 A15 为 0 时，不论其他地址线处于任何状态，都能选中 U4；同样当 A14 为 0 时，不论其他地址线为何值都选中 U3。为了不让数据总线发生冲突，两个 6116 不能同时选通。考察 A15、A14 这一组合：等于 10 时选中 U3，等于 01 时选中 U4，必须避免等于 00，因为会同时选通 U3、U4。当然 11 也不行，想想为什么？

所以，为选通 U3，可以用 8000H～87FFH，当然也可用其他的地址区间，只要满足 A15、A14=10 这个条件。同理，U4 占用了 4000H～47FFH。下面的语句可以实现对两个芯片的访问：

```
MOV     DPTR,#8010H      ;选中 U3 的 0010H 单元
MOVX    A,DPTR           ;读出该单元的数据到累加器 A 中
INC     A                ;累加器 A 数据加一
MOVX    DPTR,A           ;将 A 中数据写到 0010 单元
```

执行完这段程序后，U3 中 0010H 单元的数比未执行前的原数大 1。

若想要对 U4 的 0010H 单元进行同样的操作，只需将第一句的 #8010H 改为 #4010H 即可。

2. 译码法

线选法对地址空间的浪费很大。大家可以试试看，再扩展一个 62256(32K 的 SRAM)还行不行？尽管只有两个 6116，合计 4 KB，加上一个 62256 的 32 KB，总共 36 KB，还远没达到最大 64 KB 的极限，但实际上已经不能再扩展 62256 了。

译码法能够很好地利用地址空间。

在第 2 章的设计实例中介绍过 4-16 线译码器 74LS154，与之相似的还有 3-8 线译码器 74LS138、2-4 线译码器 74LS139(内含两个独立的 2-4 线译码器)。本章设计实例也会用到。图 4.8 是 74LS138 的引脚图和真值表。

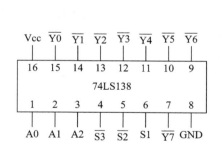

| | 输　　入 | | | | 输　　出 | | | | | | | |
S1	$\overline{S2+S3}$	A2	A1	A0	$\overline{Y0}$	$\overline{Y1}$	$\overline{Y2}$	$\overline{Y3}$	$\overline{Y4}$	$\overline{Y5}$	$\overline{Y6}$	$\overline{Y7}$
0	×	×	×	×	1	1	1	1	1	1	1	1
×	1	×	×	×	1	1	1	1	1	1	1	1
1	0	0	0	0	0	1	1	1	1	1	1	1
1	0	0	0	1	1	0	1	1	1	1	1	1
1	0	0	1	0	1	1	0	1	1	1	1	1
1	0	0	1	1	1	1	1	0	1	1	1	1
1	0	1	0	0	1	1	1	1	0	1	1	1
1	0	1	0	1	1	1	1	1	1	0	1	1
1	0	1	1	0	1	1	1	1	1	1	0	1
1	0	1	1	1	1	1	1	1	1	1	1	0

(a) 引脚图　　　　　　　　　　　　　　(b) 真值表

图 4.8　74LS138 引脚图和真值表

例如：我们经常看到有的大型霓虹灯，有很多灯，每一只灯都是单独控制的，从而可以设计出非常漂亮的效果。现在，我们设计一个简化的 40 路霓虹灯控制电路的电原理图。

用单片机来实现这个要求是很容易的，只要扩展 5 个 8 位并行口，控制 40 只灯亮灭就

可以了。电路原理图如图 4.9 所示。

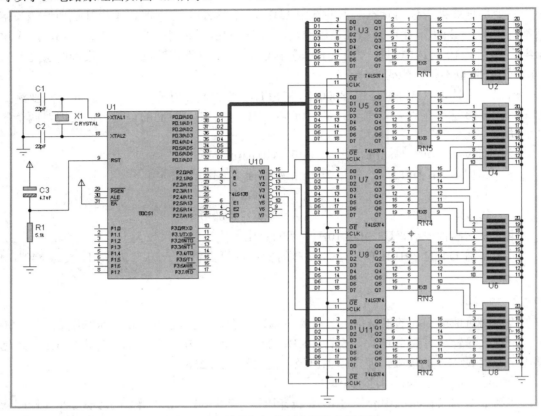

图 4.9　40 只霓虹灯控制电路的电原理图

用 8 位锁存器 74LS374 作为扩展并行口，5 片共 40 个输出口，控制 40 个荧光灯的驱动器(由 40 个 LED 代表)。74LS374 之间是排阻，每一片排阻内部集成了 8 个同样的电阻。3-8 线译码器 74LS138 负责地址译码，本例只用到 8 根输出中的 5 根，作为 74LS374 的锁存信号，74LS138 的负脉冲输出正好满足 74LS374 的上跳沿锁存的要求。

8 位锁存器 74LS374 的引脚图和真值表如图 4.10 所示。

输出控制	时钟	D	输出
L	↑	H	H
L	↑	L	L
L	L	X	Q0
H	X	X	Z

(a) 引脚图　　　　　　　(b) 真值表

Q0 = 稳态输入条件建立之前的输出电平

图 4.10　74LS374 的引脚图和真值表

按照图 4.9 所示，5 片 74LS374 的地址只与高字节有关，与低字节无关，因此 A0～A7 可以随意，就没有用地址锁存器；在地址高字节中，A15、A14、A13 负责选通译码器，只有这 3 根地址线组合等于 001，才能使译码器有效；A10、A9、A8 是编码输入；剩下的 A12、A11 可以随意，不妨都取为 0；则自上而下的 5 片 74LS374 的地址分别是 2000H、2100H、2200H、2300H、2400H。

4.3.3　程序存储器及其扩展方法

将只读存储芯片连接到构造好的系统总线上，就完成了程序存储器的扩展。下面以 80C51 单片机扩展 1 片 2764 为例，说明程序存储器扩展。先看看 2764 的特性。

1. 只读存储器芯片 Intel 2764

Intel 2764 是一种 +5 V 的 8 KB UVEPROM 存储器芯片。其中，27 是系列号，64 是指它的存储容量为 64 KB，UV 就是紫外线擦除的意思。这是一个常用的系列产品，有多种存储容量可供选择，此处只对 Intel 2764 进行介绍。图 4.11 是 2764 的引脚图。

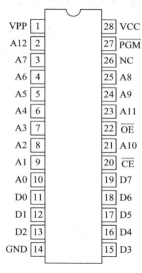

图 4.11　2764 引脚图

2764 第 26 脚为 NC，表示不用。

A0～A12 是 13 根地址线。

D7～D0 是 2764 的数据线。

OE 是输出允许信号，输入高电平时，使数据线处于高阻态；输入低电平时，数据线处于读出状态。

CE 是片选信号，输入高电平时，本片不选通；输入低电平时，选中本片工作。

PGM 是编程脉冲输入线。高电平时，本片处于正常工作状态。若给它输入一个 50 ms 的负脉冲，则它与 VPP 引脚上的 21 V 高压配合使芯片处于编程状态。

2. 单片机与 2764 的连线的例子

参见图 4.12：

(1) 80C51 的引脚 P0.7～P0.0 与 2764 的数据线 D7～D0 相连，完成数据线扩展。

(2) 80C51 的引脚 P0.7～P0.0 经过锁存器 74HCT374 与 2764 的地址线 A7～A0 相连，P2.4～P2.0 直接与 2764 的地址线 A12～A8 相连，完成地址线扩展。

(3) 80C51 的程序存储器访问控制端 PSEN 与 2764 的输出允许端 OE、片选端 CE 相连完成控制线的扩展。

(4) 80C51 的 EA 端接高电平，在 4 KB 之内访问片内程序存储器，超过 4 KB 时对程序的访问完全在片外 2764 中进行。

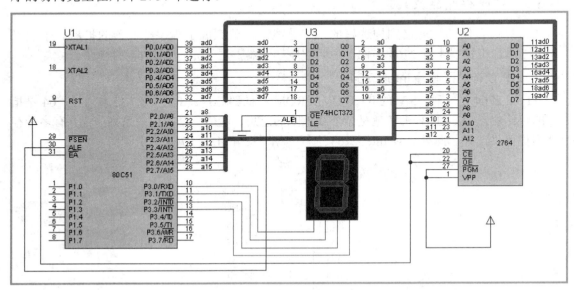

图 4.12　80C51 扩展程序存储器 2764 实验电原理图

3. 确定存储器的地址范围

根据图 4.12 的电路接法，P2.7、P2.6、P2.5 与寻址无关，均设为"1"，则 2764 的地址范围是 0E000H～0FFFFH。地址范围的分析参见表 4.5。无关地址均设为"1"。

表 4.5　2764 的地址范围分析表

P2.7	P2.6	P2.5	P2.4	P2.3	P2.2	P2.1	P2.0	P0.7	P0.6	P0.5	P0.4	P0.3	P0.2	P0.1	P0.0
/	/	/	A	A	A	A	A	A	A	A	A	A	A	A	A
1	1	1	0	0	0	0	0	0	0	0	0	0	0	0	0
1	1	1	1	1	1	1	1	1	1	1	1	1	1	1	1

表中第一行代表单片机的地址线，第二行代表 EPROM 2764 的引脚与单片机对应引脚相连，"/"代表无关；第三行代表 EPROM 2764 工作时最小地址 E000H；第四行代表 EPROM 2764 工作时最大地址 0FFFFH。其余在最小地址与最大地址之间的地址(0E001H～0FFFEH)，变化的只是 A0～A12 地址线的数值。

在确定芯片的地址范围时，对未使用的 P2 口线可以任意设置，这就出现了多个地址对应同一个存储单元的情况，地址重复。如将 P2.5、P2.6、P2.7 设为 0，则第三行的最小地址为 0000H，第四行的最大地址为 1FFFH，这时 EPROM 2764 的地址范围是 0000H～1FFFH。在只有一片 2764 的情况下，用哪个地址都是一样的。

如果改变 EPROM 2764 的片选信号线的接法，则需要重新分析地址范围。

4. 实验程序

按照图 4.12 的接法，实验查表指令的执行。读取 2764 中从地址 1000H 单元开始的 30 个字节的数据，存入片内 RAM 中，从地址 40H 开始存放，然后转入片外 2764 中地址 1000H 单元执行程序。80C51 的内部 ROM 从 0000H 到 0FFFH。

2764 中程序的功能是，在 P1 口输出 0～F 不断变化的数据，用数码管显示这个数据。

装入 80C51 的程序：

```
        ORG     0000H
        MOV     R7, #30
        MOV     R0, #40H
        MOV     A, #0
        MOV     DPTR, #01000H
LP:     MOVC    A, @A+DPTR
        MOV     @R0, A
        INC     R0
        INC     DPTR
        MOV     A, #0
        DJNZ    R7, LP
        LJMP    1000H
        END
```

装入 2764 的程序：

```
        ORG     1000H
        MOV     R2, #0
        MOV     A, R2
STAR:   MOV     P1, A
        INC     R2
        MOV     A, R2
        ANL     A, #0FH
        SJMP    STAR
        END
```

4.3.4　数据存储器及其扩展方法

外部数据存储器的扩展也可以利用 MCS-51 系列单片机的外扩并行总线来扩展。这里以 80C51 扩展一片 Intel 6264 为例来介绍扩展方法。

1. 随机存取存储器芯片 Intel 6264

Intel 6264 是一种常用的静态 RAM 芯片。其中，62 是系列号，64 是说明其中有 64 KB 的存储容量。8 b 作为一个存储单元(字节)，共有 8 KB。这个系列的产品中，62128 是 16 KB，62256 是 32 KB，前面用过的 6116 则是 2 KB 等。图 4.13 是 62 系列 RAM 的引脚图。同一系列芯片使用方法基本一样，此处以 Intel 6264 为例进行简单介绍。

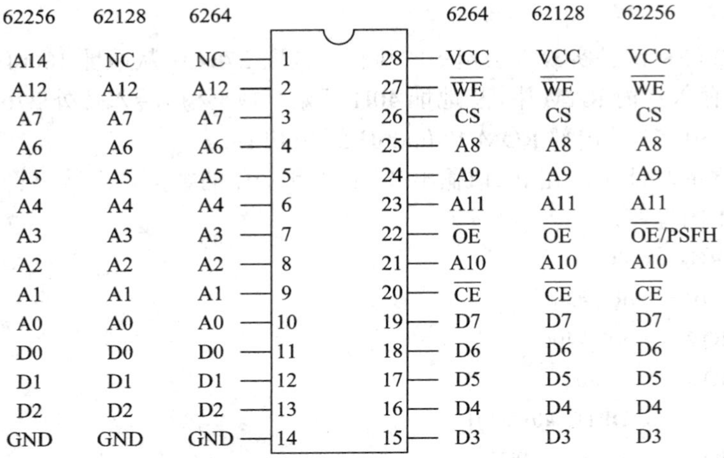

62256	62128	6264				6264	62128	62256
A14	NC	NC	1		28	VCC	VCC	VCC
A12	A12	A12	2		27	$\overline{\text{WE}}$	$\overline{\text{WE}}$	$\overline{\text{WE}}$
A7	A7	A7	3		26	CS	CS	CS
A6	A6	A6	4		25	A8	A8	A8
A5	A5	A5	5		24	A9	A9	A9
A4	A4	A4	6		23	A11	A11	A11
A3	A3	A3	7		22	$\overline{\text{OE}}$	$\overline{\text{OE}}$	$\overline{\text{OE}}$/PSFH
A2	A2	A2	8		21	A10	A10	A10
A1	A1	A1	9		20	$\overline{\text{CE}}$	$\overline{\text{CE}}$	$\overline{\text{CE}}$
A0	A0	A0	10		19	D7	D7	D7
D0	D0	D0	11		18	D6	D6	D6
D1	D1	D1	12		17	D5	D5	D5
D2	D2	D2	13		16	D4	D4	D4
GND	GND	GND	14		15	D3	D3	D3

图 4.13　62 系列 RAM 引脚图

6264 的存储容量为 8 KB，有 13 根地址线 A12～A0。

D7～D0 是 6264 的 8 条数据线。

$\overline{\text{OE}}$ 是输出允许信号，低电平有效。

$\overline{\text{WE}}$ 是写选通信号，低电平有效。

$\overline{\text{CE}}$ 和 CS 是片选信号，用于控制本芯片是否工作。CS 为高电平、$\overline{\text{CE}}$ 为低电平时，选中本片工作；否则本片不工作。

2. 数据存储器(随机存储器)扩展举例

单片机片外扩展一片 6264，要求地址范围是 4000H～5FFFH。首先向 6264 的 4100H 开始的 10 个字节写入数据，然后把写入的数据读出来，写入片内 RAM 10H 开始的地址。

按图 4.14 中的接线法，选通 6264 与 P2.7 无关，不妨设为 0；必须设 P2.6 为 1，P2.5 为 0，才能选通，则其地址为 04000H～05FFFH。若取 P2.7 为 1，则地址变为 0C000H～0DFFFH。这就出现了重复地址，使用哪一个都可以，效果相同。

程序如下：

```
            ORG      0000H
MAIN:       MOV      A, #0A1H        ; 准备写入的数据
            MOV      R7, #10         ; 字节数
            MOV      DPTR, #4100H    ; 写入 6264 的地址
L1:         MOVX     @DPTR, A        ; 写入数据
            INC      A               ; 数据加 1
            INC      DPTR            ; 地址加 1
            DJNZ     R7, L1          ; 循环 10 次
            MOV      R7, #10         ; 准备读 10 次
            MOV      R1, #10H        ; 准备保存地址
            MOV      DPTR, #4100H    ; 读 6264 地址
```

```
L2:         MOVX        A, @DPTR        ; 读出数据
            MOV         @R1, A          ; 保存
            INC         R1              ;
            INC         DPTR            ;
            DJNZ        R7, L2          ; 循环 10 次
            SJMP        MAIN            ; 从头开始
            END
```

通过 Proteus 的单步调试功能和外部存储器 XDATA 以及 DATA 观察窗口，可以看到执行软件是怎样改变 6264 中的数据的。

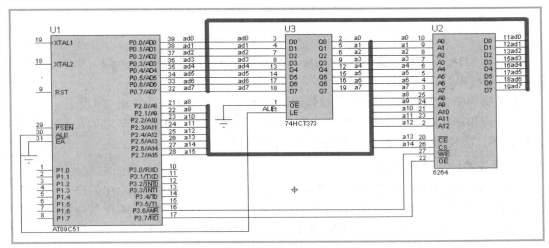

图 4.14　扩展数据存储器实验的电原理图

4.4　串行口扩展存储器

并行总线扩展存储器虽然容量大，但抗干扰性能、灵活性、占用 PCB 布线等方面不如串行总线，再加上对非易失性数据存储的要求，使用串行接口的 EEPROM 得到了广泛的应用。

串行总线常见的有三线制同步串口 SPI，两线制总线 I^2C，还有单总线等。I^2C 总线是PHILIPS 公司提出的，目前在单片机技术应用领域采用 I^2C 总线接口器件，如带 I^2C 总线的单片机、RAM、ROM、A/D、D/A、LCD 驱动器等器件，已经是比较普遍的做法。

4.4.1　常用芯片 AT24CXX 介绍

1. 性能简介

AT24CXX 是美国 Atmel 公司的低功耗 CMOS 串行 EEPROM 系列，产品有 AT24C01/AT24C02/AT24C04/AT24C08/AT24C16 等型号，其封装形式都相同，最后 2 位数代表容量，单位是 kb(1000 位)，比如 AT24C08 的容量是 8 kb。

AT24CXX 具有工作电压宽(1.8～5.5 V)、电可擦写、擦写次数大于 100 000 次、写入速

度快(小于 10 ms)，数据可以保存 100 年、双向 I^2C 总线串行传送等特点。

2. AT24CXX 引脚图和说明

如图 4.15 所示，AT24CXX 的 1、2、3 脚是三条地址线 A0、A1、A2，用于确定芯片的硬件地址。

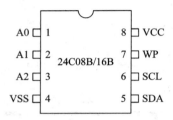

图 4.15　AT24CXX 的引脚图

第 5 脚 SDA 为串行数据输入/输出线，第 6 脚 SCL 为串行时钟输入线。数据通过这对双向 I^2C 总线串行传送。

第 7 脚 WP 为写保护，高电平时只读，低电平时可以读写。

第 8 脚和第 4 脚分别为电源的正、负输入端。电源可以在 1.8～5 V 之间选择，但是在 2.7 V 之下只能使用 100 kHz 的标准传输率，在 5 V 时可以达到 400 kHz。

3. 器件地址与片内寻址

按照 I^2C 总线规则，器件地址为 7 位，它和 1 位数据方向位构成一个器件寻址字节，最低位 D0 为方向位，D0 = 0 为写，D0 = 1 为读。器件寻址字节的高 4 位是器件的型号地址，这是由 I^2C 委员会规定的，AT24CXX 系列 EEPROM 的型号地址为 1010B。器件寻址字节剩下的低 3 位是引脚地址 A2A1A0，由硬件连接时的引脚电平确定。

不同型号的地址线 A0～A2 的使用也不同。AT24C01/AT24C02 在同一条 I^2C 总线上可以使用 8 片，每一片的硬件地址就由 A0～A2 的取值组合来确定。AT24C04 在同一条线上能使用 4 片，由地址线 A1、A2 的取值来区分，A0 悬空。而 AT24C08 在一条线上只能使用 4 片，由地址线 A2 的取值来区分，其余的 A0、A1 悬空。如果使用 AT24C16，则地址线全部悬空，因为在一条线上只能使用一片。

从原理上说，AT24CXX 用 1 个字节地址进行片内页面寻址，也即，AT24CXX 内部存储器阵列的基本单位为 1 页，256 个字节。器件寻址字节上只留了三个位来区分不同页，因此在同一 I^2C 总线上最多可带 8 页。容量小于等于 256 字节的芯片(AT24C01/AT24C02)，一个芯片只有 1 页，所以同一 I^2C 总线上最多可带 8 页，芯片内部用 8 位数进行片内寻址 (A0～A7)即可。容量大于 256 字节的芯片，如 AT24C16，容量为 2048 字节(2K)，应该使用 11 位地址(2^{11}=2048)，相当于在芯片内部已经集成了 8 页，同一 I^2C 总线上就只可使用 1 片了。在 AT24CXX 系列中采取了占用器件引脚地址(A2A1A0)作为页面地址的办法来进行页面寻址。所以，凡是在寻址中把引脚地址用作页地址时，该引脚在电路中必须悬空，不得连接任何电平，其 A2A1A0 的实际数值由器件寻址字节确定。AT24CXX 系列串行 EEPROM 的器件地址寻址字节如表 4.6 所示。

AT24CXX 中带有片内地址寄存器。每写入或读出一个数据字节后，该地址寄存器自动加 1，以实现对下一个存储单元的读写。为降低总的读写时间，AT24CXX 内部集成了一个读写暂存寄存器组，一次操作可读写多个字节的数据。

表 4.6 AT24XXC 系列串行 EEPROM 参数

型 号	容量/位	器件寻址字节/8 位		一次装载 字节数
		器件地址(D7~D1)	方向位(D0)R/W	
AT24C01	128 × 8	1010A2A1A0	1 / 0	4
AT24C02	256 × 8	1010A2A1A0	1 / 0	8
AT24C04	512 × 8	1010A2A1P0	1 / 0	16
AT24C08	1024 × 8	1010A2P1P0	1 / 0	16
AT24C16	2048 × 8	1010P2P1P0	1 / 0	16

其中 P2P1P0 表示页面寻址位，用于对片内页面寻址。

4. 读写时序

单片机可以读写连接在同一条 I^2C 总线上所有(不超过 8 页)的 AT24CXX 中的任意字节。每次最多可读写字节数依据型号决定。

AT24CXX 定义了四种操作：选择芯片操作、设置页面地址操作、写入操作、读出操作。图 4.16 是 AT24CXX 的读写过程的时序示意图。

(a) 单片机向 AT24CXX 写入数据的过程

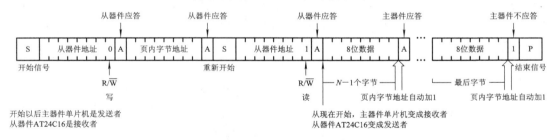

(b) 单片机读出 AT24CXX 中数据的过程

图 4.16 AT24CXX 的读写过程时序示意图

(1) 选择写(读)芯片操作流程：

① 单片机发出开始信号。

② 单片机发出写从器件地址，其中可含有页面地址；最后一位是 0，代表写(R/W=0)。(单片机发出读从器件地址，其中可含有页面地址；最后一位是 1，代表读(R/W=1))。

③ AT24CXX 发回应答。

(2) 设置页面地址操作流程：

① 单片机发出页面内地址。

② AT24CXX 发回应答。

(3) 写入操作流程:

① 选择写芯片操作。单片机为主器件发送者,AT24CXX 是从器件接收者。

② 设置页面地址操作。

③ 单片机发出要写入的数据。

④ AT24CXX 发回应答。同时,AT24CXX 页面内部地址自动加 1 重复写入和应答,直到写完数据。

⑤ 单片机发出结束信号。

(4) 读出操作流程:

① 选择写芯片操作。单片机为主器件发送者,AT24CXX 是从器件接收者。

② 设置页面地址操作。

③ 选择读芯片操作。此后单片机变成主器件接收者,AT24CXX 变成从器件发送者。

④ AT24CXX 发出指定地址的数据,同时,单片机接收该数据。

⑤ 单片机发回应答,同时,AT24CXX 页面内部地址自动加 1 重复读出和应答,直到倒数第二个字节。

⑥ AT24CXX 发出最后的数据,同时,单片机接收该数据。

⑦ 单片机发回不应答。

⑧ 单片机发出结束信号。

4.4.2　AT24C16 读写实验

1. 电路设计

使用 80C51 单片机读写 AT24C16 的实验。80C51 中并没有集成 I^2C 接口,因此需要用 I/O 口线来模拟。本实验就是利用单片机的 P3.0 来模仿 I^2C 总线的 SCL 时钟信号,P3.1 模仿 SDA 数据信号。其实只要是空闲的单片机 I/O 引脚都可以用来模仿 I^2C 总线。如果改变接法,要注意修改程序。80C51 与 AT24C16 的电路连接如图 4.17 所示。

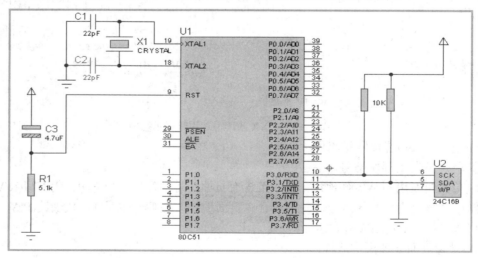

图 4.17　AT24C16 与 80C51 的电路连接

2. 程序设计

下面是 80C51 单片机作为主器件读写 AT24C16 的测试程序，要求将单片机片内 RAM 地址从 10H 开始的 8 字节数据，写入 AT24C16 中第二页从 20H 开始的连续地址中，然后再把此地址中的数据读出来，存放到单片机片内 RAM 从 18H 开始的连续地址中。

利用 Proteus 交互式仿真查看程序执行的过程和结果。

程序中有一系列的子程序，分别完成读写过程所需的各种功能，产生 I²C 总线访问所需的时序信号，然后主程序调用这些子程序，完成读写要求。由于篇幅原因，I²C 读写子程序没有在此记录，而是在第 11 章专门介绍 I²C 串行口扩展，请查阅。

以下是汇编语言程序：

```
           SDAK    BIT     P3.0       ; P3.0 模拟双向数据线 SDA
           SCLK    BIT     P3.1       ; P3.1 模拟时钟信号线 SCL
           ORG     0000H
           LJMP    STAR
           ORG     030H
STAR:      MOV     10H,#31H    ; 为写入 EEPROM 准备数据
           MOV     11H,#32H    ;
           MOV     12H,#33H    ;
           MOV     13H,#34H    ;
           MOV     14H,#41H
           MOV     15H,#42H
           MOV     16H,#43H
           MOV     17H,#44H
           MOV     R1,#10H     ; 片内 RAM 开始地址
           MOV     R3,#0A2H    ; 10100010；其中器件地址 1010,
                               ; 页面号 001,读写位 0 (写)
           MOV     R4,#020H    ; 页面内字节地址(范围 00H～0FFH)
           MOV     R7,#8       ; 写入字节数
           LCALL   EEPWR       ; EEPROM 写子程序，参数在 R1R3R4R7
           ACALL   DLY5M       ; 延时 5 ms,以便内部写入，一般少于 10 ms
           ACALL   DLY5M       ; 延时 5 ms
           MOV     R1,#18H     ; 片内 RAM 开始地址(范围 00H～FFH)
           MOV     R3,#0A3H    ; 10100011；其中器件地址 1010，页面号 001,
                               ; 读写位 1(读)
           MOV     R4,#020H    ; 页面内字节地址
           MOV     R7,#8       ; 读出字节数
           LCALL   EEPRED      ; EEPROM 读出子程序，参数在 R1、R3、R4、R7
           SJMP    STAR        ; 无限循环
```

光立方设计实例

习　题

1. 半导体存储器分为几大类？

2. ROM 存储器的作用是什么？

3. 什么是位？什么是字节？

4. 为什么 8 根线在单片机中会有 256 种状态？它是如何出来的？

5. 80C51 的 ROM 有多少字节的容量？

6. 在 80C51 单片微机系统中，外接程序存储器和数据存储器共用 16 位地址线和 8 位数据线，为什么不会发生冲突？

7. 举例说明程序存储器和数据存储器扩展(并行和串行)的原则和方法。

8. 80C51 用多片 8KB RAM 芯片，要实现最大数据存储器扩展，采用 74LS138 进行地址译码，画出连接示意图，并说明各芯片的地址范围。

9. 简述系统扩展时的可靠性。

10. 简述系统扩展时的低功耗。

11. 什么是堆栈？堆栈有哪些功能？堆栈指示器 SP 的作用是什么？在程序设计时，为什么还要对 SP 重新赋值？

12. 80C51 单片微机的特殊功能寄存器 SFR 区有哪些特点？

13. 程序存储器指令地址、堆栈地址和外接数据存储器地址各使用什么指针？为什么？

14. 80C51 单片微机的片内最大存储容量可达多大？

15. 80C51 单片微机的片外数据存储器与片内数据存储器地址允许重复，与程序存储器地址也允许重复，如何加以区分？

第5章　51系列单片机汇编语言程序设计基础

如果说基于总线的存储器构成了单片机活动的"空间",那程序就是单片机"固化的时间"。一旦程序运行起来,我们甚至可以感觉到在时钟滴答滴答声中,单片机通过各种寻址方式在存储空间上忙碌地进行着有序的操作。

程序由一条条指令构成。所谓指令,就是一些规则,只要记住就可以了。关键是用,用得多了自然就体会到设计者制定规则的内涵了。汇编语言其实更多的是硬件而不是软件,学习汇编有助于理解单片机的硬件结构。

编制程序真正重要的是分析和描述思路。世界上的事物发生发展的轨迹多是交叉的、并行的,但语言表达却是顺序的、串行的,其本质原因是一个大脑不能同时处理多于一个的信息。汇编语言也有顺序的、串行的特点,是因为只有一个CPU。所谓编程,其实就是把并行的、立体的世界事物发展过程,按照某种规则,用一维的、单调的方式表述出来的过程。遇到有岔路的地方,只好"花开两朵各表一枝",说的就是这种情况。本章5.3节讲的基本程序设计方法,就是用一维方式表述复杂事物的基本规则(或方法)。

正确的程序来自对事物发展过程正确的表达。语言实在不是一种好的表达工具。图像由于其多维性,作为表达事物复杂的发展过程就要贴切得多。因此,画流程图是编程的主要手段,写代码起到的作用更多的是翻译。

本章主要讲解设计汇编语言程序的基本步骤、方法和要领以及典型结构程序设计方法,以便读者可以快速、简洁、高效地编制单片机应用程序。

5.1　51系列单片机指令系统

MCS-51系列单片机指令系统是用户编制单片机应用程序的主要工具。

5.1.1　指令格式

80C51系列单片机指令有两种标识方式:机器语言方式和汇编语言方式。机器语言方式由二进制代码组成(通常用十六进制表示),称为机器指令。

1. 汇编语言指令格式

汇编语言指令的一般格式如下:

[标号:] 操作码 [第一操作数][第二操作数][第三操作数][注释]

说明:

(1) 带方括号的部分为可选项。

(2) 标号是用符号表示的一个地址常量。它表示该指令在程序存储器中的起始地址。

标号的命名规则是：必须以字母开头，长度不超过 6 个字符，并以 ":" 结束。

(3) 操作码表示指令的操作功能。每条指令都有操作码。

(4) 操作数表示的是参与操作的数据来源和操作之后结果数据的存放位置，可以是常数、地址或寄存器符号。指令的操作数可能有 1 个、2 个或 3 个，有些指令可能没有操作数。

操作数与操作数之间用 ","分隔，操作码与操作数之间用空格分隔。具有保存操作结果的操作数称为目的操作数，只提供数据的称为源操作数。

(5) 注释字段是编程人员对该指令或该段程序的功能说明，是为了方便阅读程序的一种标注。注释以 ";"开始，当汇编语言源程序被汇编成机器语言程序时，该项被舍弃。

2. 机器语言指令格式

机器语言指令是一种二进制代码，它包括两个部分：操作码和操作数。

51 系列单片机的指令系统中有单字节、双字节和三字节共 3 种机器指令。

1) 单字节指令

在单字节指令中，操作码和操作数共占一个字节，其中操作数通常为以隐含形式指定的常用寄存器。其指令格式如下：

nn   操作码

其中，方框前面的 nn 表示这条机器指令在程序中所在的地址位置，方框中的内容是指令，下同。

例如：INC DPTR 指令，其功能为 DPTR←(DPTR)+1。指令机器码为

    1010 0011   操作码

51 系列单片机中，单字节的机器指令共有 49 条。

2) 双字节指令

双字节指令的第一个字节为操作码，第二个字节为操作数或操作数的地址。这类指令的指令格式为

nn   操作码

nn+1

例如：MOV A,#00H 指令，其功能为 A←00H。指令机器码为

    0111 0100   操作码
    0000 0000   操作数

80C51 系列单片机中，双字节的机器指令共有 46 条。

3) 三字节指令

三字节指令的第一个字节为操作码，第二个字节和第三个字节都是操作数或操作数的地址。这类指令的指令格式为

nn   操作码

nn+1　操作数 1

nn+1　操作数 2

例如：MOV 2FH, #00H 指令，其功能为 2FH←00H。指令机器码为

0111	0101	操作码
0010	1111	操作数 1
0000	0000	操作数 2

5.1.2　寻址方式

51 系列单片机有三种地址空间：内部数据空间、外部数据空间、程序空间，其指令系统的寻址方式也可分成三类：在内部数据空间寻址、在外部数据空间寻址、在程序空间寻址。

1．在内部数据空间寻址

1) 直接寻址方式

直接寻址方式是指在指令中以地址形式直接给出操作数地址。

例如：指令 MOV 31H，30H 执行的操作是将内部 RAM 中地址为 30H 的单元内容传送到地址为 31H 的单元中，其源操作数 30H、目的操作数 31H 就是存放数据的单元地址，因此该指令的源操作数和目的操作数都是直接寻址的。

又例如：指令 MOV A，30H 执行的操作是将内部 RAM 中地址为 30H 的单元内容传送到累加器 ACC 中，其源操作数 30H 是存放数据的单元地址，因此该指令的源操作数是直接寻址的。

如果已经定义了符号代表某个地址，例如：若 ADDR　EQU　30H(这句话的意思是符号 ADDR 在程序里代表 30H)，则指令 MOV A，ADDR 执行的操作是将内部 RAM 中地址为 ADDR 的单元内容传送到累加器 ACC 中，其源操作数 ADDR(也就是 30H)是存放数据的单元地址，因此该指令的源操作数是直接寻址的，它等价于指令 MOV A，30H。

用这种寻址方式可以访问内部数据存储器三种地址空间：

(1) 内部数据存储器的 128 个字节单元。例如：

```
    MOV      50H, A        ;指令中目的操作数的寻址方式为直接寻址
```

(2) 位地址空间。例如：

```
    MOV      C, 00H        ;指令中源操作数的寻址方式为直接寻址
```

(3) 特殊功能寄存器地址空间。例如：

```
    MOV      ACC, P1       ;指令中源操作数的寻址方式为直接寻址
```

2) 寄存器寻址方式

寄存器寻址是指在指令中直接以寄存器 R0～R7、累加器 A、DPTR 以及位累加器 CY 的名字表示操作数的地址。即寄存器的内容作为操作数，可以采用寄存器寻址。

例如：设程序状态寄存器 PSW 的 RS1RS0=10 (即选中第三组工作寄存器，对应地址为

10H～17H)，若累加器 A 的内容为 50H，则执行 MOV　R0，A 指令后，内部 RAM 10H 单元(也就是当前选定的第三组工作寄存器中的 R0)的值就变为 50H。

寄存器寻址的空间只是直接寻址空间的一个子集，为什么还要这种寻址方式？因为寄存器 R0～R7、累加器 A、DPTR 以及位累加器 CY 在绝大多数指令中都会作为操作数出现，并且在单片机程序运行时这些指令使用得非常频繁，因此专门为使用这些寄存器的操作设计了专用指令，其机器码比通用的直接寻址的机器码占用字节少，运行速度快，这就大大提高了程序运行质量；代价是指令个数翻了几番。

3) 寄存器间接寻址方式

寄存器间接寻址是指指令操作数部分所指定的寄存器中存放的是操作数的地址。在内部数据空间寻址时，可以作为寄存器间接寻址的寄存器有工作寄存器 R0、R1、堆栈指针 SP。在指令中用在寄存器前加"@"，以示与直接寻址方式区别。

例如：指令 MOV　A，@R1　执行的操作是将 R1 的内容作为内部 RAM 的地址，再将该地址单元中的内容取出来送到累加器 A 中。

在下面几种情况下，可以使用寄存器间接寻址方式：

(1) 访问内部数据存储区的 00H～7FH 单元。使用当前工作寄存器区的 R0、R1 作地址指针来间接寻址。

(2) 堆栈操作指令 PUSH 和 POP。使用堆栈指针 SP 进行间接寻址。例如：

```
MOV        R1, #30H
MOV        A, @R1           ; 源操作数为间接寻址，访问内部 RAM30H 单元
```

2. 在外部数据空间寻址

在外部数据空间寻址只有寄存器间接寻址这一种方式，其含义与在内部数据空间的寄存器间接寻址完全一样：指令操作数部分所指定的寄存器中存放的是操作数的地址。

在外部数据空间中，可以作为寄存器间接寻址的寄存器有工作寄存器 R0、R1、地址寄存器 DPTR，指令中在寄存器前加"@"以示与直接寻址区别。

有专门的指令关键字区别寄存器间接寻址究竟是在外部还是在内部数据空间：MOVX、MOV 分别表示外部、内部数据空间的操作。

例如：指令 MOVX　A，@R1 执行的操作是将 R1 的内容作为外部数据空间(RAM)的地址，再将该地址单元中的内容取出来送到累加器 A 中。

由于 R0 是一个字节，@R0 只能寻址到 00H～0FFH 这 256 个单元的地址。实际上，外部地址总线有 16 位，专门设计了 16 位的地址寄存器 DPTR，用@DPTR 来间接寻址，就可以覆盖到整个 64 KB 外部数据空间 0000H～0FFFFH 单元。

例如：指令 MOVX　A，@DPTR 执行的操作是将 DPTR 的内容作为外部数据空间的地址，再将该地址单元中的内容取出来送到累加器 A 中。

3. 在程序空间寻址

1) 直接寻址方式

直接寻址方式用于长调用或转移、绝对调用或转移指令。调用或转移操作的操作数就是目的地址。例如：设程序中已有标号 SS_8，代表着程序空间的地址 2054H，执行指令 LJMP SS_8 后，程序计数器 PC 的值变为 2054H，程序会接着运行标号 SS_8 处的指令。

2) 相对寻址方式

相对寻址方式只用于相对或条件转移指令中。相对寻址本质上是间接寻址，只是操作数的地址需要计算才能得到。计算方法：以程序计数器 PC 的当前值作为基地址，与指令中给定的相对偏移量 rel 进行相加，把得到的和作为程序的转移地址。

所谓相对转移，是指程序转移目标地址由相对于该指令当前地址的偏移量来决定。一般将相对转移指令所在的地址称为源地址，转移后的地址称为目标地址，则有：

目标地址 = 源地址 + 转移指令字节数 + 偏移量

在汇编语言的相对转移指令中，偏移量通常以目标地址的标号形式出现。例如指令：

JZ　　LOOP　　　　　　; 操作数为相对寻址

LOOP 就是程序中某条指令的标号。此时，计算偏移量的公式为

偏移量 = 目标地址 − (源地址 + 2)

如果偏移量为负数，那么这条指令执行后程序将转到该指令的前面(低地址方向)；如果偏移量为正数，那么将转到该指令的后面(高地址方向)。在 51 系列单片机的指令系统中，偏移量的取值范围是 +127～−128。

假定有如下程序：

```
                ORG   2000H
2000H 8030H SJMP START       ; 转入 START 开始的程序段
                ...
     2032H 0F8H
START:          MOV   R0, A
                ...
                END
```

程序执行到 SJMP 指令时，转入标号为 START 的指令处继续执行。

指令 SJMP　START 的机器码是 8030H(16 进制)，所在地址是 2000H，本指令占用 2 个字节，第一个字节 80H 是操作码，第二个字节 30H 是操作数，也就是偏移量。详细指令执行情况如下：

地址偏移量 rel = 目标地址 − 源地址 − 2 = 2032H − 2000H − 2 = 30H

指令 SJMP　START 的机器码 80H30H 存放在 2000H 处，当执行到该指令时，先从 2000H 和 2001H 单元取出指令，PC 自动变为 2002H；再把 PC 的内容与操作数 30H 相加，形成目标地址 2032H，再送回 PC，使得程序跳转到 2032H 单元继续执行。

3) 变址寻址方式

变址寻址其实是又一种变化形式的间接寻址。操作数的地址也需要计算：以程序计数器 PC 或数据指针 DPTR 作为基地址寄存器，以累加器 A 作为变址寄存器，把两者的内容相加形成 16 位的操作数的地址。这种寻址方式专用于访问程序存储器中的常数表，不能访问数据存储器。指令中的操作符为 MOVC，区别于 MOVX 和 MOV。

例如：指令 MOVC　　A, @A+DPTR 执行的操作是将累加器 A 和基址寄存器 DPTR 的内容相加，相加结果作为操作数存放的地址，再将此地址中的操作数取出来送到累加器 A 中。

设累加器 A = 18H，DPTR = 0600H，外部 ROM (0618H)=8CH，则指令 MOVC A，@A+DPTR 的执行结果是累加器 A 的内容为 8CH。

4) 立即寻址方式

立即寻址方式的意思是，指令操作数部分给出的就是参与运算的操作数本身，它可以是 8 位二进制数或 16 位二进制数。即操作数是以指令字节的形式存放于程序存储器中的。在 51 系列单片机的指令系统中是用"#"加在数值前的形式来表示立即数的，如果立即数的最高位为 A～F 英文字符，该字符前要加"0"，以使之区别于字符串。指令 MOV　A,#0F3H 执行以后，累加器 A 中存放的数据为 0F3H。

4. 寻址方式小结

寻址方式本质上只有两种：直接寻址、间接寻址。假定我们要给张三打电话，拨张三的电话号码就可以找到他；如果不知道张三的电话号码，我们就找李四询问张三的电话号码再拨给他。前一种情况就是直接寻址，而后一种是间接寻址。

直接寻址操作起来直截了当，没有什么花样；间接寻址则不然，反正是找人询问张三的电话号码，找李四可以，找李四旁边住的邻居也可以，办法多多。指令系统中，间接寻址有三种形式：寄存器间接寻址、变址寻址、相对寻址。

至于立即数寻址，算不得是"寻址"。还是上面给张三打电话的例子，如果张三就在当面，也就不用打电话了。

需要使用寻址方式的有三个空间：程序空间(64 KB)、外部数据空间(64 KB)，另外还有内部数据空间，比较复杂，大体上可分为三小块：低半区(00H～7FH)、高半区(80H～0FFH)、特殊功能寄存器区。

在程序空间会发生两种事情：控制程序流向、取程序中固化的数据。对于控制程序流向，使用直接寻址和相对寻址方式；对于取数据，则只能使用变址寻址。

在外部数据空间，只能使用寄存器间接寻址。

在内部数据空间的低半区，直接寻址、寄存器间接寻址都可以用；高半区就只能用寄存器间接寻址，特殊功能寄存器区只能用直接寻址。

细分起来，位操作都用直接寻址，在位可寻址区及可以位寻址的特殊功能寄存器上操作；还有堆栈，总是从 SP 堆栈指针向上发展，直到内部数据空间的上限，范围不超过 1 字节。

5.1.3　指令分类

51 系列单片机的指令系统共有 111 条指令。这些指令按每条指令的执行时间分类，有 64 条单周期指令，45 条双周期指令和 2 条 4 周期指令；按机器码字节数分类，则有单字节的指令 49 条，双字节的指令 46 条，三字节的指令 16 条。

这些指令按指令操作功能划分，有数据传送指令、算术运算指令、逻辑运算指令、程序转移指令和位操作指令。

1. 数据传送指令

数据传送类指令一共有 29 条，除了可以通过累加器进行数据传送之外，还有不通过累加器的数据存储器之间直接进行数据传送的指令。

数据传送类指令一般的操作是把源操作数传送到目的操作数，执行指令后，源操作数不改变，目的操作数修改为源操作数。若要求在进行数据传送时，不丢失目的操作数，则可以用交换型的传送指令。数据传送指令不影响标志，这里所说的标志是指 C、AC 和 OV，并不包括检验累加器奇偶性的标志 PV。对于 PV 一般不加说明。只有一种堆栈操作(它也完成数据传送的功能)可以直接修改程序状态字 PSW，这样，也可能使某些标志位发生变化。

数据传送指令用到的助记符有 MOV、MOVX、MOVC、XCH、XCHD、SWAP、POP、PUSH 共 8 种。其中直接寻址指令可以把数据方便地传送到片内的数据存储器单元和 I/O 口。此外，还有一条 16 位的传送指令，专用于设定地址指针。数据传送指令是编程时使用最频繁的一类指令。

2. 算术运算指令

算术操作类指令共有 24 条，其中包括 4 种基本的算术操作指令，即加、减、乘、除。这 4 种指令能对 8 位的无符号数进行直接的运算，借助溢出标志，可对带符号数进行 2 的补码运算。借助进位标志位，可以实现多精度的加、减和环移。同时也可对压缩的 BCD 数进行运算。

算术运算指令执行的结果将使进位(CY)、辅助进位(AC)、溢出(OV) 3 种标志置位或清零。但是加 1 和减 1 指令不影响这些标志。

算术操作类指令用到的助记符有 ADD、ADDC、INC、DA、SUBB、DEC、MUL 和 DIV 共 8 种。

3. 逻辑运算指令

逻辑运算类指令共有 24 条，包括与、或、异或、清除、求反、左右移位等逻辑操作。本节中的指令操作数都是 8 位，大量的逻辑指令将放到布尔变量操作类指令中介绍。

逻辑操作类指令用到的助记符有 ANL、ORL、XRL、RL、RLC、RR、RRC、CLR 和 CPL。

4. 程序转移指令

程序转移类指令共有 17 条，不包括按布尔变量控制程序转移的指令。其中有全程序存储空间的长调用、长转移和按 2 KB 分块的程序空间内的绝对调用和绝对转移；全空间的长相对转移及一页范围的短相对转移；还有不少条件转移指令。这类指令用到的助记符有 ACALL、AJMP、LCALL、LJMP、SJMP、JMP、JZ、JNZ、CJNE、DJNZ。

5. 位操作指令

位操作又称为布尔变量操作，它是以位(bit)作为单位来进行运算和操作的。51 系列单片机内设置了一个位处理器(布尔处理机)，有累加器(借用进位标志 CY)、存储器(即位寻址区中的各位)，也有完成位操作的运算器等。与之对应，指令系统中也有一个专门进行位处理的位操作指令集，共 17 条。它们可以完成以位为对象的传送、运算、转移控制等操作。这一组指令的操作对象是内部 RAM 中的位寻址区，即 20H～2FH 中连续的 128 位(位地址 00H～7FH)，以及特殊功能寄存器 SFR 中可进行位寻址的各位。详细内容在第 7 章布尔处理机中介绍。

以上介绍了 MCS-51 系列单片机的指令系统。有关 111 条指令助记符、操作数、机器代码以及字节数和指令周期一览表详见附录四。

5.2　汇编语言及程序设计

5.2.1　程序设计语言简介

微型机的应用离不开应用程序的设计，常用的程序设计语言基本分为三类：机器语言、汇编语言和高级语言。高级语言是面向程序设计人员的，前两种语言是面向机器的，常被称为低级语言。

1. 机器语言

当指令和地址采用二进制代码表示时，机器能够直接识别，因此称为机器语言。机器指令代码是 0 和 1 构成的二进制数信息，与机器的硬件操作一一对应。使用机器语言可以充分发挥计算机硬件的功能。但是，机器语言难写、难读、难交流，而且机器语言随计算机的型号不同而不同，因此移植困难。然而，无论人们使用什么语言编写程序，最终都必须翻译成机器语言，机器才能执行。

2. 汇编语言

汇编语言是采用易于人们记忆的助记符表示的程序设计语言，方便人们书写、阅读和检查。一般情况下，汇编语言与机器语言一一对应。用汇编语言编写的程序称为汇编语言源程序。把汇编语言源程序翻译成机器语言程序的过程称为汇编；完成汇编过程的程序称为汇编程序；汇编产生的结果是机器语言程序(目标程序)。

汇编语言程序从目标代码的长度和程序运行时间上看与机器语言程序是等效的。不同系列的机器有不同的汇编语言，因此汇编语言程序在不同的机器之间不能通用。

3. 高级语言

高级语言是对计算机操作步骤进行描述的一整套标记符号、表达格式、结构及其使用的语法规则。它使用一些接近人们书写习惯的英语和数学表达式的语言去编写程序，使用方便，通用性强，不依赖于具体计算机。目前，世界上的高级语言有数百种。

用高级语言编写的源程序，同样需要翻译成用各种机器语言表示的目标程序，计算机才能执行，完成翻译过程的程序称为编译程序或解释程序。高级语言程序所对应的目标代码往往比机器语言要长得多，运行时间也更多。

5.2.2　汇编语言源程序的设计步骤

汇编语言源程序的设计过程的一般步骤：分析任务、确定算法、画程序流程图、分配资源、编写代码和程序修改与调试。

1. 分析任务

当我们要编写某个功能的应用程序时，首先应该详细分析给定的任务，明确哪些是任务所提供的基本条件，哪些是任务要解决的具体问题，哪些是任务所期望的最终目标。

2. 确定算法

任务明确之后，下一步就是确定解决问题的方法。将给定的任务转换成计算机处理模式，即通常所说的算法。对于较复杂的任务，有时需要先用数学方法把问题抽象出来。往往同一个数学表达式可以用多种算法实现，我们应综合考虑，寻找出其中的最佳方案，使程序所占内存小，运行时间短。

3. 画程序流程图

画程序流程图是把所采用的算法转换为汇编语言程序的准备阶段，选择合适的程序结构，把整个任务分层分模块细化成若干个小的功能，使每个小功能只对应几条语句。这一步是编程序的主要工作之一。

4. 分配资源

在用汇编语言进行程序设计时，我们直接面向的是计算机的最底层资源。在编写代码之前需要对内外数据空间和程序空间进行分配，确定程序和变量、常量数据的存放地址。

5. 编写代码

这一步是代码化，在画好流程图并分配了相关资源后，就可以翻译成代码了。

6. 程序修改与调试

当一个汇编语言程序编好后难免有错误或需要进一步优化的地方，必须进行调试、修改。

在源程序的汇编过程中，用户很容易发现程序中存在的语法错误，但查找和修改程序中的逻辑错误就不那么简单，我们需要借助开发系统所提供的程序单步操作或设置断点等调试手段予以排除。

顺便提一下：汇编语言中，一般使用大写或小写字母都可以。

5.2.3　汇编伪指令

伪指令不是指令系统的成员。伪指令是用于告诉汇编程序如何进行汇编的指令，它不控制单片机的操作，也不能被汇编成机器码。51 系列单片机的汇编程序常用伪指令有以下几种。

1. ORG　起始地址定义伪指令

格式：ORG　16 位地址

功能：规定目标程序在程序存储器中所占空间的起始地址。

例如：ORG　1000H 表示以下的数据或程序存放在从 1000H 开始的程序存储单元中。

2. END　汇编结束伪指令

格式：END

功能：标志源程序的结束，即通知汇编程序不再继续向下汇编。

注意：在一个程序中只能有一条 END 指令，而且必须安排在源程序的末尾。否则，汇编程序对 END 指令后面的所有语句都不汇编。

3. EQU 等价伪指令

格式：符号　EQU　字符串

功能：在程序中用 EQU 后面的字符串去替换 EQU 前面的符号。EQU 后面的字符串可以是符号、数据、数据地址、代码地址或位地址。

说明：EQU 伪指令所定义的符号必须先定义后使用，所以该语句一般放在程序开始。例如：

```
BUFFER   EQU   58H        ; BUFFER 的值为 58H
MOV      A, BUFFER        ; 内部 RAM58H 单元中数据送给累加器 A
```

4. DATA 数值赋值伪指令

格式：符号   DATA   表达式

功能：将表达式指定的数据、数据地址或代码地址赋予符号名称。

说明：DATA 伪指令功能与 EQU 伪指令相似，但是 DATA 所定义的符号可以先使用后定义。该语句一般放在程序开始或结尾。例如：

```
BUFFER   DATA   58H        ; BUFFER 的值为 58H
MOV   A,BUFFER             ; 表示内部 RAM58H 单元中数据送给累加器 A
```

5. DB 字节存储伪指令

格式：[标号:]   DB   8 位二进制数据表

功能：从 DB 所在位置指定的地址单元开始，定义若干个字节存储单元的内容。例如：

```
         ORG 100H
FIRST:   DB   01H, 02H
SECO:    DB   011B, 'A', 12
```

以上伪指令经汇编后，程序存储器 100H 单元(即标号 FIRST 处)开始依次存放 01H、02H；接着的 102H 单元(即标号 SECO 处)开始依次存放 03H(二进制数 011B)、41H(字符 A 的 ASCII 码)、0CH(十进制数 12)。

注意：标号为可选项，有没有都没关系。

6. DW 字存储伪指令

格式：[标号:]   DW   16 位二进制数据表

功能：从指定的地址单元开始，定义若干个字存储单元的内容。例如：

```
         ORG   100H
FIRST:   DW   01H
         DW   1234H, 'AB'
```

这条伪指令与上一条伪指令 DB 功能非常相似，只是 DB 处理的是一个一个的字节，DW 处理的是一个一个的字，即"两个两个"的字节。注意：高字节存入低地址单元，低字节存入高地址单元。标号为可选项。

7. DS 定义空间伪指令

格式：[标号:]   DS   表达式

功能：从指定的地址单元开始，保留由表达式指定的若干字节空间作为备用空间。例如：

```
ORG      1000H
DS       0AH
DB       12H, 'B'
```

汇编后从 1000H 单元开始，保留 10 个字节(0AH)，从 100AH 开始连续存放 12H、42H。

8. BIT 位地址符号伪指令

格式：字符名称　　BIT　　位地址

功能：用规定的字符名称表示位地址。例如：

```
X0      BIT    P1.0
X1      BIT    30H
```

汇编后，P1 口的第 0 位地址赋给 X0，位地址 30H 赋给 X1。在程序中可以分别用 X0、X1 代替 P1.0 和位地址 30H。

5.3　基本程序设计方法

5.3.1　顺序结构程序设计

程序按指令排列依次执行的结构是程序结构中最简单的一种，用程序流程图表示的顺序结构程序，是一个处理框紧接一个处理框。

示例：编写拆分程序。功能是将 R7 中的压缩 BCD 码(即一个字节存放 2 位 BCD 码)拆分为 BCD 码(即一个字节存放 1 位 BCD 码，在低半字节)，并分别存于 R4、R3 中。将压缩 BCD 码拆分为 BCD 码在单片机数码显示中经常遇到，可用逻辑操作指令及交换指令完成。

源程序如下：

```
            ORG    0100H
SPLIT:      MOV    A, R7          ; 取压缩 BCD 码
            MOV    R3, A          ; R3 保存压缩 BCD 码
            MOV    R4, A          ; R4 保存压缩 BCD 码
            MOV    A, #0FH
            ANL    A, R3          ; 屏蔽高四位
            MOV    R3, A          ; R7 中低四位 BCD 存于 R3
            MOV    A, #0F0H
            ANL    A, R4          ; 屏蔽低 4 位
            MOV    R4, A          ; R7 中高 4 位 BCD 码存于 R4
            SWAP   A              ; 高、低 4 位交换
            RET
```

思考：如何将分离的 BCD 码合并成压缩 BCD 码？

附录五中有很多类似的子程序供分析练习。

示例：编写查表程序。功能是求 R1 中的数(0～9)对应的显示字符码，结果在 A 中。

程序清单之一(采用 PC 当基址寄存器)：

```
            ORG    0100H
TAB:        MOV    A, R1
            ADD    A, #01         ; 加地址偏移量
```

```
        MOVC    A,@A+PC         ;查表
        RET
```

LEDSEG: DB　3FH,06H,5BH,4FH,66H,6DH,7DH,07H,6FH,77H;共阴极数码管 5～9 字符码程序中，由于把 PC 当作基址寄存器，且 MOVC 指令中的 PC 指向的是其下面一条指令的首地址，而不是第一个 DB 指令，在 DB 指令与 MOVC 指令之间有一条 RET 指令，占用一个字节，所以在执行 MOVC 指令之前先对累加器 A 加 1 修正。

程序清单之二(采用 DPTR 当基址寄存器):

```
        ORG     0100H
TAB:    PUSH    DPL             ;保存 DPTR 的原值
        PUSH    DPH
        MOV     A,R1            ;低位 BCD 码送 A
        MOV     DPTR,#LEDSEG    ;显示用字符表首址送 DPTR 准备查表
        MOVC    A,@A+DPTR       ;查表
        POP     DPH             ;恢复 DPTR 原值
        POP     DPL
        RET
```

LEDSEG: DB　3FH,06H,5BH,4FH,66H,6DH,7DH,07H,6FH,77H ;共阴极数码管 5～9 字符码。

程序中，由于把 DPTR 当作基址寄存器，可以将表格首地址直接送给 DPTR，所以不需要修正。

5.3.2　分支结构程序设计

分支结构程序是按照给定的条件进行判断，根据不同的情况使程序发生转移，选择不同的程序入口。

1. 单分支结构程序

通常用条件转移指令形成简单分支结构。例如，判断结果是否为 0 (JZ、JNZ)、是否有进位或借位(JC、JNC)、指定位是否为 1 或 0 (JB、JNB)、比较指令 CJNE 等都可作为分支依据。

示例：4 位二进制数转换为 ASCII 码。4 位二进制数存于 R2 的低四位，ASCII 码存于 R2 中，程序流程如图 5.1 所示。

```
B_ASC:  MOV     A,R2
        ANL     A,#0FH      ;清除 R2 的高四位
        ADD     A,#30H
        MOV     R2,A
        CLR     C
        SUBB    A,#39H      ;判断待转换数是否大于 9
        JC      LEND        ;若不大于 9，则转换结束
        MOV     A,R2        ;大于 9 则再加 7
```

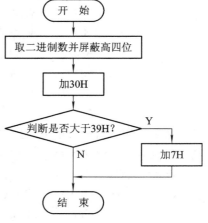

图 5.1　二进制转换 ASCII 码流程图

```
        ADD     A, #07H
        MOV     R2, A
LEND:   RET
```

2. 两分支结构程序

示例: 两个无符号数比较(两分支)。内部 RAM 的 30H 单元和 40H 单元各存放了一个 8 位无符号数，比较这两个数的大小。

分析: 本例是典型的分支程序，根据两个无符号数的比较结果(判断条件)，程序可以选择两个流向之中的某一个，比较两个无符号数常用的方法是将两个数相减 X－Y，然后判断有否借位 CY，若 CY＝0，无借位，X >= Y；若 CY＝1，有借位，X < Y。程序的流程图如图 5.2 所示。源程序如下:

```
X           DATA    30H             ; 数据地址赋值伪指令 DATA
Y           DATA    40H
            ORG     0000H
            MOV     A, X            ; (X) →A
            CLR     C               ; CY=0
            SUBB    A, Y            ; 带借位减法，A-(Y)-CY→A
            JC      L1              ; CY=1，转移到 L1
            MOV     Z, X            ; CY = 0，X >= Y，X 值存于 Z 中
            SJMP    FINISH          ; 直接跳转到结束等待
L1:         MOV     Z, Y            ; X < Y，Y 值存 Z 中
FINISH:     SJMP    $
            END
```

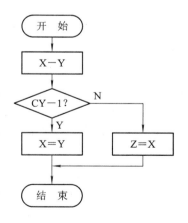

图 5.2　无符号比较流程图

3. 三分支结构程序

示例: 采用分支程序的设计方法求符号函数，

$$Y = \begin{cases} 1, & \text{当} X > 0 \\ 0, & \text{当} X = 0 \\ -1, & \text{当} X < 0 \end{cases}$$

设 X 的值存于 30H 单元，符号函数的值用补码表示并送入 31H 单元。

分析：此题有三条路径需要选择，可用多分支来实现，其程序流程图如图 5.3 所示。

源程序：

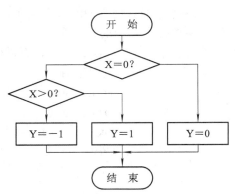

```
        X    DATA    30H
        Y    DATA    31H    ; 数据地址赋值伪指令
        ORG    1000H
        MOV    A, X
        JZ     COMM; 若 A 值为 0，则送结果图
        JB     ACC.7, MIN; A 最高位为 1，A 为负
        MOV    A, #01H          ; A 为正
        SJMP   COMM
MIN:    MOV    A, #0FFH
COMM:   MOV    Y, A
        SJMP   $
        END
```

图 5.3　符号函数程序流程图

4. 散转程序设计

在设计单片机应用程序时，经常遇到根据不同的输入或运算结果决定程序流向的问题。这就是散转程序，实际就是一种多分支程序。散转程序也需要一个表，但表中所列的不是普通数据，而是某些功能程序的入口地址、偏移量或转向这些功能程序的转移指令。程序的散转功能，主要依靠间接转移指令 JMP　@A+DPTR 完成。

1) 利用转移指令表进行散转

假设有一个标志单元，它的可能取值为 0，1，2…的自然数，每个值对应一个处理程序。我们可以利用转移指令表，使程序根据标志单元的值转向各自的处理程序。选择与处理程序相同数目的无条件转移指令，由这些指令组成一张指令表，且第 1 条转移指令转向 "0" 标志所对应的处理程序、第 2 条转移指令转向 "1" 标志所对应的处理程序，依次类推。然后把指令表的起始地址和标志单元的值分别送数据指针 DPTR 和累加器 A 中，最后使用散转指令完成。

示例：根据标志单元 R2 中的内容，分别转向各个处理程序。

分析：程序采用 AJMP 指令组成指令表，因为 AJMP 为双字节指令，所以在散转前需要对标志单元内容进行乘 2 调整。当乘积超过 255 时，在数据指针 DPTR 的高 8 位加上进位 "1" 处理。

源程序：

```
        ORG    1000H
PJ1:    MOV    DPTR, #TAB1        ; 表首地址送 DPTR
```

```
           MOV    A, R2
           ADD    A, R2              ; (R2)*2 的值送累加器 A
           JNC    NADD
           INC    DPH               ; 当(R2)*2 的值大于 255 时 DP 加 1
    NADD:  JMP    @A+DPTR
    TAB1:  AJMP   PRG0
           AJMP   PRG1
           ……
           AJMP   PRGn
```

2) 利用转向地址表进行散转

当转向范围比较大时，可直接使用转向地址表法，即把每个处理程序的入口地址直接放到地址表内。用查表指令从表中查找与变量值对应的处理程序的入口地址。再通过间接转移指令，使程序转向该地址指向的功能程序。

示例：根据标志单元 R2 中的内容，分别转向各个处理程序，这些处理程序零星分布在程序存储器中。

分析：当多个功能程序被分散分布时，如通过标志数据执行这些程序，最好使用转向地址表法。首先把各服务程序的入口地址，按标志数据的升序对应排开，构成一个地址表。然后根据 R2 中的数据，从表中查找相应服务程序的入口地址。由于入口地址为 16 位，因此需要对 R2 寄存器进行乘 2 调整。把入口地址读入 DPTR 需分两次进行。

注意：利用间接转移指令进行散转时，累加器 A 应先清 0。

源程序：

```
           ORG    1000H
           MOV    DPTR, #TAB        ; 表首地址送 DPTR
           MOV    A, R2
           ADD    A, R2             ; (R2)*2 的值送累加器 A
           JNC    MYJW
           INC    DPH               ; 当(R2)*2 的值大于 255 时, DPH 加 1
    MYJW:  MOV    R4, A
           MOVC   A, @A+DPTR        ; 取地址的高 8 位
           XCH    A, R4             ; 地址高 8 位暂存在 R4
           INC    A
           MOVC   A, @A+DPTR        ; 取地址的低 8 位
           MOV    DPL, A
           MOV    DPH, R4
           CLR    A                 ; 偏移量清 0
           JMP    @A+DPTR
    TAB:   DW     PRG0
           DW     PRG1
           ...
```

```
        DW        PRGn
```

3) 利用 "RET" 指令进行散转

此方法与转向地址表法基本相同。两者的唯一区别是，转向地址表法，将表中取出的功能程序的入口地址直接送给数据指针；而返回指令法，则把入口地址压入堆栈进行保存，并随后便执行一条 RET 指令，使程序转向功能程序。

示例：根据标志单元 R2R3 中的内容，分别转向各个处理程序。

分析：先建立一个各服务程序的入口地址表。由于入口地址为 16 位，因此需要对 R2R3 内容进行乘 2 调整。但查表后，将读出的入口地址不送数据指针，而是压入堆栈保护区中。然后执行一条 RET 指令。RET 指令将从堆栈中弹出刚刚压栈的处理程序的入口地址送给 PC，因此程序将转向由 R2R3 内容所指定的处理程序。

源程序：

```
        ORG       1000H
        MOV       DPTR, #TAB     ; 表首地址送 DPTR
        MOV       A, R3          ; (R2R3)*2
        CLR       C
        RLC       A
        XCH       A, R2
        RLC       A
        ADD       A, DPH         ; (R2R3)*2 的高位加到 DPH
        MOV       DPH, A
        MOV       A, R2
        MOVC      A, @A+DPTR     ; 取地址的高 8 位
        XCH       A, R2
        INC       DPTR
        MOVC      A, @A+DPTR     ; 取地址的低 8 位
        PUSH      ACC            ; 地址的低 8 位入栈
        MOV       A, R2
        PUSH      ACC            ; 地址的高 8 位入栈
        RET                      ; 执行返回指令，将程序入口送 PC，实现散转
TAB:    DW        PRG0
        DW        PRG1
        …
        DW        PRGn
```

5.3.3　循环结构程序设计

1. 循环结构程序

顺序结构程序中每条指令只执行一次；分支程序则依据条件不同会跳过一些指令去执行另一部分指令；这两种程序的特点是每条指令最多只执行一次。

在处理实际问题时，常常要求某些程序段重复执行，此时可以采用循环结构实现。一般包含程序初始化、循环处理、循环控制和循环结束四部分。

(1) 初始化部分。该部分为实现程序循环做准备，如建立循环计数器、设地址指针以及为变量赋初值等。

(2) 循环处理部分。该部分是循环程序的主体，在这里对数据进行实际的处理，是重复执行部分，所以这段程序的设计非常关键，应充分考虑程序的效率。

(3) 循环控制部分。该部分为下一次数据处理而修改计数器和地址指针，并判断循环是否结束。

(4) 结束部分。该部分分析、处理或存放结果。

第二部分和第三部分的次序根据具体情况可以先处理数据后判断，也可以先判断后处理数据。另外，有时问题比较复杂，处理段中还需要使用循环结构，即通常所说的循环嵌套(也称多重循环)。

2. 单重循环程序设计

单重循环指循环程序中不包含其他的循环，一般根据循环结束条件不同，分为循环次数已知的循环和循环次数未知的循环。循环次数已知的循环，常用循环计数器控制循环是否结束。

1) 循环次数已知的循环程序

示例：将 1000H 单元开始存放的 100 个 ASCII 码加上奇校验后从单片机 P1 口依次输出。程序流程图如图 5.4 所示。

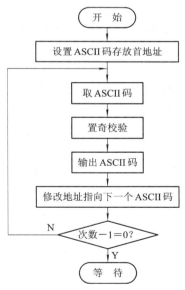

图 5.4　单重循环流程图

程序如下：

```
        ORG    0000H
        SJMP   START
        ORG    0030H
START:  MOV    DPTR, #1000H  ; ASCII 码首地址
```

```
        MOV    R0, #64H        ; 发送计数器
LOOP:   MOVX   A, @DPTR        ; 取 ASCII 码
        MOV    C, P
        CPL    C
        MOV    ACC.7, C        ; 置奇校验位
        MOV    P1, A           ; 输出
        INC    DPTR
        DJNZ   R0, LOOP        ; 循环
        SJMP   $
        END
```

2) 循环次数未知的循环程序

循环次数未知的循环程序，是按问题的条件控制循环，当满足条件时循环结束。

示例：不同存储区域之间的数据传输。将内部 RAM 50H 单元开始的内容依次传送到外部 RAM 1000H 单元开始的区域，直到遇到传送的内容是 0 为止。

分析：本例要解决的关键问题是，数据块的传送和不同存储区域之间的数据传送。以累加器 A 作为中间变量实现数据传输，以条件控制循环程序结束。

源程序如下：

```
        ORG    0000H
        MOV    R0, #50H          ; R0 指向内部 RAM 数据区首地址
        MOV    DPTR, #1000H      ; DPTR 指向外部 RAM 数据区首地址
TRANS:  MOV    A, @R0            ; A←((R0))
        MOVX   @DPTR, A          ; ((DPTR))←A
        CJNE   A, #00H, NEXT
        SJMP   FINISH            ; A=0，传送完成
NEXT:   INC    R0                ; 修改地址指针
        INC    DPTR
        AJMP   TRANS             ; 继续传送
FINISH: SJMP   $
        END
```

3. 多重循环程序设计

多重循环又称为循环嵌套，是指一个循环程序的循环体中包含另一个循环程序。在理论上讲对循环嵌套的层数没有明确的规定，但由于受硬件资源的限制，实际可嵌套层数不能太多。需要注意的是，循环嵌套只允许一个循环程序完全包含另一个循环程序，不允许两个循环程序之间相互交叉嵌套。

示例：编制数制转换程序。功能是将双字节 BINA～BINA+1 单元二进制数转换为压缩 BCD 码，存放在 BTOD～BTOD+2 单元中。

分析：将二进制数转换为 BCD 码的数学模型为：

$$(a^{15}a^{14}\cdots a^1a^0) = (\cdots(0 \times 2 + a^{15}) \times 2 + a^{14}\cdots) \times 2 + a^0$$

编程时将二进制数逐次左移，每次左移一位，并实现$(\cdots) \times 2 + a^i$ 的运算，共循环 16 次。程序流程图如图 5.5 所示。

程序清单如下：

```
B2BCD: CLR   A            ; 二进制转换 BCD 程序
       MOV   R0, #BTOD ; BTOD～BTOD+2 单元清 0
       MOV   R1, #03H
D0:    MOV   @R0, A
       INC   R0
       DJNZ  R1, D0
       MOV   R6, #10H   ; 二进制位数存于 R6 中
D1:    MOV   R0, #BINA ; BINA～BINA+1 单元二进制
       MOV   R1, #02H
D2:    MOV   A, @R0
       RLC   A
       MOV   @R0, A
       INC   R0
       DJNZ  R1, D2
       MOV   R0, #BTOD; BTOD～BTOD+2 结果
       MOV   R1, #03H
D3:    MOV   A, @R0
       ADDC  A, @R0
       DA    A
       MOV   @R0, A
       INC   R0
       DJNZ  R1, D3
       DJNZ  R6, D1 ; 外循环直到全部处理完毕
       RET
```

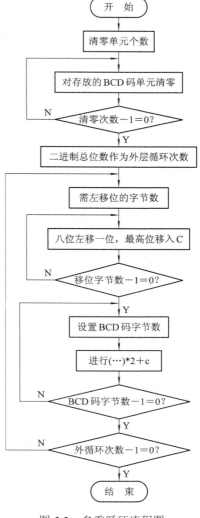

图 5.5　多重循环流程图

在单片机控制应用中，常有延时的需要，延时有两种方法，即软件延时和硬件延时，硬件延时是通过定时/计数器完成，软件延时一般是通过循环程序完成。参见第 2 章。

5.4　子程序设计方法

5.4.1　子程序设计

1. 子程序定义

在程序设计过程中，经常会遇到在不同的程序中或同一个程序的不同地方执行同一个操作的情况，例如软件延时、代码转换等。

为了缩短程序设计周期及程序长度，可以将这些程序段从源程序中分离出来单独组成一个程序模块，称为子程序。

在需要使用这些模块的地方可以"调用子程序"。那些调用子程序的程序称为主程序。主程序对子程序的调用是通过 ACALL 或 LCALL 指令完成的。

一个主程序可以多次调用同一个子程序，也可以调用多个子程序。子程序也可调用其他子程序(也称为子程序嵌套)。

2. 关于子程序的几点说明

(1) 每个子程序的起始指令前必须定义一个标号，作为该子程序的名称，以便主程序正确调用它；子程序通常以 RET 指令结束，以便正确返回主程序。

(2) 子程序应具有通用性。一般子程序的操作对象通常采用寄存器或寄存器间接寻址等寻址方式，尽量避免采用立即寻址。

(3) 子程序应保证放在存储器的任何空间都能正确运行，即具有浮动性。例如，子程序中应使用相对转移指令，避免使用绝对转移或长转移。

(4) 进入子程序时需要把在主程序使用并在子程序中也要使用的寄存器进行保存，并在返回主程序之前恢复原来状态。

(5) 子程序的调用和返回指令，以及保护现场等操作均需用到堆栈，因此在程序初始化时应设置堆栈指针 SP，开辟堆栈保护区。

(6) 设计子程序时应首先确定子程序名称；确定子程序的入口参数和出口参数；确定子程序需要使用的寄存器和存储单元；确定子程序的算法，再编写源程序。

3. 子程序的应用举例

示例：将片内 RAM30H 单元中的十六进制数转换为两位 ASCII 码，结果按高低顺序存放在 31H 与 32H 单元。

主程序通过子程序调用完成 2 位十六进制到 ASCII 的转换。程序清单如下：

```
            ORG     0000H
START:      MOV     SP, #60H      ; 设置堆栈初值
            MOV     A, 30H        ; 取被转换的十六进制数
            SWAP                  ; 交换，以便对高位进行转换
            PUSH    ACC           ; 压入堆栈
            ACALL   HTOA          ; 调用转换子程序，对高位进行转换
            POP     31H           ; 从堆栈中取出转换结果
            PUSH    30H           ; 将原数据压入堆栈
            ACALL   HTOA          ; 调用转换子程序，对低位进行转换
            POP     32H           ; 从堆栈中取出转换结果
            SJMP    $             ; 转换结束，等待
            ORG     0200H
HTOA:       MOV     R1, SP        ; 转移堆栈指针
            DEC     R1            ; 下移指针，指向被转换的数据单元
            DEC     R1
```

	MOV	A, @R1	；从堆栈中取出被转换数据
	ANL	A, #0FH	；屏蔽高 4 位
	ADD	A, #02H	；修正查表指针
	MOVC	A, @A+PC	；查 ASCII 表
	MOV	@R1, A	；存结果到栈区
	RET		；子程序返回
TAB:	DB	30H, 31H, 32H, 33H, 34H, 35H, 36H, 37H	
	DB	38H, 39H, 41H, 42H, 43H, 44H, 45H, 46H	

该程序采用堆栈传递参数方式，在调用子程序之前先将要转换的数据压入堆栈，进入子程序后，再从堆栈中取出数据，完成转换，并把转换结果放入栈区，返回主程序后再从堆栈中取出结果送入指定单元。

5.4.2　子程序的嵌套调用

子程序的嵌套调用是指在一个子程序中又调用另一个子程序。对于 80C51 单片机，子程序嵌套次数一般不受限制。子程序的嵌套调用过程如图 5.6 所示。

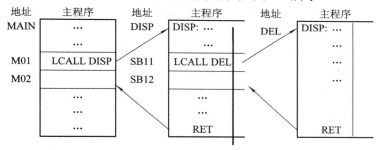

图 5.6　子程序嵌套调用过程

当主程序执行到 LCALL DISP 指令时，它会将断点地址 M02 压入堆栈，并转去执行 DISP 子程序，在 DISP 子程序中执行到 LCALL DEL 指令时，它会将断点地址 SB12 压入堆栈，并转去执行 DEL 子程序。DEL 子程序执行到最后的 RET 指令时，它会从堆栈中取出断点地址 SB12 送给程序计数器 PC，程序返回 DISP 子程序，DISP 子程序执行到最后的 RET 指令时，它会从堆栈中取出断点地址 M02 送给程序计数器 PC，程序返回主程序，继续执行。

示例：电路图如图 5.7 所示，要求每个数码闪烁三次，从 0～9 不断循环显示。

程序清单如下：

COUN	EQU	20H	；定义计数单元
	ORG	0000H	；从 0000H 单元开始
	LJMP	START	；跳转到真正程序起点
START:	MOV	SP, #60H	；堆栈初始化
	MOV	COUN, #00H	；计数初值为 0
LOOP:	LCALL	DISP	；调用显示程序
	INC	COUN	；计数器加 1

```
                MOV     A, COUN
                CJNE    A, #0AH, LOOP1    ; 判计数到 10? 否，转 LOOP1
                MOV     COUN, #00H        ; 当计数到 10 时，计数器清 0
LOOP1:          LJMP    LOOP
DISP:           MOV     R0, #00H
                MOV     A, COUN           ; 计数值送累加器
                MOV     DPTR, #DISPTAB    ; 字型码表首地址送 DPTR
                MOVC    A, @A+DPTR        ; 查出对应的字符码
L1:             MOV     P2, A             ; 显示字符
                LCALL   DELAY             ; 调用延时
                MOV     P2, #0FFH         ; 关闭显示
                LCALL   DELAY             ; 调用延时
                INC     R0
                CJNE    R0, #03H,L1
                RET                       ; 子程序返回
DELAY:          MOV     R7, #10           ; 延时子程序
D1:             MOV     R6, #255
D2:             MOV     R5, #255
D3:             DJNZ    R5, D3
                DJNZ    R6, D2
                DJNZ    R7, D1
                RET                       ; 子程序返回
DISPTAB:        DB   0C0H,0F9H,0A4H,0B0H,99H,92H,82H,0F8H,80H,90H;5～9 字符码(共阳)
                END
```

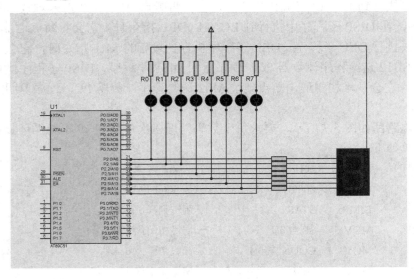

图 5.7　数码管闪烁实验电路图

思考：用 MOVC　A,@A+PC 查出对应的字符码，程序如何修改。

电子日历钟中的计算农历部分程序设计实例

习　　题

1. 简述 80C51 指令的分类和格式。

2. 简述 80C51 的指令寻址方式，并举例说明。

3. 若访问特殊功能寄存器 SFR，可使用哪些寻址方式？

4. 若访问外部 RAM 单元，可使用哪些寻址方式？

5. 若访问内部 RAM 单元，可使用哪些寻址方式？

6. 若访问程序存储器，可使用哪些寻址方式？

7. 什么叫伪指令？80C51 单片微机程序设计中主要有哪些伪指令语句？

8. 什么是结构化程序设计？它包含哪些基本结构程序？

9. 顺序结构程序的特点是什么？试用顺序结构程序编写三字节无符号数的加法程序段，最高字节的进位存入用户标志 F0 中。

10. 什么是分支结构程序？80C51 单片微机的哪些指令可用于分支结构程序编程？有哪些多分支转移指令？

11. 循环结构程序有何特点？80C51 单片微机的循环转移指令有什么特点？何谓循环嵌套？编程时应注意些什么？

12. 什么是子程序？它的结构特点是什么？什么是子程序嵌套？

13. 将外部数据存储器的 40H 单元中的一个字节拆成 2 个 ASCII 码，分别存入内部数据存储器 40H 和 41H 单元中，试编写以子程序形式给出的转换程序，说明调用该子程序的入口条件和出口功能。加上必要的伪指令，并对源程序加以注释。

第6章　51系列单片机C语言程序设计基础

与汇编语言相比，C语言的优点是硬件依赖性小，可移植性好。C语言的三大重点：流程控制、函数和指针。流程控制是一套将立体的、分支的、丰富多彩的事物发生发展过程，用一维的、单调的、无歧义的方式表述出来的规则。函数则是人类层次化分析解释事物的工具，与子程序相类似。指针用于寻找变量数据，有了它，单片机在存储空间上解决复杂问题的活动才会更加灵活多变，多快好省，像汇编语言中的间接寻址。

考虑了51系列单片机的特点后，衍生出的C51应用很广，有很多版本，Keil C51是其中的佼佼者，编译代码效率高。当然这样一来，其可移植性有所降低，但毕竟利大于弊，待到需要移植程序时多注意一点就是了。

本章先介绍了C51程序设计的基础规则，接着重点介绍C51的应用设计方法，最后是一个综合设计实例。C语言是规则方法而不是理论概念，学会它靠的是"用"而不是琢磨"为什么"。本章有不少用C语言编程的实例供学习参考。

6.1　C51程序设计基础

6.1.1　C51的数据

1. C51的数据类型

数据是51单片机的操作对象，是具有一定格式的数字或数值。C51语言支持的数据类型如表6.1所示。

表6.1　C51语言支持的基本数据类型的长度和值域

类　　型	长度/bit	长度/Byte	范　　围
位变量型(bit)	1	1 位	0，1
无符号字符型(unsigned char)	8	1 字节	0～255
有符号字符型(signed char)	8	1 字节	−128～127
无符号整数型(unsigned int)	16	2 字节	0～65 536
有符号整数型(signed int)	16	2 字节	−32 768～32 767
无符号长整数型(unsigned long int)	32	4 字节	0～4 294 967 295
有符号长整数型(signed long int)	32	4 字节	−2 147 483 648～2 147 483 647
单精度浮点型(float)	32	4 字节	$\pm1.175e^{-38}$～$\pm3.402e^{+38}$
双精度浮点型(double)	32	4 字节	$\pm1.175e^{-38}$～$\pm3.402e^{+38}$

续表

类　　型	长度/bit	长度/Byte	范　　围
一般指针	24	3 字节	地址空间：0～65 536
扩展位变量型(sbit)	1	1 位	0，1
扩展特殊功能寄存器型(sfr)	8	1 字节	0～255
扩展无符号整数型(sfr16)	16	2 字节	0～65 536

2. C51 的特殊功能寄存器(SFR)定义

(1) 51 系列单片机中，除了程序计数器 PC 和 4 组工作寄存器组外，其他所有的寄存器均为特殊功能寄存器(SFR)，分散在片内 RAM 区的高 128 字节中，地址范围为 80H～0FFH。为了能够直接访问单片机的这些内部寄存器，C51 编译器扩充了关键字 sfr。格式如下：

　　　　sfr　特殊功能寄存器名 = 地址常数

示例：

　　　sfr P0 = 0x80;　　　　　　/*定义地址为"0x80"的特殊功能寄存器名字为"P0"，对 P0 的操作也就是对地址为 0x80 的寄存器的操作*/

　　　sfr　SCON=0x98;　　　　/* 串口控制寄存器地址 98H */

　　　sfr　TMOD=0x89;　　　　/* 定时器/计数器方式控制寄存器地址 89H */

注意：这种定义方法与标准 C 语言不兼容，只适用于 51 系列单片机进行 C 语言编程。

(2) 在新的 51 系列产品中，SFR 在功能上经常组合为 16 位值。当 SFR 的高字节地址直接位于低字节之后时，对 16 位 SFR 的值可以直接进行访问。例如 52 子系列的定时/计数器 2 就是这种情况。为了有效地访问这类 SFR，可使用关键字"sfr16"来定义，其定义语句的语法格式与 8 位 SFR 相同，只是"="后面的地址必须用 16 位 SFR 的低字节地址，即低字节地址作为"sfr16"的定义地址。

示例：

　　　sfr16　T2 = 0xCC　　　/*定时器/计数器 2：T2 低 8 位地址为 0CCH，T2 高 8 位地址为 0CDH*/

这种定义适用于所有新的 16 位 SFR，但不能用于定时器/计数器 0 和 1。

(3) 在 51 系列单片机应用系统中，经常需要访问特殊功能寄存器中的某些位。SFR 中有 11 个寄存器具有位寻址能力，它们的字节地址都能被 8 整除，即字节地址是以 8 或 0 为尾数的。C51 编译器为此提供了另一种扩充关键字 sbit，利用它可以定义位寻址对象。定义方法如下：

　　　　sbit　位变量名 = 特殊功能寄存器名^位的位置

注意：必须先定义特殊功能寄存器，然后才能定义特殊功能寄存器的位。

(4) MCS-51 系列单片机的特殊功能寄存器的数量与类型不尽相同，因此建议将所有特殊的"sfr"定义放入一个头文件中，该文件应包括 MCS-51 单片机系列机型中的 SFR 定义。C51 编译器的"reg51.h"头文件就是这样一个文件。

3. C51 的常量和变量

(1) 常量是在程序运行过程中，其值不能改变的数据。根据数据类型的不同，常量可分为整型常量、字符常量、字符串常量、实数常量、位标量等。常量可以不经定义直接使用，也可以通过 #define 关键字来定义符号常量，一经定义，在程序中所有出现该符号的地方，就用之前定义好的常量来代替。习惯上符号常量的标志符用大写字母来表示。

(2) 变量是在程序运行过程中，其值可以改变的数据，通常用变量名来表示，由用户自己定义。规定变量名由字母(A~Z，a~z)、数字(0~9)和下画线 "_"组成，并且第一个字符必须是字母或下画线。变量在使用之前必须先定义，并指出所用的数据类型和存储模式，这样编译系统才能为变量分配相应的存储空间。变量的格式：

    [<存储模式>]<类型定义>[存储器类型]<标识符>

其中，除了类型定义和标识符是必要的，其他都是可选项。

存储模式有 4 种，即自动(auto)、外部(extern)、静态(static)和寄存器(register)，默认类型为自动(auto)。

存储器类型允许使用者指定程序变量的存储区，这使编程者可以控制存储区的使用。存储器类型与 MCS-51 单片机实际存储空间的对应关系及其大小见表 6.2。

表 6.2　C51 存储类型与 MCS-51 单片机存储空间的对应关系及其大小

存储类型	与存储空间的对应关系	长度/bit	长度/Byte	存储范围
data	直接寻址片内数据存储区，访问速度快(128 B)	8	1	0~255
bdata	可位寻址片内数据存储区，允许位与字节混合访问(16 B)	8	1	0~255
idata	间接寻址片内数据存储区，可访问片内全部 RAM 地址空间(256 B)	8	1	0~255
pdata	分页寻址片外数据存储区(256 B)，由 MOVX@Ri 访问	8	1	0~255
xdata	寻址片外数据存储区(64 KB)，由 MOVX@DPTR 访问	16	2	0~65 635
code	寻址代码存储区(64 KB)，由 MOVC@DPTR 访问	16	2	0~65 635

如果在变量定义时省略了存储类型标识符，则编译器会自动选择默认的存储类型。默认的存储类型进一步由 SMALL、COMPACT 的 LARGE 存储模式指令限制。

存储模式决定了变量的默认存储类型、参数传递区和在无明确存储类型说明变量的情况下的存储类型。在 SMALL 模式下，参数传递是在片内数据存储区中完成的。COMPACT 和 LARGE 模式允许参数在外部存储器中传递。存储器的详细说明见表 6.3。

表 6.3　存储模式及说明

存储模式	说　　明
SMALL	参数及局部变量放入可直接寻址的片内存储器(最大为 128 B，默认存储类型为 data)，因此访问十分方便。另外，所有对象(包括栈)都必须嵌入片内 RAM。栈长由函数的嵌套层数决定
COMPACT	参数及局部变量放入分页片外存储区(最大为 256 B，默认的存储类型是 pdata)，通过寄存器 R0 和 R1(@ R0、@R1)间接寻址，栈空间位于 MCS-51 系统内部数据存储区中
LARGE	参数及局部变量直接放入片外数据存储区(最大为 64 KB，默认存储类型为 xdata)，使用指针 DPTR 来进行寻址。用指针 DPTR 进行访问效率较低，尤其是对两个或多个字节的变量，这种数据类型的访问机制直接影响代码的长度

6.1.2　C51 的常用运算符

1. 算术运算符

在 C51 语言中，把用算术运算符和括号将运算对象连起来的表达式称为算术表达式，其中运算对象包括常量、变量、函数、数组和结构等。在算术表达式中需要遵守一定的运算优先级，其规定为先乘除(余)，后加减，括号最优先，同级别从左到右，和数学计算相同。

C 语言有 5 种算术运算符，见表 6.4。

表 6.4　算 术 运 算 符

运算符	意　义	示例(设x=10，y=3)
+	加法运算	z=x+y ;　// z=13
-	减法运算	z=x-y ;　// z=7
*	乘法运算	z=x*y ;　// z=13
/	除法运算(保留商的整数，小数部分丢弃)	z=x/y ;　// z=3
%	模运算(取余运算)	z=x%y ;　// z=1

C 语言中表示加 1 和减 1 时可以采用自增运算符和自减运算符，见表 6.5。

表 6.5　自增运算符与自减运算符

运算符	意　义	示例(设 x 的初值为 3)
x++	先用 x 的值，再让 x 加 1	y=x++;　// y 为 3，x 为 4
++x	先让 x 加 1，再用 x 的值	Y=++x;　// y 为 4，x 为 4
x--	先用 x 的值，再让 x 减 1	y=x--;　// y 为 3，x 为 2
--x	先让 x 减 1，再用 x 的值	Y=--x;　// y 为 2，x 为 2

2. 关系运算符

在程序中经常需要比较两个变量的大小关系，以便对程序的功能进行选择。用以比较两个数据量的运算符称为关系运算符。C 语言有 6 种关系运算符，见表 6.6。关系运算的结果只有"0"和"1"两种，即条件满足时结果为"1"；否则为"O"。

表 6.6　关 系 运 算 符

运算符	意　义	示例(设a=2，b=3)
<	小于	a<b;　// 返回值 1
>	大于	a>b;　// 返回值 0
<=	小于等于	a<=b;　// 返回值 1
>=	大于等于	a>=b;　// 返回值 0
!=	不等于	a!=b;　// 返回值 1
==	等于	a==b;　// 返回值 0

3. 逻辑运算符

逻辑运算的结果只有"真"和"假"两种，"1"表示真，"0"表示假。表 6.7 列出了 C

语言的逻辑运算符。

例如，条件"25>100"为假，"4<8"为真，则逻辑与运算(25>100)&&(4<8)=0&&1=0。因为"与"运算的规则是"有0出0"，所以计算结果为0。

表6.7　逻辑运算符

运算符	意　义	示例(设a=2，b=3)
&&	逻辑与	a&&b;　// 返回值 1
||	逻辑或	a || b;　返回值 1
!	逻辑非	! a;　// 返回值 0

4．赋值运算符

赋值运算符将一个数据赋给一个变量，也可以将一个表达式的值赋给一个变量。C 语言中有以下两类赋值运算符。

(1) 简单赋值运算符(=)，它的作用是将一个数据赋给一个变量，如 c=a+b。

(2) 复合赋值运算符(+=、-=、*=、/-、%=、&=、\|=、^=、>>=、<<=)好处是简化程序，提高 C 程序的编译效率并产生质量较高的目标代码。

表 6.8 列出了 C 语言赋值运算符及其意义。

表6.8　赋值运算符及其意义

运算符	意　义	说　明
=	将右边表达式的值赋给左边的变量或数组元素	
+=	左边的变量或数组元素加上右边表达式的值	x+=a 等价于 x=x+a
-=	左边的变量或数组元素减去右边表达式的值	x-=a 等价于 x=x-a
*=	左边的变量或数组元素乘以右边表达式的值	x*=a 等价于 x=x*a
/=	左边的变量或数组元素除以右边表达式的值	x/=a 等价于 x=x/a
%2	左边的变量或数组元素模右边表达式的值	x%=a 等价于 x=x%a
<<=	左移操作，再赋值	x<<=a 等价于 x=x<<a
>>=	右移操作，再赋值	x>>=a 等价于 x=x<<a
&=	按位与操作，再赋值	x&=a 等价于 x=x&a
^=	按位异或操作，再赋值	x^=a 等价于 x=x^a
~=	按位取反操作，再赋值	x~=a 等价于 x=x~a

5．位运算符

C51 语言为整型数据提供了位运算符。位运算以字节(byte)中的每一个二进位(bit)为运算对象。最终的运算结果还是整型数据。位运算又分为按位逻辑运算和移位运算。

按位逻辑运算符共有四种：按位逻辑与运算符&、按位逻辑或运算符\|、按位逻辑非运算符~、按位逻辑异或运算符^。设用 x、y 表示字节中的二进制，取值为 0 或 1，上述按位逻辑运算符的运算法则如下：

当 x、y 均为 1 时，x&y=1；否则，x&y=0。

当 x、y 均为 0 时，x|y=0；否则，x|y=1。

当 x、y 的值不相同时，x^y=1；否则，x^y=0。

当 x=1 时，~x=0；而当 x=0 时，~x=1。

移位运算指令主要有两条，即左移运算符(<<)和右移运算符(>>)。 一般格式为：变量 1<<(或>>)变量 2。左移运算符<<是将变量 1 的二进制位左移变量 2 所指定的位数。例如 a=0x36(二进制数为 00110110)，执行指令 a<<2 后，结果为 a=0xd8(即将 a 数值左移 2 位，其左端移出的位被丢弃，右端补足相应的 0)。同理，右移运算符>>是将变量 1 的二进制位右移变量 2 所指定的位数，左端补足相应的 0。

6. 逗号运算符

C51 语言中，可以用逗号运算符"，"把两个或多个算术表达式连接起来构成逗号表达式。逗号表达式的求值顺序是从左至右，且逗号运算是所有运算符中优先级别最低的一种运算符。例如下面两个表达式将得到不同的计算结果：

```
y=( a=4, 3*a);          /* y 的值为 12，赋值表达式的值也是 12*/
(y= a=4, 3*a);          /* y 的值为 4，赋值表达式的值为 12*/
```

7. 运算优先级

图 6.1 说明了包括逻辑运算符在内的各类运算符的运算优先级的高低。

高

　　逻辑运算符：！

　　算术运算符：＋、－、/、%

　　关系运算符：>、<、>=、<=

　　关系运算符：==、!=

　　逻辑运算符：&&、||

低　　赋值运算符：=、+=、-=、/=、%=

图 6.1　运算优先级的高低示意图

6.1.3　C51 的数组

在处理简单问题时，我们可以使用基本数据类型。而对于一些复杂的同一类性质的数据，我们就可以用数组来表示。如果我们将数组和循环结合起来，则可以有效地处理大批量的数据，大大提高工作效率，使用也十分方便简洁。

1. 数组的定义

数组是同类型的一组变量，引用这些变量时可用同一个标识符，借助于下标来区分各个变量。数组中的每一个变量称为数组元素。数组由连续的存储区域组成，最低地址对应于数组的第一个元素。数组可以是一维的，也可以是多维的。一维数组的表达形式为

　　　类型说明符　数组名[下标];

其中，类型说明符是指该数组中每一个数组元素的数据类型。下标说明了该一维数组的大小，它只能是整型常量。注意，C51 语言规定，数组元素的下标从 0 开始。

示例：

  int a[10];   // 定义整型数组 a，它由 a[0]～a[9]10 个整型元素组成。

2. 数组的初始化

在数组说明时对所有的元素变量赋初值。例如：

  int a[6] = {1, 2, 3, 4, 5, 6};

也可以只给部分数组元素赋值。例如：

  int a[6]={6, 1, 2};

上述赋值语句缺省值都为 0。即 a[0]=6，a[1]=1，a[2]=2，a[3]=0，a[4]=0，a[5]=0。数组初始化时，[]中的整数可以缺省，即可以不指明数组长度。例如：

  int b[]={1，5，6，7，4，3}; /*数组长度为 6*/

3. 数组元素的引用

数组必须先定义，后使用。欲引用一个一维数组元素，可写成：

   一维数组名[下标];

示例：

  a[0];

C51 语言规定：只能逐个引用数组元素而不能一次引用整个数组。一维数组与循环语句相结合使用，通过循环结构实现对数组元素的赋值和访问，使表示形式简明，便于进行程序设计。

例如：以下程序是一维数组的输入、输出。

```
Main()
{
    int i, s[100];
    for (i=0; i<100; i++)
    s[i]=i;
}
```

6.1.4 C51 的指针

1. 指针的定义

一个数据的"指针"就是它的地址。通过变量的地址能找到该变量在内存中的存储单元，从而能得到它的值。指针是一种特殊类型的变量。它具有一般变量的三要素：名字、类型和值。指针的命名与一般变量是相同的，它与一般变量的区别在于类型和值上。

(1) 指针的值。指针存放的是某个变量在内存中的地址值。被定义过的变量都有一个内存地址。如果一个指针存放了某个变量的地址值，就称这个指针指向该变量。由此可见，指针本身具有一个内存地址。另外，它还存放了它所指向的变量的地址值。

(2) 指针的类型。指针的类型就是该指针所指向的变量的类型。例如，一个指针指向 int 型变量，该指针就是 int 型指针。

(3) 指针的定义格式。指针变量不同于整型或字符型等其他类型的数据，使用前必须将其定义为"指针类型"。指针定义的一般形式如下：

　　　　类型标示符　　*指针名

示例：

　　　　int i　　　　　　　　　　　　　// 定义一个整形变量 i

　　　　int *pointer　　　　　　　　　// 定义整形指针，名字为 pointer

2．指针的初始化

在使用指针前必须进行初始化，一般格式如下：

　　　　类型说明符　　指针变量=初始地址值

示例：

　　　　unsigned char*p;　　　// 定义无符号字符型指针变量 p

　　　　unsigned char m;　　　// 定义无符号字符型数据 m

　　　　p=&m;　　　　　　　// 将 m 的地址存在 p 中(指针变量 p 有了确定指向，即被初始化了)

未经初始化的指针变量严禁使用，否则将引起严重后果。

3．指向数组的指针

指针可以指向某类变量，也可以指向数组。一个变量有地址，一个数组元素也有地址，所以可以用一个指针指向一个数组元素。如果一个指针存放了某数组的第一个元素的地址，就说该指针是指向这一数组的指针。数组的指针即数组的起始地址。

　　示例：

　　　　unsigned char a[ ]={0,1,2,3};

　　　　unsigned char *p;

　　　　p=&a[0];　　　　　　　　　// 将数组 a 的首地址存放在指针变量 p 中

经上述定义后，指针 p 就是数组 a 的指针。

C 语言规定：数组名代表数组的首地址，也就是第一个元素的地址。例如，下面两个语句等价：

　　　　p=&a[0];

　　　　p=a;

C51 语言规定：p 指向数组 a 的首地址后，p+l 就指向数组的第二个元素 a[1]，p+2 指向 a[2]，依次类推，p+i 指向 a[i]。

引用数组元素可以用下标(如 a[3])，但使用指针速度更快，且占用内存少。这正是指针的优点和 C 语言的精华所在。

4．指针数组

以指针变量为元素的数组称为指针数组。这些指针变量应具有相同的存储类型，并且指向的数据类型也必须相同。指针数组定义的一般格式如下：

　　　　类型标识符　　　*指针数组名[元素个数];

示例：

　　　　int *p[2];　　　　　　　　　// p[2]是含有 p[0]和 p[1]两个指针的指针数组，指向 int 型数据。

指针数组的初始化可以在定义时同时进行，示例如下：

　　　　unsigned char a[ ]={0,1,2,3};

　　　　unsigned char*p[4]={&a[0],&a[1],&a[2],&a[3]};　　　　　// 存放的元素必须为地址

6.2　C51 的程序结构与流程控制

6.2.1　C51 的语句

1. 表达式语句

一个完整的 C 程序是由若干条 C 语句按一定的方式组合而成的。最基本的语句是表达式语句。表达式类语句由一个表达式和一个分号构成。例如：

```
sum=x+y;
```

2. 函数调用语句

函数调用语句调用已定义过的函数，例如延时函数。函数可以当作一种"数"进入表达式语句。

3. 空语句

空语句什么也不做，常用于消耗若干机器周期，延时等待。可以理解为做了"什么也不做"这件事。

4. 复合语句

用"{ }"把若干上述语句括起来就构成了复合语句，可以理解为一个实现复合功能的语句。例如：

```
{
    P1=0xbf;
    P0=0x80&P1;
    P0<<2
}
```

5. 控制语句

前面 4 种语句都是进行某种简单或复杂操作的语句。若要程序完成某种目的，还需要让程序按照特定的时间序列方式来执行上述语句。按 C 语句执行方式的不同，C 程序可分为顺序、选择和循环这三种基本结构。顺序结构的所有组成语句都要被顺序地执行且只执行一遍；选择结构的所有组成语句按照设定好的条件选择其中一部分执行且只执行一遍；循环结构的所有语句都可能会被执行多遍。除了顺序结构外，程序需要控制语句来完成选择、循环这些操作。

C 语言中有 9 种控制语句：if()…else…(条件语句)、switch(多分支选择语句)、goto(跳转语句)、for()…(循环语句)、while()…(循环语句)、do…while()(循环语句)、continue(结束本次循环语句)、break(终止执行循环语句)和 return(从函数返回语句)。

6.2.2　选择结构

选择结构是对给定的条件进行判断，根据判断的结果决定执行哪一个分支(只能执行一个分支)，然后从一个出口退出。控制语句中的 if 条件语句和 switch 开关语句，可以用于表达各种选择结构。

1. 单选结构

所谓单选，是指如果满足某种条件，就进行某种操作，否则就什么都不做直接跳过。图 6.2 是单选结构的示意图。语句格式如下：

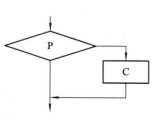

　　if(表达式)

　　　　{ 语句；}

解读：如果括号( )中的表达式成立，则程序执行{ }中的语句,否则程序将跳过{ }中的语句部分，顺序执行后继语句。

图 6.2　单选结构示意图

示例：

```
if   (P1^0==0)        // 如果 P1.0 端口为低电平，则执行下述语句
{
     P0^7=~P0^7;      // P0.7 端口输出相反的状态
     P0^5 =0;         // P0.5 端口输出为低电平
}
```

2. 双选结构

图 6.3 是双选结构示意图。语句格式如下：

　　if(表达式)

　　　　{ 语句 1; }

　　else

　　　　{ 语句 2; }

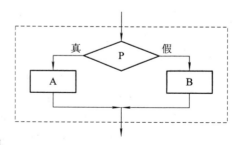

解读：如果括号( )中的表达式成立，则程序执行{ 语句 1; },否则程序执行{ 语句 2; }。

图 6.3　双选结构示意图

3. if 多选结构

图 6.4 是用 if 构成的三选结构流程图。if 多选结构格式如下：

　　if(表达式 1)

　　　　{ 语句 1; }

　　else if(表达式 2)

　　　　{ 语句 2; }

　　…

　　else if(表达式 m)

　　　　{ 语句 m; }

　　else

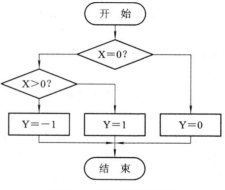

图 6.4　三选结构流程图

　　　　　{ 语句 n; }

　　解读：如果括号(表达式 1)成立，则程序执行{ 语句 1}，然后退出 if 选择语句；否则，如果(表达式 2)成立，则程序执行{ 语句 2; }，然后退出 if 选择语句……否则，如果(表达式 m)成立，则程序执行{语句 m}，然后退出 if 选择语句；否则，上述表达式均不成立，则程序执行{语句 n}中的语句。

　　如果 if 语句中又包含一个或多个 if 语句，这种情况称为 if 语句的嵌套。

4. switch 多选结构

格式如下：

```
switch(表达式)
{
case 常量表达式 1：{ 语句 1; }  break;
      case 常量表达式 2：{ 语句 2; }  break;
…
      case 常量表达式 m：{ 语句 m; }  break;
      default：{ 语句 n; }  break;
}
```

　　switch 后面括号(表达式)可以是整数型表达式或字符型表达式，也可以是枚举型数据。

　　当 switch 后面表达式的值与某一"case"后面的常量表达式相等时，就执行该"case"后面的语句，在遇到 break 语句时退出 switch 语句。若所有"case"中常量表达式的值都没有与表达式的值相匹配，就执行 default 后面的语句。这与 if 多选结构实现的功能完全一样，但程序显得简明，可读性高些。

　　注意：每一个 case 的常量表达式的值必须互不相同，否则就会出现互相矛盾的现象(对同一个值，有两种或多种解决方案提供)。

　　每个 case 和 default 的出现次序不影响执行结果。

　　假如在 case 语句的最后没有"break;"，则流程控制就会转移到下一个 case 继续执行。所以，在执行一个 case 分支后，使流程跳出 switch 结构，需用一个 break 语句完成。

6.2.3　循环结构

　　在程序中，若干个在一定条件下反复执行的语句构成了循环体，循环体连同对循环的控制就组成了循环结构。循环结构和选择结构一样，是最常见的程序结构，几乎所有的实用程序都包含循环结构。C 语言提供了 while、do…while 和 for 三种循环结构。其中，while 和 for 是"先判断，后执行"；而 do…while 是"先执行，后判断"。for 语句适用于能确定循环次数的情况，而对于循环次数不能预先确定的情况，则宜使用 while 语句或 do…while 语句。恰当的嵌套使用循环语句，可以形成多重循环结构。

　　goto 语句与 if 语句一起也可构成循环结构。结构化程序设计主张限制使用 goto 语句，主要是因为它将使程序层次不清，且不易读，但也并不是绝对禁止使用 goto 语句，在多层嵌套退出时，用 goto 语句则比较合理。控制语句 continue 只能结束本次循环，break 可以结束本层循环，而 goto 最干脆，可以从多层嵌套中直接跳出，一步到位，全部结束。

1. while 循环结构

while 语句的一般格式如下：

```
while(表达式)
{语句; }
```

若程序的执行进入 while 循环的顶部时，将对表达式求值。如果该表达式为"真"(非零)，则执行 while 循环内的语句。当执行到循环底端时，马上返回到 while 循环的顶部，再次对表达式进行求值。如果值仍为"真"，则继续循环，否则完全绕过该循环，而继续执行紧跟在 while 循环后的语句，其流程图如图 6.5 所示。

示例：用 while 语句，求 $\sum\limits_{n=0}^{100} n$ ，编写的程序如下：

```c
#include "reg52.h"
void main( void)
{
    int n = 0, sum=0;
    while(n<=100)
    {
        sum= sum+n;
        n++;
    }
}
```

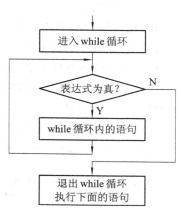

图 6.5　while 语句的流程图

2. do...while 循环结构

do...while 循环与 while 循环区别在于，do...while 循环是先执行循环体后判断，即循环内的语句至少执行一次，然后再判断是否继续循环，其流程图如图 6.6 所示。do...while 循环结构的一般格式如下：

```
do
    {语句; }
    while(条件表达式);
```

示例：用 do...while 语句，求 $\sum\limits_{n=0}^{100} n$ ，编写的程序如下：

```c
#include "reg52.h"
void main( void)
{
    int n =0, sum =0;
    {
        sum= sum+n;
        n++;
```

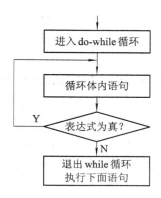

图 6.6　do-while 语句流程图

```
        }
    while(n<=100);
}
```

3．for 语句

在 C 语言中，for 语句使用最为灵活，完全可以取代 while 语句或 do-while 语句。它不仅可以用于循环次数已经确定的情况，而且可以用于循环次数不确定，只给出循环结束条件的情况。for 语句的一般格式如下：

　　　for(循环变量赋初值; 循环条件;)
　　　{语句; }

for 语句流程图如图 6.7 所示，其执行过程如下：

(1) 先对循环变量赋初值。

(2) 判断循环条件是否满足，若满足循环条件，则执行循环体内语句，然后执行第(3)步；若不满足循环条件，则结束循环，转到第(5)步。

(3) 循环变量增值。

(4) 回到第(2)步继续执行。

(5) 退出 for 循环，执行后面的语句。

示例：用 for 语句，求 $\sum\limits_{n=0}^{100} n$ ，编写的程序如下：

```
#include "reg52.h"
void main(void)
{
    int n, sum=0;
    for (n=0; n<=100; n++)
    {
        sum= sum+n;
    }
}
```

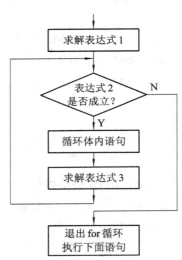

图 6.7　for 语句流程图

4．控制语句 break 和 continue

(1) break 语句。break 语句通常可以用在 switch 语句或循环语句中。当 break 语句用于 switch 语句中时，可使程序跳出 switch 而执行 switch 后的语句；当 break 语句用于 while 语句、do-while 语句或 for 语句中时，可使程序提前终止循环而执行循环后面的语句。通常 break 语句总是与 if 语句连在一起的，即满足条件时便跳出循环。break 语句的一般格式如下：

　　　break;

(2) continue 语句。continue 语句一般用在 while 语句、do-while 语句或 for 语句中，其功能是跳过循环体中剩余的语句而强制执行下一次循环。通常 continue 语句总是与 if 语句连在一起的，用于加速循环。continue 语句的一般格式如下：

　　　continue;

(3) continue 语句和 break 语句的区别：break 语句结束循环，不再进行条件判断；continue 语句只能结束本次循环，不终止整个循环。

6.3　C51 的函数与编译预处理

6.3.1　C51 的函数

一个较大的程序通常由多个程序模块组成，每个模块用于实现一个特定的功能。函数就是能完成一定的功能的一段程序，相应的函数名就是给该功能起一个名字。

函数是 C 语言中的一种基本模块，一个 C 程序由一个主函数和若干个函数构成。由主函数调用其他函数，其他函数也可以互相调用，但是其他函数不可调用主函数。同一个函数可以被一个或多个函数调用任意多次，同一工程中的函数也可以分放在不同文件中一起编译。

从使用者的角度来看，有两种函数，即标准库函数和用户自定义函数。标准库函数是由 C 编译系统的函数库提供的，用户不需自己定义这些函数，可以直接使用它们。例如，要用到数学函数、字符函数和字符串函数，就要使用 #include <math.h>、#include <string.h>、#include <ctype.h>。用户自定义函数就是由用户根据自己的需要编写的函数，用来解决用户的专门需要。

从函数的形式看，有 2 种函数：无参函数、有参函数。无参函数被调用时，主调函数并不将数据传送给被调用函数，一般用来执行指定的一组操作。无参函数可以带回或不带回函数值，但一般以不带回函数值的居多。

有参函数被调用时，在主调函数和被调用函数之间有参数传递，即主调函数可以将数据传给被调用函数使用，被调用函数中的数据也可以带回来供主调函数使用。

1. 函数的定义

(1) 无参函数的定义形式如下：

```
类型标识符   函数名( )
{
    函数体语句
}
```

函数名前面的类型标识符指定函数值(函数返回值)的类型。当函数值为整型时该类型标识符可缺省。函数名是由用户定义的标识符；无参函数"()"内没有参数，但该括号不能少，当函数只完成特定操作而不需返回函数值时，可用类型标识符"void"。

"{ }"中的内容称为函数体语句。如果"{ }"没有任何语句，就是空函数。调用该函数时，实际上什么工作都不用做。定义空函数的目的并不是为了执行某种操作，而是为了以后程序功能的扩充。

示例：

```
void Timer1_Int( void)      // Timer1 初始化函数
{
    TMOD =0x10;
```

```
        TH1=(65536-a)/256;
        TL1=(65536-a)%256;
        ET1=1;
        TRl=1;
        IT1=1;
    }
```

(2) 有参函数的定义形式如下：

类型标识符　函数名(类型说明符　形参 1，类型说明符　形参 2…)

　　形式参数说明
　　{
　　　　函数体语句
　　}

有参函数比无参函数多了一个内容，即形式参数列表。在形式参数列表中给出的参数称为形式参数，它们可以是各种类型的变量，各参数之间用逗号间隔。形参是局部变量，它只在本函数范围内有效。在进行函数调用时，主调函数将赋予这些形式参数实际的值。

示例：

```
    int max(int x, int y)
    {
        int z;
        z=x*y;
        return (z);
    }
```

在此定义了一个 max 函数，返回值为一个整型(int)变量，形参为 x 和 y，也都是整型变量。int z 语句定义 z 为一个整型变量，等于 x 和 y 的乘积。return 的作用是将 z 的值作为函数值带回到主调函数中，即返回值。

说明：形参是用户定义的标识符，可以是变量名、数组名或指针名。

2. 函数的返回值

在函数调用时，通过主调函数的实参与被调函数的形参之间进行数据传递来实现函数间的参数传递。在被调函数的最后，通过 return 语句返回函数，将被调函数中的确定值返回给主调函数。return 语句一般形式如下：

　　return(表达式);

示例：

```
    int x, y;                     // 定义两个整型变量 x，y
    {
        return(x<y？  x:y);       // 如果 x 小于 y，则返回 x，否则返回 y
    }
```

函数返回值的类型一般在定义函数时用类型标识符来指定。凡不加类型说明的函数，都按整数型来处理。如果函数类型与 return 语句中表达式的值类型不一致，则以函数类型为准，自动进行类型转换。

对于不需要有返回值的函数，可以将该函数定义为"void"类型(或称"空类型")。这样，编译器会保证在函数调用结束时不使用函数返回值。为了减少程序出错，保证函数的正确调用，凡是不要求有返回值的函数，都应该将其定义为 void 类型。

示例：

```
void abc();                     //函数 abc()为不带返回值的函数
```

函数的返回值由 return 语句返回。

说明： 一个函数中可以有多个 return 语句，当执行到某个 return 语句时，程序的控制流程返回调用函数，并将 return 语句中表达式的值作为函数值带回。 如果在函数体中没有 return 语句，则函数将返回一个不确定的值。 若确实不要求带回函数值，则应该定义为 void 类型。return 语句中表达式的类型应与函数值的类型一致。若不一致，则以函数类型为准。

3. 函数的调用

所谓函数调用，就是在一个函数体中引用另外一个已经定义了的函数，前者称为主调函数，后者称为被调函数。函数可以相互调用。

函数的调用遵循"先定义，后调用"的原则。即一般被调用函数应放在调用函数之前定义。

(1) 函数调用的一般形式如下：

函数名(实参列表)

对于有参数型的函数，如果包含了多个实参，则应将各参数之间用逗号分隔开。主调用函数的实参的数目与被调用函数的形参的数目应该相等，且类型保持一致。实参与形参按顺序对应，逐一传递数据。

如果调用的是无参函数，则实参表可以省略，但是函数名后面必须有一对空括号。

(2) 函数调用的方式。

函数语句调用：在主调用函数中将函数调用作为一条语句，并不要求被调用函数返回结果数值，只要求函数完成某种操作。

示例：

```
disp_LED();   //无参调用，不要求被调函数返回一个确定的值，只要求此函数完成 LED 显示操作
```

函数表达式调用：函数作为表达式的一项出现在表达式中，要求被调用函数带有 return 语句，以便返回一个明确的数值参加表达式的运算。

示例：

```
a=2 *min(x, y);        //被调用函数 min 作为表达式的一部分，它的返回值乘 2 再赋给 a
```

作为函数参数调用：在主调函数中将函数调用作为另一个函数调用的实参。例如：

```
a=min(b, min(c, d))    // min(c, d)是一次函数调用，它的值作为另一次调用的实参。
                       // a 为 b、c 和 d 的最小值
```

6.3.2　编译预处理

编译预处理是 C 语言编译器的一个重要组成部分，C 语言提供的预处理功能有 3 种，即宏定义、文件包含和条件编译。

1. 宏定义

宏定义命令为 #define，它的作用是实现用一个简单易读的字符串来代替另一个字符串。宏定义可以增强程序的可读性和维护性。宏定义分为不带参数的宏定义和带参数的宏定义。

(1) 不带参数宏定义的一般形式为

　　　　#define　标识符　字符串

其中，"#"表示这是一条预处理命令；"define"表示为宏定义命令；"标识符"为所定义的宏名；"字符串"可以是常数、表达式等。

示例：

　　　　#define　PI　3.1415926

它的作用是指定标识符(即宏名) PI 代替"3.1415926"字符串，这种方法使用户能以一个简单的标识符代替一个长的字符串。当程序中出现 3.1415926 这个常数时，就可以用 PI 这个字符代替，如果想修改这个常数，只需要修改这个宏定义中的常数即可，这就是增加程序的维护性的体现。

(2) 带参数的宏定义：

带参数的宏在预编译时不但要进行字符串替换，还要进行参数替换。带参数宏定义的一般形式为

　　　　#define　宏名(形参表)字符串

带参数的宏调用的一般形式：

　　　　宏名(实参表);

示例：

　　　　#define MIN(x, y)　((x)<(y))?(x): (y))　　//宏定义

　　　　a= MIN(3, 7)　　　　　　　　　　　　　　//宏调用

2. 文件包含

所谓"文件包含"是指一个源文件可以将另外一个源文件的全部内容包含进来，即将另外的文件包含到本文件中。C 语言中"#include"为文件包含命令，其一般形式为

　　　　#include<文件名>

或

　　　　#include "文件名"

示例：

　　　　#include<reg52.h>

　　　　#include<absacc.h>

　　　　#include "intrins.h"

上述程序的文件包含命令的功能是，在编译预处理时，源程序将"reg52.h""absacc.h"和"intrins.h"这 3 个文件的全部内容复制并分别插入到该命令行位置。

3. 条件编译

通常情况下，在编译器中进行文件编译时，将会对源程序中所有的行都进行编译(注释行除外)。如果程序员只想使源程序中的部分内容在满足一定条件时才进行编译，可通过"条

件编译"对一部分内容指定编译的条件来实现相应操作。条件编译命令有以下 3 种形式。

(1) 第 1 种形式：

```
#ifdef   标识符
    程序段 1
#else
    程序段 2
#endif
```

其作用是：当标识符已经被定义过(通常是用#define 命令定义)，则对程序段 1 进行编译，否则编译程序段 2。如果没有程序段 2，本格式中的"#else"可以没有，此程序段 1 可以是语句组，也可以是命令行。

(2) 第 2 种形式：

```
#ifndef   标识符
    程序段 1
#else
    程序段 2
#endif
```

其作用是：当标识符没有被定义，则对程序段 1 进行编译，否则编译程序段 2。这种形式的与第 1 种形式的作用正好相反，在书写上也只是将第 1 种形式中的"#ifdef"改为"#ifndef"。

(3) 第 3 种形式：

```
#if   常量表达式
    程序段 1
#else
    程序段 2
#endif
```

其作用是：如果常量表达式的值为逻辑"真"，则对程序段 1 进行编译，否则编译程序段 2。可以事先给定一定条件，使程序在不同的条件下执行不同的功能。

6.4　C51 程序设计应用

6.4.1　C51 程序结构

不言而喻，作为一个实用项目的开发过程，首先是需求分析，要明确开发的目标，包括功能和性能指标等，随后是概要设计，针对既定目标，充分考虑到自身具有的条件约束后，给出解决方案，从上到下，由粗及细详细论证。方案中明确了硬件、软件分工的目标和范围。

对于软件设计，又是一个模块化解决方案提出、论证的过程。设计算法，数据结构，画流程图，直到每一个小模块函数，做什么，怎么做，和谁接口都一清二楚，写出文档。

这大约是项目规划阶段的主要工作。接下来就是编代码了。下面来看看一个基本的 C51 程序是由哪些部分组成的。

1. C51 程序结构的特点

(1) 一个 C 语言源程序由一个或多个源文件组成，主要包括一些 C 源文件(即后缀名为".c"的文件)和头文件(即后缀名为"．h"的文件)，对于一些支持 C 语言和汇编语言混合编程的编译器而言，还可能包括一些汇编源程序(即后缀名为"．asm"的文件)。

(2) 每个源文件都有唯一一个 main()函数，除了一个 main()函数外还可以有多个其他函数，也可以没有其他函数。头文件中声明一些函数、变量或预定义一些特定值，而函数的实现是在 C 源文件中。

(3) 程序总是从 main()函数开始执行的，而不论 main()函数在整个程序中的位置如何。

(4) 源程序中可以有预处理命令(如 include 命令)，这些命令通常放在源文件或源程序的最前面。

(5) 每个声明或语句都以分号结尾，但预处理命令、函数头和花括号"{}"后不能加分号。

(6) 标识符、关键字之间必须加一个空格以示间隔。若已有明显的间隔符，也可不再加空格来间隔。

(7) 源程序中所用到的变量都必须先声明，然后才能使用，否则编译时会报错。

2. 书写规则

C51 源程序的书写格式自由度较高，灵活性很强，有较大的随意性，但是这并不表示 C 源程序可以随意乱写。为了书写清晰，并便于阅读、理解、维护，在书写程序时最好遵循以下规则。

(1) 通常情况下，一个声明或语句占用一行。在语句的后面可适量添加一些注释，以增强程序的可读性。

(2) 不同结构层次的语句从不同的起始位置开始，即在同一结构层次中的语句缩进同样的字数。

(3) 用"{}"括起来的部分，表示程序的某一层次结构。"{}"通常写在层次结构语句第一字母的下方，与结构化语句对齐，并占用一行。

3. 实例说明 C51 的程序结构特点及书写规则

程序清单如下：

```
/***********************************************
        File name
***********************************************/
#include "reg52.h"
#define uint unsigned int
sbit BZ = P3^7;
sbit key = P1^0;
void delayms( uint ms)
{
```

```
        uint i;
        while(ms --)
        {
            for(i =0; i<120; i++);
        }
    }
    void main( void)
    {
        while(1)
        {
            if( key==0)
            {
                BZ = Ox0;
                delayms( 10);
                BZ = Ox1;
                delayms(50);
                P0 = OxFF;
            }
            else
            {
                P0=~P0;
                delayms(500);
            }
        }
    }
```

第 1 行至第 3 行为注释部分。传统的注释定界符使用 "/*" 和 "*/"。"/*" 用于注释的开始。编译器一旦遇到 "/*"，就忽略后面的文本(即使是多行文本)，直到遇到 "*/"。简而言之，在此程序中第 1 行至第 5 行的内容不参与编译。在程序中还可使用 "//" 作为注释定界符。若使用双斜杠(即 "//")时，编译器忽略该行语句中双斜杠(即 "//")后面的文本。

第 4 行和第 5 行，分别是两条不同的预处理命令。在程序中，凡是以 "#" 开头的均表示这是一条预处理命令语句。

第 6 行定义了一个 BZ 的 bit(位变量)；第 7 行定义了一个 key 的 bit(位变量)。

第 8 行定义了一个带参数调用的延时函数，其函数名为 "delayms"，调用参数为 "uint ms"，函数内部的局域变量为 "uint i"。该函数采用两个层次结构和单循环语句。

第 16 行定义了 maim 主函数，函数的参数为 "void"，意思是函数的参数为空，即不用传递给函数参数，函数即可运行。该函数采用 3 个层次结构，第 17 行至第 34 行为第 1 层结构；第 19 行至第 33 行为第 2 层结构；第 21 行至第 27 行以及第 29 行至第 32 行同属于第 3 层结构，其中第 1 层为最外层，第 3 层为最内层。

6.4.2　流水灯的 C51 编程

1. 指针数组控制 P0 口 8 位 LED 流水点亮

将指针数组的元素用流水灯控制码的地址来表示。

程序设计：

```
#include<reg51.h>
/*********************************************************************
函数功能：延时 150 ms
**********************************************************************/
void delay150ms (void)
{
  unsigned char m, n;
  for(m=0; m<200; m++)
    for(n =0; n<250; n++);
}
/*********************************************************************
函数功能：主函数
**********************************************************************/
void main (void)
{
    unsigned char code Tab[] = {0xfe,0xfd,0xfb,0xf7,0xef,0xdf,0xbf,0x7f} ; //流水灯控制码
    unsigned char *p[] = {&Tab[0], &Tab[1], &Tab[2], &Tab[3], &Tab[4], &Tab[5], &Tab[6],
&Tab[7]}; // 取流水灯控制码地址，初始化指针数组
        unsigned char i;             // 定义无符号字符型数据
        while(1)
        {
            For(i =0; i<8; i++)
            {
                P0 =*p[i] ;               // 将指针所指元素的值送 P0 口
                delay150ms();
            }
        }
    }
    for(m=0;m<200;m++)
    for(n =0;n<250;n++);
}
```

程序分析：

本例中的指针数组的元素必须为流水灯控制码的地址，可先定义控制码数组 unsigned

char code Tab[] = {0xfe, 0xfd, 0xfb, 0xf7, 0xef, 0xdf, 0xbf, 0x7f}；　然后将元素的地址一次存入如下指针数组：

　　unsigned char *p[] = {&Tab[0], &Tab[1], &Tab[2], &Tab[3], &Tab[4], &Tab[5], &Tab[6], &Tab[7]};

2. 用数组的指针控制 P0 口的 8 位 LED 流水点亮

程序设计：

```
#include<reg51.h>
************************************************************
函数功能：延时 150ms(3*200*250=150 000μs = 150ms)
***********************************************************/
void delay150ms (void)
{
    unsigned char m,n ;
    for(m=0; m<200; m++)
    for(n =0; n<250; n++);
}
/***********************************************************
函数功能：主函数
***********************************************************/
void main (void)
{
    unsigned char i ;
    unsigned char Tab[] = {0xff, 0xfe, 0xfd, 0xfb, 0xf7, 0xef, 0xdf, 0xbf,
                           0x7f, 0xbf, 0xdf, 0xef, 0xf7, 0xfb, 0xfd, 0xfe,
                           0xfe, 0xfc, 0xfb, 0xf0, 0xe0,0xc0, 0x80, 0x00,
                           0xe7, 0xdb, 0xbd, 0x7e, 0x3c, 0x18, 0x00, 0x81,
                           0xc3, 0xe7, 0x7e, 0xbd, 0xdb, 0xe7, 0xbd, 0xdb };
                           //共 32 位流水灯控制码，数组元素越多，越能体现指针的优势
    unsigned char *p;        // 定义无符号字符型指针
    P = Tab;                 // 将数组首地址存入指针 p
      While(1)
      {
        for(i = 0; i< 32; i++)  // 共 32 个流水灯控制码
        {
            P0 = *(p+i) ;       // *(p+i) 的值等于 a[i]，通过指针引用数组元素的值
            delay150ms();       // 调用 150ms 延时函数
        }
      }
}
```

程序分析：

本例先定义流水灯控制码数组，再将数组名(数组的首地址)赋值给指针，然后即可通过指针引用数组的元素，从而控制 8 位 LED 的流水点亮。

3. 用有参函数控制单片机 P0 口 8 位 LED 流水速度

程序设计：

```
#include <reg51.h>
/********************************************************************
函数功能：延时一段时间
********************************************************************/
void delay (unsigned char x)
{
    unsigned char m,n ;
    for(m=0; m<x; m++)
      for(n =0; n<200; n++);
}
/********************************************************************
函数功能：主函数
********************************************************************/
void main (void)
{
    unsigned char i;
    unsigned char code Tab [] = { 0xfe, 0xfd, 0xfb, 0xef, 0xdf, 0xbf, 0x7f };//流水灯的控制码
    while (1)
    {
      for(i=0;i<8;i++)
      {
          P0 = Tab[i];
          delay(100);
      }
      for(i=0; i<8; i++)
      {
          P0 = Tab[i];
          delay(250);
      }
    }
}
```

程序分析：

本例使用有参参数控制 P0 口 8 位 LED 的流水灯的点亮速度。点亮间隔就是按照 delay()

延时函数控制的。本例中快速流动时相邻 LED 的点亮间隔为 60 ms，一个机器周期为 1.085 μs，可近似看做 1 μs。如果把内层循环次数设定为 n = 200 时，则要延时 60 ms，外循环次数为 m = 60 000/3*200 = 100；同理，若要延时 150 ms，则外循环次数 m = 250。使用两个外循环可以改变流水灯的点亮速度。流水灯电路原理图如图 6.8 所示。

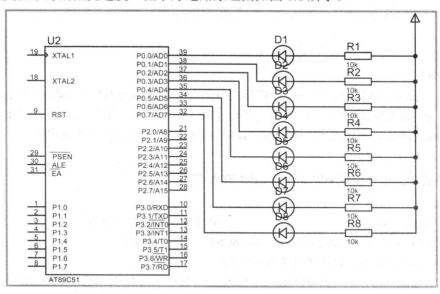

图 6.8　流水灯电路原理图

4. 内部函数库文件 intrins.h 中的_crol_()函数的应用

使用内部函数 intrins.h 中的_crol_()函数来流水点亮 P3 口的 LED。

程序设计：

```
#include <reg51.h>                    // 51 单片机寄存器定义的头文件
#include <intrins.h>                  // 函数_crol_()声明的头文件
/*********************************************************
函数功能：延时 150ms
*********************************************************/
void delay (unsigned char x)
{
    unsigned char m,n ;
    for(m=0; m<x; m++)
    for(n =0; n<200; n++);
}
/*********************************************************
函数功能：主函数
*********************************************************/
void main(void )
{
```

```
        P3 = 0xfe;                        //  P3 = 1111 1110B
        While(1)
        {
            P3 = _crol_(P3,1);            //  将 P3 的二进制位循环左移 1 位后再赋值给 P3
            delay();                      //  调用延时函数
        }
    }
```

程序分析：

在使用_crol_()函数时，必须在源程序的开始处使用"include"命令将声明_crol_()函数的头文件 intrins.h 包含进来。在完成一个功能强大的程序时，要尽量简化程序条数，此例若不使用移位函数，则需要使用循环语句，且如果要移多位，则需要更多语句。使用移位函数可大大地简化程序。

5. 用函数型指针控制 P0 口 8 位 LED 流水点亮

程序设计：

```
#include <reg51.h>                       //  51 单片机寄存器定义的头文件
unsigned char code Tab[] = {0xfe,0xfd,0xfb,0xf7,0xef,0xbf,0x7f};
//流水灯控制码，该数组被定义为全局变量
/*********************************************************************
函数功能：延时 150ms
*********************************************************************/
void delay (void)
{
    unsigned char m, n;
    for(m=0; m<200; m++)
    for(n =0; n<250; n++);
}
/*********************************************************************
函数功能：流水点亮 P0 口 8 位 LED
*********************************************************************/
void led_flow(void)
{
    unsigned char i;
    for(i= 0; i<8; i++)
    {
        P0 = Tab[i];
        delay();
    }
}
```

```
/****************************************************************
函数功能：主函数
****************************************************************/
void main (void)
{
    void(*P)(void);              // 定义函数型指针，所指向函数无参数，无返回值
    P = led_flow;                // 将函数的入口地址赋值给函数型指针 P
    while(1)
    (*P)();                      // 通过函数的指针 P 调用函数 led_flow()
}
```

程序分析：

本例先定义流水灯点亮函数，再定义函数型指针，然后将流水灯点亮函数的名字(入口地址)赋给函数型指针，就可以通过该函数型指针调用流水灯点亮函数。

6.4.3　数码显示的 C51 编程

1. 设计要求

单个 LED 数码管显示设计。使用单片机 P0 端口作为输出口，外接 LED 数码管，编写程序，使数码管循环显示取 0~9 的加 1 计数。电路图如图 6.9 所示。

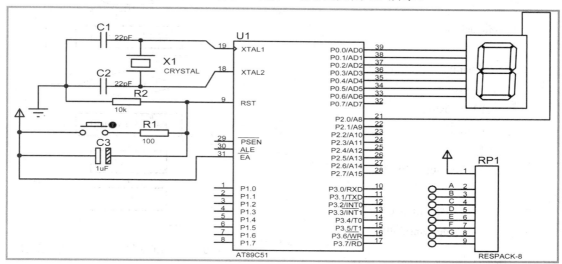

图 6.9　共阳极 LED 数码管显示电路

2. 程序设计

单个 LED 数码的显示，采用静态显示工作原理。要使 LED 数码管显示 0~9，则 P0 端口对应输出 7 段数码管数字显示相应的字形代码即可。通常字形代码放在创建的字库中，该字库的定义也就是一个数组的定义。

注意： 在定义数组 LED_code[ ]时，由于共阳极 LED 数码管显示 0~9 的字形代码不同，因此数组的元素也不相同，但其编程思路是相同的。

使用 C51 进行编程时，实现任务的思路是，程序开始时，给数组元素的变量赋初始值 0，并将数组中第 1 个元素送 P0 端口，延时片刻，将变量 i 加 1，并判断是否已经读取到第 10 个元素，如果已经读完，则对变量 i 重新赋值；如果没有，则继续读取数组中第 i 个元素送 P0 端口，依次循环。其程序流程图如图 6.10 所示。

实现共阳极 LED 数码管显示的源程序：

```
#include < reg52. h >
#define uint unsigned int
#define uchar unsigned char
sbit   P2_0 = P2^0 ;
uchar LED_code[10]={0xC0, 0xF9, 0xA4, 0xB0, 0x99, 0x92, 0x82, 0xF8, 0x80, 0x90};
/ *共阳  0～9 */
void delayms(uint ms)
{
    uint i;
    while(ms - - )
    {
        for(i=0; i<120; i++) ;
    }
}
void main(void)
{
    uchar i;
    P0=0xFF;
    P2_0 =0x01;
    while(1)
    {
    for(i =0; i <10; i++ )
        {
            P0 = LED_code[i];
            delayms(250);
        }
    }
}
```

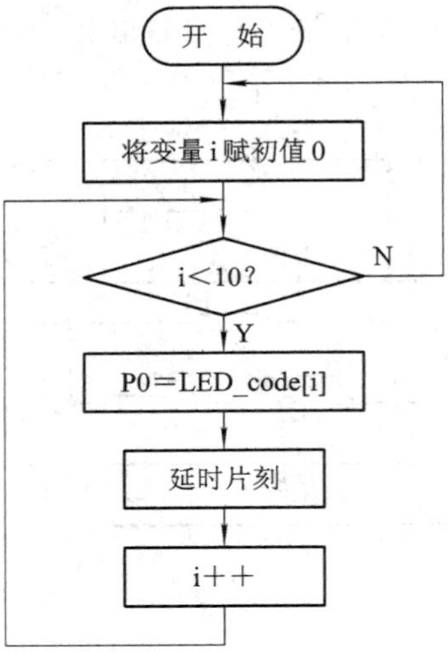

图 6.10   单个 LED 数码管显示程序流程图

6.4.4   键盘的 C51 语言编程

1. 设计要求

查询式按键设计将 8 个按键从 1～8 进行编号，如果其中一个键被按下，则在 LED 数码管上显示相应的值。图 6.11 所示为查询按键电路。

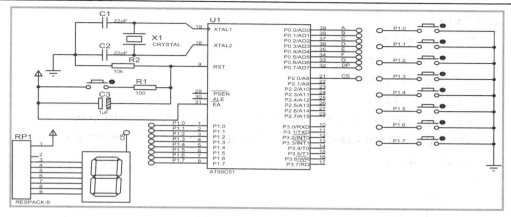

图 6.11　查询按键电路

2. 程序设计

如果有键被按下，则相应输入为低电平，否则为高电平。这样可通过读入 P1 端口的数据来判断按下的是什么键。在有键被按下后，要有一定的延时，防止由于键盘抖动而引起误操作，其程序流程图如图 6.12 所示。

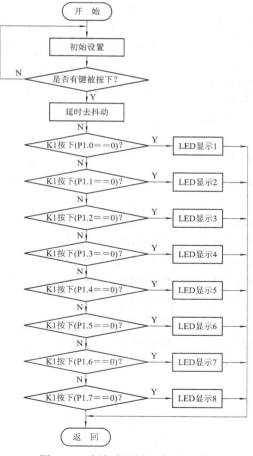

图 6.12　查询式按键程序流程图

源程序如下：

```c
#include < reg52. h >
#define uchar unsigned char
#define uint unsigned int
sbit LED_CS = P2^0 ;
uchar tab[ ]={0xC0, 0xF9, 0xA4, 0xB0, 0x99, 0x92, 0x82, 0xF8, 0x80, 0x90, 0x88,
0x83, 0xC6, 0xA1, 0x86, 0x8E, 0xBF };    //共阳极LED0~F的段码，"0xBF" 表示 "- "
void delay( uint n)
{
    uint i;
    for(i=0; i<n; l++);
}
void main( void)
{
    uchar key;
    P0 = 0xFF;
    LED_CS =0x01;
    while(1)
    {
        while( P1 == 0xFF)                  // 等待键被按下
        {   delay( 100);                    // 延时去抖动
            while( P1 == 0xFF);
            {
                key = P1 ;                  // 读取键值
                switch( key)
                {
                  case 0xFE:    P0 = tab[1] ;    break;
                  case 0xFD:    P0 = tab[2] ;    break;
                  case 0xFB:    P0 = tab[3];     break;
                  case 0xF7:    P0 = tab[4] ;    break;
                  case 0xEF:    P0 = tab[5] ;    break;
                  case 0xDF:    P0 = tab[6] ;    break;
                  case 0xBF:    P0 = tab[7] ;    break;
                  case 0x7F:    P0 = tab[8] ;    break;
                }
            }
        }
    }
}
```

6.4.5 C51 与汇编语言混合编程

1. 命名规则

汇编语言程序在 C51 程序中作为函数存在，其名称转换规则如表 6.9 所示。

表 6.9 函数名称转换规则

说 明	符号名	转 换 规 则
void func(yoid)	FUNC	无参数传递或不含寄存器参数的函数名不做改变转入目标文件中，名字只是简单地转换为大写形式
void func(yoid)	_FUNC	带寄存器参数的函数名加上 "_" 字符前缀，表明这类函数包含寄存器的参数传递
void func(yoid) reentrant	_?FUNC	对于重入函数加上 "_?" 字符串前缀，表明这类函数包含栈内的参数传递

示例：用汇编语言编写函数 "toupper"，参数传递发生在寄存器 R7 中。

```
         UPPER    SEGMENT    CODE        ; 程序段
         PUBLIC   _TOUPPER               ; 入口地址
         PSEG     UPPER                  ;  程序段
_TOUPPER: MOV     A, R7                  ; 从 R7 中取参数
         CJNE     A, # 'a', $+3
         JC       UPPERET
         CJNE     A, # 'z'+1, $+3
         JNC      UPPERET
         CLR      ACC, 5
UPPERET: MOV      R7, A                  ; 返回值放在 R7 中
         RET                             ; 返回到 C
```

2. 参数传递规则

参数传递规则如表 6.10 所示。

表 6.10 参数传递规则

参数类型	char	int	Long，float	一般指针
第 1 个参数	R7	R6、R7	R4～R7	R1、R2、R3
第 2 个参数	R5	R4、R5	R4～R7	R1、R2、R3
第 3 个参数	R3	R2、R3	无	R1、R2、R3

示例：

func1(int a)：a 是第一个参数，在 R6，R7 中传递。

func2 (int b, int c, int *d)：b 是第一个参数，在 R6、R7 中传递；c 是第二个参数，在 R4、R5 中传递；d 是第三个参数，在 R1、R2、R3 中传递。

　　func3(long e, long f)：e 是第一个参数，在 R4～R7 中传递；f 是第二个参数，不能在寄存器中传递，只能在参数传递段中传递。

　　func4(float g, char h)：g 是第一个参数，在 R4～R7 中传递；h 是第二个参数，必须在参数传递段中传递。

3. 函数返回值规则

函数返回值规则如表 6.11 所示。

表 6.11　　函数返回值规则

返 回 值	寄存器	说　　明
bit	C	进位标记位
(unsigned)char	R7	
(unsigned)int	R6、R7	高位字节在 R6，低位字节在 R7
(unsigned)long	R4～R7	高位字节在 R4，低位字节在 R7
float	R4～R7	32 位 IEEE 格式，指数和符号位在 R7
指针	R1、R2、R3	R3 放存储类型，高位在 R2，低位在 R1

　　在汇编子程序中，当前选择的寄存器组及寄存器 ACC、B、DPTR 和 PSW 都可能改变。所以，被 C 调用时，必须无条件地假设这些寄存器的内容已被破坏。

6.4.6　程序优化

　　以下选择对提高程序效率有很大影响：

　　(1) 尽量选择小存储模式，以避免使用 MOVX 指令。

　　(2) 使用大模式(COMPACT/LARGE)应仔细考虑，要放在内部数据存储器的变量应该是常用的或是用于中间结果的。访问内部数据存储器要比访问外部数据存储器快得多。内部 RAM 由寄存器组、位数据区和其他用户用"data"类型定义的变量共享。由于内部 RAM 容量的限制(128～256 字节，由使用的单片机决定)，必须权衡利弊，以解决访问效率和这些对象的数量之间的矛盾。

　　(3) 要考虑操作顺序，完成一件事后再做一件事。

　　(4) 注意程序编写细则。例如，若使用 for(; ;)循环，DJNZ 指令比 CJNE 指令更有效，可减少重复循环次数。

　　(5) 若编译器不能使用左移和右移完成乘除法，应尽量修改，例如，左移 1 位为乘 2。

　　(6) 用逻辑 AND/&取模比用 MOD / %操作更有效。

　　(7) 因计算机基于二进制，仔细选择数据存储器和数组大小可节省操作。

　　(8) 尽可能使用最小的数据类型，51 系列单片机是 8 位机，显然操作"char"类型的对象比"int"或"long"类型的对象要方便得多。

　　(9) 尽可能使用"unsigned"数据类型。MCS-51 系列 CPU 并不直接支持有符号数的运算。因而 C51 编译器必须产生与之相关的更多的程序代码以解决这个问题。

　　(10) 尽可能使用局部函数变量。编译器总是尝试在寄存器里保持局部变量。这样，将循环变量(如 for 和 while 循环中的计数变量)说明为局部变量是最好的。使用"unsigned

char/int"的对象通常能获得最好的结果。

快热式家用电热水器设计实例

习　题

1. 求算术运算表达式的值：x+a%3*(int)(x+y)%2/4，设 x=2.5，a=7，y=4.7。

2. 编程实现无符号字符型数据 0xcd、182、0x59、0xbf 从小到大排列。

3. 将无符号整数 0xcd、182、0x59、0xaf、0xb5、251、0xa8、0x3f、0xc8、0x7e 存入数组，通过编写程序找出最小数。

4. 编写一个函数，计算两个无符号数 a 与 b 的平方和。

5. 现有以下指针数组：

　　　　char *str[]_{"English", "Math", "Music", "Physics", "Chemistry");

请编写一个函数将各字符串送 P0 口循环显示，要求用该指针数组作参数。

6. 使用头文件"AT89x51.h"编写一个程序流水点亮 P2 口 8 位 LED。画出其仿真原理图并对结果分别进行 Proteus 软件仿真。

7. 编写一个 C 函数，将一个字符串连接到另一个字符串的后面。

8. 编写一个 C 程序，从键盘为 5×5 的一个整型二维数组输入数据，最后输出该二维数组中的对角线元素。

9. 编写一个 C 程序，从键盘输入一个正整数，如果该数为素数，则输出该素数，否则输出该数的所有因子(除去 1 与自身)。

10. 利用指针数组实现矩阵相乘 $C = AB$。其中矩阵相乘函数为通用的，在主函数中对矩阵 A 与 B 进行初始化，并显示输出矩阵 A、B 与乘积矩阵 C。

第7章　51系列单片机的布尔处理机

　　单片机经常用来处理开关量。像工业控制领域广泛使用的可编程控制器，重要功能之一就是与输入/输出开关量打交道。这些开关量经常是以"位"为单位，而不是数值计算中那样以"字节"为单位参与运算。当然通过一些逻辑操作，用"字节"运算也可以间接达到"位"操作那样的效果，但操作不方便，物理概念也不清楚，代码效率也较低。为适应这种需求，C语言增加了位操作功能的规则。

　　51系列单片机在内部8位CPU的资源基础上，构造了一个完整的布尔(位)处理机。这个布尔(位)处理机，有位累加器、位存储空间、输入/输出接口功能、完整的位操作指令子集。用布尔处理机求解位逻辑问题的效率要比用字节型逻辑指令求解高得多。

　　在C语言位操作基础上，C51根据51系列单片机特点，对位变量、特殊功能寄存器又做了附加的规定，提高了位操作的能力。

　　最后分别给出了运用汇编语言和C语言编程的两个实例，从中可以看到布尔处理机的应用。

　　本章可以作为自学阅读材料。

7.1　布尔处理机的结构及应用

7.1.1　布尔处理机的结构

　　为了更好地"面向控制"，在80C51单片机中，与字节处理器相对应，还专门设置了一个结构完整、功能极强的布尔(位)处理机。实际上，这是一个完整的一位微计算机，它具有自己的CPU、寄存器、I/O、存储器和指令集。一位机在开关决策、逻辑电路仿真和实时控制方面非常有效。8051单片机把8位机和布尔(位)处理机的硬件资源复合在一起，这是8051系列单片机的突出优点之一，给实际应用带来了极大的方便。

　　位处理器系统包括以下几个功能部件：

　　(1) 位累加器：借用进位标志位CY。在布尔运算中CY是数据源之一，又是运算结果的存放处，位数据传送的中心。还可根据CY的状态实现程序条件转移：JC rel、JNC rel。

　　(2) 位寻址的RAM：内部RAM位寻址区中的0～127位(位地址：00H～7FH；字节地址：20H～2FH)。

　　(3) 位寻址的寄存器：特殊功能寄存器(SFR)中可以位寻址的位。

　　(4) 位寻址的I/O口：并行I/O口中的可以位寻址的位(如P1.0)。

　　(5) 位操作指令系统：位操作指令可实现对位的置位、清0、取反、位状态判跳、传送、位逻辑运算、位输入/输出等操作。

布尔处理机的程序存储器和 ALU 与字节处理器合用；利用内部并行 I/O 口的位操作，提高了测控速度，增强了实时性；利用位逻辑操作功能把逻辑表达式直接变换成软件进行设计和运算，方法简便，免去了过多的数据往返传送、字节屏蔽和测试分支，大大简化了编程，节省存储器空间，增强了实时性能，还可实现复杂的组合逻辑处理功能。

7.1.2　布尔处理机的指令系统

位操作指令有 17 条，包括位传送指令 2 条，位置位指令 4 条，位逻辑指令 6 条，位转移指令 5 条，分述如下。

1. 布尔变量表示方法

布尔变量操作又称为位操作，是以位(bit)作为单位来进行运算和操作的。在指令中，位地址的表示方法主要有以下 4 种(均以程序状态字寄存器 PSW 的第 5 位 F0 标志为例说明)：

(1) 直接地址表示方式：如 D5H。

(2) 点操作符表示(说明是什么寄存器的什么位)方式：如 PSW.5，说明是 PSW 的第 5 位。

(3) 位名称表示方法：如 F0。

(4) 用户定义名表示方式：如用户定义用 FLG 这一名称(位符号地址)来代替 F0，则在指令中允许用 FLG 表示 F0 标志。

2. 位传送指令

位传送指令有如下互逆的两条双字节单周期指令，可实现进位位 CY 与某直接寻址位 bit 间内容的传送。

```
MOV     C, bit      ; (CY)←(bit)  ，机器码：    A2   bit
MOV     P1.0, C     ; (bit)←(CY) ，            92   bit
```

上述指令中：bit 为直接寻址位，C 为进位标志 CY 的简写。第 1 条指令是把 bit 中的一位二进制数送位累加器 CY 中，不影响其余标志。第 2 条指令是将 C 中的内容传送给指定位。当直接寻址位为 P0～P3 口中的某一位时，先读端口 8 位的全部内容。所以这也是一条读-修改-写指令。

由于两个寻址位之间没有直接的传送指令，常用上述两条指令并通过 C 作为中间媒介来进行寻址位间的传送。

示例：将内部 RAM 中 20H 单元的第 7 位(位地址为 07H)的内容，送入 P1 口的 P1.0 中的程序如下：

```
MOV     C, 07H          ; (CY)←(07H)
MOV     P1.0, C         ; (P1.0)←(CY)
```

当(20H)=0A3H，(P1)=11111110B 时，执行上述指令后修改了 P1 口第 0 位，即(CY)=1，(P1)=11111111B。

3. 位赋值指令

对进位标志 CY 以及位地址所规定的各位都可以进行置位或清零操作，共有如下 4 条指令：

```
CLR     bit         ; (bit)←0     ，机器码：C2   bit
```

CLR	C	; (CY)←0 　　,	C3	
SETB	bit	; (bit)←1 　　,	D2	bit
SETB	C	; (CY)←1 　　,	D3	

前两条指令为位清零指令，后两条指令为位置位指令。当第 1、3 条指令的直接寻址位为某端口的某位时，指令执行时具有读-修改-写功能。

示例：将 P1 口的 P1.7 置位，并清进位标志位的程序如下：

SETB	P1.7	; (P1.7)←1
CLR	C	; (CY)←0

当(P1) = 00001111B 时，执行完上述指令后，(P1) = 10001111B，(CY) = 0。

4. 位逻辑指令

位逻辑指令包含"与"ANL、"或"ORL、"非"CPL 位逻辑运算操作，共有如下 6 条指令：

ANL	C, bit	; (CY)←(CY)∧(bit)，机器码：	82	bit
ANL	C, /bit	; (CY)←(CY)∧($\overline{\text{bit}}$)，	B0	bit
ORL	C, bit	; (CY)←(CY)∨(bit)，	72	bit
ORL	C, /bit	; (CY)←(CY)∨($\overline{\text{bit}}$)，	A0	bit
CPL	bit	; (bit)←($\overline{\text{bit}}$) 　　,	B2	bit
CPL	C	; (CY)←($\overline{\text{CY}}$) 　　,	B3	

其中/bit 表示对 bit 位取反后再参与运算，但要注意，该类指令的执行并不影响 bit 位的原内容，即取出(bit)之后，先取反，然后再进行与(或)运算。CPL bit 指令当直接寻址位为某端口 P0～P3 中的某一位时，该指令具有读-修改-写的功能。

示例：完成(Z)=(X)⊕(Y)异或运算，其中：X、Y、Z 表示位地址。

解：异或运算可表示为(Z)=(X)($\overline{Y}$)+($\overline{X}$)(Y)。参考子程序如下：

PR1:	MOV	C, X	; (CY)←(X)
	ANL	C, /Y	; (CY)←(X)($\overline{Y}$)
	MOV	Z, C	; 暂存 Z 中
	MOV	C, Y	; (CY)←(Y)
	ANL	C, /X	; (CY)←($\overline{X}$)(Y)
	ORL	C, Z	; (CY)←(X)($\overline{Y}$)+($\overline{X}$)(Y)
	MOV	Z, C	; 保存异或结果
	RET		

示例：编程表示图 7.1 电路图的逻辑运算关系。

解：依题意，有

Z =/B+D

　=/(P1.0*A)+P1.3*C

　=/P1.0+/A+P1.3*(/P1.4)

　=/P1.0+/(P1.1+P1.2)+P1.3*(/P1.4)

　=/P1.0+(/P1.1)*(/P1.2)+P1.3*(/P1.4)

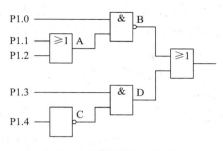

图 7.1　硬件逻辑电路图

参考子程序如下：

```
PL:   MOV    C, P1.1
      CPL    C
      ANL    C, /P1.2
      MOV    Z, C
      MOV    C, P1.3
      ANL    C, /P1.4
      ORL    C, Z
      ORL    C, /P1.0
      MOV    Z, C
      RET
```

5. 位条件转移指令

位条件转移指令是以进位标志 CY 或者位地址 bit 的内容作为是否转移的条件，共有 5 条指令。

(1) 以 CY 内容为条件的双字节双周期转换指令。

```
JC     rel        ; 若(CY)=1，则(PC)←(PC)+2+rel 转移，
                  ; 否则，(PC)←(PC)+2 顺序执行，机器码：    40 rel
JNC    rel        ; 若(CY)=0，则(PC)←(PC)+2+rel 转移，
                  ; 否则，(PC)←(PC)+2 顺序执行，           50 rel
```

这两条指令常和比较条件转移指令 CJNE 一起使用，先由 CJNE 指令判别两个操作数是否相等，若相等就顺序执行；若不相等则依据两个操作数的大小置位或清零 CY，再由 JC 或 JNC 指令根据 CY 的值决定如何进一步分支，从而形成三分支的控制模式，如图 7.2 所示。

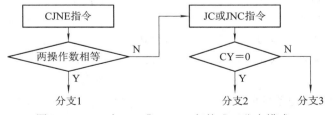

图 7.2　CJNE 与 JC(或 JNC)一起构成三分支模式

示例：比较内部 RAM I、J 单元中 A、B 两数的大小。若 A = B，则使内部 RAM 的位

K 置 1；若 A≠B，则大数存 M 单元，小数存 N 单元。设 A、B 数均为带符号数，以补码数存入 I、J 中，该带符号数比较子程序的比较过程示意图如图 7.3 所示。

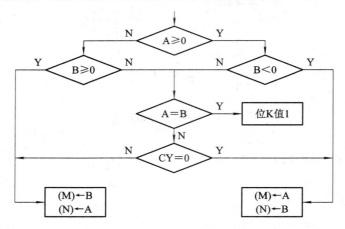

图 7.3　带符号数比较过程示意图

参考子程序如下：

```
    C_B_S:   MOV    A, I           ; A 数送累加器 A
             ANL    A, #80H        ; 判 A 数的正负
             JNZ    NEG            ; A<0 则转至 NEG
             MOV    A, J           ; B 数送累加器 A
             ANL    A, #80H        ; 判 B 数的正负
             JNZ    BIG1           ; A≥0, B<0, 转 BIG1
             SJMP   COMP           ; A≥0, B≥0, 转 COMP
    NEG:     MOV    A, J           ; B 数送累加器 A
             ANL    A, #80H        ; 判 B 数的正负
             JZ     SMALL          ; A<0, B≥0, 转 SMALL
    COMP:    MOV    A, I           ; A 数送累加器 A
             CJNE   A, J, BIG      ; A≠B 则转 BIG
             SETB   K              ; A=B, 位 K 置 1
             RET
    BIG:     JC     SMALL          ; A<B 转 SMALL
    BIG1:    MOV    M, I           ; 大数 A 存入 M 单元
             MOV    N, J           ; 小数 B 存入 N 单元
             RET
    SMALL:   MOV    M, J           ; 大数 B 存入 M 单元
             MOV    N, I           ; 小数 A 存入 N 单元
             RET
```

(2) 以位地址内容为条件的三字节双周期转移指令。

```
    JB    bit, rel
          ; 若(bit)=1, 则(PC)←(PC)+3+rel 转移
```

　　　　; 否则，(PC)←(PC)+3 顺序执行

　　　　; 机器码：　　20　bit　rel

　　JNB　bit, rel

　　　　; 若(bit)=0，则(PC)←(PC)+3+rel 转移

　　　　; 否则，(PC)←(PC)+3 顺序执行

　　　　; 机器码：30　bit　rel

　　JBC　bit, rel

　　　　; 若(bit)=1，则(PC)←(PC)+3+rel 转移

　　　　; 否则，(PC)←(PC)+3 顺序执行

　　　　; 机器码：10　bit　rel

　　上述指令测试直接寻址位，若位变量为 1 (第 1、3 条指令)或位变量为 0 (第 2 条指令)，则程序转向目的地址去执行，否则顺序执行下条指令。该类指令测试位变量时，不影响任何标志。前两条指令执行后也不影响原位变量值，而第 3 条指令虽和第 1 条指令的转移功能相同，但无论测试位变量原为何值，检测后即对该位变量清零。该指令直接寻址位若为某端口的某位时，具有读-修改-写功能。

7.1.3　布尔处理机的应用

　　MCS-51 中的布尔处理机使其成为解决逻辑控制问题上的一个强有力的工具。假设有下列逻辑方程：

$$Q = (U \cdot V + W)) + (X \cdot \overline{Y}) + \overline{Z}$$

此方程可用硬件求解也可用软件求解。图 7.4 是用 TTL 硬件求解的方案。

　　为了充分说明布尔处理机在解决该类问题时的效能，在软件求解方案中我们提出 3 种可能的方法：

　　(1) 利用字节型逻辑指令的方法。

　　(2) 利用位测试指令的方法。

　　(3) 利用布尔处理机逻辑操作指令子集的方法。

　　在具体说明软件解法之前，先假定 U 和 V 是输入口的输入引脚 P1.1 和 P2.2，W 和 X 是 2 个外设控制器的状态位 TFO(TCON.5)和 IEI (TCON.3)，Y 和 Z 是程序中设置的软件标志 20H.0 和 21H.1。Q 是输出口引脚 P3.3。

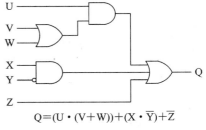

$$Q = (U \cdot (V+W)) + (X \cdot \overline{Y}) + \overline{Z}$$

图 7.4　TTL 硬件求解逻辑方程

　　前两种软件求解方法所用到的算法的流程图如图 7.5 所示。

1. 字节型逻辑指令求解程序

```
TESTV:    MOV     A,P2
          ANL     A, # 00000100B
          JNZ     TESTU
          MOV     A, TCON
          ANL     A, # 00100000B
```

```
              JZ        TESTX
TESTU :       MOV       A, P1
              ANL       A, # 00000010B
              JNZ       SETQ
TESTX:        MOV       A, TCON
              ANL       A, # 00001000B
              JZ        TESTZ
              MOV       A, 20H
              ANL       A, # 00000001B
              JZ        SETQ
TESTZ:        MOV       A, 21H
              ANL       A, # 00000010B
              JZ        SETQ
CLRQ:         MOV       A, OUTBUF
ANL           A, # 11110111B
              JMP       OUTQ
SETQ:         MOV       A, OUTBUF
              ORL       A, # 00001000B
OUTQ:         MOV       OUTBUF,A
              MOV       P3, A
              …                        ; 程序继续
```

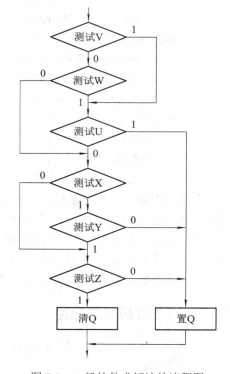

图 7.5　一般软件求解法的流程图

2. 只用位测试指令求解程序

```
U             BIT       Pl.1
V             BIT       P2.2
W             BIT       TF0
X             BIT       IE1
Y             BIT       20H.0
Z             BIT       21H.1
Q             BIT       P3.3
TEST_V:       JB        V, TEST_U
              JNB       W, TEST_X
TEST_U:       JB        U, SET_Q
TEST_X:       JNB       X, TEST_Z
              JNB       Y, SET_Q
TEST_Z:       JNB       Z, SET_Q
CLR_Q:        CLR       Q
              JMP       NXTTST
SET_Q:        SETB      Q
NXTTST:       …                        ;程序继续
```

3. 布尔处理机逻辑操作指令求解程序

```
MOV    C, V
ORL    C, W
ANL    C, U
MOV    F0, C
MOV    C, X
ANL    C, /Y
ORL    C, F0
ORL    C, /Z
MOV    Q, C
```

上述 3 种程序的效益比较如下：

	占用存储器字节数	执行周期数
字节型逻辑指令	50	65
位测试指令	24	16
布尔处理机指令	18	18

比较上述 3 种程序可以看出：用字节型逻辑指令求解逻辑方程时，只能运用装载累加器及位屏蔽操作，并利用标记 Z 执行条件跳转的办法，程序很繁琐。采用位测试指令设计程序，在程序的长度和运行时间上有改进。它避免了频繁地进行数据传递和屏蔽。但与第 3 个程序相比，在程序的可读性、易于设计和调试方面是比不上的。因为 MCS-51 的布尔变量指令能够模拟 N 个输入的与门和或门的工作，当输入为反相时，只要简单地采用对该操作数取反的逻辑指令。因此，MCS-51 布尔处理机在解决求解逻辑方程的应用中显得十分简单和有效。

7.2 C51 中的位操作

7.2.1 位变量的 C51 定义

1. C51 定义位变量

使用 C51 编程时，定义了位变量后，就可以用来表示 51 系列单片机的位寻址单元。

位变量的 C51 定义的一般语法格式如下：

位类型标识符(bit) 位变量名;

示例：

```
bit  direction_bit ;        /* 把 direction_bit 定义为位变量 */
bit  look_pointer  ;        /* 把 look_pointer 定义为位变量 */
```

2. 函数

函数可包含类型为 "bit" 的参数，也可以将其作为返回值。

示例：

```
bit    func(bit b0, bit b1)           /* 变量 b0、b1 作为函数的参 */
{
    return (b1);                      /* 变量 b1 作为函数的返回值 */
}
```

注意：使用(#pragma disable)或包含明确的寄存器组切换(using n)的函数不能返回位值，否则编辑器将会给出一个错误信息。

3．对位变量定义的限制

(1) 位变量不能定义成一个指针，如不能定义：bit　* bit_pointer。

(2) 不存在位数组，如不能定义：bit　b_array[ ]。

(3) 在位定义中，允许定义存储类型，位变量都被放入一个位段，此段总位于 51 系列单片机的片内 RAM 区中。因此，存储类型限制为 data 和 idata，如果将位变量的存储类型定义成其他存储类型，都将编译出错。

示例：先定义变量的数据类型和存储类型：

```
bdata        int ibase;              /* 定义 ibase 为 bdata 整型变量 */
bdata        char   bary[4];         /* bary[4]定义为 bdata 字符型数组 */
```

然后可使用 "sbit" 定义可独立寻址访问的对象位：

```
sbit         mybit0 = ibase^0 ;      /* mybit0 定义为 ibase 的第 0 位 */
sbit         mybit15 = ibase^15;     /* mybit0 定义为 ibase 的第 15 位 */
sbit         Ary07 = bary[0]^7 ;     /* Ary07 定义为 abry[0]的第 7 位 */
sbit         Ary37 = bary[3]^7 ;     /* Ary37 定义为 abry[3]的第 7 位 */
```

对象 ibase 和 bary 也可以字节寻址：

```
ary37 = 0;                           /* bary[3]的第 7 位赋值为 0 */
bary[3] = 'a';                       /* 字节寻址, bary[3]  赋值为'a' */
```

7.2.2　特殊功能寄存器(SFR)的 C51 定义

51 系列单片机中，除了程序计数器 PC 和 4 组工作寄存器组外，其他所有的专用寄存器均为特殊功能寄存器(SFR)，分散在片内 RAM 区的高 128 字节中，地址范围为 80H～0FFH。SFR 中有 11 个寄存器具有位寻址能力，它们的字节地址都能被 8 整除，即字节地址是以 8 或 0 为尾数的。

为了能直接访问这些 SFR，C51 提供了一种定义方法，这种定义方法与标准 C 语言不兼容，只适用于对 51 系列单片机进行 C 语言编程。对于位寻址的 SFR 中的位，C51 的扩充功能支持特殊位的定义。与 SFR 上的 C51 定义一样，不与标准 C 兼容。

C51 使用关键字"sbit"来定义特殊功能寄存器中的位寻址单元。

语法格式如下：

(1) 第一种格式：

```
sbit   bit_name = sfr_name^int constant;
```

"sbit"是定义语句的关键字，后跟一个寻址位符号名(该位符号名必须是 51 系列单片机中规定的位名称)，"="后的"sfr_name"必须是已定义过的 SFR 的名字，"^"后的整常数是寻址位在特殊功能寄存器"sfr_name"中的位号，必须是 0～7 范围中的数。

示例：

```
sfr    PSW = 0xD0 ;        /* 定义 PSW 寄存器地址为 D0H */
sbit   OV = PSW^2 ;        /* 定义 OV 位为 PSW.2，地址为 D2H */
sbit   CY = PSW^7 ;        /* 定义 CY 位为 PSW.7，地址为 D7H */
```

(2) 第二种格式：

```
sbit   bit_name = int constant^int constant;
```

"="后的 int constant 为寻址地址位所在的特殊功能寄存器的字节地址，"^"符号后的 int constant 为寻址位在特殊功能寄存器中的位号。

示例：

```
sbit   OV = 0XD0^2 ;       /* 定义 OV 位地址是 D0H 字节中的第 2 位 */
sbit   CY = 0XD0^7 ;       /* 定义 CY 位地址是 D0H 字节中的第 7 位 */
```

(3) 第三种格式：

```
sbit   bit-name = int constant;
```

"="后的 int constant 为寻址位的绝对位地址。

示例：

```
sbit   OV = 0XD2 ;         /* 定义 OV 位地址为 D2H */
sbit   CY = 0XD7 ;         /* 定义 CY 位地址为 D7H */
```

特殊功能位代表了一个独立的定义类，不能与其他位定义和位域互换。

sbit 定义要求位寻址对象所在字节的存储类型为"bdata"，就是说，只有位可寻址的特殊功能寄存器才可使用 sbit。

示例：

```
sbit   LED = P1^3;         // 位定义 LED 为 P1.3(寄存器 P1 的第 3 位)
```

作上述定义后，如果要点亮如图 7.6 所示的发光二极管，编程时就可以直接使用以下命令：

```
LED = 0;                   // 将 P1.3 引脚电平置为"0"，对 LED 的操作就是对 P1.3 的操作
```

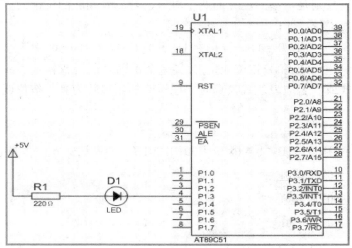

图 7.6 点亮发光二极管的硬件原理图

7.2.3 位操作运算符

能对运算对象进行位操作是 C 语言的一大特点，正是由于这一特点，使 C 语言具有了汇编语言的一些功能，从而使它能对计算机的硬件直接进行操作。

位操作运算符是按位对变量进行运算，并不直接改变参与运算的变量的值。如果希望按位改变运算变量的值，则应利用相应的赋值运算。另外，位运算符只能对整数型或字符型数据进行操作，不能用于对浮点型数据进行操作。

C 语言中的位操作运算符包括按位与(&)、按位或(|)、按位异或(^)、按位取反(~)、按位左移(<<)、按位右移(>>) 6 种运算。除了按位取反运算符外，其余 5 种位操作运算符都是两目运算符，即要求运算符两侧各有一个运算对象。

1. 按位与(&)

按位与的运算规则是，参加运算的两个对象，若二者相应的位都为 "1"，则该位的结果为 "1"，否则为 "0"，即

$$1 \& 1 = 1, \quad 1 \& 0 = 0, \quad 0 \& 1 = 0, \quad 0 \& 0 = 0$$

注意区别：&&(逻辑与)和&(按位与)的含义完全不同。逻辑与又叫 "并且"，当逻辑与两边表达式同时为真时，逻辑与的结果才为真。按位与则是一种直接的位运算操作。

示例：若 a = 0x62 = 01100010B，b = 0x3c = 00111100B，则表达式 c = a&b 的值为 0x20，即

```
a:        0110  0010
b:   &    0011  1100
c:   =    0010  0000
```

示例：5 & 7 = 5，21 & 7 = 5，5 & 1 = 1，5 & 10 = 0。

2. 按位或(|)

按位或的运算规则是，参加运算的两个对象，若二者相应的位都为 "0"，则该位的结果为 "0"，否则为 "1"，即：

$$1 \mid 0 = 1, \quad 1 \mid 1 = 1, \quad 0 \mid 1 = 1, \quad 0 \mid 0 = 0$$

注意区别：||(逻辑或)和 |(按位或)的含义完全不同。逻辑或就是 "或者" 的意思，当逻辑或左边表达式或者右边表达式为真时，逻辑或的结果就为真。按位或则是一种直接的位运算操作。

示例：
若 a = 0xa5 = 10100101B，b = 0x29 = 00101001B，则表达式 c = a|b 的值为 0xad，即

```
a:        1010  0101
b:   |    0010  1001
c:   =    1010  1101
```

示例：5 | 7 = 7，21 | 7 = 23，5 | 1 = 5，5 | 10 = 15。

3. 按位异或(^)

按位异或的运算规则是，参加运算的两个对象，若二者相应位的值相同，则该位的结果为"0"；若二者相应位的值相异，则该位的结果为"1"，即

$$1 \wedge 0 = 1, \quad 0 \wedge 1 = 1, \quad 1 \wedge 1 = 0, \quad 0 \wedge 0 = 0,$$

示例：若 a = 0xb6 = 10110110B，b = 0x58 = 01011000B，则表达式 c = a ^ b 的值为 0xee，即

```
    a:        1011   0110
    b:  ^     0101   1000
    c:  =     1110   1110
```

4. 按位取反(~)

按位取反(~)是单目运算，用于对一个二进制数按位进行取反操作，即"0"变"1"，"1"变"0"。

示例：若 a = 0x72 = 01110010B，则表达式 a =~ a 的值为 0x8d，即

```
    a:        0111   0010
              ~
    a   =     1000   1101
```

5. 按位左移(<<)、按位右移(>>)

按位左移(<<)用于将一个操作数的各二进制位全部左移若干位，移位后，空白位补"0"，而溢出的位舍弃。

示例：i << 3 表示把 i 的所有二进制位左移 3 位，右边补零；左移 n 位相当于乘以 2 的 n 次方，条件是数据不能丢失。

示例：

若 a = 0x8b = 10001011B，则表达式 a = a << 2，将 a 值左移两位后，其结果为 0x2c，即

```
    a:            1000   1011
        <<2   10  0010   1100
    a:  =         1000   1101
```

按位右移(>>)用于将一个操作数的各二进制位全部右移若干位，移位后，空白位补"0"，而溢出的位舍弃。

示例：i >> 3 表示把 i 的所有二进制位右移 3 位，左边一般是 0，当然也可能补 1。右移 n 位相当于除以 2 的 n 次方，条件是数据不能丢失。

示例：

若 a = 0x8b = 10001011B，则表达式 a = a >> 2，将 a 值左移两位后，其结果为 0x2c，即

```
    a:            1000   1011
        >>2       0010   0010   11
    a:  =         1000   1101
```

7.3　汽车转弯信号灯控制系统——汇编语言程序设计实例

在许多测控、自动化领域，利用 51 系列单片机中的布尔处理机及其指令子集，将给系统设计带来极大的方便。汽车转弯信号灯控制系统就是一个很好的实例。实例还阐明了汇编语言程序设计的一条重要的基本原则：尽可能利用符号地址，以增加程序的可读性和可维护性。

7.3.1　系统功能要求分析

汽车上有一转弯控制杆，其上有三个位置：中间位置时，汽车不转弯；向上时，汽车左转；向下时，汽车右转。汽车转弯时，要求左右尾灯、左右头灯和仪表板上的 2 个指标灯相应地发出闪烁信号。当应急开关合上时，所有 6 个信号灯都应闪烁。汽车刹车时，2个尾灯发出不闪烁的信号。如刹车时正在转弯，则相应的转弯闪烁信号不受影响。

可把上述功能要求以真值表的形式列于表 7.1。

除了表 7.1 所示的功能之外，还需说明一点：通常汽车的外部转弯信号灯中除普通的白炽灯丝外还有一个短焦距灯丝作为停靠汽车时的灯光。

在我们的系统中，汽车转弯或应急状态下，外部信号灯和仪表板指示灯的闪烁频率为 1 Hz，称低频信号。当停靠开关合上时，外部信号灯以高频(约 30 Hz)频率闪烁，以适应低亮度背景的使用场合，而不需要附加的灯丝。

表 7.1　转弯信号灯工作的真值表

输　入　信　号				输　出　信　号			
刹车开关	应急开关	左转开关	右转开关	左头灯和仪表板灯	右头灯和仪表板灯	左尾灯	右尾灯
0	0	0	0	断	断	断	断
0	0	0	1	断	闪烁	断	闪烁
0	0	1	0	闪烁	断	闪烁	断
0	1	0	0	闪烁	闪烁	闪烁	闪烁
0	1	0	1	闪烁	闪烁	闪烁	闪烁
0	1	1	0	闪烁	闪烁	闪烁	闪烁
1	0	0	0	断	断	通	通
1	0	0	1	断	闪烁	通	闪烁
1	0	1	0	闪烁	断	闪烁	通
1	1	0	0	闪烁	闪烁	通	通
1	1	0	1	闪烁	闪烁	通	闪烁
1	1	1	0	闪烁	闪烁	闪烁	通

上面所述的汽车转弯信号灯控制系统的功能可以用数字逻辑电路来实现，如图 7.7 所示。除图示之外，系统中还应有高低频信号发生电路和输出驱动电路。这种系统的缺点是灵活性

较差，一旦系统的功能有所改动，电路也要随之变动；缺少必要的智能，如故障监测功能。

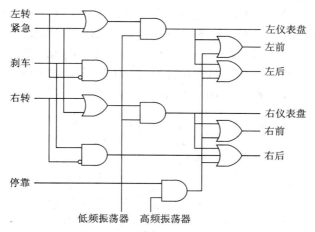

图 7.7　用数字逻辑电路实现汽车转弯信号灯控制

7.3.2　硬件设计说明

图 7.8 是采用单片机的汽车转弯信号灯控制系统的基本电路。汽车中常用 12 V 的蓄电池供电，故除单片机外，其他电路采用 12 V 电源。电路很简单，无需多加解释。闪烁频率信号由单片机内部定时器产生。

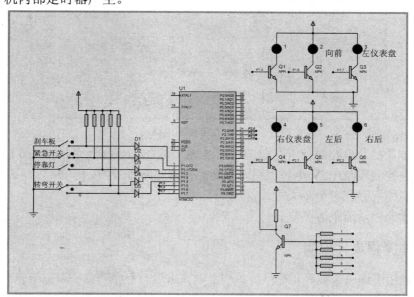

图 7.8　微电脑汽车转弯信号灯控制系统的基本电路

在单片机系统中，可以采用冗余技术和故障监控技术来提高系统的可靠性。例如，我们仍可以采用标准的双灯丝信号灯，但两根灯丝并行使用，以增加系统的冗余度，在一根灯丝出故障时，系统仍能正常工作。

即使采用了冗余技术，信号灯也难免偶然会完全烧坏，或因发生线路上的故障而不能正常工作。因此还希望系统具有故障监控功能，一旦发现故障，能自动报警。

图 7.9 是这类故障监控电路的可能方案之一，它利用 T0 作检测输入，只增加 1 个晶体管和几个电阻。假定其中一个信号灯是受控断开的(输出口线送高电平)，而其余信号灯皆受控接通。这时晶体管 Q7 的 6 个输入端中有 5 个是低电平。与受控断开的信号灯相应的那个输入端的电平则取决于这一路线路的状态。若由 12 V 电源经过灯泡、连接器、控制线和印制板都是导通的，这一路驱动晶体管也没有发生基极与地短路的现象，则该输入端应保持高电平，使 Q7 导通，测试口 T0 是低电平，若这时 T0 是高电平，说明相应的线路出了故障。

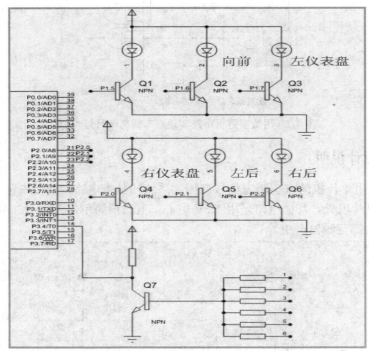

图 7.9　故障监控电路

现在让单片机发出控制使所有信号灯都接通，则 Q7 应截止，测试口 T0 应呈高电平。如果这时存在控制线与 12 V 电源短路或驱动晶体管断路等故障，则 Q7 仍导通，T0 仍呈低电平，表示线路中存在着另一类故障。

这种故障监控功能很容易靠软件来实现。

7.3.3　软件流程设计说明

系统软件用汇编语言编写，程序清单列于本节末尾。程序清单分为三部分：第一部分是输入、输出口线说明和变量定义；第二部分是背景程序(主程序)；第三部分是中断服务程序。

1. 口线说明和变量定义

程序清单中第 1 行至第 16 行是说明和定义部分。在图 7.8 和图 7.9 中输入、输出口线已初步拟定好。但在程序中我们不直接采用 P1.0、P1.1 等这类的口线名称，而是采用了符号地址，即用户自定义的有助记意义的名称。对于一些字节变量或布尔变量也采用了助记名。这样做给程序设计带来了方便，提高了程序的可读性和可维护性，一旦要改变具体的引脚或变量单元(或位)，只要在说明和定义部分略作修改，而不必把程序中所有有关的部分都一一修改。

在原理设计阶段，诸如引脚功能的确定，通常是带主观性的。在印制电路板设计阶段可能发现适当变换一下引脚的功能，会给电路板设计带来极大的方便。在不采用符号地址的程序设计中，这种少量的硬件变动可能会造成大量的软件修改量。类似的情况还可能在其他设计阶段中发生。因此，我们建议读者尽可能采用符号地址。

2. 背景程序(主程序)

程序清单中第 18 行和第 26 行至第 34 行是背景程序。这一段程序的框图如图 7.10 所示。

系统中利用定时器/计数器 0 和一个软件计数器 SUB_DIV 来产生为时 1 秒的定时信号，以实现低频(1 Hz)闪烁功能。

对 TH0 置初值-16，即 F0H，使定时器 0 每隔 4096 μs(采用 12 MHz 晶体，计数频率为 1 MHz)溢出中断一次。每次中断后，重置 TH0，并使软件计数器 SUB_DIV 的值减 1。SUB_DIV 的初值为 244，当此值减为 0 时，历经的时间为 $244 \times 4096 \times 10^{-6} = 0.999\ 941\ 4$ s。

3. 中断服务程序

定时器 0 溢出中断服务程序是整个程序的实际主体部分。它的框图如图 7.11 所示。现对中断服务程序作几点说明：

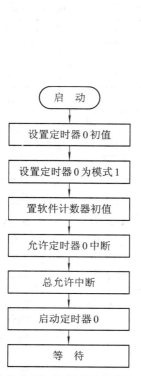

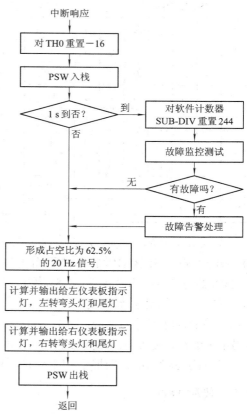

图 7.10　转弯控制灯控制系统的背景程序框图　　　图 7.11　转弯信号灯控制系统的中断服务程序框图

(1) 故障监控电路如图 7.9 所示。发现故障时，转而执行一条指令 CPL S_FAIL，S_FAIL 是 P2.3 引脚的符号地址。若故障一直存在，则 P2.3 的状态每隔 1 s 转换一次。若在此引脚处接一个指示灯(硬件图中未示出)，则告警时，指示灯以 0.5 Hz 的频率闪烁。

(2) 关于低频振荡信号(1 Hz)的产生。SUB_DIV 的初值为 244(11110100B)，由 244 变到 0，历经 0.999 424 s。其中 SUB_DIV.7 为 1 的时间约占 117/244 s，为 0 的时间约占 127/244 s，故从 SUB_DIV.7(L0_FREQ)获得的就是占空比接近 50%(47.95%)的低频(1 Hz)信号。

(3) 关于高频振荡信号(30 Hz)的产生。由第 66 行至第 70 行 5 条指令形成占空比为 62.5%的 30 Hz 高频信号。我们知道，软件计数器 SUB_DIV 的值，由 244(11110100B)变为 0 时，SUB_DIV 的低 3 位可以构成 8 种状态，如表 7.2 的左半部分所示。在 0.999 424 s 中，这 8 种状态的重复次数 = 11110B = 30。故把低 3 位的状态以某种方式组合起来，就可以形成一定占空比的 30 Hz 的高频信号。

表 7.2 的右半部表示不同占空比的信号作用下，在每个周期的 8 个状态时刻中信号灯通断情况。在 50%占空比下，白炽灯泡灯丝发的光不够亮，故本系统采用 62.5%的占空比。上述几条指令的执行结果使 PARK = 1(汽车正在停靠)的状态下 DIM = SUB_DIV.2 OR (SUB_DIV.1 AND SUB_DIV.0)，在 8 个状态时刻中，前 3 个状态信号灯断开(DIM = 0)，后 5 个状态信号灯接通(DIM = 1)，形成占空比为 62.5%的 30 Hz 的高频信号。

表 7.2　SUB_DIV 位与占空比对照表

SUB_DIV位								占 空 比						
7	6	5	4	3	2	1	0	12.5%	25.0%	37.5%	50.0%	62.5%	75.0%	87.5%
×	×	×	×	×	0	0	0	断	断	断	断	断	断	断
×	×	×	×	×	0	0	1	断	断	断	断	断	断	通
×	×	×	×	×	0	1	0	断	断	断	断	断	通	通
×	×	×	×	×	0	1	1	断	断	断	断	通	通	通
×	×	×	×	×	1	0	0	断	断	断	通	通	通	通
×	×	×	×	×	1	0	1	断	断	通	通	通	通	通
×	×	×	×	×	1	1	0	断	通	通	通	通	通	通
×	×	×	×	×	1	1	1	通	通	通	通	通	通	通

调节闪烁信号的亮度可以靠对 SUB_DIV 的低 3 位进行不同的逻辑操作来实现，例如，(SUB_DIV.1 OR SUB_DIV.2)的结果得占空比为 75%；(SUB_DIV.0 OR SUB_DIV.1 OR SUB_DIV.2)的结果得占空比为 87.5%等。但要注意，在这 8 个状态时刻中，信号灯只能通断各一次，否则闪烁频率就变了。

(4) 关于各种信号的形成。第 102 行至第 113 行是程序的基本部分，它们根据系统的输入状态(各开关的位置)来计算送给各指示灯的信号。这一段程序用布尔处理机完全实现了图 7.7 所示的逻辑功能，对照着图来读这段程序是很容易懂的，无需多加解释。

7.3.4　代码分析

```
BRAKE        BIT        P1.0
```

```
EMERG      BIT       P1.1
PARK       BIT       P1.2
L_TURN     BIT       P1.3
R_TURN     BIT       P1.4
L_FRNT     BIT       P1.5
R_FRNT     BIT       P1.6
L_DASH     BIT       P1.7
R_DASH     BIT       P2.0
L_REAR     BIT       P2.1
R_REAR     BIT       P2.2
S_FAIL     BIT       P2.3
SUB_DIV    DATA      20H
HLFREQ     BIT       SUB_DIV.0
LO-FREQ    BIT       SUB_DIV.7
DIM        BIT       PSW.1
;========================================
           ORG       0000H
           LJMP      INIT
           ORG       000BH
           MOV       TH0,#-16
           PUSH      PSW
           AJMP      UPDATE
;========================================
           ORG       0040H
INIT:      MOV       TL0, #0
           MOV       TH0, #-16
           MOV       TMOD, #0I10000IB
           MOV       SUB_DIV, #244
           SETB      ET0
           SETB EA
           SETB      TR0
           SJMP $
;========================================
UPDATE:    DJNZ      SUB_DIV, TOSERV
           MOV       SUB_DIV, #244
           ORL       Pl, #11100000B
           0RL       P2, #00000111B
           CLR       L_FRNT
           JB        T0, FAULT
```

	SETB	L_FRNT
	CLR	L_DASH
	JB	T0, FAULT
	SETB	L_DASH
	CLR	L_REAR
	JB	T0, FAULT
	SETB	L_REAR
	CLR	R_FRNT A
	JB	T0, FAULT
	SETB	R-FRNT
	CLR	R_DASH
	JB	T0, FAULT
	SETB	R_DASH
	CLR	R_REAR
	JB	T0, FAULT
	SETB	R-REAR
	JB	T0, TOSERV
FAULT:	CPL	S_FAIL
TOSERV:	MOV	C, SUB_DIV.1
	ANL	C, SUB_DIV.0
	ORL	C, SUB_DIV.2
	ANL	C, PARK
	MOV	DIM, C
	MOV	C, L_TURN
	ORL	C, EMERG
	ANL	C, L0_FREQ
	MOV	L_DASH, C
	MOV	F0, C
	ORL	C, DIM
	MOV	L_FRNT, C
	MOV	C, BRAKE
	ANL	C, /L_TURN
	ORL	C, F0
	ORL	C, DIM
	MOV	L_REAR, C
	MOV	C, R_TURN
	ORL	C, EMERG
	ANL	C, L0_FREQ
	MOV	R_DASH, C

```
MOV      F0, C
ORL      C, DIM
MOV      R_FRNT, C
MOV      C, BRAKE
ANL      C, /R_TURN
ORL      C, F0
ORL      C, DIM
MOV      R_REAR, C
POP      PSW
RETI
```

;==

```
END
```

篮球计时计分器——C 语言程序设计实例

习   题

1．用位操作指令，实现下列逻辑操作：

   (1) $P1.0 = A.0 \wedge (B.0 \vee P2.1) \vee P3.2$

   (2) $PSW.5 = P1.3 \wedge A.2 \vee B.5 \wedge P1.1$

2．用位操作指令编写程序实现控制 8 个发光二极管依次闪烁。

3．画图简述并编写程序实现一个蜂鸣器自动报警系统。

第8章　51系列单片机的中断系统

本章讨论 51 单片机的中断系统及其应用。在单片机开发过程中，中断系统是非常重要的，它在很大程度上决定了系统对外界的反应速度。因此，用好中断，对系统开发的成败有着非常重要的意义。同时，在应用系统的开发中，单片机中断资源也是相当宝贵的，如何合理地使用中断资源，也是一个需要认真对待的问题。几乎所有的单片机开发实例，都涉及中断系统的使用问题。

对中断概念的理解，一般都是站在 CPU 的角度，认为中断系统是一种重要的外部设备。如果换个角度，面向应用任务来认识中断，就会看到，中断不仅仅只是外设，引入中断概念后，一块物理 CPU 就变成了多块"逻辑 CPU"，复杂的多任务应用系统才有可能实现，操作系统才得以变成现实。可以说，中断是使微机走向实用的关键概念。

中断技术应用中最重要的是保护现场概念，本章 8.3 节较详细地讨论了这个问题。8.4 节是中断应用程序设计的例子。

本章的设计实例超声测距器使用了多个中断，既有定时又有外部触发，优先级也不同，其代表的物理含义清晰比较好理解，可以选讲。

8.1　中　断　概　念

8.1.1　从面向 CPU 的观点认识中断概念

在应用系统中，CPU 与外部设备之间需要频繁交换数据。通常 CPU 处理数据的速度比外部设备快得多，这造成系统内部各部分之间数据协调转移的不匹配。为解决外部设备与 CPU 之间的速度匹配问题，CPU 与外部设备之间的数据交换可以采用两种办法：查询方式和中断方式。

在查询方式中，不论是输入还是输出，都是以计算机为主动的一方。CPU 在传送数据之前，首先要查询外部设备是否处于"准备好"状态。对于输入操作，需要知道外设是否已把要输入的数据准备好了；对于输出操作，则要知道外设是否已把上一次 CPU 输出的数据处理完毕。只有通过查询确信外设已处于"准备好"状态，CPU 才能发出访问外设的指令，实现数据交换。查询方式的优点是通用性好，可以用于各类外部设备和 CPU 之间的数据传送；缺点是需要一个等待查询过程，CPU 在等待查询期间不能进行其他操作，从而导致工作效率低下。

与查询方式不同，中断方式是外设主动提出数据传送的请求，CPU 在收到这个请求以前，一直在执行着主程序，只是在收到外设希望进行数据传送的请求之后，才中断原有主

程序的执行，暂时去与外设交换数据，数据交换
完毕后立即返回继续执行主程序，如图 8.1 所示。
中断方式完全消除了 CPU 在查询方式中的等待
现象，大大提高了 CPU 的工作效率。中断方式的
一个重要应用领域是实时控制。将从现场采集到
的数据通过中断方式及时传送给 CPU，经过处理
后就可立即作出响应，实现实时控制。而采用查
询方式就很难做到及时采集，实时控制。由于中
断方式传送数据可以有效提高 CPU 的工作效率，
适合于实时控制系统，因而更为常用。

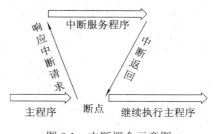

图 8.1　中断概念示意图

　　以上是中断在 CPU 与外部设备之间交换数据中的作用。实际上，只要是同时需要兼顾
两件事情，但又无法准确知道这两件事情发生时刻的时候(两事件发生时刻无关联)，也就
是说需要处理"异步"事件时，就会用到中断概念。

　　当 CPU 正在执行处理某件事情的程序的时候，外部发生的某一事件(如电平的改变、
脉冲边沿跳变、定时器/计数器溢出等)请求 CPU 立即处理。CPU 暂时停止当前的程序运行，
转去执行处理所发生的事件的程序。处理完该事件以后，再回到原来程序被打断的地方继
续执行原来的程序。这种程序在执行过程中由于外界的原因而被暂时打断的情况称为"中
断"。相对于汇编指令中的转移指令，中断是通过硬件来改变 CPU 的运行方向的。

8.1.2　从面向任务的观点认识中断概念

　　设想一个脉冲采集模块，其功能是对输入脉冲计数，要求将每一个脉冲乘上系数后在
外部 E^2ROM 中累加保存。

　　可以用查询方式监视输入脉冲的管脚，一旦有脉冲进来，CPU 就把外部 E^2ROM 中的
累加数取出来，加上一个脉冲对应的系数值后，再存回外部 E^2ROM。这是把完整的功能当
做一个任务，由 CPU 来执行。假如输入脉冲的频率不太高，两个脉冲之间有足够的时间用
来运行计算和存储程序，自然是可行的；但如果输入脉冲频率比较高，相邻脉冲间隔已不
能满足运行计算和存储程序的要求，就会发生丢失脉冲的现象。

　　利用中断概念可以解决丢失脉冲的问题。把上述功能拆分成两个独立的任务：一个是
脉冲计数任务，只负责在脉冲到来时将脉冲计数单元中的脉冲个数加一；另一个是计算累
加任务，负责把当前脉冲计数单元的脉冲个数取出来(取出后将脉冲计数单元清零)，乘以
规定的系数后加到外部 E^2ROM 中的累加数上。由于计算累加任务程序执行时间比较长，
但实时性要求不高，可以作为 CPU 的主程序运行；而对于脉冲计数任务，由于脉冲频率不
是预先确定好的，无法预见下一个脉冲何时到来，相对于主程序是"异步事件"，为保证不
丢失脉冲，就需要良好的实时性，因此，脉冲计数任务由外部中断服务程序来完成。

　　仿照图 8.1，将包含多个脉冲的一段时间中的程序流向表示出来，如图 8.2 所示。

　　注意到，图 8.2 中只有水平方向的线条才代表执行任务的过程，去掉只代表程序走向
的斜向线条，就可以清楚地看到两个独立的任务在异步执行。在上述例子中，使用查询方
式，一个 CPU 只能进行一个任务；而由于加入了中断概念后，一个 CPU 可以同时进行两
个任务，或者说，中断概念使得一个物理 CPU 变成了两个"逻辑 CPU"。

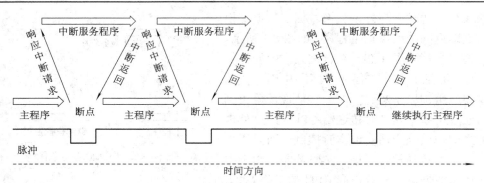

图 8.2　多个脉冲程序流向图

考虑更复杂的情况。上述脉冲采集模块是某个采集终端的一个部件。这个采集终端还包括按键和显示模块，其功能是响应并执行操作者的按键指令，以及定时显示必要的数据。这样一来，CPU 的工作就复杂多了。在前述脉冲采集(包括脉冲计数、计算与累计存储子任务)任务的基础上，又增加了人机交互(包括按键响应、按键指令执行、定时、显示刷新子任务)任务。如果采用类似"查询方式"的做法，合成一个大任务，肯定要顾此失彼；即使采用图 8.2 的做法，由于每个任务都有不同的实时性要求，合成主任务的因素太复杂，也会导致设计困难，可靠性降低。

图 8.3 是中断在多任务系统中的应用流程图。

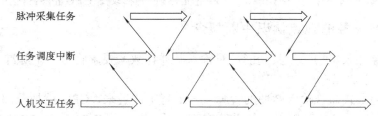

图 8.3　中断在多任务系统中的应用流程图

图 8.3 中脉冲采集任务、人机交互任务各自成体系独立运行，由任务调度中断来分配 CPU 占用时间，即在每次进入任务调度中断服务时，不是简单地返回被中断的任务，而是根据调度排队规则转到下一个最优先的任务。一个多任务并行工作的局面就形成了。这种任务调度正是操作系统的核心。有了它，使得一个物理 CPU 真正变成了多个逻辑 CPU。当然实际做起来要复杂得多，但从概念上能清楚地看到中断所起到的核心作用。

有了多任务概念，就可以分别编写调试每个任务，只要遵守一定的限制，就可以认为每个任务都独占 CPU，这给复杂系统的设计带来了很大的便利，同时也使得大任务可以分解成相对独立的小任务，由一个团队共同完成，而不是一个人单打独斗。

8.2　中断系统硬件与中断响应过程

8.2.1　中断系统的任务

单片机中实现中断功能的部件称为中断管理系统，也称为中断系统。产生中断请求的来源称为中断源，中断源向 CPU 发出的请求称为中断申请，CPU 暂停当前的工作转去处理中断源事件称为中断响应，对整个事件的处理过程称为中断服务，事件处理完毕，CPU 返回到被中断的地方称为中断返回。微型机的中断系统一般允许有多个中断源，当几个中断源同时向 CPU 请求中断的时候，存在 CPU 优先响应哪一个中断源请求的问题。通常根据中断源的轻重缓急排队，即规定每一个中断源有一个优先级别，以便先响应级别最高的中断请求，这称为中断优先级。

单片机对多个中断源进行管理，这就是中断系统的任务。这些任务一般包括开中断或关中断、中断的排除、中断的响应和中断的撤除。

1. 开中断或关中断

中断的开放或关闭可以通过指令对相关特殊功能寄存器的操作来实现，这是 CPU 能否接受中断申请的关键，只有在开中断的情况下，才有可能接受中断源的申请。

2. 中断的排队

在开中断的条件下，如果有多个中断申请同时发生，就要对各个中断源做一个优先级的排序，CPU 先响应优先级别高的中断申请。

3. 中断的响应

CPU 在响应了中断源的申请后，应从主程序转去执行中断服务子程序，同时要把断点地址送入堆栈进行保护，以便在执行完中断服务子程序后能返回到原来的断点继续执行主程序。断点地址入栈是由单片机内部硬件自动完成的，中断系统还要能确定各个被响应中断源的中断服务子程序的入口。

4. 中断的撤除

在响应中断申请以后，返回主程序之前，应撤除中断申请，这一点在使用中一定要注意。

8.2.2　中断系统结构

为实现以上任务，80C51 单片机采用的中断系统结构如图 8.4 所示。

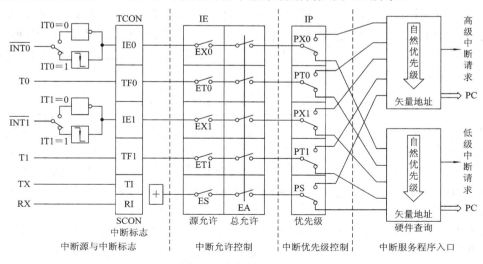

图 8.4　中断系统结构图

从图 8.4 中可见，80C51 单片机中断系统可分为 4 部分：中断源与中断标志、中断允许控制、中断优先级控制、中断服务程序入口。随后的小节会逐一详细讲解这些部分的作用及相关概念。

从使用者的角度来看，80C51 单片机的中断系统是由如下几个特殊功能寄存器构成的：

(1) 定时控制寄存器 TCON；

(2) 串行口控制寄存器 SCON；

(3) 中断允许寄存器 IP；

(4) 中断优先级寄存器 IE。

其中 TCON 和 SCON 只有一部分位用于中断控制。

这 4 个特殊功能寄存器中的每个位的作用，就相当于图 8.4 中的开关。通过对这 4 个特殊功能寄存器中相应的位置 "1" 或清 "0"，可设置各种中断控制功能。

8.2.3 中断源与中断申请标志

80C51 单片机是多中断源系统，有 5 个中断源：2 个外部中断，2 个定时/计数器中断和 1 个串行口中断(对 80C52 单片机来说还有 1 个定时器/计数器 T2，因此它还多 1 个定时/计数器 T2 中断)。

CPU 在检测到有效的中断申请之后，使某些相应的标志位置 "1"；CPU 在下一个机器周期检测这些标志以决定是否要响应中断。这些标志位分别处于特殊功能寄存器 TCON 和 SCON 上，称为中断申请标志位。

1. 外部中断、定时/计数器溢出中断与定时器控制寄存器 TCON

两个外部中断源分别从 $\overline{INT0}$(P3.2)和 $\overline{INT1}$(P3.3)引脚输入，外部中断请求信号的方式有两种，即电平触发方式和负边沿触发方式。若是电平触发方式，只要在 $\overline{INT0}$ 或 $\overline{INT1}$ 引脚上检测到低电平信号即为有效的中断申请。若是负边沿触发方式，则需在 $\overline{INT0}$ 或 $\overline{INT1}$ 引脚上检测到从 1 到 0 的负边沿跳变，才属于有效申请。

两个定时/计数器中断属于内部中断，是当定时/计数器 T0 或 T1 中数值由全 "1" 进入全 "0" 时，即所谓定时/计数器 "溢出" 时，发出的中断申请；两个外部中断的触发方式、中断申请标志以及两个定时/计数器的溢出中断标志都保存在特殊功能寄存器 TCON 中。寄存器 TCON 的地址为 88H，其中各位都可以位寻址，位地址为 88H～8FH。TCON 寄存器中与中断有关的各控制位分布如下：

D7	D6	D5	D4	D3	D2	D1	D0
TF1		TF0		IE1	IT1	IE0	IT0

其中各控制位的含义为

TCON.0 IT0：选择外部中断 $\overline{INT0}$ 的中断触发方式。IT0 = 0 为电平触发方式，低电平有效。IT0 = 1 为负边沿触发方式，$\overline{INT0}$ 脚上的负跳变有效。IT0 的状态可以用指令来置 "1" 或清 "0"。

TCON.1 IE0：外部中断 $\overline{INT0}$ 的中断申请标志。当检测到 $\overline{INT0}$ 上存在有效中断申请时，由内部硬件使 IE0 置 "1"。当 CPU 转向中断服务，并从中断服务程序返回(执行 RETI)指令时，由内部硬件清 "0"，IE0 中断申请标志。

　　TCON.2　IT1：选择外部中断 $\overline{INT1}$ 的触发方式(功能与 TI0 相同)。

　　TCON.3　IE1：外部中断 $\overline{INT1}$ 的溢出中断申请标志(功能与 IE0 相同)。

　　TCON.5　TF0：定时/计数器 T0 的溢出中断申请标志。当 T0 溢出时，由内部硬件将 TF0 置"1"，当 CPU 转向中断服务，并从中断服务程序返回(执行 RETI 指令)时，由内部硬件将 TF0 清"0"。

　　TCON.7　TF1：定时/计数器 T1 的中断申请标志(功能与 TF0 相同)。

　　可以看出，外部中断和定时器/计数器溢出中断的申请标志，在 CPU 响应中断之后能够自动撤除。

2. 串行口中断与串口控制寄存器 SCON

　　串行口中断也属于内部中断，是在串行口接收或发送完一组串行数据后自动发出的中断申请。

　　80C51 单片机串行口的中断申请标志位于特殊功能寄存器 SCON 中，寄存器 SCON 的地址为 98H，其中各位都可以位寻址，位地址为 98H～9FH。串行口的中断申请标志只占用 SCON 中的两位，分布如下：

D7	D6	D5	D4	D3	D2	D1	D0
						TI	RI

其中各控制位的含义为

　　SCON.0　RI：接收中断标志。当接收完一帧串行数据后，数据转入接收缓冲器 SBUF，同时硬件将 RI 置位。但 CPU 响应中断时并不清除 RI，必须由软件清除。

　　SCON.1　TI：发送中断标志。CPU 将数据写入发送缓冲器 SBUF 时，就启动发送，每发送完一个串行帧，硬件将 TI 置位。但 CPU 响应中断时并不清除 TI，必须由软件清除。

　　如图 8.4 所示，串行口的中断申请是由 TI 和 RI 相"或"以后产生的。响应中断后，要由软件根据 RI、TI 来判别究竟是发送中断还是接收中断。因此串行口中断申请在得到 CPU 响应之后不会自动撤除，必须通过软件程序撤除。

8.2.4　中断控制寄存器

1. 中断允许寄存器 IE

　　80C51 单片机中断的开放和关闭是由特殊功能寄存器 IE 来实现两级控制的。所谓两级控制，是指在寄存器 IE 中有一个总允许位 EA，当 EA = 0 时，就关闭所有的中断申请，CPU 不响应任何中断申请。而当 EA = 1 时，对各中断源的申请是否开放，还要看各中断源的中断允许位的状态，如图 8.4 所示。

　　中断允许寄存器 IE 的地址为 A8H，其中各位都可以位寻址，位地址为 A8H～AFH。总允许位 EA 和各中断源允许位在 IE 寄存器中的分布如下：

D7	D6	D5	D4	D3	D2	D1	D0
EA			ES	ET1	EX1	ET0	EX0

其中各控制位的含义为

IE.7　EA：中断总允许位。当 EA = 0 时，CPU 关闭所有的中断申请，只有当 EA = 1

时，才能允许各个中断源的中断申请，但最终是否开放中断，还要取决于各中断源中断允许控制位的状态。

IE.4　ES：串行口中断允许位。ES=1，串行口开中断；ES=0，串行口关中断。

IE.3　ET1：定时/计数器 T1 的溢出中断允许位。ET1=1，允许 T1 溢出中断；ET1 = 0，则不允许 T1 溢出中断。

IE.2　EX1：外中断 1($\overline{INT1}$)的中断允许位。EX1=1，允许外部中断 1 申请中断；EX1 = 0，则不允许中断。

IE.1　ET0：定时/计数器 T0 的溢出中断允许位。ET0 = 1，允许中断；ET0 = 0，不允许中断。

IE.0　EX0：外部中断 0($\overline{INT0}$)的中断允许位。EX0 = 1，允许中断；EX0 = 0，不允许中断。

80C51 单片机在复位时，IE 各位的状态都为"0"，所以 CPU 是处于关中断的状态。因此在程序初始化时，需要根据对中断的使用情况做相应的设置。

由于串行口中断请求被响应之后，CPU 不能自动清除其中断标志，就要特别注意用指令来实现中断的开放或关闭，以免随后的中断处理工作受到虚假中断的干扰。

2. 中断优先级寄存器 IP 与中断嵌套

80C51 单片机的中断系统具有两个中断优先级，对于每一个中断请求源可编程为高优先级或低优先级中断，以实现两级中断嵌套。每个中断源的优先级别由特殊功能寄存器 IP 来管理。

IP 寄存器的地址为 B8H，其中各控制位是可以寻址的，位地址为 B8H～BCH。IP 寄存器中各控制位分布如下：

D7	D6	D5	D4	D3	D2	D1	D0
			PS	PT1	PX1	PT0	PX0

其中各位的含义为

IP.4　PS：串行口中断优先级控制位。

IP.3　PT1：定时/计数器 T1 中断优先级控制位。

IP.2　PX1：外部中断 $\overline{INT1}$ 中断优先级控制位。

IP.1　PT0：定时/计数器 T0 中断优先级控制位。

IP.0　PX0：外部中断 $\overline{INT0}$ 中断优先级控制位。

在 IP 寄存器中，若某一个控制位置"1"，则相应的中断源就规定为高优先级中断，反之，若某一个控制位置"0"，则相应的中断源就规定为低优先级中断。

一个正在被执行的低优先级中断服务程序能被高优先级中断源的中断申请所中断，这种现象称为中断嵌套，图 8.5 所示是中断嵌套的示意图。

相同级别的中断源不能相互中断其服务程序，也不能被另一个低优先级的中断源所中断。若 CPU 正在

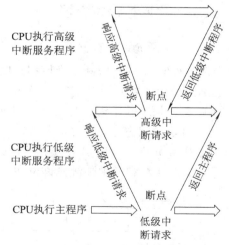

图 8.5　中断嵌套图

执行高优先级的中断服务子程序，则不能被任何中断源所中断。

当有某个中断源申请中断时，并且特殊功能寄存器 IE 中相应控制位和总中断控制位 EA 均处于置"1"状态，则 CPU 就可以响应该中断。80C51 单片机有 5 个中断源，但只有 2 个中断优先级，因此必然会有若干个中断源处于同样的中断优先级。当两个同样级别的中断申请同时到来时，80C51 单片机内部有一个固定的查询顺序。这个查询顺序称为自然优先级。当同时出现同级中断申请时，就按这个自然优先级来中断响应。80C51 单片机的 5 个中断源及其同级内的自然优先级如下：

中断源	同级内的自然优先级
外部中断 0	最高
定时/计数器 0	
外部中断 1	
定时/计数器 1	
串行口	最低

3. 中断服务入口

当 CPU 响应中断后，会强行将程序转向中断服务程序的入口地址(通常称矢量地址)。80C51 单片机的中断入口分布如下：

中断源	入口地址
外部中断 0	0003H
定时器 T0 中断	000BH
外部中断 1	0013H
定时器 T1 中断	001BH
串行口中断	0023H

这只是 80C51 单片机的 5 个最基本中断源。不同型号单片机除了这 5 个基本中断源之外还有它们各自专有的中断源，如 8052 单片机就还有一个定时/计数器 T2 溢出中断，T2 的中断入口地址为 002BH。

8.2.5　中断响应的过程

1. CPU 响应中断申请

80C51 单片机在接收到中断申请以后，先把这些申请锁定在各自的中断标志中，然后在下一个机器周期按中断优先级和同级的自然优先级分别来查询这些标志，并在一个机器周期之内完成检测和优先排队。响应中断的条件有三个：

(1) 必须没有同级或更高级别的中断正在得到响应，如果有，则必须等 CPU 为它们服务完毕，返回主程序并执行一条指令之后才能响应新的中断申请。

(2) 必须要等当前正在执行的指令执行完毕以后，CPU 才能响应新的中断请求。

(3) 若正在执行的指令是 RETI (中断返回)或是任何访问 IE 寄存器或 IP 寄存器的指令，则必须要在执行完该指令以及紧随其后的另外一条指令之后，才可以响应新的中断申请。在这种情况下，响应中断所需的时间就会加长，这个响应条件是 80C51 单片机所特有的。

若上述条件满足，CPU 就在下一个机器周期响应中断，先后完成两组动作：首先，中断系统通过硬件生成长调用指令(LACLL)，该指令自动把断点地址，即当前程序计数器 PC 的内容送入堆栈保护，然后，由硬件根据不同的中断源所发出的中断申请，自动将对应的中断入口地址装入程序计数器 PC，强行使程序转向该中断入口地址，执行中断服务程序。各中断源的入口地址由硬件事先设定。

编程时，通常在这些中断入口地址处存放一条绝对跳转指令，使程序跳转到设计者安排的中断服务程序的真正起始地址上去。

从这个起始地址开始，才正式进入中断服务阶段。编程时，要注意尽可能缩短中断服务阶段的执行时间。

2. CPU 对中断响应的撤除

CPU 响应中断时，中断请求被锁存在 TCON 和 SCON 的标志位。当某个中断请求得到响应之后，相应的中断标志位应该予以撤除(即复"0")，否则，CPU 又会继续查询这些标志位而认为又有新的中断申请来到，重复引起中断而导致错误。

80C51 单片机有 5 个中断源，对于其中的 4 个：

- 外部中断 0 的中断申请标志 IE0；
- 外部中断 1 的中断申请标志 IE1；
- 定时/计数器 0 的中断申请标志 TF0；
- 定时/计数器 0 或 1 的中断申请标志 TF1。

在中断返回时，系统能通过硬件自动使标志位复"0"(即撤除)。中断返回是指中断服务完后，CPU 返回到原来断开的位置(即断点)，继续执行原来的程序。中断返回由中断返回指令 RETI 来实现。该指令的功能是把断点地址从堆栈中弹出，送回到程序计数器 PC。此外，还通知中断系统已完成中断处理，撤除中断申请标志(硬件可清除的)。特别要注意，子程序返回指令"RET"虽然也具有把断点地址从堆栈中弹出送回到程序计数器 PC，使 CPU 返回到原来断开的位置(即断点)，继续执行原来的程序的功能，但不能完成撤除中断申请标志(硬件可清除的)的功能，因此不能用"RET"指令代替"RETI"指令。

在这里需要注意的是外部中断。外部中断有两种触发方式，即低电平方式和负边沿方式。对于边沿触发方式比较简单，无需采取其他措施，因为在清除了 IE0 或 IE1 以后必须再有一个负边沿信号，才可能使标志位重新置"1"。对于低电平触发方式则不同，如果仅是由硬件清除了 IE0 或 IE1 标志，而加在 $\overline{INT0}$ 或 $\overline{INT1}$ 引脚上的低电平不撤销，则在下一个机器周期 CPU 检测外中断申请时，会发现又有低电平信号加在外中断输入上，又会使 IE0 或 IE1 置"1"，从而产生错误的结果。80C51 单片机的中断系统没有对外的联络信号，即中断响应之后没有输出信号去通知外设中断申请，因此必须由设计者自己用硬件电路处理这个问题。

至于串行口的中断请求标志 TI 和 RI，中断系统不自动撤除。因为在响应串行口中断之后要先用程序测试这两个标志位，以决定是接收中断还是发送中断，所以不能由硬件自动立即撤销。但在测试完毕之后应使之清"0"，以结束这次中断申请。TI 和 RI 的清"0"操作可在中断服务子程序中用指令来实现。

3. 中断响应的实时性

中断的最大用处是实现异步事件的实时响应，但 CPU 并不是在任何情况下都对中断请求立即进行响应，不同情况下的中断响应时间有所不同，下面以外部中断为例来进行说明。

外部中断请求在每个机器周期的 S5P2 期间，经过反向后锁存到 IE0 或 IE1 标志中，CPU 在下一个机器周期才会查询这些标志，这时如果满足响应中断的条件，CPU 响应中断时，需要执行一条两个机器周期的调用指令，以转到相应的中断服务程序入口。这样，从外部中断请求有效开始执行中断服务程序的第一条指令，至少需要 3 个机器周期。

如果在申请中断时，CPU 正在执行最长的指令(如乘、除指令)，则额外等待时间增加 3 个机器周期；若正在执行中断返回(RETI)或访问 IE、IP 寄存器指令，则额外等待时间又要增加 2 个机器周期。

因此，若系统中只有一个中断源发出中断申请，则中断响应时间为 3～8 个机器周期。

8.3　中断服务程序与现场保护方法

上两节分别详细介绍了中断及相关概念、中断系统硬件及其运行规则，本节主要讲解中断服务程序的编写方法及相关概念。学习编程，最好是从分析实例开始。

8.3.1　一个演示中断服务及中断嵌套的实验

80C51 单片机的中断系统具有 2 个优先级，多个中断同时发生时，CPU 根据中断源优先级别选择执行优先级高的中断服务程序。一个正在被执行的低优先级中断服务程序能被高优先级中断源的中断申请所中断，形成中断嵌套。相同级别的中断源不能相互中断。若CPU 正在执行高优先级的中断服务子程序，则不能被任何中断源所中断。

1．中断优先级相互作用规则的中断嵌套实验

Proteus 仿真电路如图 8.6 所示。

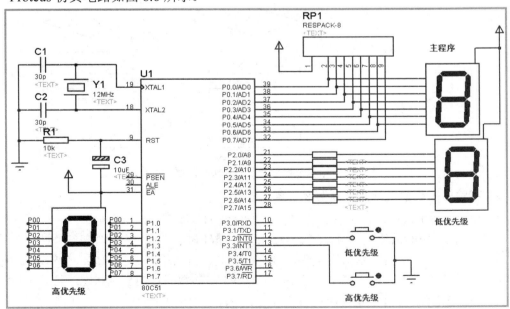

图 8.6　高、低优先级中断服务程序嵌套演示实验的电路原理图

图 8.6 中，80C51 单片机外部中断 $\overline{INT0}$、$\overline{INT1}$ 端分别通过 2 个按键接地，P0、P1、P2 口分别接 3 个共阳极 LED 数码管(想想采用共阳极 LED 数码管的原因。注意到仅有 P0 口接了上拉电阻，为什么？)。

这个实验系统运行 3 个任务：主程序负责 P0 口的数码管循环显示字符"1"～"8"，若没有中断发生，会一直不间断循环显示下去；外部中断 $\overline{INT0}$ 的中断服务程序负责 P1 口的数码管顺序显示字符"1"～"8"，随后数码管熄灭，退出中断服务程序；外部中断 $\overline{INT1}$ 的中断服务程序负责 P2 口的数码管顺序显示字符"1"～"8"，随后数码管熄灭，退出中断服务程序。所有任务中显示的每个字符的停顿时间均为 1 s。

图 8.7 为中断服务程序嵌套演示实验的程序流程图。

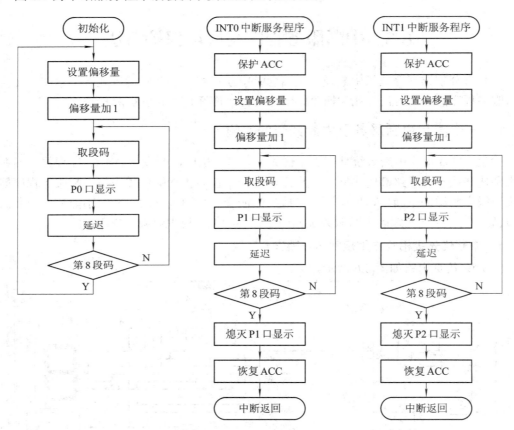

图 8.7　中断服务程序嵌套演示实验的程序流程图

2. 实验中断现象及同级中断互斥现象

将 $\overline{INT1}$、$\overline{INT0}$ 设置为低优先级，负边沿触发(为什么不用低电平触发？)。

主程序在开中断后进入循环状态，通过 P0 口循环显示"1"～"8"字符，此时无论按下"$\overline{INT0}$"还是"$\overline{INT1}$"按键，主程序都会被中断，进入中断服务程序，分别通过 P1 或 P2 口显示字符"1"～"8"。通过观察 P0、P1、P2 口的数码管的显示状态，可以知道当前正在运行的是主程序、$\overline{INT0}$ 中断服务程序还是 $\overline{INT1}$ 中断服务程序。

如果先按下"$\overline{INT0}$"按键，则 P0 口的显示将停在某一字符上，进入 $\overline{INT0}$ 中断服务程序，通过 P1 口依次显示字符"1"～"8"，然后 P1 口的 LED 熄灭显示，P0 口开始继续被中断的循环显示；若在 P1 口依次显示结束之前按下"$\overline{INT1}$"按键，会发现完全不起作用，因为两个中断设为同级中断，而同级中断之间是互斥的，即不能相互中断。

3. 实验中断嵌套现象

修改程序，将 $\overline{INT1}$ 设置为高优先级，$\overline{INT0}$ 设置为低优先级，负边沿触发。

主程序在开中断后进入循环状态，通过 P0 口循环显示字符"1"～"8"，此时无论按下"低优先级"或"高优先级"按键，主程序都会被中断，进入中断服务程序，分别通过 P1 或 P2 口显示字符"1"～"8"。通过观察 P0、P1、P2 口的数码管的显示状态，可以知道当前正在运行的是主程序、低优先级中断服务程序还是高优先级中断服务程序。

如果先按下"$\overline{INT0}$"按键，则 P0 口的显示将停在某一字符上，进入 $\overline{INT0}$ 低优先级中断服务程序，通过 P1 口依次显示字符"1"～"8"，然后 P1 口的 LED 熄灭显示，P0 口开始继续被中断的循环显示；若在 P1 口依次显示结束之前按下"$\overline{INT1}$"按键，则 P1 口的显示将停在某一字符上，进入 $\overline{INT1}$ 高优先级中断服务程序，通过 P2 口显示字符"1"～"8"。P2 口停止显示后，先返回到 $\overline{INT0}$ 低优先级中断服务程序继续执行，即 P1 口从刚才暂停的数字继续显示；P1 口显示结束后返回到主程序执行，即 P0 口从刚才暂停的数字继续循环显示。

源程序清单如下：

```
        ORG     0000H
        LJMP    MAIN            ; 1;
        ORG     0003H                       ; INT0 外部中断入口地址
        LJMP    INT0S           ; 2         ; 转到中断服务程序
        ORG     0013H                       ; INT1 外部中断入口地址
        LJMP    INT1S           ; 3         ; 转到中断服务程序

; --------------------------------------------------
; 主程序
; 功能：P0 循环显示字符"1"～"8"
; --------------------------------------------------
        ORG     0040H                       ; 主程序入口
MAIN    MOV     TCON, #5                    ; 设置外部中断为负边沿触发方式
        SETB    PX1                         ; 设置 INT1 为高优先级
        MOV     P3, #0FFH
        MOV     IE, #85H                    ; 主程序，开中断
ST0:    MOV     A, #0                       ; 主程序，P0 循环显示字符"1"～"8"
ST1:    INC     ACC
        LCALL   SEG7
        MOV     P0, A
        LCALL   DELAY
        CJNE    A, #8, ST1
        SJMP    ST0
```

```
; --------------------------------------------------------------------------
; INT0 中断服务程序
; 功能：P1 顺序显示字符 "1" ～ "8"，熄灭显示后退出
; --------------------------------------------------------------------------
    INT0S:      PUSH    ACC                 ; 保护现场
                MOV     A, #0
    LOOP:       INC     ACC
                LCALL   SEG7
                MOV     P1, A
                LCALL   DELAY
                CJNE    A, #8, LOOP
                MOV     P1, #0FFH
                POP     ACC                 ; 恢复现场
                RETI                        ; INT0 中断返回
; --------------------------------------------------------------------------
; INT1 中断服务程序
; 功能：P2 顺序显示字符 "1" ～ "8"，熄灭显示后退出
; --------------------------------------------------------------------------
    INT0S:      PUSH    ACC                 ; 保护现场
                MOV     A, #0
    LOOP1：     INC     ACC
                LCALL   SEG7
                MOV     P2, A
                LCALL   DELAY
                CJNE    A, #8, LOOP1
                MOV     P2, #0FFH
                POP     ACC                 ; 恢复现场
                RETI                        ; INT1 中断返回
; --------------------------------------------------------------------------
; 延时子程序
; 功能：延时 1 s
; --------------------------------------------------------------------------
    DELAY:      MOV     R7, #80H            ; 延时子程序
    D1:         MOV     R6, #10H
    D2:         NOP
                NOP
                DJNZ    R6, D2
                DJNZ    R7, D1
                RET
```

```
; ------------------------------------------------------------------------------------
; 数码管显示子程序
; 功能：按 ACC 中数值指针在 DB 数据表中取显示段码数据到 ACC 中
; ------------------------------------------------------------------------------------
SEG7:        MOVC   A,@A+PC
             RET
             DB 0C0H,0F9H,0A4H,0B0H,99H,92H,82H,0F8H,80H    ; 共阳极 LED 段码表
             END
```

8.3.2　中断服务程序设计流程

观察上一节实验的程序清单。显然，仅有中断服务程序是不行的。一般地，中断程序设计流程如下：

(1) 中断初始化：IP、IE、PCON、SCON；

(2) 放置打开中断开关的指令；

(3) 中断入口跳转到相应的中断服务程序入口；

(4) 中断服务程序。

要使 CPU 能够正常响应中断请求，首先应对中断系统进行初始化，这包括优先级设置，各中断源工作模式、各中断使能开关的设置。在有些单片机中，还要求对外部中断的管脚进行方向设置；随后是总中断使能开关的设置，等待中断的发生，这时就可以运行主程序了。接着是安置中断服务程序的入口，需要在中断程序入口放置转移指令，当发生中断响应时，跳转到相应的中断服务程序真正入口。接下来就是编写中断服务程序。

从上节实验可以看出，一个中断服务程序的典型内容如下：

(1) 保护现场，使单片机执行完中断服务程序返回后，还能够沿着原来的断点继续往下执行；

(2) 进入中断服务程序，完成中断功能；

(3) 恢复现场，让单片机可以沿着原来的断点继续往下执行；

(4) 返回中断断点，一般要用中断返回指令"RETI"作为最后一条执行的指令。

8.3.3　现场保护和恢复

1. 现场和现场保护概念

任务(程序)运行的时候要用到单片机内的资源，如累加器 ACC，寄存器 R0~R7 等，其中暂存着这个任务以前的运行结果，供下一步使用。这种某个任务运行时需要用到的单片机内的资源之和，就称为该任务的现场。注意是任务运行时所需的资源，不是所有的资源。例如某个程序中含有乘法，那 ACC、B 就肯定是这个程序需要用到的资源，自然是这个程序的现场的组成部分。

假设这个程序正在准备做乘法，两个乘数已经放到 ACC 和 B 中时，中断发生了。而中断服务程序要读 I/O 口，必须使用累加器 ACC。当中断返回后，这个程序本应该继续做乘法，但 ACC 中已经不是中断前准备的乘数了，乘法的结果自然就是错误的，这个程序的

运行也就出了差错。当然，这个程序运行时可能有很多条指令顺序执行，乘法指令只是众多指令中的一条，中断刚好发生在这条指令之前的概率不大。但如果这个差错是不能容忍的，哪怕出现的概率再小，只要有出错的可能性，就会严重影响程序的可靠性，必须予以解决。

解决这个问题的办法就是现场保护。

观察图 8.7 中断服务程序嵌套演示实验的程序流程图，中断服务程序的显示任务主体部分和主程序的完全一样，显然用到的资源也完全一样，都要用到 ACC，其中经常暂存的是当前显示字符值。为防止中断服务任务破坏主程序的 ACC 中的"现场"，在中断服务程序中，在还未正式运行显示任务主体部分之前增加了"保护现场"，对照中断嵌套演示实验的程序清单，在中断服务程序入口处放置了"PUSH　ACC"指令。中断服务程序使用 ACC之前，就把 ACC 中从主程序带来的数据压入堆栈保存一个拷贝，后面即使 ACC 中数据遭到破坏，也可以用保存的拷贝复原。在中断服务程序中断返回指令前的"POP　ACC"(对应图 8.7 中断服务程序嵌套演示实验的程序流程图中，运行完显示任务主体之后的"恢复现场")语句，将保存在堆栈中的数据拷贝回 ACC，使 ACC 完全恢复到进入中断服务程序之前的状况。这时再接着运行主程序，自然就没有问题了。

可以试试没有现场保护的效果。在中断嵌套演示实验的程序清单的 INT0 中断服务程序中去掉 PUSH　ACC、POP　ACC 这两条语句，如下所示：

```
INT0S:    MOV       A, #0
LOOP:     INC       ACC
          LCALL     SEG7
          MOV       P1, A
          LCALL     DELAY
          CJNE      A, #8, LOOP
          MOV       P1, #0FFH
          RETI                          ; INT0 中断返回
```

运行时就会发现，当 INT0 中断服务结束后，P1 口 LED 熄灭，P0 口重新循环显示的字符偶尔会出现与中断时停下来的字符不衔接、不是字符"1"～"8"的现象。因为在主程序中，ACC 经常被用来装待显示的字符地址偏移量，如果中断程序被意外修改，就会出现这种现象。这种现象出现得不太频繁，是因为主程序中影响到这种出错现象的程序段只占整个程序运行的时间的比例很少。不要觉得这个显示主体程序只有不到 10 行，当程序运行时，由于有延时子程序"DELAY"，其中有两个循环结构，相当于数千句指令。主程序中影响到这种出错现象的程序段只有十几句，发生的概率不大。

2. 利用单片机硬件保护现场

在图 8.2 中，当 CPU 的使用权从主程序转到中断服务程序时，为了保证退出中断服务后能够继续运行主程序，需要将主程序断点程序地址保护起来。单片机硬件会自动把断点地址保存到堆栈里，同时给程序计数器 PC 赋以响应的中断服务程序入口地址。

由于中断服务程序有可能用到特殊功能寄存器，特别是累加器 ACC、程序状态字 PSW等相关的特殊寄存器，工作寄存器 R0～R7，堆栈指针 SP，B，DPTR……几乎每个程序、子程序、中断服务程序都要使用到，因此都有可能成为现场的组成部分而需要保护。通常由堆栈担任保护工作。

在前面的章节中已经讲过堆栈的概念。由于堆栈特点是"先进后出"，这对于编写保护/恢复现场的程序就特别有利：先编写好服务程序主体，再将这段程序用"PUSH""POP"包起来，就像写文章使用标点符号"{""}"一样。每个欲保护的字节(寄存器)都需要这样包一次。注意，在保护现场的过程中也要用到某些寄存器，如 R0~R7 没有直接入栈的指令，需要通过 ACC 等寄存器中转入栈。因此计划保护的内容也是要安排顺序的。越是常用的寄存器，如累加器 ACC、程序状态字 PSW 等，压栈时越要向大括号一样"包"在外边一些。

对 R0~R7 的保护也很常见，但用堆栈保护法不如其他寄存器那么方便。一般地，若只保护 2~3 个 Ri，用 ACC 中转压栈的办法保护比较常见；若保护的 Ri 个数较多，采用更换寄存器区的办法要更常用些。只需要 PUSH　PSW、MOV　PSW,#X 这两条指令，极短的时间就可完成保护现场的任务(#X 中有选择寄存器区的位)，又快又省堆栈空间。

使用堆栈非常方便，但正是因为安置数据的工作都由单片机自动完成，数据究竟存到哪里对编程者来说是隐形的，所以对初学者来说容易出现栈顶压穿的错误，即在程序运行时堆栈实际占有的空间超出了设计程序时为堆栈规划的存储空间区域。所以使用堆栈时要计算空间是否用完，特别注意每次调用子程序(中断服务程序也是一种子程序)都会用掉两个字节的堆栈空间，一旦程序运行起来，堆栈不断地动态变化，当调用子程序很多时，堆栈空间有时会变得不可思议得大。由于单片机的内存空间很小，所以尽管堆栈很好用，也需要谨慎节约使用。从以上讨论还可看出，子程序调用的层数不是越多越好。只要有可能，就要尽量减少子程序调用的层数，因此要多编写一些程序，毕竟程序空间要比内存空间大得多。

既然现场保护/恢复这么重要，当然保护/恢复的过程不容打搅。如果程序中的中断只有一个优先级，一旦进入中断服务程序就不会被其他中断源中断，不存在被干扰的可能。但程序中有高、低两个优先级时，由于有中断嵌套，低优先级中断服务程序的现场保护/恢复过程有可能被高优先级中断源中断，所以存在着低优先级中断服务程序的现场被高优先级中断服务程序意外修改的可能性。因此，在现场保护/恢复模块前后应该用"CLR　EA"关中断、"SETB　EA"开中断这对语句"包"起来。在中断嵌套演示实验程序清单的 INT0 中断服务程序中，保护/恢复现场的语句前后都应该加上 CLR　EA、SETB　EA 这对语句，如下所示：

```
INT0S:    CLR     EA          ; 关中断
          PUSH    ACC         ; 保护现场
          SETB    EA          ; 开中断
          MOV     A, #0
LOOP:     INC     ACC
          LCALL   SEG7
          MOV     P1, A
          LCALL   DELAY
          CJNE    A, #8, LOOP
```

```
        MOV     P1,#0FFH
        CLR     EA                  ; 关中断
        POP     ACC                 ; 恢复现场
        SETB    EA                  ; 开中断
        RETI                        ; INT0 中断返回
```

这也能解释为什么在修改之前，运行中断嵌套程序时，P0 口 LED 有极小概率出现与没有保护现场时相似的现象，而 P1 口 LED 就根本不会出现这种错误。造成 P0 口出错的原因是 $\overline{INT1}$ 高优先级中断服务程序干扰了 $\overline{INT0}$ 低优先级中断服务程序的现场保护/恢复，导致主程序显示工作出错；而没有什么程序可以干扰 $\overline{INT1}$ 高优先级中断服务程序，所以 $\overline{INT0}$ 低优先级中断服务程序显示工作始终正常。

3. 可重入子程序

注意观察，在中断嵌套演示实验程序清单里，主程序、两个中断服务任务都调用了延时子程序 DELAY。由于中断事件与主程序是异步的，就存在一个任务调用 DELAY 子程序还未返回，另一个任务又调用 DELAY 的情况。这种情况称为子程序重入。

考察延时子程序 DELAY。显然，第二次调用运行时，有可能改变第一次调用正在运行的计数单元 R6、R7 中的数值，导致第一次调用运行的延时长度出错。这能解释为什么中断嵌套演示实验会出现显示字符时间不是 1 秒的现象。根据现场概念，显然，这个 DELAY 子程序存在 R6、R7 需要保护的问题。另外，由于运行的异步程序中含有不同的优先级(注意中断服务和主程序就是不同的优先级)，所以还需要对现场保护模块进行开、关中断包装。这样处理后的 DELAY 延时子程序如下：

```
DELAY:  CLR     EA                  ; 关中断
        MOV     A,R7                ; 保护 R6、R7，以备中断时重入
        PUSH    ACC
        MOV     A,R6
        PUSH    ACC
        SETB    EA                  ; 开中断
        MOV     R7,#80H             ; 延时子程序
D1:     MOV     R6,#10H
D2:     NOP
        NOP
        DJNZ    R6,D2
        DJNZ    R7,D1
        CLR     EA                  ; 关中断
        POP     ACC                 ; 恢复 R6、R7
        MOV     R6, A
        POP     ACC
        MOV     R7, A
        SETB    EA                  ; 开中断
```

```
          RET
```

注意到数码管显示子程序 SEG7 的处境与 DELAY 完全类似，所以处理如下：

```
SEG7:  CLR     EA                       ;关中断
       MOVC    A,@A+PC
       SETB    EA                       ;开中断
       RET
```

由于增加了 SETB　EA 语句使 MOVC　A,@A+PC 语句到共阳极 LED 段码表 DB 的距离发生变化(增加了 2 字节)，所以还需要调整偏移量 A。可以通过调整最初显示前 A 中的初值(MOV　A,#0 改为#2)和条件循环(CJNE　A,#8 改为#10)来解决。

在重入情况下还能正常工作的子程序称为可重入子程序。一般地，编程者会尽量避免子程序重入现象，有时宁愿多写一遍需要重入的子程序，各用各的，牺牲一些程序空间，可换来更好的可靠性。对于公用子程序库，重入是不可避免的，因此遵守可重入子程序的编写规则就是编程者需要认真对待的事。可重入子程序的基本编写手段就是利用堆栈保护现场，这又会带来堆栈资源紧缺的问题，需要综合进行考虑。

4．多任务现场的软件保护

参见图 8.3 中断在多任务系统中的一种应用。图中示意了多任务的概念。在这种多任务软件中，由于任务调度中断服务程序的作用，使得每一个任务运行起来相对于其他任务，都是一种类似中断的行为。因此，对于每个任务都需要现场保护和恢复。并且，由于每个任务都变成了"中断服务"可以中断别的任务，同时每个任务都可以被别的任务利用这种类似中断的行为所中断，所以，这个多任务系统还是一个多优先级的系统。每个任务的优先级都比别的任务高，这种貌似自相矛盾的描述正是这种多任务系统的特点。

针对通用任务，用到的资源可能很多，所以通常为每个任务建立独立的现场保护区。这可以使得每一个任务都使用完整的 CPU，当然，是"逻辑"CPU。编程者可以为每个任务独立编写程序，"独占"所有资源，有独立的堆栈可用。这样编程既方便可靠性又高。

这样的现场保护与恢复所占用的存储 RAM 空间较大，一般用外扩的 RAM 解决。现在有很多新型号的单片机有很大的片上内存，空间就不是问题了。

这样的现场保护与恢复工作量大，运行速度要求很高，因此都是由任务调度程序来承担的。所谓任务调度，其工作就是当发生中断响应时，负责保护被中断任务的现场，将新发生的中断响应对应的任务排到等待运行的队列中，寻找当前排在最前的任务，恢复其现场，最后转去执行这个任务。这其实是操作系统的雏形。以上仅仅考虑了多任务之间的运行调度排序。如果再设法建立任务之间的数据传递通道，包括任务之间交换数据和状态(采用公用信息区存储空间、定义全局变量等方法)，再加上通用子程序库(又叫函数库)，就可以变成真正实用的多任务实时操作系统。当然，该系统是简易的。市面上有不少好用的商品多任务实时操作系统可供选择。

8.3.4　中断返回

中断服务程序执行的最后动作是返回中断断点，前面讲过，一般要用中断返回指令"RETI"作为最后一条执行的指令。因为 RETI 这条指令，不但完成了子程序返回 RET 的功能(从堆栈弹出断点地址到程序计数器 PC 中)，还要起到清除中断申请标志的功能。如果用子程序返回指令 RET 代替中断返回指令 RETI，就会隐性地保留了未清除的优先级状态触发器，使中断系统误以为中断服务程序未完成，从而阻塞了后续的中断响应，其效果相当于关中断。

但如果充分注意并理解了中断返回指令的内涵，就有可能在适当的场合灵活运用中断返回技巧。51 单片机的中断系统不算强大，中断源常不够用。这个问题可以通过中断扩展技术解决(见 8.4 节)；但仅有两个优先级，层次太少，受同级不能互相中断这条规则限制，用起来不够灵活。

如果同级中断能够嵌套，其效果就与多优先级中断体系相当了。为实现这一点，在进入真正的中断服务子程序之前，单片机需要"模拟"一次中断返回：增加一条长调用子程序指令 LCALL，所调用的子程序只有一句中断返回指令 RETI。长调用 LCALL 的断点地址保护功能由中断返回 RETI 的恢复断点地址功能抵消，但 RETI 还清除了本次中断相应的优先级状态触发器。在这以后的运行中，尽管确实是在执行一段中断服务程序，但单片机并不认为是在为某个中断源服务。在这种情况下，当前运行的中断服务程序既可被系统中高优先级中断源中断，又可被系统中低优先级中断源所中断。当然，使用时要根据需要合理地安排各个中断源的优先级。

在 8.3.1 节的中断同级互斥实验中，如果先按下"$\overline{INT0}$"按键，则 P0 口的显示将停在某一字符上，进入 $\overline{INT0}$ 中断服务程序，通过 P1 口依次显示字符"1"～"8"，然后 P1 口的 LED 熄灭显示，P0 口开始继续被中断的循环显示；若在 P1 口依次显示结束之前按下"$\overline{INT1}$"按键，会发现按键完全不起作用，因为两个中断设为同级中断，而同级中断之间是互斥的，即不能相互中断。在中断服务程序中加进"模拟"中断返回后再做实验就会发现，若在 P1 口依次显示结束之前按下"$\overline{INT1}$"按键，中断响应发生了，P1 口显示停止在某一字符上，P2 口开始依次显示字符"1"～"8"。P2 口停止显示后，先返回到 $\overline{INT0}$ 低优先级中断服务程序继续执行，即 P1 口从刚才暂停的数字处继续显示；P1 口显示结束后返回到主程序执行，即 P0 口从刚才暂停的数字处继续循环显示。显然这个效果与中断嵌套实验完全一样。

即使是"恢复断点地址"这一功能也能够活用。前面谈到了很多现场保护/恢复的方法，都需要为保护现场提供内存空间，确实，要想得到程序可靠运行的优异性能，就必须付出多耗费内存空间的代价。在某些应用中，内存空间特别稀缺，就需要评估一下，付出这些代价换来的程序运行的"高性能"是否划算。也许稍微修改一下目标要求，就可以避免或大大减小这个代价，毕竟，性能高不高是要看性价比的。

有一款便携式测量装置的程序设计中就遇到这个问题：由于体积很小，单片机外部完全没有扩展存储器的余地，所有程序仅靠 80C51 中的内存运行。系统用于动态测量，A/D 采样、补偿插值由中断处理，主程序负责换算、对标及显示。由于内存紧张，中断服务程序与主程序共用了若干内存单元作为各自的中间结果暂存区。显然，当中断服务程序返回时，主程序在被中断前的现场中间结果已经被破坏而无法恢复。其实完全可以放弃主程序被打断的这次换算、对标及显示。由于测量和显示都刷新得很快(大于 10 次/s)，放弃 1 次完全不影响产品的使用和观感。所以设计者采用了活用恢复断点地址的技巧。在中断服务程序执行完毕时，不是按正常途径返回到主程序中的中断断点处，而是返回到主程序中的工作循环程序的入口处，干脆放弃被中断服务干扰了的本次工作循环，重新开始一个工作循环。具体改动如下：在中断服务程序的返回指令 RETI 前增加 4 条语句，前两条指令从堆栈弹出中断断点地址，接着两条指令把主程序中的工作循环程序入口地址压入堆栈。实践证明：这种中断返回的处理办法是很有效的。

8.3.5　中断服务程序的实时性

在 8.2.7 节讨论中断响应的实时性时曾指出，若系统中只有一个中断源发出中断申请，则中断响应时间为 3～8 个机器周期。这是在理想化条件下中断系统硬件响应时间。现在经过对中断服务程序的详细分析可知，在进入真正的中断服务程序，产生实质性的中断响应以前，还需经过入口跳转、现场保护、中断服务程序初始化设置等许多引导铺垫工作，这需要的时间常常远大于中断系统硬件响应时间。在设计对实时性要求高的产品或系统时，必须严格控制上述程序准备时间，并仔细计算包含了中断服务程序软件运行耗时的真实的中断响应时间。计算真实的中断响应时间还要注意到，在主程序或低优先级中断服务程序中是否有关闭总中断的指令。如果有关中断指令，直到下一个开中断指令之间的区间是不响应任何中断的，因此，必须把这个时间延迟加到真实的中断响应时间中去。

经过上述讨论，应该能够更深入地理解 51 系列单片机为什么要有多个寄存器区了。在所有内存中，由于寄存器 R0～R7 参与寻址，使得相关指令执行时间比较短，因此使用非常频繁。大多数情况下，中断服务程序、主程序都要用到，保护/恢复现场是不可避免的。采用更换寄存器区的办法只需要 PSW 压栈、PSW 赋值这两条指令，极短的时间就可完成保护现场的任务。可见，多个寄存器区的这种结构，是专为加快中断响应速度、提高系统实时性而设计的，在开发实时性要求高的产品和系统时应该充分利用 51 单片机的这个特点。

中断服务程序的实时性要求还有一重含义。由于中断服务程序打断了主程序的运行，使得主程序出现了延迟。大多数情况下主程序多等一会儿问题不大，但如果中断服务过长，就会影响到主程序的执行效果。例如测量仪表的显示部分一般在主程序中，一秒钟刷新两三次。采样要求实时性高，通常由中断服务程序负责。初学者往往把与数据采集相关的工作都放在中断服务程序中完成，其效果是仪表显示数字有时显得呆滞，有一种内部接触不良的感觉。其实，只有 A/D 转换对实时性要求高，但它占用时间非常短；而计算、补偿、变换、存储、累加等操作对实时性要求并不高，但程序复杂，需要时间很长，完全可以将它们放到主程序中作为一个子任务来处理，在中断服务程序中只保留真正对实时性要求高的 A/D 转换任务，从而避免显示不良的问题。总之，中断服务程序越短越好。

8.4　中断程序应用举例

8.4.1　中断源扩展实验

80C51 单片机只有 2 个外部中断源 $\overline{INT0}$ 和 $\overline{INT1}$，当实际应用中需要多个外部中断源时，可采用硬件外部中断和软件查询相结合的办法进行扩展，把多个中断源通过"或非"门接到外部中断输入端，同时又连到某个 I/O 端口，这样每个中断源都能引起中断，然后在中断服务程序中通过查询 I/O 端口的状态来区分是哪个中断源引起的中断。若有多个中断源同时发出中断请求，则查询的次序就决定了同一优先级中断的优先级。

  中断源扩展实验的 Proteus 仿真电路如图 8.8 所示。3 个转换开关 SW1～SW3 通过一个或非门连到 80C51 单片机的外部中断输入引脚 $\overline{INT0}$，按键 B1 连到 80C51 单片机的外部中断输入引脚 $\overline{INT1}$。SW1～SW3 的初始位置接地，当 SW1～SW3 中无论哪个转换到高电平时都会使 $\overline{INT0}$ 引脚电平变低，向 CPU 提出中断申请，至于究竟是哪个转换开关提出中断申请，可以在 $\overline{INT0}$ 中断服务程序中通过查询 P1.0、P1.2、P1.4 的逻辑电平获知，同时单片机通过 P1.1、P1.3、P1.5 输出高电平点亮相应的 LED 指示灯。当按下按键 B1 时(接地)时，将触发外部中断 $\overline{INT1}$，在 INT1 中断服务程序中向 P1 口输出低电平，熄灭所有 LED 指示灯。

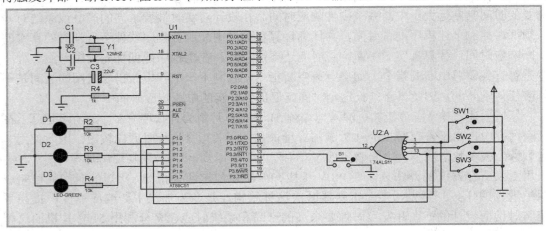

图 8.8 中断源扩展实验的仿真电路

源程序清单如下：

```
                ORG     0000H           ; 复位入口
                LJMP    MAIN            ; 转到主程序
                ORG     0003H           ; 外部中断入口
                LJMP    INT_0           ; 转到中断服务程序
                ORG     0013H           ; 外部中断入口
                LJMP    INT_1           ; 转到中断服务程序
                ORG     0030H           ; 主程序入口
MAIN:   ANL     P1, #55H        ; 主程序开始，熄灭 LED，准备输入查询
        SETB    EX0             ; 允许 INT0 中断
        SETB    IT0             ; 负边沿触发方式
        SETB    EX1             ; 允许 INT1 中断
        SETB    IT1             ; 负边沿触发方式
        SETB    EA              ; 开中断
HERE:   SJMP    HERE            ; 等待中断
INT_0:  JNB     P1.0, L1        ; 外中断 0 服务程序，开始查询
```

	SETB	P1.1	; 由外设 1 引起的中断
L1:	JNB	P1.2, L2	
	SETB	P1.3	; 由外设 2 引起的中断
L2:	JNB	P1.4, L3	
	SETB	P1.5	; 由外设 3 引起的中断
L3:	RETI		; 中断返回
INT_1:	ANL	P1, #55H	; 外中断 1 服务程序, 熄灭 LED
	RETI		
	END		

上面这个例子比较简单，不需要保护现场，当实际应用时，如果中断服务程序较复杂，需要采用多个工作寄存器时，一定要注意现场的保护和恢复。

这种扩展外部中断的办法简单实用，但使用起来对外部触发脉冲宽度是有要求的。从脉冲跳变引发中断开始，脉冲宽度要一直维持到对 I/O 口的查询指令执行完毕。否则会因为脉冲太窄，还没轮到相应的 I/O 口查询就已经结束，导致无法确定究竟是哪个中断源提出中断申请，而使得中断扩展失败。当然，对于像本例中那样用于按键输入，是没有问题的。因为按键输入是人为动作，脉冲宽度至少在几十毫秒，远大于 I/O 口排队查询指令的执行时间(几微秒到几十微秒)。

对于扩展中断源数量不多时(例如这个实验)，用通用的或非集成电路即可；如果要求扩展中断源数量较多时，可以采用优先权编码器扩展外部中断源，如 74HC148，不但一片集成电路可扩展 8 个外部中断源，还可以级联使用，使扩展外部中断源的数量进一步增加。更重要的一个优点是，由于是硬件查询 I/O 口，速度远比软件查询快得多，对于 12 MHz 的系统主频，仅需要 15 μs 的外部触发脉冲宽度。

8.4.2　中断式按键程序设计

单片机组成的控制系统通常需要配置键盘，用户可以通过键盘向单片机输入数据或命令，以便实现控制系统的人机对话。键盘可以直接利用口线连接按键开关、开关型传感器或电子线路来实现，内部程序仅通过判断口线的电平就能够确定输入的键值。采用这种识别方式的键盘称为非编码键盘。非编码键盘设计简单，使用方便，且因为具有共用段，所以容易直接同开关电路或开关型传感器连接。但是这种方式的口线利用率较低，受单片机口线数量的限制，其键盘规模无法做大。键盘的另一种形式是编码键盘，这种方式将口线与按键开关连接成矩形电路，通过软件扫描、识别 I/O 口上的编码，按编码规则识别输入键值。编码键盘的最大优点就是口线利用率高，键盘规模可以做得较大。具体采用哪一种形式的键盘，可以根据控制系统的规模及用途决定。鉴于单片机嵌入式用途的特点，一般不配规模较大的键盘，如有需要，可采用专用键盘扩展芯片完成，例如典型的 Intel 公司键盘/显示扩展芯片 8279 以及 ZLG7289 键盘/显示串行扩展芯片。

简易键盘接口采用非编码形式，典型应用电路如图 8.9 所示，电路中的键盘由 8 只按键开关 S1～S7 组成，按键的共用端接地。单片机 P1 的口线分布与按键连接，同时也与两组 4 输入"与"门 CD4082 的输入端连接。CD4082 的两组输出线相"与"后，共同连接至单片机的 P3.2 引脚，即外部中断 INT0 输入端。为保证按键开关在未闭合状态下单片机口线上有确定的电位，对应每根口线上均接有上拉电阻，即键被按下时，口线保持高点位。为保证单片机程序执行的效率，对键盘的检测采用中断方式。每当有键按下，"与"门CD4082的输出点位变低，程序响应中断，在中断服务程序中完成键值识别。

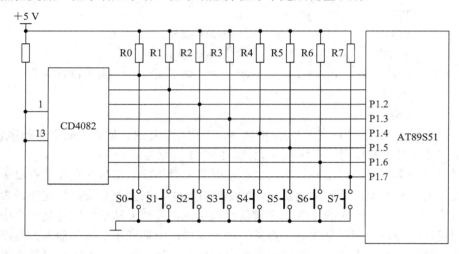

图 8.9　简易键盘接口的典型应用电路

键盘在使用中还应考虑去抖动问题。

延时去抖动及读取键值的中断服务程序如下：

```
            ORG        0003H
            LJMP       KRD
            …
KRD:        MOV        P1, 0FFH          ; P1 口写"1"，置为输入口
            CALL       DEL20             ; 调 20 ms 延时子程序
            MOV        A, P1             ; 读 P1 口键值
            JNB        ACC.0, KPR0       ; 判断 P1.0~P1.7 是否有键按下
            JNB        ACC.1, KPR1
            JNB        ACC.2, KPR2
            JNB        ACC.3, KPR3
            JNB        ACC.4, KPR4
            JNB        ACC.5, KPR5
            JNB        ACC.6, KPR6
            JNB        ACC.7, KPR7
            RETI
KPR0:       …                            ; P1.0 口线按键处理程序
            …
KP:         MOV        A, P1             ; P1 口键值
KP01:       JNB        ACC.0, KP         ; 判断 P1.0 口线电平是否变高
            CALL       DELAY20           ; 调 20 ms 延时子程序
```

JNB	ACC.0, KP01	；证实 P1.0 口线一直保持高电平
CLR	IE0	；关 $\overline{INT0}$ 中断
RETI		
KPR1:	…	；P1.1 口线按键处理程序
	…	
KPR7:	…	；P1.7 口线按键处理程序
	…	
DEL20:	…	；20 ms 延时子程序
	…	

超声波测距器设计实例

习　题

1. 什么是中断？常见的中断类型有哪几种？单片机的中断系统要完成哪些任务？

2. 80C51 单片机的中断系统由哪几个特殊功能寄存器组成？

3. 80C51 单片机有几个中断源？试写出它们内部优先级顺序以及各自的中断服务子程序入口地址。

4. 80C51 单片机有哪些中断标志位？它们位于哪些特殊功能寄存器中？各中断标志是怎样产生的？

5. 简述 80C51 单片机中断响应全过程。

6. 用适当指令实现将 $\overline{INT1}$ 设为脉冲下降沿触发的高优先级中断源。

7. 试编程实现将 $\overline{INT1}$ 设为高优先级中断，且为电平触发方式，T0 设为低优先级中断计数器，串行口中断为高优先级中断，其余中断源设为禁止状态。

8. 80C51 单片机中，哪些中断标志可以在响应后自动撤除？哪些需要用户撤除？如何撤除？

9. 用中断加查询方式对 80C51 单片机的外部中断源 $\overline{INT0}$ 进行扩展，使之能分别对 4 个按键输入的低电平信号做出响应。

10. 简单的定时器 T1 使 LED 闪烁的程序。这个程序是使用定时器溢出中断的例子。请分析每条语句的作用，做出程序流程图，描述程序功能。在 Proteus 中画出可以运行这个程序的电路图并仿真之。

```
ORG     0000H
LJMP    MAIN
ORG     001BH          ；定时中断入口地址
LJMP    INSER
```

```
              ORG      0030H
MAIN:         MOV      TMOD , #10H
              MOV      TH1, #04CH              ; 装入定时器初值
              MOV      TL1, #000H
              SETB     ET1                     ; 允许定时/计数器 1 中断
              SETB     TR1                     ; 开启定时/计数器 1 计数
              SETB     EA                      ; 打开总中断
HERE:         SJMP     HERE                    ; 原地踏步
              ORG      0200H
INSER:        MOV      TH1, #04CH              ; 重新装入定时器初值
              MOV      TL1, #000H
              INC      A
              CJNE     A , #20 , LOOP          ; 每隔 20 × 50 ms = 1 s，改变一次发声状态
              CPL      P1.5              ; 蜂鸣器接在 P1.5 上，为 0 时：发声；为 1 时：不发声
              MOV      A , #00H
LOOP:         RETI
              END
```

第9章　51系列单片机的定时/计数器

空间、时间是事物发展的基本属性；类似地，单片机在基于总线的存储空间上，在指令节拍嘀嗒嘀嗒声中，沿着程序预定的轨道运行。对于空间，我们有各种寻址方式精确定位；对于时间，我们也需要定时器来确定相对间隔。

前面曾用过的延时子程序可以起到定时的作用，但有两个弱点：一是不太准，二是需要占用 CPU 时间资源。比如，中午小睡一会儿，为了不误事，上个闹钟才能睡得踏实；如果这个闹钟每时每刻都需要主人亲自操作，那就不能起到设置闹钟的作用。单片机也一样，需要的是一个能够独立工作的定时器。

日常生活中的闹钟其实是个计数器，将秒脉冲按 60 进制计数就行了；单片机也一样，用内部产生的稳定准确的节拍做计数脉冲，按二进制计数就构成了定时器。还可以依照计数位数不同、初始值赋值方法不同，选择多种工作方式。

如果将定时器的内部计数源换成外部输入的脉冲，由于不知道外部脉冲的间隔有多大、重复性好不好，只有计数值是可以确定的，这就是计数器的功能。

单片机的定时器具有非常广泛的用途，本章有实例介绍。定时器非常适合测量频率/时间类型的信息，实例中的智能频率/时间/相位测量仪较详细地介绍了测量原理及设计细节。

9.1　定时/计数器结构和工作原理

9.1.1　定时/计数器结构

8051 单片机内部有两个 16 位可编程定时/计数器 T0 和 T1。它们的工作方式可以通过指令对相应的特殊功能寄存器编程来设定，或作定时器，或作外部事件计数器，可用于定时控制、延时、对外部事件进行检测和计数等场合。

定时/计数器 T0 和 T1 实际上都是 16 位加 1 计数器。T0 由两个 8 位特殊功能寄存器 TH0(0x8CH)和 TL0(0x8AH)组成，T1 是由 TH1(0x8DH)和 TL1(0x8BH)组成。每个定时器都可由软件设置为定时工作方式或计数工作方式。这些都是由特殊功能寄存器 TMOD 设置和 TCON 控制。

单片机中微处理器 CPU、特殊功能寄存器 TCON 和 TMOD 与定时/计数器 T0、T1 之间的关系如图 9.1 所示，它反映了定时/计数器在单片机中的位置和总体结构。

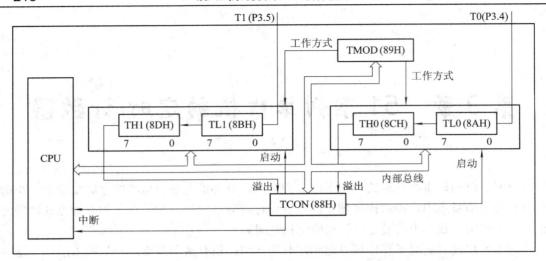

图 9.1　定时/计数器与 TMOD、TCON 的结构框图

9.1.2　定时/计数器工作原理

MCS-51 单片机的定时/计数器的原理框图如图 9.2 所示。

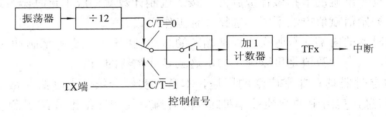

图 9.2　定时/计数器的原理框图

由图 9.2 可见，定时/计数器的核心是一个加 1 计数器，它的输入计数脉冲有两个来源：一个是外部脉冲源，另一个是系统机器周期(时钟振荡器经 12 分频以后的脉冲信号)。

当使用计数器功能时，就是对来自单片机外部的事件(以脉冲形式表示)进行计数，为了与请求中断的外部事件区分开，称此种外部事件为外部计数事件。计数器脉冲由 P3 口的 P3.4(或 P3.5)，即 T0 (或 T1)引脚输入，外部脉冲的下降沿触发计数，计数器在每个机器周期(频率等于振荡频率的 1/12)都会对 T0 (或 T1)引脚输入的外部脉冲采样，若一个周期的采样值为 1，下一个周期的采样值为 0，定时器的值增加 1。所以，检测一个 1 至 0 的跳变需要两个机器周期，故最高计数频率为振荡频率的 1/24。虽然对输入信号的占空比无特殊要求，但为了确保某个电平在变化之前至少采样一次，要求电平保持时间至少是一个完整的机器周期。

当使用定时器功能时，计数的脉冲来源于单片机内部的晶振。由于其周期极为准确，只要将计数值乘以这个周期，就得到了同样准确的计数延续时间，所以称为定时器。计数源为 8051 片内振荡器输出经 12 分频后的脉冲(机器周期信号)。每个机器周期使定时器(T0 或 T1)的数值增加 1，直到计数器溢出。当 8051 采用 12 MHz 晶体时，一个机器周期为 1 μs，计数频率为 1 MHz。

9.1.3　定时/计数器相关的特殊功能寄存器

1. 定时/计数器方式寄存器 TMOD

定时/计数器方式寄存器 TMOD 是单片机专门用来控制两个定时/计数器的工作方式的寄存器。这个寄存器的各位定义如下：

TMOD 位序	7	6	5	4	3	2	1	0
(89H) 位符号	GATE	C/$\overline{T}$	M1	M0	GATE	C/T	M1	M0

定时/计数器1 ←————定时/计数器1————→ ←————定时/计数器0————→

TMOD 的低 4 位与定时/计数器 T0 相关。

GATE：门控位。当 GATE＝0 时，由 TR0 来启动定时/计数器；当 GATE＝1 时，由 TR0 和(P3.2)共同启动定时/计数器，只有当二者同时为 1 时才进行计数操作。

C/$\overline{T}$：定时/计数模式选择位。当 C/$\overline{T}$＝0 时，处于定时模式，内部计数脉冲是对晶振进行 12 分频产生的；当 C/$\overline{T}$＝1 时，处于计数模式，外部计数脉冲由 T0 (P3.4)引入。

M1、M0：工作方式选择位。2 位可形成 4 种编码，对应于 4 种操作方式，见表 9.1。

表 9.1　操作模式控制位

M1 M0	操 作 模 式
0　0	模式 0：TLx 中低 5 位与 THx 中 8 位构成 13 位计数器，操作模式类同于 MCS-48 中的定时/计数器。TLx 相当一个 5 位定标器
0　1	模式 1：TLx 与 THx 构成全 16 位计数器，操作模式同上，但无定标器
1　0	模式 2：8 位自动重装载的定时/计数器，每当计数器 TLx 溢出时，THx 中的内容重新装载到 TI
1　1	模式 3：对于定时器 0，分成 2 个 8 位计数器。对于定时器 1，停止计数

TMOD 的高 4 位对定时/计数器 T1 的控制与对 T0 的控制类似。此时，门控位 GATE 所控制的定时/计数器启动由 TR1 和(P3.3)共同参与完成。

TMOD 对定时/计数器的控制由软件进行设定，大大提高了控制的灵活性。

2. 定时/计数器控制寄存器 TCON

定时/计数器控制器 TCON 的各位定义如下：

TCON	位地址	8FH	8EH	8DH	8CH	8BH	8AH	89H	88H
(88H)	位名称	TF1	TR1	TF0	TR0	IE1	IT1	IE0	IT0

TF1：定时器 1 溢出标志位。当定时器 1 计满数产生溢出时，由硬件自动置 TF1＝1。在中断允许时，向 CPU 发出定时器 1 的中断请求，进入中断服务程序后，由硬件自动清 0。在中断屏蔽时，TF1 可作查询测试用，此时只能由软件清 0。

TR1：定时器 1 运行控制位。由软件置 1 或清 0 来启动或关闭定时器 1。当 GATE＝1，且为高电平时，TR1 置 1 启动定时器 1；当 GATE＝0 时，TR1 置 1 即可启动定时器 1。

TF0：定时器 0 溢出标志位。其功能及操作情况同 TF1。

TR0：定时器 0 运行控制位。其功能及操作情况同 TR1。

IE1、IT1、IE0、IT0 分别为外部中断 1 请求标志位、外部中断 1 触发方式选择位、外部中断 0 请求标志位、外部中断 0 触发方式选择位，其作用与外部中断有关，这里不做介绍。

9.2　定时/计数器的工作方式

MCS-51 单片机的定时/计数器有 4 种工作方式，分别由 TMOD 寄存器中的 M1、M0 两位的二进制编码所决定。

9.2.1　工作方式 0

当 M1M0=00 时，定时/计数器设定为工作方式 0，构成 13 位的计数器，由 THx 的 8 位和 TLx 的低 5 位组成，TLx 的高 3 位未用，满计数值为 2^{13}。其逻辑结构如图 9.3 所示。定时/计数器启动后，立即加 1 计数。当 TLx 的低 5 位计数溢出时向 THx 进位，THx 计数溢出则相应的溢出标志位 TFx 置位，以此作为定时器溢出中断标志。当单片机进入中断服务程序时，内部硬件可自动清除该标志。当计数满后，若要进行下一次定时/计数，需用软件向 THx 和 TLx 重新置计数初值。

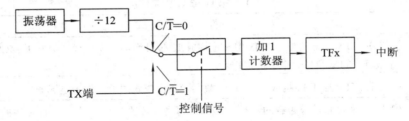

图 9.3　定时器 0 在方式 0 时的逻辑电路结构

9.2.2　工作方式 1

当 M1M0=01 时，定时/计数器设定为工作方式 1，构成 16 位定时/计数器，其中 THx 为高 8 位，TLx 为低 8 位，满计数值为 2^{16}，运行同方式 0 类似。其逻辑结构如图 9.4 所示。

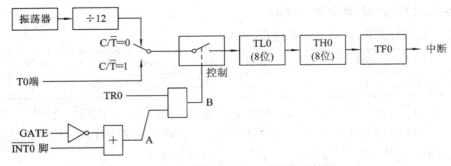

图 9.4　定时/计数器方式 1 的逻辑结构图

9.2.3　工作方式 2

当 M1M0=10 时，定时/计数器工作在方式 2，构成 1 个自动重装载的定时/计数器，满

计数值为 2^8。计数过程中，常数缓冲器 THx 中寄存的 8 位初值保持不变，由 TLx 进行 8 位计数。计数溢出时，除产生溢出中断请求外，还自动将 THx 中的初值重新装到 TLx 中去，即重装载。其逻辑结构如图 9.5 所示。

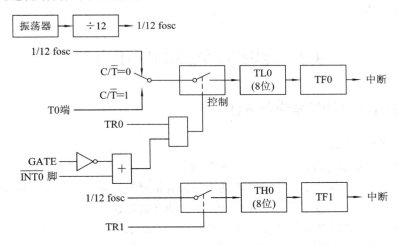

图 9.5　定时/计数器方式 2 的逻辑结构图

　　工作方式 2 对定时控制特别有用。例如我们希望利用定时/计数器每隔 250 ms 产生一个定时控制脉冲，则可以采用 12 MHz 的振荡器，把 TH1 预置为 6，并使 $C/\overline{T}=0$。工作方式 2 还特别适于把定时/计数器作串行口波特率发生器使用。

9.2.4　工作方式 3

　　当 M1M0 = 11 时，定时/计数器工作在方式 3，如图 9.6 所示，TH0 和 TL0 被拆成 2 个独立的 8 位计数器。方式 3 是为了增加一个附加的 8 位定时/计数器而提供的，它使 8051 单片机具有三个定时/计数器。方式 3 只适用 T0。一般情况下，当定时/计数器 T1 用作串行口波特率发生器时，定时器 T0 才定义为方式 3，以增加一个 8 位计数器。这时，TL0 既可作为定时器使用，也可作为计数器使用，它占用了定时器 T0 所使用的控制位($C/\overline{T}$、GATE、TR0、TF0)，其功能和操作与方式 0 或方式 1 完全相同；而 TH0 只能作定时器用，并且占据了定时器 T1 的两个控制信号 TR1 和 TF1，同时占用 T1 的中断源。当 T0 定义为方式 3 时，T1 可以为方式 0、方式 1、方式 2，但不能使用中断方式。

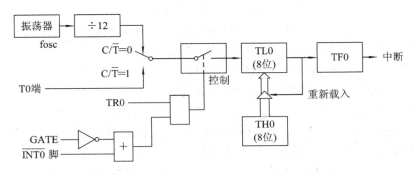

图 9.6　定时/计数器方式 3 的逻辑结构图

方式 3 只适用于定时器 T0。当定时器 T1 处于方式 3 时相当于 TR1=0，停止计数。

模式 3 适用于要求增加一个额外的 8 位定时器的场合。把定时/计数器 0 设置于操作模式 3，TH0 控制了定时器 1 的中断，而定时/计数器 1 还可以设置于模式 0～2，用在任何不需要中断控制的场合。

9.3 定时/计数器的应用方法

9.3.1 定时/计数器的基本应用方法

1. 为什么要设初值

所谓定时，其实是计数。日常生活中的闹钟就是一个把秒脉冲按 60 进制计数的计数器；单片机中也一样，用内部产生的稳定准确的节拍做计数脉冲，按 2 进制计数就构成了定时器。

定时器是 16 位的，要计数 65 536 个脉冲才能计满溢出报警。是不是我们只能用来定时 65 536 μs(假定一个机器周期 1 μs)呢？完全不是。我们去接水，如果桶里已经有半桶水，只需要再接半桶水就装满溢出，而不是需要一整桶水才溢出。定时也是一样，如果在 16 位定时器中预先放一个数字，启动计数后就会从这个数字上一个一个往上加直到加满溢出报警。从启动到溢出所经过的时间就是 65536 与预先放的数字之差，乘以机器周期。这个预先放的数字就是初值，放置初值是为了按照需要的时间间隔定时，而不是只能定时固定的时间间隔 65 536 μs。

2. 初值计算方法

从上述道理不难看出，设置初值的方法如下：

$$计数次数 = (计数溢出值 - 计数初值)$$
$$定时时间 = 计数次数 \times 机器周期 = (计数溢出值 - 初值) \times 机器周期$$

9.3.2 工作方式 0 的应用方法

定时/计数器 T0 和 T1 在方式 0 下的工作情况完全相同。此时的计数寄存器为 13 位，构成如下：

方式 0 下的计数溢出值为 8192(2^{13})，则：

$$计数次数 = 8192 - 计数初值 \tag{9-1}$$
$$定时时间 = (8192 - 计数初值) \times 12/fosc \tag{9-2}$$

方式 0 没有充分利用 16 位计数寄存器的计数范围，这是为了与 MCS-48 系列单片机兼容。13 位的计数寄存器的初始化有些烦琐，步骤如下：

(1) 由式(9-1)和式(9-2)计算出十进制的计数初值。

(2) 若计数初值小于 32，将其送入 TLx，将 0 送入 THx，完成计数寄存器初始化。

(3) 若计数初值不小于 32，先将其转化为二进制形式。补足 13 位后，将低 5 位送入 TLx，将高 8 位送入 THx，完成计数寄存器初始化。

示例：利用定时/计数器 0 控制产生宽度为 2 个机器周期的定时负脉冲，由 P1.0 送出。设定时脉冲产生的周期为 2 ms。

为提高 CPU 的效率,采用中断工作方式。系统用 12 MHz 的晶体,则计数频率为 1 MHz。计算计数初值。根据式(9-2)有

$$定时时间 = (8192 - 计数初值) \times 12/fosc$$
$$计数初值 = 8192 - 定时时间 \times fosc/12$$
$$= 8192 - 2000\ \mu s \times 12\ MHz/12$$
$$= 6192 = 1830H = 11000001\ 10000B$$

其中, 高 8 位应赋给 TH0, 低 5 位应赋给 TL0。因此 TH0 的初值为 0C1H, TL0 的初值为 10H。下面是有关的程序。假定系统复位后没有改变过 TMOD 的值, 则已处于定时器模式 0 的状态, 且 GATE=0, 不必再重置状态。

程序(中断方式)如下:

```
            ORG     0000H
            LJMP    MAIN
            ORG     000BH
            AJMP    T0INT
            ORG     0050H
MAIN:       MOV     A, #00H
            SETB    ET1             ; 允许定时器 0 溢出中断
            MOV     TMOD, #00H      ; 设置 TMOD, T0 工作方式 0, 计时
            MOV     TH0, #0C1H
            MOV     TL0, #10H
            MOV     IP, #0          ; 设置中断优先级
            SETB    EA              ; 开中断
            SETB    TR0             ; 启动定时器 0
            SJMP    $
TOINT:      CLR     P1.0            ; 定时器 0 溢出中断服务程序(由 000BH 转来)
            SETB    P1.0
            MOV     TH0, #0C1H      ; 用软件重新装载 TH0 和 TL0
            MOV     TL0, #10H
            SET     ET0             ; 重新允许定时器 0 溢出中断
            RETI
```

上述程序只是完整的软件中的一小部分。CPU 还要完成大量其他的任务, 而 2 ms 产生一个脉冲, 其间 CPU 可以进行大量的操作, 故一般而言, 在这种情况下, 宜采用中断方式, 不宜采用查询方式。

9.3.3　工作方式 1 的应用方法

定时/计数器 T0 和 T1 在方式 1 下的工作情况完全相同。方式 1 与方式 0 很相似,只是计数寄存器为 16 位,用起来比方式 0 方便得多。计数初值如下求得:

方式 1 下的计数溢出值为 65536(2^{16}), 则:

$$计数次数 = 65\ 536 - 计数初值 \tag{9-3}$$

$$定时时间 = (65\,536 - 计数初值) \times 机器周期 \qquad (9\text{-}4)$$

计数寄存器的初始化步骤如下：

(1) 由式(9-3)和式(9-4)计算出十进制的计数初值。

(2) 若计数初值小于 256，将其送入 TLx，将 0 送入 THx，完成计数寄存器初始化。

(3) 若计数初值不小于 256，将其转化为十六进制形式，再将高低字节分别送入 THx 和 TLx，完成计数寄存器初始化。

示例： 利用定时器 0 方式 1 产生一个 50 Hz 的方波，由 P1.0 输出。假定 CPU 不做其他工作，则可采用查询方式进行控制。采用 6 MHz 晶体。

方波频率为 50 Hz，则周期为 20 ms。即 P1 口 8 个引脚每 10 ms 取反一次，定时时间为 10 ms。

计算计数初值。根据式(9-4)有

$$定时时间 = (65\,536 - 计数初值) \times 12/fosc$$
$$计数初值 = 65\,536 - 定时时间 \times fosc/12$$
$$= 65\,536 - 10\,000\,\mu s \times 6\,MHz/12$$
$$= 60\,536 = 0EC78H$$

程序如下：

```
        MOV    TMOD,#01H    ; 设置定时器 0 方式 1
        SETB   TR0
LOOP:   MOV    TH0, #0ECH
        MOV    TL0, #078H
        JNB    TF0, $
        CLR    TF0
        CPL    P1.0
        SJMP   LOOP
```

应注意的是：TMOD 中的各位不是可直接寻址位，因此不能用 SETB　TMOD.0 来代替 MOV TMOD，#01H，否则汇编时将出错。

9.3.4　工作方式 2 的应用方法

定时/计数器在方式 2 下可由硬件实现初值重载，常用于波特率发生器。

T0 和 T1 在方式 2 下为 8 位定时/计数器，二者的工作情况相同。由 TLx 充当计数寄存器，由 THx 充当初值重载寄存器，重载过程如图 9.7 所示。当低 8 位计数器产生计数溢出时，一方面会把溢出信号写入 TFx，另一方面会启动 THx 自动为 TLx 赋初值。

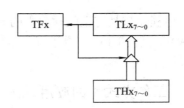

图 9.7　定时/计数器方式 2 下的初值重载

初始化方法：

方式 2 下的计数溢出值为 256，则：

$$计数次数 = 256 - 计数初值 \qquad (9\text{-}5)$$
$$定时时间 = (256 - 计数初值) \times 机器周期 \qquad (9\text{-}6)$$

方式 2 只利用了低 8 位计数寄存器，因此计数初值一定小于 256，计数器的初始化步骤如下：

(1) 由式(9-5)和式(9-6)计算出十进制的计数初值。

(2) 将计数初值送入 TLi，也将其送入 THi，完成计数寄存器初始化。

注意：方式 2 下计数初值既要送入 TLx，也要送入 THx。

示例：设 fosc = 12 MHz，T0 方式 2 计数，T1 方式 2 定时，编程实现在 P1.0 脚输出频率为 10 kHz 的方波，将 P1.0 上的信号进行 12 分频在 P1.5 脚输出。P1.0 输出的脉冲作为 T0 的计数脉冲，如图 9.8 所示。

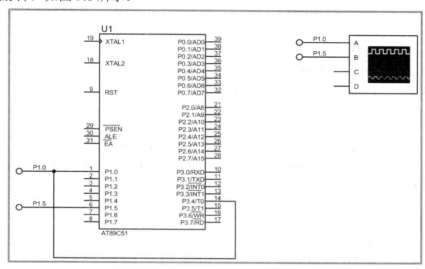

(a) 硬件连接图

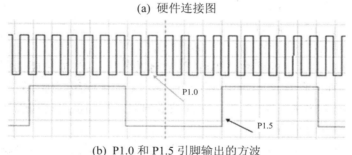

(b) P1.0 和 P1.5 引脚输出的方波

图 9.8

(1) 首先计算定时时间。P1.0 脚上输出的方波频率为 10 kHz，则周期为 0.1 ms。即 P1.0 引脚每 50 μs 取反一次，定时时间为 50 μs。

(2) 计算计数初值。根据式(9-6)有

$$T1\ 的定时时间 = (256 - T1\ 计数初值) \times 12fosc$$

$$T1\ 的计数初值 = 256 - T1\ 定时时间 \times fosc/12 = 256 - 50 \times 12\ MHz/12 = 206$$

P1.5 脚的方波为对 P1.0 脚方波的 12 分频，即 P1.5 脚的方波周期为 P1.0 脚方波周期的 12 倍，即 P1.0 脚每输出 6 个脉冲，P1.5 脚取反一次。

根据式(9-5)有

$$T0\ 的计数初值 = 256 - T0\ 的计数次数 = 256 - 6 = 250$$

(3) 设置 TMOD。T0 方式 2 计数，与外部脉冲有关，TMOD 的低 4 位为 0110；T1 方式 2 定时，与外部脉冲无关，TMOD 的高 4 位为 0010。

(4) 编制程序(中断方式)如下：

```
            ORG     0000H
            AJMP    MAIN
            ORG     000BH           ; T0 的中断服务程序
            CPL     P1.5
            RETI
            ORG     001BH           ; T1 的中断服务程序
            CPL     P1.0
            RETI
            ORG     0050H
MAIN:       SETB    EA              ; 开中断
            SETB    ET0
            SETB    ET1
            MOV     IP,#4           ; 设置 T1 中断为高优先级
            MOV     TMOD, #26H      ; 设置 TMOD，T0 方式 2 计数，T1 方式 2 定时
            MOV     TL0, #250       ; 设置计数初值
            MOV     TH0, #250
            MOV     TL1, #206
            MOV     TH1, #206
            SETB    TR0             ; 启动计数
            SETB    TR1             ; 启动定时
HERE:       SJMP    HERE
            END
```

① 本题中 T1 控制输出的脉冲是 T0 的计数脉冲，是引起 T0 中断的原因。如果两者同时产生计数溢出，则应先响应 T1 的中断请求，即 T1 的优先级高于 T0 的优先级。

② 定时/计数器工作在方式 2 下，在计数溢出时具有初值自动加载功能，无需在中断服务程序中重载计数初值。

③ 中断服务程序的长度不超过 8 个字节时，直接在中断程序入口处编写中断服务程序即可，无需另外开辟中断程序服务区。

示例：方式 2 是定时器自动重装载的，特别适合用作串行口波特率发生器。现采用 11.059 MHz 的晶体，要求利用定时器 1 产生 1200 的波特率。由波特率公式有

$$波特率 = \frac{2^{SMOD}}{32} \times \frac{fosc}{12[256-(TH1)]} \tag{9-7}$$

若 SMOD = 0，则可以算得重装载值为

$$(TH1) = 256 - \frac{11.059 \times 10^5}{32 \times 12 \times 1200} \approx 232 - E8H \tag{9-8}$$

有关的程序是很简单的：

```
MOV      TMOD, #20H      ; 置 T1 为方式 2
MOV      TL1, #0E8H
MOV      TH1, #0E8H
SETB     TR1
(置串行口操作模式)
...
```

复位后 SMOD(PCON.7)被清零，故不必重新清除。

9.3.5　工作方式 3 的应用方法

定时器 0 工作方式 3 是 2 个 8 位定时/计数器模式，且 TH0 借用了定时器 1 的溢出中断标志 TF1 和运行控制位 TR1。

示例：假设有一个用户系统中已使用了 2 个外部中断源，并置定时器 1 于方式 2，作串行口波特率发生器用。现要求再增加一个外部中断源并由 P1.0 口输出一个 5 kHz 的方波。

为了不增加其他硬件开销，可把定时/计数器置于计数器工作方式 3，利用 T0 端作附加的外部中断输入端，把 TL0 预置为 0FFH，这样在 T0 输出端出现由 1 至 0 的负跳变时，TL0 立即溢出，申请中断，相当于边沿激活的外部中断源。在方式 3 下，TH0 总是作为 8 位定时器用，可以靠它来控制 P1.0 输出的方波频率。

由 P1.0 输出 5 kHz 的方波，即每隔 100 μs 使 P1.0 的电平变化一次。若采用 12 MHz 的晶体，把 TH0 预置为 156，则 THO 溢出周期为 100 μs。

下面是有关的程序：

```
        ...
        MOV      TL0, #0FFH
        MOV      TH0, #156
        MOV      TL1, #BAUD      ; BAUD 是根据波特率要求设置的常数
        MOV      TH1, #BAUD
        MOV      TMOD, #27H      ; 置定时器 0 为方式 3，使 TL0 工作于计数器方式
        MOV      TCON, #55H      ; 置外部中断 0 和 1 于边沿激活方式，启动定时器 0 和 1
        MOV      IE, #9FH        ; 开放全部中断
        ...
TLOINT: MOV      TL0, # 0FFH     ; TL0 溢出中断服务程序(由 000BH 单元转来)
(中断处理)
        RETI
THOINT: MOV      TH0, #156       ; TH0 溢出中断服务程序(由 001BH 单元转来)
        CPL      P1.0
        RETI
```

关于串行口中断服务程序、外部中断 0 和 1 的服务程序不再一一列出。

9.3.6　定时器溢出同步问题

定时器溢出时，自动产生中断请求。但中断响应是有延迟的，这种延迟并非固定不变，

而是取决于其他中断服务程序是否在进行，或取决于正在执行的是什么样的指令。若定时器溢出中断是唯一的中断源，则延迟时间取决于后一个因素，可能在 3～8 个机器周期内变化，在这种情况下，相邻 2 次定时中断响应的间隔的变化不大，在大多数场合，可以忽略。但在一些对定时精度要求十分苛刻的场合，则对此误差应进行补偿。下面介绍一种补偿方法，可以使相邻 2 次中断响应的间隔误差不超过 1 个机器周期。

这种方法的简单原理：在定时器溢出中断得到响应时，停止定时器计数，读出计数值(它反映了中断响应的延迟时间)，根据这个计数值算出到下一次中断时，需多长时间，据此来重装载和启动定时器。假设定时周期为 1 ms，则通常定时器重装载值为 −1000(0FC18H)。下面给出的程序在计算每个周期的精确重装载值时，还考虑了由停止计数(CLR TR1)到重新启动计数(SETB TR1)之间相隔了 7 个机器周期。程序中 #LOW(−1000+7) 和 #HIGH(−1000+7) 是汇编语言中汇编符号，分别表示 −1000+7(0FCE1H)这个立即数的低位字节(0E1H)和高位字节(0FCH)。

```
    ...      ...
    CLR     EA                      ; 禁止所有中断
    CLR     TR1                     ; 停止定时器 1
    MOV     A, #LOW(-1000+7)        ; 期望数的低位字节
    ADD     A, TL1                  ; 进行修正
    MOV     TL1, A                  ; 重装载低位字节
    MOV     A, #HIGH(-1000+7)       ; 对高位字节作类似处理
    ADDC    A, TH1
    MOV     TH1,A
    SETB    TR1                     ; 再启动定时器
    ...
```

9.3.7　运行中读定时/计数器

在前面一个例子中，在读取和改变定时器的计数值之前，我们先简单地把它停住。但是在某些情况下，不希望在读计数值时打断定时的过程。虽然 MCS-51 中，随时可以读写计数寄存器 THx 和 TLx，但在读取时需特别加以注意。如不注意，读取的计数值有可能出错，因为我们不可能在同一时刻读取 THx 和 TLx 的内容。比如，我们先读(TLx)，然后读(THx)，由于定时器在不断运行，读(THx)前，若恰好产生 TLx 溢出向 THx 进位的情形，则读得的(TLx)值就完全不对了。同样，先读(THx)再读(TLx)也可能出错。

一种可能解决错读问题的方法是：先读(THx)，后读(TLx)，再读(THx)，若 2 次读得的(THx)没有发生变化，则可确定读得的内容是正确的。若前后 2 次读得的(THx)有变化，则再重复上述过程，这次重复读得的内容就应该是正确的了。下面是有关的程序，读得的(TH0)和(TL0)放置在 R1 和 R0 内：

```
RDTIME: MOV    A, TH0              ; 读(TH0)
        MOV    R0, TL0             ; 读(TL0)
        CJNE   A, TH0, RDTIME      ; 比较 2 次读得的(TH0)，必要时重复上述过程
        MOV    R1, A
        RET
```

9.3.8　定时器门控位 GATE 的应用

在一般应用场合，设置门控位 GATE = 0，使定时器的运行只受 TRx 位的控制。当 GATE = 1 时，定时器的运行将同时受 TRx 位和 $\overline{INTx}$ 引脚电平的控制。在 TRx=1 时，若 $\overline{INTx}$ =1，则启动计数，若 $\overline{INTx}$ = 0，则停止计数。这一特点可以极为方便地用于测试外部输入脉冲的宽度。

示例： 设外部脉冲由 $\overline{INT0}$ (P3.2)输入，定时/计数器 0 工作于定时器工作方式 1(16 位计数)。测试时，应在 $\overline{INT0}$ 为低电平时，设置 TR0 = 1；当 $\overline{INT0}$ 变为高电平时，就启动计数；$\overline{INT0}$ 再次变低时，停止计数。此计数值即被测正脉冲的宽度。当 fosc = 12 MHz 时，它的单位为 μs。下面是有关的程序，该程序把计数结果放在 32H 和 33H 两个单元：

```
        MOV     TMOD, #09H          ; 设 T0 为模式 1，GATE = 1
        MOV     TL0, # 00H
        MOV     TH0, #00H
        MOV     R0, #20H
        JB      INT0, $             ; 等待 INT0 变低
        SETB    TR0                 ; 准备启动定时器 0
        JNB     INT0, $             ; 等待 INT0 变高，启动计数
        JB      INT0, $             ; 等待 INT0 再次变低
        CLR     TR0                 ; 停止计数
        MOV     @R0, TL0
        INC     R0
        MOV     @R0, TH0
```

这种方案的最大被测脉冲宽度为 65535 μs (fosc = 12 MHz)，由于靠软件启动和停止计数，有一定的测量误差。其最大可能的误差应由有关指令的时序确定。

9.4　定时/计数器应用

9.4.1　简易音乐盒

声音的频谱范围约在几十到几千赫兹，利用单片机定时器的定时中断功能，可以从一条 I/O 口线上形成一定频率的脉冲，经过滤波和功率放大，接上喇叭就能发出一定频率的声音，若再利用延时程序控制输出脉冲的频率来改变音调，即可实现音乐发生器功能。

要让单片机产生音频脉冲，必须计算出某一音频的周期，再将此周期除以 2 得到半周期，定时器对此半周期进行定时，每当定时时间到，将该 I/O 口线上的电平取反，从而得到所需要的音频脉冲。产生音频的定时器初值计算公式如下：

$$t = 2^k - \frac{\text{fosc}/12}{2 \times F_r} \tag{9-9}$$

式中：k 的值根据单片机工作方式确定，可为 13(方式 0)、16(方式 1)、8(方式 2)；fosc 为单片机工作频率；F_r 为希望产生的音频。

例如中音 DO 的频率为 523 Hz，若单片机工作频率为 12 MHz，定时器 T0 设置为工作方式 1，计算得到定时器初值为 64 580；高音 DO 的频率为 1047 Hz，计算得到定时器初值 65 058。表 9.2 所示为单片机工作频率为 12 MHz 时，C 调各音符频率与定时器初值对照表。

表 9.2　C 调各音符频率与定时器初值对照表(foso = 12 MHz)

音符	频率/Hz	定时器初值 t	音符	频率/Hz	定时器初值 t
低1 DO	262	63628	#4　FA#	740	64860
#1　DO#	277	63731	中5 SO	784	64898
低2 RE	294	63835	#5　SO#	831	64934
#2　RE#	311	63928	中6 LA	880	64968
低3 ME	330	64021	#6　LA#	932	64994
低4 FA	349	64103	中7 SI	988	65030
#4　FA#	370	64185	高1 DO	1046	65058
低5 SO	392	64260	#1　DO#	1109	65085
#5　SO#	415	64331	高2 RE	1175	65110
低6 LA	440	64400	#2 RE#	1245	65134
#6　LA#	466	64463	高3 ME	1318	65157
低7 SI	494	64524	高4 FA	1397	65178
中1 DO	523	64580	#4 FA#	1480	65198
#1　DO#	554	64633	高5 SO	1568	65217
中2 RE	587	64684	#5 SO#	1661	65235
#2　RE#	622	64732	高6 LA	1760	65252
中3 ME	659	64777	#6 LA#	1865	65268
中4 FA	698	64820	高7 SI	1967	65283

一段音乐中除了音符之外，还需要节拍，可以通过延时方式来产生不同的节拍。如果 1 拍为 0.4 秒，则 1/4 拍为 0.1 秒，只要设定延时时间就可以求得节拍时间。例如，一段延时程序 DELAY 为 1/4 拍，则 1 拍只要调用 4 次 DELAY 程序，依次类推。表 9.3 所示为 1/4 和 1/8 节拍的设定。

表 9.3　1/4 和 1/8 节拍的设定(fosc = 12 MHz)

1/4节拍		1/8节拍	
曲调值	延时时间/ms	曲调值	延时时间/ms
4/4	125	4/4	62
3/4	187	3/4	94
2/4	250	2/4	125

表 9.4 所示为简谱音符与对应的简谱码，表 9.5 所示为节拍与对应的节拍码。

表 9.4　简谱与对应的简谱码(fosc = 12 MHz)

简　谱	发　声	简谱码	定时器初值
5	低音SO	1	64 260
6	低音LA	2	64 400
7	低音SI	3	62 524
1	中音DO	4	64 580
2	中音RE	5	64 684
3	中音ME	6	64 777
4	中音FA	7	64 820
5	中音SO	8	64 898
6	中音LA	9	64 968
7	中音SI	A	65 030
1	高音DO	B	65 058
2	高音RE	C	65 110
3	高音ME	D	65 157
4	高音FA	E	65 178
5	高音SO	F	65 217
	不发音	0	

表 9.5　节拍与对应的节拍码(fosc = 12 MHz)

4节拍码	节拍数	8节拍码	节拍数
1	1/4拍	1	1/8拍
2	2/4拍	2	2/8拍
3	3/4拍	3	3/8拍
4	4/4拍	4	4/8拍
5	1又1/4拍	5	5/8拍
6	1又2/4拍	6	6/8拍
8	2拍	8	1拍
A	2又2/4拍	A	1又2/8拍
C	3拍	C	1又4/8拍
F	3又3/4拍		

　　编写音乐程序时，先把乐谱的音符找出，按表9.2建立对应的简谱码及定时器初值表，按表 9.5 建立节拍码表。每个音符使用 1 个字节，字节的高 4 位存放音符的高低，低 4 位存放音符的节拍。将音符对应的定时器初值表放在 TABLE1 处，音符节拍码表放在 TABLE

处。"生日快乐"乐谱如下：

|5.565|17-|5553|176|4.431|21-|

按照上述原理可以编写出"生日快乐"乐曲的汇编语言程序。Proteus 仿真电路如图 9.9 所示。单击"Play"按钮执行程序，将从计算机的音箱中听到"生日快乐"乐曲。

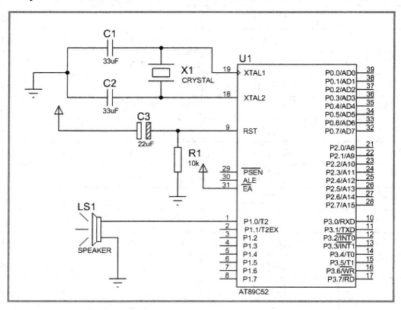

图 9.9　利用定时器产生音乐的仿真电路图

程序清单如下：

	ORG	0000H	; 复位地址
	LJMP	MAIN	; 跳转到主程序
	ORG	000BH	; T0 中断入口
	LJMP	TIM0	; 跳转到 T0 中断服务程序
	ORG	0030H	; 主程序入口地址
MAIN:	MOV	TMOD, #0IH	; 写入 T0 控制字，16 位定时方式
	MOV	IE, #82H	; 开中断
	MOV	30H, #00H	; 取简谱码指针
IEXT:	MOV	A, 30H	; 简谱码指针装入 A
	MOV	DPTR, #TABIE	; 从 TABLE 处取简谱码
	MOVC	A, @A+DPTR	
	MOV	R2, A	; 取得的简谱码暂存于 R2
	JZ	END0	; 是否取到结束码 00H?
	ANL	A, #0FH	; 不是，则取节拍码
	MOV	R5, A	; 节拍码存于 R5
	MOV	A, R2	; 将简谱码装入 A
	SWAP	A	; 高、低 4 位交换

```
            ANL     A, #0FH          ; 取音符码
            JNZ     SING             ; 取得的音符码是否为 0？
            CLR     TR0              ; 是则不发音
            LJMP    D1               ; 跳转到 D1
    SING:   DEC     A                ; 取得的音符码减 1(不含 0)
            MOV     22H, A           ; 存入 22H 单元
            RL      A                ; 乘 2
            MOV     DPTR, #TABIE1    ; 到 TABLEI 中取相对的高位字节值
            MOVC    A, @A+DPTR
            MOV     TH0, A           ; 取得的高位字节装入 THO 和 21H 单元
            MOV     21H, A
            MOV     A, 22H           ; 再装入取得的音符码
            RL      A                ; 乘 2
            INC     A                ; 加 1
            MOVC    A, @A+DPTR       ; 到 TABLEI 中取相对的低位字节值
            MOV     TL0, A           ; 取得的高位字节装入 TL0 和 20H 单元
            MOV     20H, A
            SETB    TR0              ; 启动 T0
    D1:     LCALL   DELAY            ; 基本单位时间 1/4 拍，延时 187 ms
            INC     30H              ; 取简谱码指针加 1
            LJMP    NEXT             ; 取下一个码
    END0:   CLR     TR0              ; 停止 T0
            LJMP    MAIN             ; 重复循环
```

定时器 T0 中断服务程序：

```
    TIMO:   PUSH    ACC              ; 保护现场
            PUSH    PSV7
            MOV     TL0, 20H         ; 重设定时初值
            MOV     TH0, 21H
            CPL     P1.0             ; P1.0 引脚电平取反
            POP     PSW              ; 恢复现场
            POP     ACC
            RETI                     ; 中断返回
```

基本单位延时子程序：

```
    DELAY:  MOV     R7, #02H         ; fosc=12 MHz 时延时 187 ms
    D2:     MOV     R4, #187
    D3:     MOV     R3, #248
            DJNZ    R3, $
            DJNZ    R4, D3
            DJNZ    R7, D2
```

```
        DJNZ      R5, DELAY              ; 决定节拍
        RET
```

音符对应的定时器初值表：

```
    TABLEI:   DW      64260, 64400, 64521, 64580
              DW      64684, 64777, 64820, 64898
              DW      64968, 65030, 65058, 65110
              DW      65157, 65178, 65217
    TABLE:    ; 1
              DB      82H, 01H, 81H, 94H, 84H
              DB      0B4H, 0A4H, 04H
              DB      82H, 01H, 81H, 94H, 84H
              DB      0C4H, 0B4H, 04H
              ; 2
              DB      82H, 0IH, 81H, 0F4H, 0D4H
              DB      0B4H, 0A4H, 94H
              DB      0E2H, 01H, 0EIH, 0D4H, 0B4H
              DB      0C4H, 0B4H, 04H
              ; 3
              DB      82H, 01H, 81H, 94H, 84H
              DB      0B4H, 0A4H, 04H
              DB      82H, 01H,   81H, 94H, 84H
              DB      0C4H, 0B4H, 04H
              ; 4
              DB      82H, 01H, 81H, 0F4H, 0D4H
              DB      0B4H, 0A4H, 94H
              DB      0E2H, 01H , 0EIH, 0D4H, 0B4H
              DB      0C4H, 0B4H, 04H
              DB      00H
        END
```

9.4.2　时序逻辑控制器

现以外接一个秒脉冲源作时序逻辑控制器。

在 T0 口(T0 外输入端 P3.4)外接一个秒脉冲源(可用石英钟机芯作为时钟源)，使得计数器连续对秒脉冲计数；然后不断查询计数值并与设定时间(即真值表)相比较，若相同，则将控制状态输出。定时/计数器 0 设成方式 1 计数器工作状态，计数器常数设定为计满 12 小时溢出中断，中断后重装时间常数及 P3.3 口求反，故 P3.3 口线为 12 小时转换标志，在 P3.3 口接一发光二极管，LED 灭为上午，LED 亮为下午，此时执行中断服务程序。硬件电路如图 9.10 所示。程序功能为 12 小时循环。

执行程序前编制时序控制表，设 N 组，根据不同时间，输出对应控制状态字，经 74LS377

由 LED 显示。根据不同的真值表，可实现一系列时序控制。

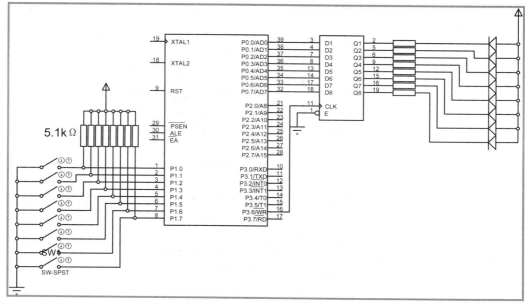

图 9.10　8051 与 74LS377 硬件电路图

程序流程图如图 9.11 所示。

程序清单如下：

START:	MOV	A, #0FFH	
	MOV	DPTR, #7FFFH	
	MOVX	@DPTR, A	; 置输出状态
	MOV	TMOD, #05H	; 计数方式 1
	AJMP	LOOP	
	AJMP	LOOP8	
LOOP:	MOV	TH0, #57H	
	MOV	TL0, #3FH	; 置时间初值
	SETB	TR0	; 启动
	SETB	P3.3	; 置上午
	SETB	EA	
	SETB	ET0	; 开中断
	MOV	R3, #00H	; 置表偏移初值
	MOV	R4, #04H	; 置组数
LOOP1:	MOV	A, TH0	; 飞读
	MOV	72H, TL0	
	CJNE	A, TH0, LOOP1	
	MOV	71H, A	
	MOV	A, 72H	

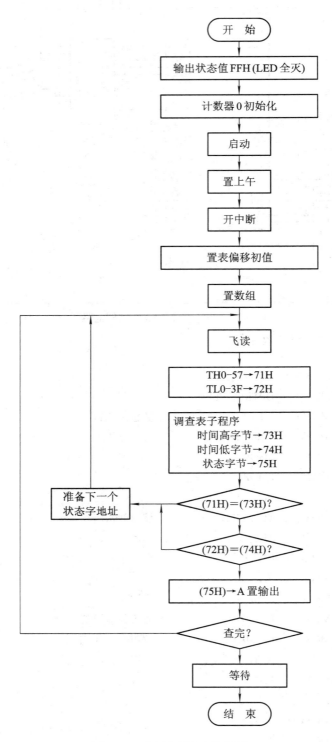

图 9.11　时序控制程序流程图

LOOP2:	CLR	C	; C 清零
	SUBB	A, #3FH	
	MOV	72H, A	; 时间低位为 00H→72H
	JNB	PSW.7, LOOP3	; 无借位转
	MOV	A, 71H	
	SUBB	A, #01H	; 时间高位－01H→71H
	MOV	71H, A	
LOOP3:	MOV	A, 71H	; 时间高位变 00H→72H
	SUBB	A, #57H	
	MOV	71H, A	
LOOP4:	LCALL	LOOP5	; 调查表子程序
	MOV	73H, A	; 时间高位→73H
	LCALL	LOOP5	
	MOV	74H, A	; 时间低位→74H
	LCALL	LOOP5	
	MOV	75H, A	; 输出状态字→75H
	AJMP	LOOP6	
LOOP5:	MOV	A, R3	; 查表
	ADD	A, #12H	
	MOVC	A, @A+PC	
	INC	R3	
	RET		
LOOP6:	MOV	A, 73H	
	CJNE	A, 71H, ML	; 时间高位比较不等转
	MOV	A, 74H	
	CJNE	A, 72H, ML	; 时间低位比较
	MOV	A, 75H	
	MOV	DPTR, #7FFFH	
	MOVX	@DPTR, A	; 输出状态字送 P0 口
LOOP7:	DJNZ	R4, LOOP1	; R4-1 不为 0 转
	INC	R4	
	AJMP	LOOP7	
ML:	DEC	R3	; 重查第一组
	DEC	R3	
	DEC	R3	
	AJMP	LOOP1	
TAB:	DB 000H, 005H, 0AAH, 000H, 050H, 0F0H, 001H, 000H, 00FH, 001H, 050H, 0EEH		
			; 时序控制真值表
LOOP8:	CPL	P3.3	; 中断服务程序

```
MOV     TMOD, #05H
MOV     TH0, #57H
MOV     TL0, #3FH
MOV     R3, #00H
MOV     R4, #04H
SETB    ET0
SETB    EA
SETB    TR0
RETI
```

时序逻辑控制器主要应用于比较复杂的控制系统中。例如用于缝纫机绣花时，可实现四组多功能操作，如自动调速、自动操作、控制缝纫、花样选择等；在测控系统中，如温室人工气候控制、水闸自动控制、电镀线自动控制等。读者可根据不同的要求，设置数组、输入状态、输入时间及输出状态，见表9.6。

表9.6　时序控制真值表

输入组数	输入时间/s (十六进制)	输出状态(74LS3771Q~8Q) (由 8 个 LED 发光状态表示)
1	0005H(5 s)	FF
	0050H(80 s)	F0
	0100H(256 s)	AB
	0150H(336 s)	11
2	0005H(5 s)	55
	0050H(80 s)	0F
	0708H(1800 s)	F0
	0D10H(3344 s)	11
3	0005H(5 s)	AA
	2A30H(10800 s)	0F
	3840H(14400 s)	F0
	4650H(18000 s)	11
4	0005H(5 s)	99
	2A30H(10800 s)	BB
	9AB0H(39600 s)	0F
	A8C0H(43200 s)	95

智能频率/时间/相位测量仪设计分析实例

习　题

　　1. 8051 单片机中与定时器相关的特殊功能寄存器有哪几个，它们的功能各是什么？

　　2. 8051 单片机的时钟频率为 6 MHz，若要求定时值分别为 0.1 ms 和 10 ms，定时器 0 工作在方式 0，方式 1 和方式 2 时，其定时器初值各应是多少？

　　3. 8051 单片机的晶振频率为 12 MHz，试用定时器中断方式编程实现从 P1.0 引脚输出周期为 2 ms 方波。

　　4. 8051 单片机的晶振频率为 12 MHz，试用查询定时器溢出标志方式编程实现从 P1.0 引脚输出周期为 2 ms 方波。

　　5. 设 8051 单片机的系统时钟频率为 12 MHz，试编程输出频率为 100 kHz，占空比为 2∶10 的矩形波。

　　6. 利用 8051 单片机的定时器测量某正单脉冲宽度，采用何种工作方式可以获得最大的量程？若系统时钟频率为 6 MHz，那么最大允许的脉冲宽度是多少？

　　7. 参照例 9.4.1 节编写两段音乐程序，用按键分别控制两段音乐的播放。

　　8. 用 80C51 的定时/计数器如何测量脉冲的周期、频率和占空比？若时钟频率为 6 MHz，求允许测量的最大脉冲宽度是多少？

　　9. 请编程实现以定时/计数器 T1 对外部事件计数。每计数 1000 个脉冲后，定时/计数器 T1 转为定时工作方式，定时 10 ms 后，又转为计数方式，如此循环不止。80C51 晶振频率为 6 MHz。加上必要的伪指令，并对源程序加以注释。

　　10. 使用一个定时器，如何通过软硬件结合的方法，实现较长时间的定时？

　　11. 如何在运行中对定时/计数器进行"飞读"？

第10章　51系列单片机的串行通信接口

　　尽管单片机的功能日益强大，但当面对复杂应用时，有时会显得力量薄弱，这时多个单片机配合并行工作，就是不错的开发思路；虽然用尽单片机时间资源也能完成需求功能，但如果将任务重新划分，用多个单片机分担，就可大大提高系统的可靠性和抗干扰能力；有不少工程具有多个数据源、多个控制点，且相互距离较远，用多个单片机通过远程通信和现场总线组成分布式系统也许是唯一可行的解决方案。现今利用远程通信技术、现场总线技术组成分布式系统，已是单片机技术发展的重要趋势。

　　由 CPU、I/O、存储器，加上总线就可以构成简单应用系统：一个物理 CPU，同时也是一个逻辑 CPU，能够处理的事情有限。但加上中断概念，就变成了复杂应用系统：虽然还是一个物理 CPU，但却能承担多个逻辑 CPU 的工作，工作能力大大提高，实用系统差不多都是以这种方式为基础组成的。若再加上通信接口，就具备了形成分布式应用系统的基本条件：真正的多个物理 CPU 协同工作，单个计算机系统无法完成的工作现在可以轻松搞定，系统处理能力得到提高。应用系统简单—复杂—分布式的发展中，我们可以感觉到单片机具有的通信接口，远不是仅仅增加了一个外设那么简单。

　　通信是组成分布式系统的基础技术。与并行通信相比，串行通信具有配置灵活、距离远、通信设备简单等优点，因而单片机中一般都配备有串口(或现场总线接口)。51 系列单片机内部有一个功能强大的全双工异步串行通信接口，该串行口有 4 种工作方式，以供不同场合使用。波特率可由软件来设置，接收、发送均可工作于查询方式或中断方式，使用十分灵活。

　　本章将介绍串行通信的概念及单片机串行接口的结构、原理及应用。最后应用异步串行通信组成分布系统的设计实例。

10.1　串行通信概念

10.1.1　串行通信基础

计算机 CPU 与外部设备之间、计算机与计算机之间的信息交换称为数据通信。

1. 数据通信的概念

基本的数据通信方式有两种，即并行通信和串行通信。

(1) 并行通信：数据的各位同时进行发送或接收。其优点是数据传送速度快；缺点是数据有多少位，就需要多少根传送线。

(2) 串行通信：数据的各位一位一位顺序进行发送或接收。其优点是数据传送线少，降低了传送成本，特别适用于远距离通信；其缺点是传送速度较低。

2. 数据的传输方式

串行通信中数据的传输方式有单工、半双工、全双工传输方式。

(1) 单工传输方式：数据只能单方向地从一端向另一端传送。

(2) 半双工传输方式：允许数据双向传送，但每次只允许向一个方向传送。

(3) 全双工传输方式：允许数据同时双向传送。全双工通信效率最高。

3. 基本通信方式

串行通信有两种基本通信方式，即同步通信方式和异步通信方式。

(1) 同步通信：发送器和接收器由同一个时钟控制，如图 10.1(a)所示。同步传送时，字符与字符之间没有间隙，也不用起始位和停止位，仅在要传送的数据块开始传送前，用同步字符 SYNC 来指示，其数据格式如图 10.1(b)所示。

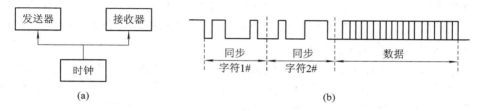

图 10.1　同步通信和同步字符

同步传送的优点是可以提高传送速率，但硬件比较复杂。

(2) 异步通信：发送器和接收器均由各自时钟控制，如图 10.2(a)所示。通信时，数据是一帧一帧 (包含一字节数据)传送的，每一串行帧的数据格式如图 10.2(b)所示。

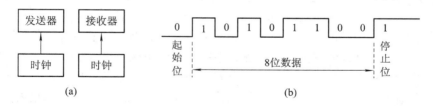

图 10.2　异步通信和帧数据格式

在帧格式中，一个字符由四部分组成：起始位、数据位、奇偶校验位和停止位。即首先是一个起始位"0"，然后是数据位 (规定低位在前，高位在后)，接下来是奇偶校验位 (可省略)，最后是停止位"1"。

4. 串行通信中的错误校验

(1) 奇偶校验：在发送数据时，数据位尾随的 1 位为奇偶校验位(1 或 0)。奇校验时，数据中"1"的个数与校验位"1"的个数之和应为奇数；偶校验时，数据中"1"的个数与校验位"1"的个数之和应为偶数。接收字符时，对"1"的个数进行校验，若发现不一致，则说明传输数据过程中出现了差错。奇偶校验是检验串行通信双方传输的数据正确与否的一个措施，并不能保证通信数据的传输一定正确。

(2) 代码和校验：发送方将所发数据块求和(或各字节异或)，产生一个字节的校验字符 (校验和)附加到数据块末尾。接收方接收数据同时对数据块(除校验字节外)求和(或各字节异或)，将所得的结果与发送方的"校验和"进行比较，相符则无差错，否则即认为传送过程中出现了差错。

(3) 循环冗余校验：通过某种数学运算实现有效信息与校验位之间的循环校验，常用于对磁盘信息的传输、存储区的完整性校验等。这种校验方法纠错能力强，广泛应用于同步通信中。

5. 传输速率与传输距离

1) 传输速率

比特率是每秒钟传输二进制代码的位数，单位是位/秒(b/s)。如每秒钟传送 240 个字符，而每个字符格式包含 10 位(1 个起始位、1 个停止位、8 个数据位)，这时的比特率为

$$10 \text{ 位} \times 240 \text{ 个}/\text{秒} = 2400 \text{ b/s}$$

波特率表示每秒钟调制信号变化的次数，单位是波特(Baud)。

波特率和比特率不总是相同的，对于将数字信号 1 或 0 直接用两种不同电压表示的所谓基带传输，比特率和波特率是相同的。所以，我们也经常用波特率表示数据的传输速率。

2) 传输距离与传输速率的关系

串行接口或终端直接传送串行信息位流的最大距离与传输速率及传输线的电气特性有关。当传输线使用每 0.3 m(约 1 英尺)有 50 pF 电容的非平衡屏蔽双绞线时，传输距离随传输速率的增加而减小。当比特率超过 1000 b/s 时，最大传输距离迅速下降，如比特率为 9600 b/s 时，最大距离可下降到只有 76 m(约 250 英尺)。

10.1.2　网络多机系统与通信控制

多机系统与网络是单片机在中、大型现代工程系统(如监控系统、综合实验系统、机器人…)中的主要应用形式。由于单片机价格低廉、系统构成灵活、规范，抗干扰能力强，因此，在面向测控对象的功能单元，单片机系统应用已经普及；随着单片机价格下降，外围电路的简化，在一般规模的智能仪表、测试系统、控制系统中越来越多地采用多机系统。

多机系统与网络无严格定义。一般谈到多机系统多着眼于单片机的数量，很少考虑其拓扑结构，在地理位置上属于本机或近程结构，多个单片机放置在一个机箱内，或散布在一个大型设备(如机床、生产线、机车等)中。单片机之间的数据传送一般可采用并行接口、串行接口或标准的 RS232C 接口。网络则着眼于单片机的地理分布，各个单片机应用系统散布在一定的地理位置上，独立地执行一个完整的任务(如仓库监测、气象水文测报、炉群控制等)，各应用系统间的数据传送大多采用标准接口，如 RS422、RS485 等。由于单片机应用系统人机对话外围设备较薄弱，一般常使用通用计算机作主机，目前网络结构常采用主从树状或总线分布式。

单片机串行口的设置和串行口通信控制功能的完善为单片机多机系统、网络应用创造了极为有利的条件。如今，单片机应用系统构成的工业测控局部网络已成为最通行的一种结构形式。

但是传统的网络标准协议很少顾及工业测控智能子站的特殊通信要求，它充分完善然而又太繁杂的标准条款使不少工程技术人员望而却步。因此，不少人直接利用单片机的串行口，在电气上采用直接连通或通过标准接口芯片构成 RS232C、RS422、RS485 接口，在

软件上则根据网络的功能要求自己设定简单的通信协议构成非标准简易局部网络。目前这种形式的网络还有很大市场。

可以预计，单片机应用系统构成的网络形式主要有两种：基于现场总线协议标准的分布式网络系统和非标准的简易局部网络。前者用于传输速度高、可靠性高、距离较远、要求通信控制功能较高的场合，后者则可用于一般要求场合。

在网络系统中，主机一般均采用通用计算机系统，通用计算机与网络的连接往往通过一个通信控制总站来对网络中各节点进行管理。通信控制总站采用与节点相同的单片机，其串行口与节点单片机的串行口相连，可以充分利用单片机的多机通信控制功能。通信控制总站与主机之间可以采用并行或串行接口相连。串行通信时，可使主机处于间歇工作状态，网络平常工作时由总站值守，需主机进行工作时，由总站唤醒。

多机系统、网络系统一直是单片机应用系统技术不断追求的重要目标之一。在第二代单片机中最显著的技术措施就是异步串行通信接口的设置。其多机通信功能为用户构成各种简易规约的分布式监控系统带来了极大的方便，在第三代单片机中，这种串行接口功能得到了进一步增强。

在单片机多机系统中，用现有的异步串口很难实现多主结构。为此，不少单片机制造商都在寻求构成多机系统的串行总线，如 Motorola 的 SPI，NS 公司的 Microwire 总线，Philips 的 I2C。I2C BUS 与 51 单片机相结合，协议简单，总线仲裁、总线运行状态特征的硬件标识以及状态处理的规范化子程序为用户构成多主机系统带来了极大方便。

10.2　51 单片机串行口结构及控制寄存器

10.2.1　串行口结构及运行过程

1. 串行口结构

51 系列单片机串行口由串行控制器电路、发送电路、接收电路三部分组成。其结构如图 10.3 所示。接收、发送缓冲器 SBUF 是物理上完全独立的两个 8 位缓冲器，发送缓冲器只能写入不能读出，接收缓冲器只能读出不能写入，两个缓冲器占用同一个地址(99H)。

从图 10.3 中还可看出，接收是双缓冲结构，由接收缓冲器和接收移位寄存器组成。发送缓冲不是双缓冲，因为发送时 CPU 是主动的，不会产生重叠错误。

2. 运行过程

如图 10.4 所示为串行口运行逻辑示意图。

(1) 发送数据时：指令 MOV　SBUF，A 向发送缓冲器 SBUF 装载一个字节数据；即启动一次数据发送，开始由 TXD 引脚向外发送一帧数据；发送完会使发送中断标志位 TI=1。待一个字节数据发送完后，可向 SBUF 再传送下一个字节。

(2) 接收数据时：单片机的串行口不断地探测接口状态。当一帧数据从 RXD 端进入 SBUF 之后，串行口发出中断请求，通知 CPU 接收这一数据。CPU 执行一条读指令，指令 MOV　A，SBUF 完成一次数据接收，就能将接收的数据送入累加器中。与此同时，SBUF 可再接收下一帧数据。

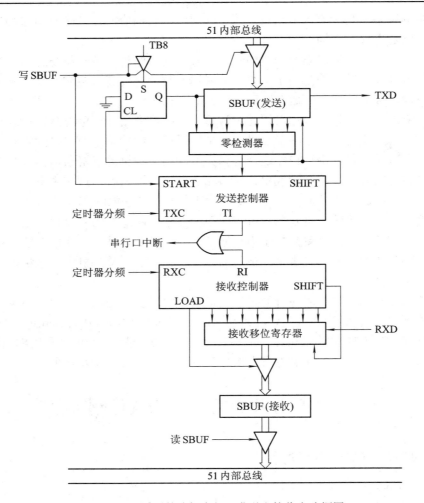

图 10.3　51 系列单片机串行口发送和接收电路框图

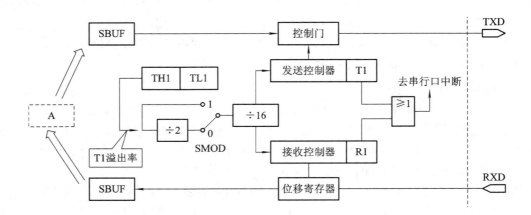

图 10.4　串行口运行逻辑示意图

10.2.2　用于串行口控制的寄存器

与串行通信有关的控制寄存器有串行控制寄存器 SCON、电源控制寄存器 PCON 及中断允许控制寄存器 IE 等。

1. 串行控制寄存器 SCON

SCON 是一个特殊功能寄存器，用于设定串行口的工作方式、接收/发送控制以及设置状态标志：

(98H)	D7	D6	D5	D4	D3	D2	D1	D0
SCON	SM0	SM1	SM2	REN	TB8	RB8	TI	RI
位地址	9F	9E	9D	9C	9B	9A	99	98

SM0 和 SM1 为工作方式选择位，有四种工作方式可供选择，如表 10.1 所示。

表 10.1　串行口工作方式选择

SM0	SM1	工作方式	功 能 说 明	波 特 率
0	0	0	移位寄存器方式(同步半双工)	fosc/12
0	1	1	10 位异步收发方式(USRT)	由 T1 控制
1	0	2	11 位异步收发方式(USRT)	fosc/32 或 fosc/64
1	1	3	11 位异步收发方式(USRT)	由 T1 控制

SM2：多机通信控制位，主要用于方式 2 和方式 3。当接收机的 SM2=1 时，可以利用收到的 RB8 来控制是否激活 RI(RB8＝0 时，不激活 RI，收到的信息丢弃；RB8＝1 时，收到的数据进入 SBUF，并激活 RI，进而在中断服务中从 SBUF 读取数据)。当 SM2=0 时，不论收到的 RB8 为 0 还是 1，均可以使收到的数据进入 SBUF，并激活 RI(即此时 RB8 不具有控制 RI 激活的功能)。通过控制 SM2，可以实现多机通信。

在方式 0 下，SM2 必须是 0。在方式 1 下，若 SM2=1，则只有接收到有效停止位时，RI 才置 1。

REN：允许串行接收位。由软件置 REN=1，则启动串行口接收数据；若软件置 REN=0，则禁止接收。

TB8：在方式 2 或方式 3 中，是发送数据的第九位，其可以用软件规定其作用。其可以用作数据的奇偶校验位，或在多机通信中，作为地址帧/数据帧的标志位。

在方式 0 和方式 1 中，该位未用。

RB8：在方式 2 或方式 3 中，是接收到数据的第九位，作为奇偶校验位或地址帧/数据帧的标志位。在方式 1 下，若 SM2=0，则 RB8 是接收到的停止位。

TI：发送中断标志位。在方式 0 下，当串行发送第 8 位数据结束时，或在其他方式下，串行发送停止位的开始时，由内部硬件使 TI 置 1，向 CPU 发中断申请。在中断服务程序中，必须用软件将其清 0，取消此中断申请。

RI：接收中断标志位。在方式 0 下，当串行接收第 8 位数据结束时，或在其他方式下，串行接收停止位的中间时，由内部硬件使 RI 置 1，向 CPU 发中断申请。也必须在中断服务程序中，用软件将其清 0，取消此中断申请。

2. 电源控制寄存器 PCON

电源控制寄存器 PCON 能够进行电源控制，其 D7 位 SMOD 是串行口波特率设置位。寄存器 PCON 的字节地址为 87H，没有位寻址功能。PCON 中各位排列如下：

	D7	D6	D5	D4	D3	D2	D1	D0
PCON	SMOD				CF1	CF0	FD	IDL

PCON 寄存器的 D7 位为 SMOD，称为波特率倍增位。即当 SMOD=1 时，波特率加倍；当 SMOD = 0 时，波特率不加倍。

通过软件可设置 SMOD = 0 或 SMOD = 1。因为 PCON 无位寻址功能，所以，要想改变 SMOD 的值，可通过执行以下指令来完成：

　　　　ANL PCON, #7FH　　　; 使 SMOD = 0
　　　　ORL PCON, #80H　　　; 使 SMOD = 1

在串行口方式 1、方式 2、方式 3 下，波特率与 SMOD 有关，当 SMOD = 1 时，波特率提高一倍。复位时，SMOD = 0。

3. 中断允许控制寄存器 IE

IE 控制中断系统的各中断的允许与否。其中与串行通信有关的位有 EA 和 ES 位，EA 是中断总允许，ES 是串行中断允许位，当 EA = 1 且 ES = 1 时，串行中断允许。

10.3　串行口的工作方式

串行接口的工作方式有四种，由 SCON 中的 SM0 和 SM1 定义。在这四种工作方式中，异步串行通信只使用方式 1、方式 2、方式 3。方式 0 是同步半双工通信，经常用于扩展并行输入/输出口。

10.3.1　同步工作方式 0

在方式 0 下，串行口为同步移位寄存器的输入/输出方式，主要用于扩展并行输入或输出口。数据由 RXD(P3.0)引脚输入或输出，同步移位脉冲由 TXD(P3.1)引脚输出。发送和接收的数据均为 8 位，低位在先，高位在后。波特率固定为 fosc/12。

(1) 方式 0 输出，如图 10.5 所示。

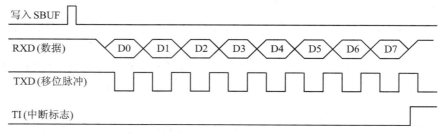

图 10.5　方式 0 输出

(2) 方式 0 输入，如图 10.6 所示。

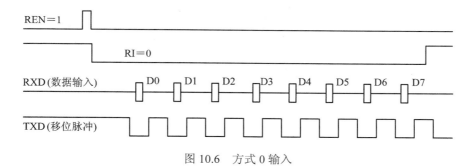

图 10.6　方式 0 输入

(3) 方式 0 接收和发送电路，如图 10.7 所示。

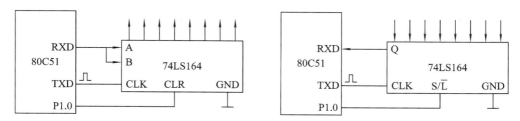

图 10.7　方式 0 接收和发送电路

10.3.2　异步工作方式 1

方式 1 是 10 位数据的异步通信口。TXD 为数据发送引脚，RXD 为数据接收引脚，传送一帧数据的格式如图 10.8 所示。其中 1 个起始位，8 个数据位，1 个停止位。

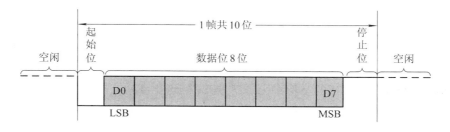

图 10.8　传送一帧数据的格式

(1) 方式 1 输出，如图 10.9 所示。

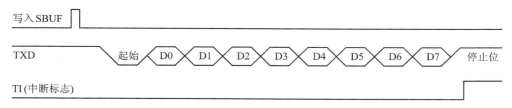

图 10.9　方式 1 输出

(2) 方式 1 输入，如图 10.10 所示。

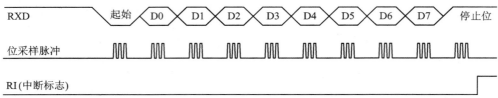

图 10.10 方式 1 输入

用软件置 REN 为 1 时，接收器以所选择波特率的 16 倍速率采样 RXD 引脚电平，检测到 RXD 引脚输入电平发生负跳变时，则说明起始位有效，将其移入输入移位寄存器，并开始接收这一帧信息的其余位。接收过程中，数据从输入移位寄存器右边移入，起始位移至输入移位寄存器最左边时，控制电路进行最后一次移位。当 RI = 0，且 SM2 = 0 (或接收到的停止位为 1)时，将接收到的 9 位数据的前 8 位数据装入接收 SBUF，第 9 位(停止位)进入 RB8，并置 RI = 1，向 CPU 请求中断。

10.3.3 异步工作方式 2 和方式 3

选方式 2 或方式 3 时，一帧数据为 11 位。TXD 为数据发送引脚，RXD 为数据接收引脚。

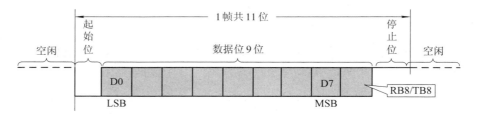

在方式 2 和方式 3 下，起始位 1 位，数据位 9 位(含 1 位附加的第 9 位，发送时为 SCON 中的 TB8，接收时为 RB8)，停止位 1 位，一帧数据为 11 位。方式 2 的波特率固定为晶振频率的 1/64 或 1/32，方式 3 的波特率由定时器 T1 的溢出率决定。

(1) 方式 2 和方式 3 输出，如图 10.11 所示。

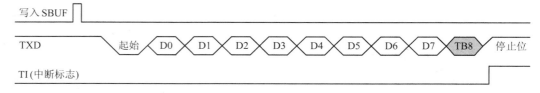

图 10.11 方式 2 和方式 3 输出

发送开始时，先把起始位 0 输出到 TXD 引脚，然后发送移位寄存器的输出位(D0)到 TXD 引脚。每一个移位脉冲都使输出移位寄存器的各位右移一位，并由 TXD 引脚输出。

第一次移位时，停止位"1"移入输出移位寄存器的第 9 位上，以后每次移位，左边都移入 0。当停止位移至输出位时，左边其余位全为 0，检测电路检测到这一条件时，使控制电路进行最后一次移位，并置 TI = 1，向 CPU 请求中断。

(2) 方式 2 和方式 3 输入，如图 10.12 所示。

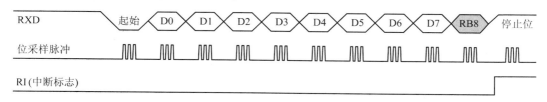

图 10.12　方式 2 和方式 3 输入

接收数据时，数据从右边移入输入移位寄存器，在起始位 0 移到最左边时，控制电路进行最后一次移位。当 RI = 0，且 SM2 = 0 (或接收到的第 9 位数据为 1)时，接收到的数据装入接收缓冲器 SBUF 和 RB8(接收数据的第 9 位)，置 RI = 1，向 CPU 请求中断。如果条件不满足，则数据丢失，且不置位 RI，继续搜索 RXD 引脚的负跳变。

10.4　串行通信应用技术

在计算机分布式测控系统中，经常要利用串行通信方式进行数据传输。80C51 单片机的串行口为计算机间的通信提供了极为便利的条件。利用单片机的串行口还可以方便地扩展键盘和显示器，对于简单的应用非常便利。这里仅介绍单片机串行口在通信方面的应用，关于串行口工作方式 0 对于并行 I/O 口的扩展将在最后一章介绍。

10.4.1　串行通信基本操作

1. 波特率的计算

在串行通信中，收、发双方对发送或接收数据的速率要有约定。通过软件可将单片机串行口编程为四种工作方式，其中方式 0 和方式 2 的波特率是固定的，而方式 1 和方式 3 的波特率是可变的，由定时器 T1 的溢出率来决定。

串行口的四种工作方式对应三种波特率。因为输入的移位时钟的来源不同，所以，各种方式的波特率计算公式也不相同。

方式 0 的波特率 = fosc/12

方式 2 的波特率 = $(2^{SMOD}/64) \cdot$ fosc

方式 1 的波特率 = $(2^{SMOD}/32) \cdot$ (T1 溢出率)

方式 3 的波特率 = $(2^{SMOD}/32) \cdot$ (T1 溢出率)

当 T1 作为波特率发生器时，最典型的用法是使 T1 工作在自动再装入的 8 位定时器方式(即方式 2，且 TCON 的 TR1=1，以启动定时器)。这时溢出率取决于 TH1 中的计数值。

$$T1 \ 溢出率 = fosc / \{12 \times [256 - (TH1)]\}$$

在单片机的应用中，常用的晶振频率为 12MHz 和 11.0592 MHz。11.0592 MHz 这个数字，可以多次被 2 或 3 整除，因此若采用常规波特率如 300、600、1200、2400、4800、9600、19200 时，求得的定时器初值误差最小，当系统特别强调通信可靠性时，往往选 11.0592 MHz 的晶振频率。常用的串行口波特率以及各参数的关系如表 10.2 所示。

表 10.2　常用波特率与定时器 1 的参数关系

串口工作方式 及波特率/(b·s⁻¹)		fosc/MHz	SMOD	定时器 T1		
				C/$\overline{T}$	工作方式	初值
方式 1、3	62.5k	12	1	0	2	FFH
	19.2k	11.0592	1	0	2	FDH
	9600	11.0592	0	0	2	FDH
	4800	11.0592	0	0	2	FAH
	2400	11.0592	0	0	2	F4H
	1200	11.0592	0	0	2	E8H

2. 串行口初始设置

串行口工作之前，应对其进行初始化，主要是设置产生波特率的定时器 1、串行口控制和中断控制。具体步骤如下：

(1) 确定 T1 的工作方式(编程 TMOD 寄存器)；

(2) 计算 T1 的初值，装载 TH1、TL1；

(3) 启动 T1(编程 TCON 中的 TR1 位)；

(4) 确定串行口控制(编程 SCON 寄存器)；

(5) 串行口在中断方式下工作时，要进行中断设置(编程 IE、IP 寄存器)。

3. 通信协议

通信协议就是通信双方要遵守的共同约定。协议内容包括双方采取一致的通信方式、一致的波特率设定、确认何方为收机何方为发机、设定通信开始时发机的呼叫信号和收机的应答信号以及通信结束的标志信号等。通常在设计发送与接收程序时应考虑以下问题：

发送程序：

(1) 波特率设置初始化(与接收程序设置相同)；

(2) 串行口初始化(允许接收)；

(3) 相关工作寄存器设置(原数据地址指针等)；

(4) 按约定发送/接收数据。

接收程序：

(1) 波特率设置初始化(与发送程序设置相同)；

(2) 串行口初始化(与发送程序设置相同)；

(3) 工作寄存器设置(保存数据地址指针等)；

(4) 按约定发送/接收数据，传送状态字，如正确标志，错误标志。

10.4.2　串行口采用奇偶校验发送/接收数据

程序状态字寄存器 PSW 中有一个奇偶状态位 P (PSW.0)：P = 1 表示目前累加器中"1"的个数为奇数；P = 0 表示目前累加器中"1"的个数为偶数。CPU 随时监视着 ACC 的"1"的个数并自动反映在 P。

以偶校验为例进行讨论，对于奇校验只需要"0""1"对调即可。

1．发送端

若发送的 8 位数据中"1"的个数为偶数，需人为添加一个附加位"0"一起发送；

若发送的 8 位数据中"1"的个数为奇数，需人为添加一个附加位"1"一起发送。

选用偶校验方式发送，如果 A 中 1 的个数是奇数(P = 1)，将 TB8 写成"1"一起发送；反之：若(P = 0)则写 TB8 = "0"发送。

偶校验发送程序：

```
    CLR   TI              ; 清发送中断标志以备下次发送
    MOV   A, @R0          ; 取由 R0 所指向的单元中的数据
    MOV   C, P            ; 将奇偶标志位通过 C 放进 TB8
    MOV   TB8, C          ; 一起发送出去
    MOV   SBUF, A         ; 启动发送
    INC   R0             ; 指针指向下一个数据单元
```

2．接收端

若接收到的 9 位数据中"1"的个数为偶数，则表明接收正确，取出 8 位有效数据即可；

若接收到的 9 位数据中"1"的个数为奇数，则表明接收出错，应当进行出错处理。

选用偶校验方式接收，若 P=0，且 RB8=0 或 P=1，且 RB8=1 表示偶校验没有出错。若 P=0 且 RB8=1 或 P=1 且 RB8=0 偶校验出错。

偶校验接收程序：

```
        CLR     RI          ; 清发送中断标志以备下次发送
        MOV     A, SBUF     ; 读进收到的数据
        MOV     C, P        ; 奇偶标志位 CY
        JNC     L1          ; C = 0 时转到 L1，即 P = 0 时转到 L1
        JNB     RB8, ERR    ; P = 1 时，若 RB8 = 0 转到 ERR
        SJMP    L2          ; 若 RB8=1 则表明接收正确，转 L2
L1:     JB      RB8, ERR    ; P = 0 且 RB8 = 1 表明出错转 ERR
L2:     MOV     @R0, A      ; P = 0 且 RB8 = 0 表明接收正确
        NC      R0          ; 指针指向下一个数据单元
ERR:                        ; 出错处理
        RET                 ; 返回
```

10.4.3 单片机与单片机的串口方式 1 通信

1. 硬件连接

单片机与单片机的串口方式 1 通信的硬件连接如图 10.13 所示。

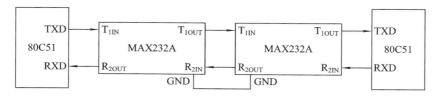

图 10.13 单片机与单片机的串口方式 1 通信的硬件连接

2. 通信过程解析

设 1 号机是发送方，2 号机是接收方。当 1 号机发送时，先发送一个"E1"联络信号，2 号机收到后回答一个"E2"应答信号，表示同意接收。当 1 号机收到应答信号"E2"后，开始发送数据，每发送一个数据字节都要计算"校验和"，假定数据块长度为 16 个字节，起始地址为 40H，一个数据块发送完毕后立即发送"校验和"。2 号机接收数据并转存到数据缓冲区，起始地址也为 40H，每接收到一个数据字节便计算一次"校验和"，当收到一个数据块后，再接收 1 号机发来的"校验和"，并将它与 2 号机求出的校验和进行比较。若两者相等，说明接收正确，2 号机回答 00H；若两者不相等，说明接收不正确，2 号机回答 0FFH，请求重发。1 号机接到 00H 后结束发送。若收到的答复非零，则重新发送数据一次。双方约定采用串行口方式 1 进行通信，一帧信息为 10 位，其中有 1 个起始位、8 个数据位和一个停止位；波特率为 2400 波特，T1 工作在定时器方式 2，振荡频率选用 11.0592 MHz，查表可得 TH1 = TL1 = 0F4H，PCON 寄存器的 SMOD 位为 0。

3. 流程图及程序清单

通信过程流程图如图 10.14 所示。

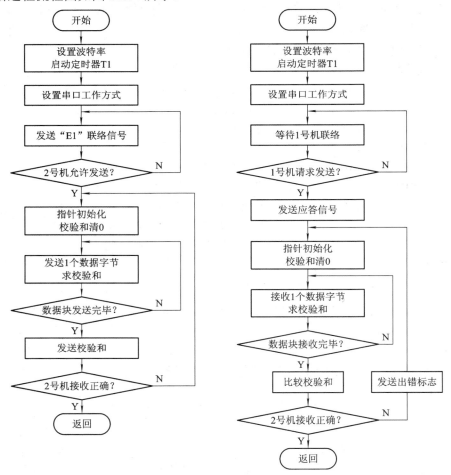

图 10.14　单片机与单片机的串口方式 1 通信过程流程图

(1) 发送程序清单如下：

```
ASTART: CLR     EA
        MOV     TMOD, #20H          ; 定时器 1 置为方式 2
        MOV     TH1, #0F4H          ; 装载定时器初值，波特率为 2400
        MOV     TL1, #0F4H
        MOV     PCON, #00H
        SETB    R1                  ; 启动定时器
        MOV     SCON, #50H          ; 设定串口方式 1，准备接收应答信号
ALOOP1: MOV     SBUF, #0E1H         ; 发联络信号
        JNB     TI, $               ; 等待一帧发送完毕
        CLR     TI                  ; 允许再发送
        JNB     RI, $               ; 等待 2 号机的应答信号
        CLR     RI                  ; 允许再接收
        MOV     A, SBUF             ; 2 号机应答后，读至 A
        XRL     A, #0E2H            ; 判断 2 号机是否准备完毕
        JNZ     ALOOP1              ; 2 号机未准备好，继续联络
ALOOP2: MOV     R0, #40H            ; 2 号机准备好，设定数据块地址指针初值
        MOV     R7, #10H            ; 设定数据块长度初值
        MOV     R6, #00H            ; 清校验和单元
ALOOP3: MOV     SBUF, @R0           ; 发送一个数据字节
        MOV     A, R6
        ADD     A, @R0              ; 求校验和
        MOV     R6, A               ; 保存校验和
        INC     R0
        JNB     TI, $
        CLR     TI
        DJNZ    R7, ALOOP3          ; 整个数据块是否发送完毕
        MOV     SBUF, R6            ; 发送校验和
        JNB     TI, $
        CLR     TI
        JNB     RI, $               ; 等待 2 号机的应答信号
        CLR     RI
        MOV     A, SBUF             ; 2 号机应答，读至 A
        JNZ     ALOOP2              ; 2 号机应答"错误"，转重新发送
        RET                         ; 2 号机应答"正确"，返回
```

(2) 接收程序清单如下：

```
BSTART: CLR     EA
        MOV     TMOD, #20H
        MOV     TH1, #0F4H
```

```
                MOV     TL1, #0F4H
                MOV     PCON, #00H
                SETB    TR1
                MOV     SCON, #50H              ; 设定串口方式 1, 且准备接收
        BLOOP1: JNB     RI, $                   ; 等待 1 号机的联络信号
                CLR     RI
                MOV     A, SBUF                 ; 收到 1 号机信号
                XRL     A, #0E1H                ; 判是否为 1 号机联络信号
                JNZ     BLOOP1                  ; 不是 1 号机联络信号, 再等待
                MOV     SBUF, #0E2H             ; 是 1 号机联络信号, 发应答信号
                JNB     TI, $
                CLR     TI
                MOV     R0, #40H                ; 设定数据块地址指针初值
                MOV     R7, #10H                ; 设定数据块长度初值
                MOV     R6, #00H                ; 清校验和单元
        BLOOP2: JNB     RI, $
                CLR     RI
                MOV     A, SBUF
                MOV     @R0, A                  ; 接收数据转储
                INC     R0
                ADD     A, R6                   ; 求校验和
                MOV     R6, A
                DJNZ    R7, BLOOP2              ; 判数据块是否接收完毕
                JNB     RI, $                   ; 完毕, 接收 1 号机发来的校验和
                CLR     RI
                MOV     A, SBUF
                XRL     A, R6                   ; 比较校验和
                JZ      END1                    ; 校验和相等, 跳至发正确标志
                MOV     SBUF, #0FFH             ; 校验和不相等, 发错误标志
                JNB     TI, $                   ; 转重新接收
                CLR     TI
        END1:   MOV     SBUF, #00H
                RET
```

10.4.4   单片机与单片机的串口工作方式 2 通信(查询)

1. 硬件电路

两台 8051 单片机之间通过串行口进行通信, 采用查询方式工作。Proteus 仿真电路如图 10.15 所示。

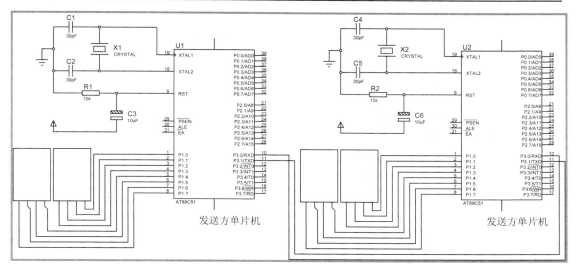

图 10.15　两台单片机通过串行口进行通信

2. 通信过程描述

发送方单片机将串行口设置为工作方式 2，TB8 作为奇偶位。待发送数据位于片内 40H～4FH 单元中。数据写入发送缓冲器之前，先将数据的奇偶位写入 TB8，使第 9 位数据作为校验位。接收方单片机也将串行口设置为工作方式 2，并允许接收，每接收到一个数据都要进行校验，根据校验结果决定接收是否正确。接收正确则向发送方回送标志数据 00H，同时接收到的数据送往 P1 口显示；接收错误则向发送方回送标志数据 FFH，同时将数据 FFH 送往 P1 口显示。发送方每发送一个字节后紧接着接收回送字节，只有收到标志数据 00H 后才继续发送下一个数据，同时将发送的数据送往 P1 口显示，否则停止发送。

3. 源程序

(1) 发送方源程序清单如下：

```
                ORG     0000H               ; 复位入口
                LJMP    TPS
                ORG     0030H               ; 主程序入口
TRS:            MOV     R7, #10H
                MOV     R0, #40H
                MOV     A, #0
TRS1:           MOV     @R0, A
                INC     A
                INC     R0
                DJNZ    R7, TRS1
                MOV     SCON,#90H           ; 设置串行口工作方式 2
                MOV     PCON,#80H           ; 波特率为 fosc/32
                MOV     R0, #40H            ; 设置片内数据指针
                MOV     R2, #10H            ; 数据长度送 R2
```

```
LOOP:      MOV      A, @R0              ; 取数据送 A
           MOV      C, P                ; 奇偶位送 TB8
           MOV      TB8, C
           MOV      SBUF, A             ; 启动发送
           MOV      P1, A               ; 发送数据送往 P1 口显示
           LCALL    DELAY               ; 延时
WAIT:      JBC      TI, CONT            ; 查询发送标志位
           SJMP     WAIT
CONT:      JBC      RI, RE              ; 准备接收回送标志
           SJMP     CONT
 RE:       MOV      A, SBUF             ; 接收回送标志
           CJNE     A,#00H              ; 回送标志错误，结束
           INC      R0                  ; 回送标志正确，继续
           DJNZ     R2, LOOP            ; 发送 16 个数据
L:         SJMP     L                   ; 结束
DELAY:     MOV      R7, #3              ; 延时子程序
DD1:       MOV      R6, 0FFH
DD2:       MOV      R5, #0FFH
           DJNZ     R5, $
           DJNZ     R6, DD2
           DJNZ     R7, DD1
           RET
           END
```

(2) 接收方源程序清单如下：

```
           ORG      0000H               ; 复位入口
           LJMP     EV
           ORG      0030H               ; 主程序入口
REV:       MOV      SCON, #90H          ; 设置串行口工作方式 2，允许接收
           MOV      PCON, #80H          ; 波特率为 fosc/32
           MOV      R7, #10H
LOOP:      JBC      RI, READ            ; 查询接收标志位
           SJMP     LOOP
READ:      MOV      A, SBUF             ; 读入一帧数据
           JB       PSW.0, ONE          ; 判接收端奇偶位
           JB       RB8, RIGHT          ; 判发送端奇偶位
           SJMP     RIGHT
ONE:       JB       RB8, ERR
RIGHT:     SWAP     A                   ; 接收正确
           MOV      P1, A               ; 送往 P1 显示
```

```
            LCALL   DELAY              ; 延时
            MOV     SBUF, #00H         ; 回送正确标志
            DJNZ    R7, LOOP           ; 接收未完，继续
L:          SJMP    L
ERR:        MOV     P1, #0FFH          ; 接收出错，显示 FF
            MOV     SBUF, #0FFH        ; 回送出错标志
LL:         SJMP    LL                 ; 结束

DELAY:      MOV     R7, #3             ; 延时子程序
DD1:        MOV     R6, #0FFH
DD2:        MOV     R5, #0FFH
            DJNZ    R5, $
            DJNZ    R6, DD2
            DJNZ    R7, DD1
            RET
            END
```

10.4.5　单片机与单片机的串口工作方式 3 通信(中断)

通过适当修改程序，可以将前一个例子改为采用中断方式实现两台 8051 单片机之间的串行口通信。

1. 波特率计算

串行口采用方式 3 进行通信，晶振频率为 11.0592MHz，选用定时器 T1 作为波特率发生器，T1 工作于方式 2，要求通信的波特率为 9600，计算 T1 的初值。

设 Smod = 0，根据初值计算方法，计算 T1 的初值如下：

$$X = 2^8 - \frac{11.0592 \times 10^6}{9600 \times 32 \times 12} = 253 = \text{FDH}$$

选用 11.0592 MHz 晶振的目的就是为了使计算得到的初值为整数，选用定时器 T1 工作于方式 2 作为波特率发生器，只需要在初始化编程的时候，将计算得到的初值写入 TH1 和 TL1，当 T1 溢出时需要由中断服务程序重装初值，这时中断响应时间和中断服务程序指令的执行时间将导致波特率产生一定的误差。因此采用 T1 作为串行口的波特率发生器时，通常都将 T1 设置为工作方式 2。

2. 源程序

(1) 发送方源程序清单如下：

```
            ORG     0000H              ; 复位入口
            LJMP    MAIN
            ORG     0023H              ; 串行中断入口
            LJMP    SERVE1
```

```
              ORG     0100H              ; 主程序入口
    MAIN:     MOV     SP, #60H
              MOV     R0, #40H
              MOV     A, #00
              MOV     R4, #10H
    LP:       MOV     @R0, A
              INC     R0
              INC     A
              DJNZ    R4, LP
              MOV     TMOD, #20H         ; 将 T1 设为工作方式 2
              MOV     TH1, #0F3H         ; fosc=6MHz, BD=2400
              MOV     TL1, #0F3H
              SETB    TR1                ; 启动 T1
              MOV     PCON, #80H         ; Smod=1
              MOV     SCON, #0D0H        ; 串行口设为工作方式 3, 允许接收
              MOV     R0, #40H           ; 数据块首地址
              MOV     R4, #10H           ; 发送字节数
              SETB    ES                 ; 允许串行口中断
              SETB    EA                 ; 开中断
              MOV     A, @R0             ; 取发送数据
              MOV     C, P
              MOV     TB8, C             ; 奇偶标志送 TB8
              MOV     P1, A
              LCALL   DELAY
              MOV     SBUF, A            ; 发送数据
              DEC     R4
              SJMP    $                  ; 等待中断
    ; 发送方单片机的中断服务程序:
    SERVE1:   PUSH    ACC
              PUSH    PSW
              JBC     RI, LOOP           ; 接收中断, 清 RI, 转入接收应答信息
              CLR     TI                 ; 发送中断, 清 TI
              SJMP    ENDT
    LOOP:     MOV     A, SBUF            ; 取应答信息
              CLR     C                  ; 判断应答信息是#00H 吗?
              SUBB    A, #01H            ; 是#00H, 发送正确
              JC      LOOP1              ; 否则重发原来数据
              MOV     A, @R0
              MOV     C, P
```

```
            MOV     TB8, C
            MOV     SBUF, A
            MOV     P1, A
            LCALL   DELAY
            SJMP    ENDT
LOOP1:      INC     R0              ; 修改地址指针，准备发送下一个数据
            MOV     A, @R0
            MOV     C, P
            MOV     TB8, C
            MOV     SBUF, A         ; 发送数据
            MOV     P1, A
            LCALL   DELAY
            DJNZ    R4, ENDT        ; 数据未发送完，继续
            CLR     ES              ; 数据全部发送完毕，禁止串行口中断
ENDT:       POP     PSW
            POP     ACC
            RETI                    ; 中断返回
DELAY:      MOV     R7, #3
DD1:        MOV     R6, #0FFH
DD2:        MOV     R5, #0FFH
            DJNZ    R5, $
            DJNZ    R6, DD2
            DJNZ    R7, DD1
            RET
            END
```

(2) 接收方源程序清单如下：

```
            ORG     0000H           ; 复位入口
            LJMP    MAIN
            ORG     0023H           ; 串行中断入口
            LJMP    SERVE2
            ORG     0100H           ; 主程序入口
MAIN:       MOV     TMOD, #20H      ; 将 T1 设为工作方式 2
            MOV     TH1, #0F3H      ; fosc=6MHz 时，BD=2400
            MOV     TL1, #0F3H
            SETB    TR1             ; 启动 T1
            MOV     PCON, #80H      ; Smod=1
            MOV     SCON, 0D0H      ; 串行口设为工作方式 3，允许接收
            MOV     R0, #40H        ; 数据块首地址
            MOV     R7, #10H        ; 接收字节数
```

	SETB	ES	; 允许串行口中断
	SETB	EA	; 开中断
	SJMP	$	; 等待中断
; 接收方单片机的中断服务程序:			
SERVE2:	JBC	RI, LOOP	; 是接收中断，清零 RI，转入接收
	CLR	TI	; 是发送中断，清零 TI
	SJMP	ENDT	
LOOP:	MOV	A, SBUF	; 接收数据
	MOV	C, P	; 奇偶标志送 C
	JC	LOOP1	; 为奇数，转入 LOOP1
	ORL	C, RB8	; 为偶数，检测 RB8
	JC	LOOP2	; 奇偶校验出错
	SJMP	LOOP3	
LOOP1:	ANL	C, RB8	; 检验 RB8
	JC	LOOP3	; 奇偶校验正确
LOOP2:	MOV	A, #0FFH	
	MOV	SBUF,A	; 发送"不正确"应答信号
	SJMP	ENDT	
LOOP3:	MOV	@R0, A	; 存放接收数据
	SWAP	A	; 数据高低位交换
	MOV	P1, A	; 送往 P1 口显示
	MOV	A, #00H	
	MOV	SBUF, A	; 发送"正确"应答信号
	INC	R0	; 修改数据指针
	DJNZ	R7, ENDT	; 未接收完数据
	CLR	ES	; 全部数据接收完毕，禁止串行口中断
ENDT:	RETI		; 中断返回
	END		

10.4.6　多机通信

1. 多机通信基本操作特点

实际应用中经常需要多个微处理器协调工作，由于 8051 单片机具有多机通信功能，利用这一特点很容易组成各种多机系统，典型的主从多机通信系统如图 10.16 所示。

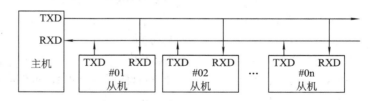

图 10.16　典型多机通信系统

一台 8051 单片机作为主机。主机的 TXD 端与其他从机 8051 单片机的 RXD 端相连，主机的 RXD 端与其他从机 8051 单片机的 TXD 端相连，主机发送的信息可以被各个从机接收，而各个从机的信息只能被主机接收，由主机决定由哪个从机进行通信。

在多机系统中，要保证主机与从机之间可靠的通信，必须要让通信的接口具有识别功能，8051 单片机串行口控制寄存器 SCON 中的控制位 SM2 正是为了满足这一要求而设置的。当串行口以方式 2 或方式 3 工作时，发送或接收的每一帧信息都是 11 位，其中除了包含 SBUF 寄存器传送的 8 位数据之外，还包含一个可编程的 9 位数据 TB8 或 RB8。主机可以通过对 TB8 赋予 1 或 0 来区别发送的是地址帧还是数据帧。

根据串行口接收有效条件可知，若从机的 SCON 控制位 SM2 为 1，则当接收的是地址帧时，接收数据将被装入 SBUF 并将 RI 标志 1，向 CPU 发出中断请求；若接收的是数据帧，则不会产生中断标志，信息将被丢弃。若从机的 SCON 控制位 SM2 为 0，则无论主机发送的是地址帧还是数据帧，接收数据都会被装入 SBUF 并置 1 标志位 RI,向 CPU 发出中断请求。因此可以规定如下通信规则：

(1) 置“1”所有从机的 SM2 位，使之处于只能接收地址帧的状态。

(2) 主机发送地址帧，其中包含 8 位地址信息，第 9 位为 1，进行从机寻址。

(3) 从机接收到地址帧后，将 8 位地址信息与其自身地址值相比较，若相同则清“0”，保持控制位 SM2 为 1。

(4) 主机从第 2 帧开始发送数据帧，其中第 9 位为 0。对于已经被寻址的从机，因其 SM2 为 0，故可以接收主机发来的数据信息，而对于其他从机，因其 SM2 为 1，将对主机发来的数据信息不予理睬，直到发来一个新的地址帧。

(5) 若主机需要与其他从机联系，可再次发送地址帧来进行从机寻址，而先前被寻址过的从机在分析出主机发来的地址帧是对其他从机寻址时，恢复其自身的 SM2 为 1，对主机随后发来的数据帧信息不予理睬。

2. 多机通信举例的硬件电路

本例是一个简单的单片机多机通信系统，一台 8051 单机片作为主机，另外两个 8051 通信规则如前所述。发往从机 1 的数据位于主机片内 RAM 从 51H 开始的单元中，发往从机 2 的数据位于主机片内 RAM 从 61H 开始的单元中，数据块长度位于 50H 单元。Proteus 仿真电路如图 10.7 所示，主机端按键 K1、K2 分别用于设定从机 1 和从机 2 地址，按下 K1 键实现与从机 1 通信，按下 K2 键实现与从机 2 通信。从机将接收到的数据通过 P0 口显示。

3. 通信过程描述

主机采用查询方式发送，每进行一次发送都要判断从机应答，若应答错误则重发，全部数据发送完毕，最后发送校验和。从机采用中断方式接收。首先接收地址并判断是否与本机地址一致，一致则清“0”从机的 SM2 控制位，以便继续接收后续数据；否则保持从机的 SM2 控制位为“1”，放弃接收后续数据。全部数据接收完毕后进行校验和判断，根据校验结果设置接收正确与否的标志。

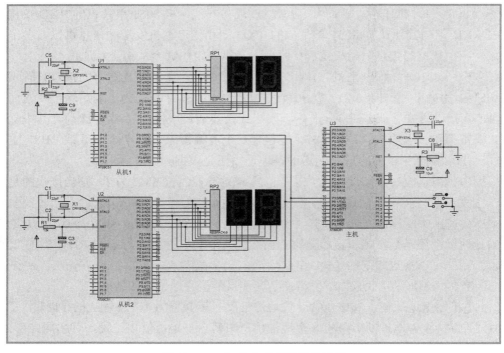

图 10.17　主-从方式多机通信系统

4. 源程序

(1) 主机发送源程序清单如下：

```
              ORG      0000H
              LJMP     MAIN
              ORG      0030H
MAIN:         MOV      SP, #70H
              MOV      51H, #01H        ; 从机 1 数据
              MOV      52H, #02H
              MOV      53H, #03h
              MOV      61H, #01H        ; 从机 2 数据
              MOV      62H, #02H
              MOV      63H, #03H
AGAIN:        JNB      P1.0, SET_NM1    ; K1 键按下？
              JNB      P1.1, SET_NM2    ; K2 键按下？
              SJMP     AGAIN
SET_NM1:      MOV      40H, #01H        ; K1 键按下，设定从机 1 的地址
              SETB     20H.7
              MOV      R5, #00H
              MOV      50H; #03H        ; 数据块长度
              INC      51H
```

```
              INC      52H
              INC      53H
              LCALL    TRS
              CLR      20H.7
              SJMP     AGAIN
SET_NM2:      MOV      40H, #02H          ; K1 键按下，设定从机 2 的地址
              MOV      R5, #00H
              MOV      50H, #03H          ; 数据块长度
              INC      61H
              INC      62H
              INC      63H
              LCALL    TRS
              SJMP     AGAIN
TRS:          MOV      TMOD, #20H         ; 设置 T1 工作方式
              MOV      TH1, #0FDH            ; 设置时间常数，确定波特率
              MOV      TL1, #0FDH
              SETB     TR1
              MOV      SCON, #0D8H        ; 设置串行口工作方式
              MOV      PCON, #00H
                       SETB    EA
TX_ADDR:      MOV      A,40H              ; 发送从机地址
              MOV      SBUF, A
WAIT1:        JNB      TI, WAIT1          ; 等待发送完
              CLR      TI
RX_ADDR:      JNB      RI, RX_ADDR
              CLR      RI
              MOV      A, SBUF            ; 判断从机应答
              CJNE     A, #00H, RX_ADDR   ; 应答错误，重发
              CLR      TB8
RDT:          MOV      SBUF, 50H          ; 发送数据块长度
WAIT2:        JNB      TI, WAIT2          ; 等待发送完
              CLR      TI
RX_DT1:       JNB      RI, RX_DT1
              CLR      RI
              MOV      A, SBUF            ; 判断从机应答
              CJNZ     A, #00H, RDT       ; 应答错误，重发
              JB       20H.7, G51H
              MOV      R0, #61H
              SJMP     RTRS
```

```
G51H:     MOV     R0, #51H              ; 发送数据
RTRS:     MOV     A, @R0
          MOV     B, A
          MOV     SBUF, A
WAIT3:    JNB     TI, RX_DT             ; 等待发送完
          CLR     TI
RX_DT:    JNB     RI,RX_DT
          CLR     RI
          MOV     A, SBUF               ; 判断从机应答
          CJNE    A, #00H, RTRS         ; 应答错误，重发
          INC     R0
          MOV     A, B
          ADD     A, R5                 ; 发送数据累加
          MOV     R5, A
          DJNZ    50H, RTRS
RTRS1:    MOV     A ,R5
          MOV     SBUF, A               ; 发送校验和
WAIT4:    JNB     TI, WAIT4             ; 等待发送完
          CLR     TI
RX_PAR:   JNB     RI,RX_PAR
          CLR     RI
          MOV     A, SBUF               ; 判断从机应答
          CJNZ    A, #00H, ERR          ; 应答错误
          RET
ERR:      SJMP    $                     ; 停止
          END
```

(2) 从机 1 与从机 2 接收源程序基本相同，只是本机地址不同。下面仅给出从机 1 接收数据的源程序清单：

```
          ORG     0000H
          LJMP    MAIN
          ORG     0023H
          LJMP    SERVE
          ORG     0030H
MAIN:     MOV     SP, #60H
          MOV     P5, #0
          MOV     R1, #51H
          MOV     TMOD, #20H            ; 设置 T1 工作方式
          MOV     TH1, #0FDH            ; 设置时间常数，确定波特率
          MOV     TL1, #0FDH
```

	MOV	SCON, #0F0H	; 设置串行口工作方式
	MOV	PCON, #00H	
	SETB	TR1	
	SETB	EA	
	SETB	ES	; 允许串行口中断
LP2:	MOV	R7, #3	
	MOV	R0, #51H	
LP1:	MOV	A, @R0	
	MOV	P0, A	
	LCALL	DELAY	
	INC	R0	
	DJNZ	R7, LP1	
	JB	2FH.0, ERR	
	SJMP	LP2	
ERR:	MOV	P0, #0FFH	; 接收错误
	SJMP	$	; 停止
SERVE:	JBC	RI, REV1	; 串行口中断服务程序
	RETI		
REV1:	JNB	RB8, REV3	
	MOV	A, SBUF	; 接收地址帧
	CJNE	A, #01H, REV2	; 判断是否与本机地址一致
	CLR	SM2	; 一致，则清 "0" SM2
	SETB	F0	
	MOV	SBUF, #00H	
REV2:	RETI		
REV3:	JNB	F0, REVDT	
	MOV	A, SBUF	; 接收数据块长度
	INC	A	
	MOV	50H, A	
	CLR	F0	
	MOV	SBUF, #00H	
	RETI		
REVDT:	DJNZ	50H, RT	
	MOV	A, SBUF	; 接收校验和
	XRL	A, R5	
	JZ	RIGHT	
	MOV	SBUF, #0FFH	; 接收错误
	SETB	2FH.0	; 设置错误标志
	RETI		
RIGHT:	MOV	SBUF, #00H	; 接收正确
	CLR	2FH.0	

```
            SETB      SM2
            MOV       R5, A
            MOV       R1, #51H
            RETI
RT:         MOV       A, SBUF              ; 接收数据
            MOV       @R1, A
            ADD       A, R5
            MOV       R5, A
            INC       R1
            MOV       SBUF, #00H
            RETI
DELAY:      MOV       R2, #0FFH            ; 延时子程序
AA1:        MOV       R3, #0FFH
AA:         NOP
            NOP
            DJNZ      R3, AA
            DJNZ      R2, AA1
            RET
            END
```

10.4.7　单片机与 PC 之间的通信

1. 通信硬件电路

外接一个 TTL-RS-232 电平转换器才能够与 PC 的 RS-232 串行口连接，组成一个简单可行的通行接口。图 10.18 是一个利用 Proteus 软件提供的虚拟终端实现 PC 与单片机通信的例子，虚拟终端模拟了 PC 内部异步串行通信适配器主要特性，使用十分简单方便，可以通过 Windows 图形界面完成各种设置。但是在实际应用中，则需要在 PC 端通信软件中对 PC 内部异步串行通信适配器进行初始化编程。

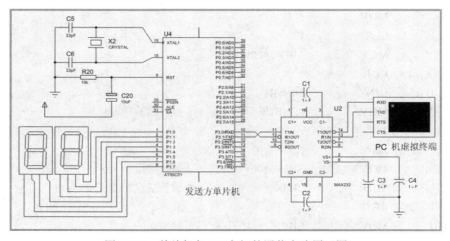

图 10.18　单片机与 PC 之间的通信电路原理图

2. 通信过程描述

本例的功能为将 PC 键盘输入的数据发送给单片机，单片机收到数据后以 ASCⅡ码形式从 P1 口显示接收数据，同时再回送给 PC，因此只要 PC 虚拟终端上显示的字符与键盘输入的字符相同，即说明 PC 与单片机通信正常。

3. 源程序

单片机源程序清单如下：

```
                ORG     0000H               ; 复位入口
                LJMP    START
                ORG     0023H               ; 串行中断入口
                LJMP    SERVE
                ORG     0030H               ; 主程序入口
      START:    MOV     SP, #60H
                MOV     SCON, #50H          ; 设定串行方式
                MOV     TMOD, #20H          ; 设定定时器 1 为方式 2
                ORL     PCON, #80H          ; 波特率加倍
                MOV     TH1, #0F3H          ; 设定波特率为 4800
                MOV     TL1, #0F3H
                SETB    TR1                 ; 启动定时器 1
                SETB    EA                  ; 开中断
                SETB    ES
                SJMP    $                   ; 等待串行口中断
      SERVE:    PUSH    ACC                 ; 保护现场
                CLR     EA                  ; 关中断
                CLR     RI                  ; 清除接收中断标志
                MOV     A, SBUF             ; 接收 PC 发来的数据
                MOV     P1, A               ; 将数据从 P1 口显示
                MOV     SBUF, A             ; 同时回送给 PC
      WAIT:     JNB     TI, WAIT
                CLR     TI
                SETB    EA                  ; 开中断
                POP     ACC                 ; 恢复现场
                RETI
                END
```

无线环境监测模拟装置设计实例

习　题

1. 8051 单片机与串行口相关的特殊功能寄存器有哪几个？说明它们各个位的功能意义。

2. 什么叫波特率？它反映的是什么？它与时钟频率是相同的吗？当串行口每分钟传送 3600 个字符时，计算其传送波特率。

3. 8051 单片机的串行口有哪几种工作方式？各有什么特点和功能？

4. 已知异步串行通信的字符格式由 1 个起始、8 个 ASCⅡ 码数据位、1 个奇偶校验位、2 个停止位组成，已知字符"T"的 ASCII 码为 54H，请画出传送字符"T"的帧格式。

5. 设 8051 单片机的串行口的工作为方式 1，现要求用定时器 T1 以方式 2 作波特率发生器，产生 9600 的波特率，若已知 SMOD = 1，TH1 = 1FDH，TL1 = FDH，试计算此时的晶振频率为多少？

6. 试设计一个发送程序，将片内 RAM 20H～2FH 中的数据从串行口传输，要求将串行口定义为工作方式 2，TB8 作为奇偶校验位。

7. 设 8051 单片机双机通信系统按工作方式 3 实现全双工通信，若发送数据区的首址为内部 RAM 30H～3FH 单元，接收数据的首址为 40H 单元，两个 8051 单片机的晶振均为 6MHz，通信波特率为 1200 bps，第 9 数据位作奇偶校验位，以中断方式传送数据，试编写双机通信发送和接收程序。

第11章 单片机扩展技术

本章选了几种经典的、实用的接口技术,包括应用实例,供教学参考。读者也可当作自学材料阅读。

11.1 A/D 转 换

11.1.1 A/D 转换器

1. A/D 转换器简介

A/D 转换器用于实现模拟量→数字量的转换,按转换原理可分为 4 种,即计数式 A/D 转换器、双积分式 A/D 转换器、逐次逼近式 A/D 转换器和并行式 A/D 转换器。

目前,最常用的是双积分式 A/D 转换器和逐次逼近式 A/D 转换器。双积分式 A/D 转换器的主要优点是转换精度高,抗干扰性能好,价格便宜。其缺点是转换速度较慢,因此,这种转换器主要用于速度要求不高的场合。

另一种常用的 A/D 转换器是逐次逼近式的,逐次逼近式 A/D 转换器是一种速度较快,精度较高的转换器,其转换时间大约在几微秒到几百微秒之间。通常使用的逐次逼近式典型 A/D 转换器芯片有:

(1) ADC0801~ADC0805 型 8 位 MOS 型 A/D 转换器(美国国家半导体公司产品)。

(2) ADC0808 / 0809 型 8 位 MOS 型 A/D 转换器。

(3) ADC0816 / 0817。这类产品除输入通道数增加至 16 个以外,其他性能同 ADC0808/ 0809 型基本相同。

2. 典型 A/D 转换器芯片 ADC0809

ADC0809 是典型的 8 位 8 通道逐次逼近式 A/D 转换器,采用 CMOS 工艺。

1) ADC0809 的内部逻辑结构

ADC0809 内部逻辑结构如图 11.1 所示。多路开关可选通 8 个模拟通道,允许 8 路模拟量分时输入,共用一个 A/D 转换器进行转换。地址锁存与译码电路对 A、B、C 三个地址位进行锁存和译码,其译码输出用于通道选择,如表 11.1 所示。

8 位 A/D 转换器是逐次逼近式,由控制与时序电路、逐次逼近寄存器、树状开关以及 256R 电阻阶梯网络等组成。

输出锁存器用于存放和输出转换得到的数字量。

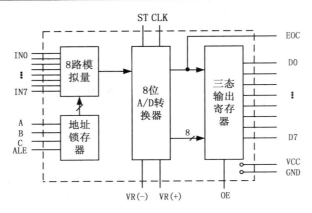

图 11.1　ADC0809 内部逻辑结构

表 11.1　通道选择表

C	B	A	选择的通道
0	0	0	IN0
0	0	1	IN1
0	1	0	IN2
0	1	1	IN3

2) 信号引脚

ADC0809 芯片为 28 引脚双列直插式封装，其引脚排列如图 11.2 所示。

对 ADC0809 主要信号引脚的功能说明如下：

(1) IN7～IN0：模拟量输入通道。ADC0809 对输入模拟量的要求主要有信号单极性，电压范围为 0～5 V，若信号过小还需进行放大。另外，在 A/D 转换过程中，模拟量输入的值不应变化太快，因此，对变化速度快的模拟量，在输入前应增加采样保持电路。

(2) A、B、C：地址线。A 为低位地址，C 为高位地址，用于对模拟通道进行选择。图 11.2 中为 ADDA、ADDB 和 ADDC，其地址状态与通道相对应的关系见表 11.1。

(3) ALE：地址锁存允许信号。在对应 ALE 上跳沿，A、B、C 地址状态送入地址锁存器中。

(4) START：转换启动信号。START 上跳沿时，所有内部寄存器清 0；START 下跳沿时，开始进行 A/D 转换；在 A/D 转换期间，START 应保持低电平。

(5) D7～D0：数据输出线。其为三态缓冲输出形式，可以和单片机的数据线直接相连。

1	IN3	IN2	28
2	IN4	IN1	27
3	IN5	IN0	26
4	IN6	A	25
5	IN7	B	24
6	START	C	23
7	EOC	ALE	22
8	D3	D7	21
9	OE	D6	20
10	CLK	D5	19
11	VCC	D4	18
12	VREF+	D0	17
13	GND	VREF−	16
14	D1	D2	15

图 11.2　ADC0809 引脚图

(6) OE：输出允许信号。其用于控制三态输出锁存器向单片机输出转换得到的数据。OE = 0，输出数据线呈高电阻；OE = 1，输出转换得到的数据。

(7) CLK：时钟信号。ADC0809 的内部没有时钟电路，所需时钟信号由外界提供，因此有时钟信号引脚。通常使用频率为 500kHz 的时钟信号。

(8) EOC：转换结束状态信号。EOC=0，正在进行转换；EOC=1，转换结束。该状态信号既可作为查询的状态标志，又可以作为中断请求信号使用。

(9) VCC：+5 V 电源。

(10) VREF：参考电源。参考电压用来与输入的模拟信号进行比较，作为逐次逼近的基准。其典型值为+5 V(VREF (+) = +5 V, VREF(−) = 0 V)

11.1.2 ADC0809 与单片机接口

ADC0809 与 8031 单片机的一种连接如图 11.3 所示。电路连接主要涉及两个问题，一是 8 路模拟信号通道选择，二是 A/D 转换完成后转换数据的传送。

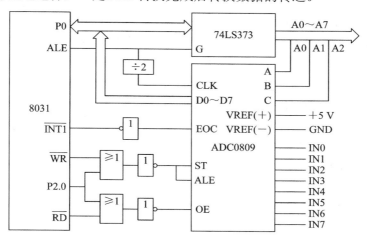

图 11.3 ADC0809 与 8031 单片机的连接

1．8 路模拟通道的选择

A、B、C 分别接地址锁存器提供的低三位地址，只要把三位地址写入 0809 中的地址锁存器，就实现了模拟通道选择。对系统来说，地址锁存器是一个输出口，为了把三位地址写入，还要提供口地址。图 11.3 中使用的是线选法，口地址由 P2.0 确定，同时和相或取反后作为开始转换的选通信号。该 ADC0809 的通道地址确定如下: 8 路通道 IN0～IN7 的地址分别为 0000H～0007H，无关位都取 0。

2．转换数据的传送

A/D 转换后得到的是数字量的数据，这些数据应传送给单片机进行处理。数据传送的关键问题是如何确认 A/D 转换完成，因为只有确认数据转换完成后，才能进行传送。为此，可采用下述三种方式。

1) 定时传送方式

对于一种 A/D 转换器来说，转换时间作为一项技术指标是已知的和固定的。例如，ADC0809 转换时间为 128 μs，相当于 6 MHz 的 MCS-51 单片机 R 64 个机器周期。可据此设计一个延时子程序，A/D 转换启动后即调用这个延时子程序，延迟时间一到，转换肯定已经完成了，接着就可进行数据传送。

2) 查询方式

A/D 转换芯片有表明转换完成的状态信号，例如 ADC0809 的 EOC 端。因此，可以用查询方式，软件测试 EOC 的状态，即可确知转换是否完成，然后进行数据传送。

3) 中断方式

把表明转换完成的状态信号(EOC)作为中断请求信号，以中断方式进行数据传送。

在图 11.3 中，EOC 信号经过反相器后送到单片机的 $\overline{\text{INT1}}$，因此可以采用查询该引脚状态的方式进行转换后数据的传送。

不管使用上述哪种方式，一旦确认转换完成，即可通过指令进行数据传送。

首先送出口地址，并作选通信号，当信号有效时，OE 信号即有效，把转换数据送上数据总线，供单片机接收，即

```
MOV     DPTR, #0000H        ; 选中通道 0
MOVX    A, @DPTR            ; 信号有效，输出转换后的数据到 A 累加器
```

4) 应用举例

设计一个 8 路模拟量输入的巡回检测系统，采样数据依次存放在片内 RAM 78H~7FH 单元中，其数据采样的初始化程序和中断服务程序如下：

初始化程序：

```
ORG     0000H           ; 主程序入口地址
AJMP    MAIN            ; 跳转主程序
ORG     0013H           ; 中断入口地址
AJMP    INT1            ; 跳转中断服务程序
```

主程序：

```
MAIN:   MOV     R0, #78H            ; 数据暂存区首址
        MOV     R2, #08H            ; 8 路计数初值
        SETB    IT1                 ; 边沿触发
        SETB    EA                  ; 开中断
        SETB    EX1                 ; 允许中断
        MOV     DPTR, #6000H        ; 指向 0809 IN0 通道地址
        MOV     A, #00H             ; 此指令可省，A 可为任意值
LOOP:   MOVX    @DPTR, A            ; 启动 A/D 转换
HERE:   SJMP    HERE               ; 等待中断
        DJNZ    R2,  LOOP          ; 巡回未完，继续中断服务程序：
INT1:   MOVX    A, @DPTR           ; 读 A/D 转换结果
        MOV     @R0, A             ; 存数
        INC     DPTR               ; 更新通道
        INC     R0                 ; 更新暂存单元
        RETI                       ; 返回
```

上述程序是用中断方式来完成转换后数据的传送的，也可以用查询的方式实现之，源程序如下：

```
          ORG    0000H              ; 主程序入口地址
          AJMP   MAIN              ; 跳转主程序
          ORG    1000H
MAIN:     MOV    R0, #78H
          MOV    R2, #08H
          MOV    DPTR, #6000H
          MOV    A, #00H
L0:       MOVX   @DPTR, A
L1:       JB     P3.3 , L1          ; 查询 INT 1 是否为 0
          MOVX   A, @DPTR          ; INT1 为 0, 则转换结束,读出数据
          MOV    @R0, A
          INC    R0
          INC    DPTR
          DJNZ   R2,   L0
$:        SJMP   $
```

数字多用表设计实例

11.2　D/A　转　换

11.2.1　D/A 转换主要指标

D/A 转换器输入的是数字量，经转换后输出的是模拟量。有关 D/A 转换器的技术性能指标很多，例如绝对精度、相对精度、线性度、输出电压范围、温度系数、输入数字代码种类(二进制或 BCD 码)等。

1. 分辨率

分辨率是 D/A 转换器对输入量变化敏感程度的描述，与输入数字量的位数有关。如果数字量的位数为 n，则 D/A 转换器的分辨率为 $2-n$。这就意味着数/模转换器能对满刻度的 $2-n$ 输入量作出反应。

例如，8 位数的分辨率为 1/256，10 位数的分辨率为 1/1024 等。因此，数字量位数越多，分辨率也就越高，亦即转换器对输入量变化的敏感程度也就越高。使用时，应根据分辨率的需要来选定转换器的位数。DAC 常可分为 8 位、10 位、12 位三种。

2. 建立时间

建立时间是描述 D/A 转换速度快慢的一个参数，指从输入数字量变化到输出达到终值

误差±(1/2)LSB(最低有效位)时所需的时间。通常以建立时间来表示转换速度。

转换器的输出形式为电流时，建立时间较短；输出形式为电压时，由于建立时间还要加上运算放大器的延迟时间，因此建立时间要长一点。但总的来说，D/A 转换速度远高于A/D 转换速度，快速的 D/A 转换器的建立时间可至 1 μs。

3. 接口形式

D/A 转换器与单片机接口方便与否，主要决定于转换器本身是否带数据锁存器。D/A 转换器有两类，一类是不带数据锁存器的，另一类是带数据锁存器的。对于不带数据锁存器的 D/A 转换器，为了保存来自单片机的转换数据，接口时要另加数据锁存器，因此这类转换器必须连在口线上；而带数据锁存器的 D/A 转换器，可以把它看作是一个输出口，因此可直接连在数据总线上，而不需另加数据锁存器。

11.2.2　典型 D/A 转换器芯片 DAC0832

1. DAC0832 的主要性能

(1) 输入的数字量为 8 位。

(2) 采用 CMOS 工艺，所有引脚的逻辑电平与 TTL 兼容。

(3) 数据输入可以采用双缓冲、单缓冲或直通方式。

(4) 转换时间：1 μs。

(5) 精度：±1 LSB。

(6) 分辨率：8 位。

(7) 单一电源：+5 V～+15 V，功耗 20 mW。

(8) 参考电压：–10 V～+10 V。

2. DAC0832 的引脚功能

DAC0832 转换器芯片为 20 引脚，双列直插式封装，其引脚排列图如图 11.4 所示。DAC0832 内部结构框图如图 11.5 所示。该转换器由输入寄存器和 D/A 转换器构成两级数据输入锁存。使用时，数据输入可以采用两级锁存(双锁存)形式，或单级锁存(一级锁存，一级直通)形式，或直接输入(两级直通)形式。

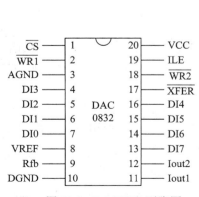

图 11.4　DAC0832 引脚图

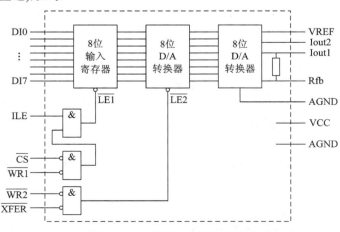

图 11.5　DAC0832 内部结构框图

D/A 转换电路是一个 R-2R T 型电阻网络,实现 8 位数据的转换。各引脚信号说明如下:

(1) DI7～DI0: 转换数据输入。

(2) $\overline{CS}$: 片选信号(输入), 低电平有效。

(3) ILE: 数据锁存允许信号(输入), 高电平有效。

(4) $\overline{WR1}$: 第 1 写信号(输入), 低电平有效。

ILE 和 $\overline{WR1}$ 两个信号控制输入寄存器是数据直通方式还是数据锁存方式:当 ILE = 1 且 $\overline{WR1}$ = 0 时, 为输入寄存器直通方式;当 ILE = 1 且 $\overline{XFER}$ = 1 时, 为输入寄存器锁存方式。

(5) $\overline{WR2}$: 第 2 写信号(输入), 低电平有效。

(6) $\overline{XFER}$: 数据传送控制信号(输入), 低电平有效。

$\overline{WR2}$ 和 $\overline{XFER}$ 两个信号控制 DAC 寄存器是数据直通方式还是数据锁存方式:当 $\overline{WR1}$ = 0 和 $\overline{WR2}$ = 0 时, 为 DAC 寄存器直通方式;当 $\overline{XFE1}$ = 1 和 $\overline{WR2}$ = 0 时, 为 DAC 寄存器锁存方式。

(7) Iout1: 电流输出 1。

(8) Iout2: 电流输出 2。

DAC 转换器的特性之一是 Iout1 + Iout2 = 常数。

(9) Rfb: 反馈电阻端(15 kΩ)。

DAC0832 是电流输出, 为了取得电压输出, 需在电压输出端接运算放大器, Rfb 即为运算放大器的反馈电阻端。运算放大器的接法如图 11.6 所示。

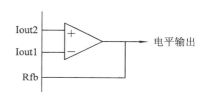

图 11.6　运算放大器接法

(10) VREF: 基准电压, 其电压可正可负, 范围是 −10～+10 V。

(11) DGND: 数字地。

(12) AGND: 模拟地。

11.2.3　单缓冲方式的接口与应用

1. 单缓冲方式连接

所谓单缓冲方式, 就是使 DAC0832 的两个输入寄存器中有一个处于直通方式, 而另一个处于受控的锁存方式, 或者说, 两个输入寄存器同时受控的方式。在实际应用中, 如果只有一路模拟量输出, 或虽有几路模拟量但并不要求同步输出时, 就可采用单缓冲方式。单缓冲方式的两种连接如图 11.7(单极性电压输出)和图 11.8(双极性电压输出)所示。

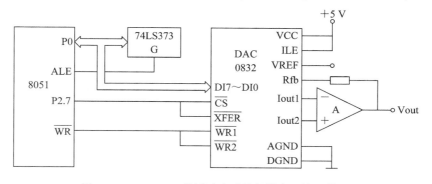

图 11.7　DAC0832 单缓冲方式单极性电压输出接口

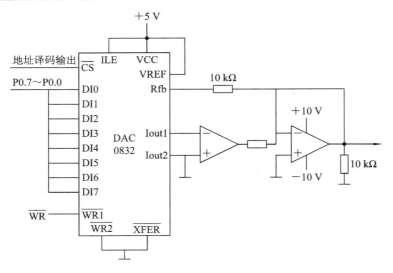

图 11.8　DAC0832 单缓冲方式双极性电压输出接口

图 11.8 中，$\overline{\text{XFER}} = 0$ 和 $\overline{\text{WR2}} = 0$，因此 DAC 寄存器处于直通方式。而输入寄存器处于受控锁存方式，$\overline{\text{WR1}}$ 接 8051 的 $\overline{\text{WR}}$，ILE 接高电平，此外，还应把 $\overline{\text{CS}}$ 接高位地址或译码输出，以便为输入寄存器确定地址。其他如数据线连接及地址锁存等问题不再赘述。

2. 单缓冲方式应用举例——产生锯齿波

在许多控制应用中，要求有一个线性增长的电压(锯齿波)来控制检测过程，移动记录笔或移动电子束等。对此可通过在 DAC0832 的输出端接运算放大器，由运算放大器产生锯齿波来实现，电路连接如图 11.6 所示。图中的 DAC8032 工作于单缓冲方式，其中输入寄存器受控，而 DAC 寄存器直通。假定输入寄存器地址为 7FFFH，产生锯齿波的源程序清单如下：

```
            ORG     0200H
DASAW:  MOV     DPTR, #7FFFH        ; 输入寄存器地址，
            MOV     A, #00H             ; 转换初值
WW:      MOVX   @DPTR, A            ; D/A 转换
            INC      A
            NOP                         ; 延时
            NOP
            NOP
            AJMP   WW
```

执行上述程序，在运算放大器的输出端就能得到如图 11.9 所示的锯齿波。

对锯齿波的产生作如下几点说明：

(1) 程序每循环一次，A 加 1，因此实际上锯齿波的上升边是由 256 个小阶梯构成的，但由于阶梯很小，所以宏观上看就是如图 11.9 中所表示的线性

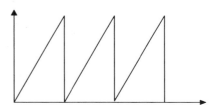

图 11.9　D/A 转换产生的锯齿波

增长锯齿波。

(2) 可通过循环程序段的机器周期数计算出锯齿波的周期，并可根据需要，通过延时的办法来改变波形周期。当延迟时间较短时，可用 NOP 指令来实现(本程序就是如此)；当需要延迟时间较长时，可以使用一个延时子程序。延迟时间不同，波形周期不同，锯齿波的斜率就不同。

(3) 通过 A 加 1，可得到正向的锯齿波；如要得到负向的锯齿波，改为减 1 指令即可实现。

(4) 程序中 A 的变化范围是 0～255，因此得到的锯齿波是满幅度的。如要求得到非满幅锯齿波，可通过计算求得数字量的初值和终值，然后在程序中通过置初值判终值的办法即可实现。

用同样的方法也可以产生其他波形，参见本章设计实例。

11.2.4　双缓冲方式的接口与应用

1. 双缓冲方式连接

所谓双缓冲方式，就是把 DAC0832 的两个锁存器都接成受控锁存方式。DAC0832 的双缓冲方式连接如图 11.10 所示。

为了实现寄存器的可控，应当给寄存器分配一个地址，以便能按地址进行操作。图 11.10 采用地址译码输出分别接 DAC0832 来实现，并给 DAC0832 提供写选通信号，这样就完成了两个锁存器都可控的双缓冲方式连接。

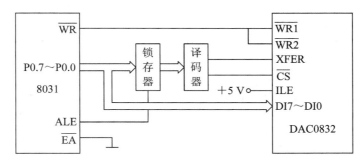

图 11.10　DAC0832 的双缓冲方式连接

2. 双缓冲方式应用举例

双缓冲方式用于多路 D/A 转换系统，以实现多路模拟信号同步输出的目的。例如，使用单片机控制 X-Y 绘图仪。X-Y 绘图仪由 X、Y 两个方向的步进电机驱动，其中一个电机控制绘图笔沿 X 方向运动，另一个电机控制绘图笔沿 Y 方向运动，从而绘出图形。因此，对 X-Y 绘图仪的控制有两点基本要求：一是需要两路 D/A 转换器分别给 X 通道和 Y 通道提供模拟信号，二是两路模拟量要同步输出。

两路模拟量输出是为了使绘图笔能沿 X-Y 轴作平面运动，而模拟量同步输出则是为了使绘制的曲线光滑，否则绘制出的曲线就是台阶状的。单片机控制 X-Y 绘图仪绘出的曲线如图 11.11 所示。为此就要使用两片 DAC0832，并采用双缓冲方式连接，如图 11.12 所示。

图 11.12 电路中，以译码法产生地址，两片 DAC0832 共占据三个单元地址，其中两个

输入寄存器各占一个地址，而两个 DAC 寄存器则合用一个地址。

(a) 同步输出　　　　　　　(b) 先X后Y　　　　　　　(c) 先Y后X

图 11.11　单片机控制 X-Y 绘图仪

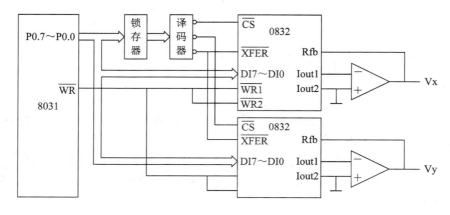

图 11.12　控制 X-Y 绘图仪的双片 DAC0832 接口

　　编程时，先用一条传送指令把 X 坐标数据送到 X 向转换器的输入寄存器；再用一条传送指令把 Y 坐标数据送到 Y 向转换器的输入寄存器；最后再用一条传送指令同时打开两个转换器的 DAC 寄存器，进行数据转换，即可实现 X、Y 两个方向坐标量的同步输出。

　　假定 X 方向 DAC0832 输入寄存器地址为 F0H，Y 方向 DAC0832 输入寄存器地址为 F1H，两个 DAC 寄存器公用地址为 F2H；X 坐标数据存于 DATA 单元中，Y 坐标数据存于 DATA+1 单元中，则绘图仪的驱动程序为

```
    ...
    MOV     R1, #DATA       ; X 坐标数据单元地址
    MOV     R0, #0F0H       ; X 向输入寄存器地址
    MOV     A, @R1          ; X 坐标数据送 A
    MOVX    @R0, A          ; X 坐标数据送输入寄存器
    INC     R1              ; 指向 Y 坐标数据单元地址
    INC     R0              ; 指向 Y 向输入寄存器地址
    MOV     A, @R1          ; Y 坐标数据送 A
    MOVX    @R0, A          ; Y 坐标数据送输入寄存器
    INC     R0              ; 指向两个 DAC 寄存器地址
    MOVX    @R0, A          ; X、Y 转换数据同步输出
    ...
```

简易低频信号源设计实例

11.3　外部串行总线扩展

11.3.1　串行总线简介

本节之前介绍的都是并行总线，与之对应的还有串行总线。总线的作用是传递信息。微处理器或计算机与其他设备的通信一般是通过总线来实现的。总线的发展也是随着通信需求的发展而不断发展的。

广义地说，微机中总线一般有内部总线、系统总线和外部总线。内部总线是微机内部各外围芯片与处理器之间的总线，用于芯片一级的互连；而系统总线是微机中各插件板与系统板之间的总线，用于插件板一级的互连；外部总线则是微机和外部设备之间的总线，微机作为一种设备，通过该总线和其他设备进行信息与数据交换，它用于设备一级的互连。

总线按照信号的传输方式，又可以分为并行总线和串行总线。本节将介绍一些常见的串行总线，最后举例说明 I^2C 总线的应用。

并行通信速度快、实时性好，但由于占用的口线多，不适于小型化产品；而串行通信速率虽低，但在数据通信吞吐量不是很大的微处理电路中则显得更加简易、方便、灵活。所以近些年来串行总线发展很快。下面介绍几种常见的串行总线。

1. UART 总线

UART(Universal Asynchronous Receiver/Transmitter，通用异步收发器)是一种通用串行数据总线，用于异步通信。该总线双向通信，可以实现全双工传输和接收。在嵌入式设计中，UART 常用来与 PC 进行通信。MCS-51 系列单片机的串行口，就具有 UART 功能。其他大多数单片机也都具有功能类似的内置串行口。

在 PC 中，UART 相连于产生兼容 RS232C 规范的信号电路。RS232C 标准定义逻辑"0"信号相对于地为 3～15 V，而逻辑"1"相对于地为 –3～–15 V。所以，当一个微控制器中的 UART 与 PC 相连时，它需要一个 RS232 驱动器来转换电平。

2. USB 总线

USB 是一个外部总线标准，用于规范电脑与外部设备的连接和通信。它基于通用连接技术，实现外设的简单快速连接，达到方便用户、降低成本、扩展 PC 连接外设范围的目的。

USB 接口可以为外设提供最大 500 mA 的 +5 V 电源，支持设备的即插即用和热插拔功能。USB 接口理论上可连接多达 127 种外设。

其内部有 4 根连线，VCC 为电源，+5 V，GND 为电源地 0 V，−D 和 +D 为差分数据线，也不可接反。现在有的新型单片机已经内置了支持 USB 接口的硬件和软件。

3. 单总线(1-wire Bus)

单总线及相应芯片是美国 Dallas 半导体公司近年推出的新技术。它的特点是只使用一根导线，既传送数据又包含时钟信息，同时还具有供电作用。当然还需要一根地线。其数据传输方向是双向的(半双工)。其传输距离可以从几十米到几百米，主要用于组建小型低速测控网络。

4. 同步串行总线(SPI)

SPI(Serial Peripheral Interface，串行外围设备接口)，SPI 是 Motorola 公司推出的一种同步串行通信方式，是一种三线同步总线，因其硬件功能很强，与 SPI 有关的软件就相当简单，使 CPU 有更多的时间处理其他事务。图 11.13 为 SPI 总线系统图

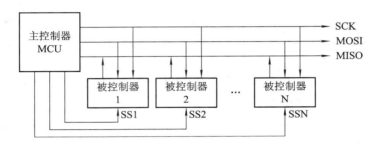

图 11.13　SPI 总线系统图

5. CAN 总线

CAN(控制器区域网络)总线 B 是一种多主异步串行总线。CAN 总线使用一对双绞线通信(电源自备)。当总线空闲时，任何 CAN 节点都可以开始数据发送。如果两个或更多的节点同时开始发送，就使用标识符来进行按位仲裁以解决访问冲突。CAN 是一个广播类型的总线，所有节点都接收总线上的数据，硬件上的过滤机制决定消息是否提供给该接点用。

CAN 总线在汽车上应用很广。

6. I²C 总线

I²C 总线由 Philips 公司在 20 个世纪 80 年代开发，主要用于芯片级通信。I²C 总线需要两条双向信号线路，一条用于时钟，另一条用于数据。另外再需要接地线和电源线。

11.3.2　I²C 总线协议

I²C 总线是一种用于 IC 器件之间连接的二线制总线。它通过 SDA(串行数据线)及 SCL(串行时钟线)两根线在连到总线上的器件之间传送信息，并根据地址识别每个器件：不管是单片机、存储器、LCD 驱动器还是键盘接口。

1. I²C 总线的基本结构

采用 I²C 总线标准的单片机或 IC 器件，其内部不仅有 I²C 接口电路，而且将内部各单元电路按功能划分为若干相对独立的模块，通过软件寻址实现片选，减少了器件片选线的连接。CPU 不仅能通过指令将某个功能单元电路挂靠或脱离总线，还可对该单元的工作状

况进行检测，从而实现对硬件系统既简单又灵活的扩展与控制。I²C 总线接口电路结构如图 11.14 所示。

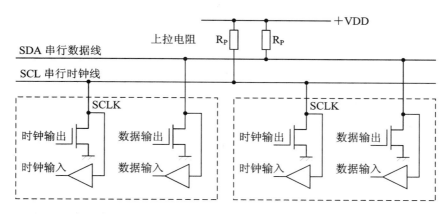

图 11.14 I²C 总线接口电路结构

2. 双向传输的接口特性

I²C 总线根据器件的功能可以分为主器件和从器件，还可以分为发送者和接收者。主器件是通信的发起者并产生时钟信号，从器件是被主器件寻址的器件，它被动地与主器件通信。发送者是向外发送数据，接收者接收从发送者发来的数据。主器件可以是发送者，也可以是接收者。从器件可以是接收者，也可以是发送者。

3. I²C 总线扩展原理

符合 I²C 总线标准的外部资源必须符合以下几个基本特征：

(1) 具有相同的硬件接口 SDA 和 SCL，用户只需简单地将这两根引脚连接到其他器件上即可完成硬件的设计。

(2) 都拥有唯一的器件地址，在使用过程中不会混淆。

(3) 所有器件可以分为主器件、从器件和主从器件三类，其中主器件可以发出串行时钟信号，而从器件只能被动地接收串行时钟信号，主从器件则既可以主动地发出串时钟信号也能被动地接收串行时钟信号。

I²C 总线上的时钟信号 SCL 是由所有连接到该信号线上的 I²C 器件的 SCL 信号进行逻辑"与"产生的，当这些器件中任何一个 SCL 引脚上的电平被拉低时，SCL 信号线就一直保持低电平，只有当所有器件的 SCL 引脚都恢复到高电平之后，SCL 总线才能恢复为高电平状态，所以这个时钟信号长度由维持低电平时间最长的 I²C 器件来决定。在下一个时钟周期内，第一个 SCL 引脚被拉低的器件又再次将 SCL 总线拉低，这样就形成了连续的 SCL 时钟信号。

在 I²C 总线协议中，数据的传输必须由主器件发送的启动信号开始，以主器件发送的停止信号结束，从器件在收到启动信号之后需要发送应答信号来通知主器件已经完成了一次数据接收。I²C 总线的启动信号是在读/写信号之前当 SCL 处于高电平时，SDA 从高到低的一个跳变。当 SCL 处于高电平时，SDA 从低到高的一个跳变被当做 I²C 总线的停止信号，标志操作的结果，那将结束所有相关的通信。图 11.15 是 I²C 总线的启动信号和停止信号时序图。

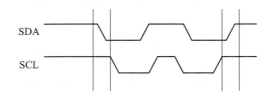

图 11.15　I²C 总线的启动信号和停止信号时序图

在启动信号后跟着一个或者多个字节的数据，每个字节的高位在前，低位在后。主机在发送完成 1 字节之后需要等待从机返回的应答信号。应答信号是从机在接收到主机发送完成的 1 字节数据后，在下一次时钟到来时在 SDA 上给出的一个低电平，其时序如图 11.16 所示。

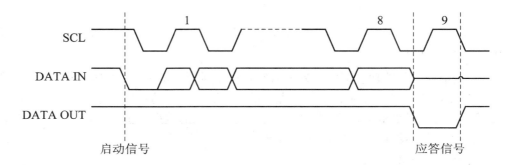

图 11.16　I²C 总线应答信号时序图

在 I²C 总线上进行的数据传输步骤如下：

(1) 在启动信号之后必须紧跟一个用于寻址的地址字节数据。

(2) 当 SCL 时钟信号有效时，SDA 上的高电平代表该位数据为"1"，否则为"0"。

(3) 如果主机在产生启动信号并且发送完 1 字节的数据之后还想继续通信，可以不发送停止信号而继续发送另一个启动信号并且发送下一个地址字节以供连续通信。

I²C 总线的 SDA 和 SCL 数据线上均接有 10 kΩ 左右上拉电阻，当 SCL 为高电平时(此时称 SCL 时钟信号有效)，对应的 SDA 数据为有效数据；当 SCL 为低电平时，SDA 上的电平变化可以忽略。在总线上的任何一个主机发送出一个启动信号之后，该 I²C 总线被定义为"忙状态"，此时禁止同一条总线上其他没有获得总线控制权的主机操作该条总线；而在该主机发送停止信号之后的时间内，总线被定义为"空闲状态"，此时允许其他主机通过总线仲裁来获得总线的使用权，进行下一次数据传送。

在 I²C 某一条总线上可能会挂接几个都会对总线进行操作的主机，如果有一个以上的主机需要同时对总线进行操作，I²C 总线就必须使用仲裁来决定哪一个主机能够获得总线的操作权。I²C 总线的仲裁是在 SCL 信号为高电平时，根据当前 SDA 的状态来进行的。在总线仲裁期间，如果有其他的主机已经在 SDA 上发送一个低电平，则发送高电平的主机将会发现该时刻 SDA 上的信号和自己发送的信号不一致，此时该主机自动被仲裁为失去对总线的控制权，这个过程如图 11.17 所示。

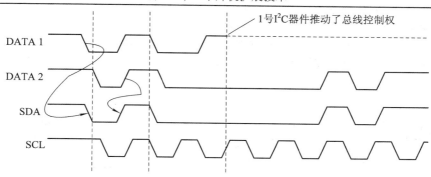

图 11.17　I^2C 总线的仲裁过程

使用 I^2C 总线的外部资源都有自己的 I^2C 地址，不同的器件有不同且唯一的地址，总线上的主机通过对这个地址的寻址操作来和总线上的该器件进行数据交换。

使用 I/O 端口来模拟 I^2C 总线

习　题

1. 简述单片微机系统扩展的基本原则和方法。

2. 如何构造 80C51 并行扩展的系统总线？

3. D/A 转换器为什么必须有锁存器？有锁存器和无锁存器的 D/A 转换器与 80C51 的接口电路有什么不同？

4. 在什么情况下要使用 D/A 转换器的双缓冲方式？试以 DAC0832 为例绘出双缓冲方式的接口电路。

5. 使用 D/A 转换器 DAC0832 产生梯形波，梯形波上升段和下降段宽度各为 5 ms 和 10 ms，波顶宽度为 50 ms，请编程实现。

6. A/D 转换器转换数据的传送有几种方式？

7. 简述逐次逼近式 A/D 转换的原理。

8. 利用 ADC0809 芯片设计以 80C51 为控制器的巡回监测系统。8 路输入的采样周期为 1 s，其他未列条件可自定。请画出电路连接并进行程序设计。

9. 如图 11.18 所示，某型号直流测速发电机，输出为 0～5 V，对应电机转速为 0～1024 转/分，设计单片微机巡回检测系统，要求：

(1) 编写定时巡检程序，每隔 100 ms 定时中断方式(采用定时器/计数器 T0)对 8 路电机转速进行 A/D 采样，并存入 40H～47H 单元，当某台电机转速低于 512 转/分时，发出报警信号(对应发光二极管亮)，并继续巡回检测，加以注释和加上伪指令，写出必要的计算步骤。

(2) 回答两个问题：

① A/D 启动信号是由哪条指令产生，为什么是窄脉冲？

② 图上设计中有两处错误，请指出并直接在图上加以修正。

(3) 连接 2764 程序存储器(容量 8KB)，并说明其地址范围。

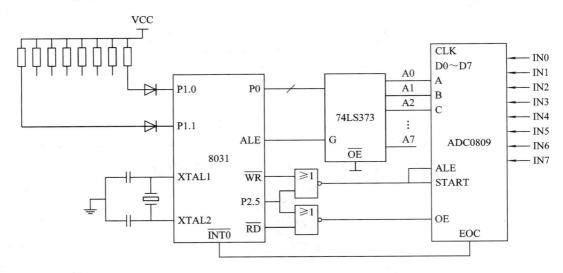

图 11.18   8031 单片机巡回检测系统

附录一　数制与码制

F1.1　计数进位制及相互间转换

F1.1.1　计数进位制

进位计数制，简称数制，是人们利用符号来计算的方法。在计算机中常用到的数制是十进制、二进制、八进制和十六进制。

数制中的三个基本名词术语：

(1) 数码——用不同的数字符号来表示一种数制的数值，这些数字符号称为"数码"。

(2) 基数——数制所使用的数码个数称为"基"。

(3) 位权——某数制各位所具有的值称为"位权"。

各种进位计数制可统一表示为

$$\sum_{i=-m}^{n} K_i \times R^i$$

式中：R——某种进位计数制的基数。

i——位序号。

K_i——第 i 位上的一个数码为 $0 \sim R^{-1}$ 中的任一个。

R_i——则表示第 i 位上的权。

m，n——最低位和最高位的位序号。

1．十进制(后缀或下标 D 表示)

十进制计数原则是逢十进一。

十进制的基数为 10。

十进制的数码为 0，1，2，3，4，5，6，7，8，9。

十进制数第 K 位的权为 10^K。

(第 K 位的权为基数的 K 次方，第 K 位的数码与第 K 位权的乘积表示第 K 位数的值)。

例如：

$$8846.78 = 8 \times 10^3 + 8 \times 10^2 + 4 \times 10^1 + 6 \times 10^6 + 7 \times 10^{-1} + 8 \times 10^{-2}$$

该数总共出现三次数码 8，但各自的权不一样，故其代表的值也不一样。

2．二进制(后缀或下标 B 表示)

二进制计数原则是逢二进一。

二进制的基数为 2。

二进制的数码为 0，1。

二进制数第 K 位的权为 2^K。

例如：

$$11010101.01B = 1 \times 2^7 + 1 \times 2^6 + 0 \times 2^5 + 1 \times 2^4 + 0 \times 2^3 + 1 \times 2^2 + 0 \times 2^1 + 1 \times 2^0$$
$$+ 0 \times 2^{-1} + 1 \times 2^{-2}$$
$$= 213.25$$

N 位二进制数可以表示 2^N 个数。例如 3 位二进制数可以表示 8 个数，如表 F1.1 所示。

表 F1.1　3 位二进制数示例

二 进 制 数	000	001	010	011	100	101	110	111
相应的十进制数	0	1	2	3	4	5	6	7

3．十六进制(后缀或下标 H 表示)

十六进制计数原则是逢十六进一。

十六进制的基数为 16。

十六进制的数码为 0，1，2，3，4，5，6，7，8，9，A，B，C，D，E，F

十六进制第 K 位的权为 16^K。

例如：

$$64.4H = 6 \times 16^1 + 4 \times 16^0 + 4 \times 16^{-1} = 100.25D$$

十六进制数、二进制和十进制数的对应关系如表 F1.2 所示。

表 F1.2　十六进制数、二进制和十进制数的对应关系表

二 进 制 数	表 0000	0001	0010	0011	0100	0101	0110	0111
十 进 制 数	0	1	2	3	4	5	6	7
十六进制数	0	1	2	3	4	5	6	7
二 进 制 数	1000	1001	1010	1011	1100	1101	1110	1111
十 进 制 数	8	9	10	11	12	13	14	15
十六进制数	8	9	A	B	C	D	E	F

F1.1.2　不同进位制之间的转换

1．二进制数转换为十进制数

转换原则：按权展开求和。

例如：

$$10001101.11B = 1 \times 27 + 0 \times 26 + 0 \times 25 + 0 \times 24 + 1 \times 23 + 1 \times 22 + 0 \times 21 + 1 \times 20$$
$$+ 1 \times 2^{-1} + 1 \times 2^{-2}$$
$$= 141.75D$$

八进制、十六进制转换为十进制数也同样遵循该原则，不再单独介绍了。

2．十进制数转换为二进制数

十进制数转换为二进制数的原则：

(1) 整数部分：除基取余，逆序排列；

(2)小数部分：乘基取整，顺序排列

例如：将十进制数 186 和 0.8125 转换成二进制数。

```
2 │ 186  …0   低位        0.8125         高位
   2 │ 93  …1                ×2
      2 │ 46  …0          ①.6250  …1
         2 │ 23  …1            ×2
            2 │ 11  …1       ①.250   …1
               2 │ 5  …1         ×2
                  2 │ 2  …0    ◎.5     …0
                     2 │ 1  …1      ×2         …1
                        0   高位    ①.0     …1    低位
```

因此

$$186D = 10111010B, \quad 0.8125D = 0.11011B$$

注意：当十进制小数不能用有限位二进制小数精确表示时，根据精度要求，采用"0舍1入"法，取有限位二进制小数近似表示。

十进制数转换为八进制、十六进制数同样遵循该原则。

3．二进制转换为十六进制

由于十六进制的基数是 2 的幂，所以二进制与十六进制之间的转换是十分方便的，二进制转换为十六进制的原则：整数部分从低位到高位四位一组不足补零，直接用十六进制数来表示；小数部分从高位到低位四位一组不足补零，直接用十六进制数表示。

例如：将二进制数 10011110.00111 转换成十六进制数。

$$\underline{1001} \quad \underline{1110} \quad . \underline{0011} \quad \underline{1000}$$
$$9 \qquad E \qquad . \quad 3 \qquad 8$$

所以

$$10011110.00111B = 9E.38H$$

4．十六进制数转换为二进制数

十六进制数转换为二进制数的原则：十六进制数中的每一位用 4 位二进制数来表示。

例如：将十六进制数 A87.B8 转换为二进制数。

$$A \qquad 8 \qquad 7 \quad . \quad B \qquad 8$$
$$\underline{1010} \quad \underline{1000} \quad \underline{0111} . \underline{1011} \quad \underline{1000}$$

所以

$$A87.B8H = 101010000111.10111000B$$

八进制的基数同样是 2 的幂，因此二进制与十六进制之间的转换也遵循以上的原则，只是将原则中的四位改成三位。

例如：将二进制数 11010110.110101B 转换成八进制数。

将八进制数 746.42O 转换成二进制数。

$$
\begin{array}{ccccc}
\underline{011} & \underline{010} & \underline{110} & . & \underline{110}\ \underline{101} \\
3 & 2 & 6 & . & 6\ \ 5
\end{array}
\qquad
\begin{array}{ccccc}
7 & 4 & 6 & .4 & 2 \\
\underline{111} & \underline{100} & \underline{110} & .\underline{100} & \underline{01}
\end{array}
$$

所以

$$
11010110.110101B = 326.65O, \qquad 746.42O = 111100110.100010B
$$

F1.2　二进制数的运算规则

1. 二进制数的算术运算

二进制数的算术运算包括加、减、乘、除四则运算，下面分别予以介绍。

(1) 二进制数的加法。根据"逢二进一"规则，二进制数加法的法则为

$0+0=0$, 　$0+1=1+0=1$, 　$1+1=0$(进位为 1), 　$1+1+1=1$ (进位为 1)

例如，1110 和 1011 相加过程如下：

$$
\begin{array}{cccc}
 & 1 & 1 & 1 & 0 & \text{被加数} \\
+) & 1 & 0 & 1 & 1 & \text{加数} \\
\hline
 & 1 & 1 & 0 & 0 & 1 & \text{和}
\end{array}
$$

(2) 二进制数的减法。根据"借一有二"的规则，二进制数减法的法则为

$$
0-0=0, \quad 1-1=0, \quad 1-0=1, \quad 0-1=1\text{(借位为 1)}
$$

例如，1101 减去 1011 的过程如下：

$$
\begin{array}{cccc}
 & 1 & 1 & 0 & 1 & \text{被减数} \\
-) & 1 & 0 & 1 & 1 & \text{减数} \\
\hline
 & 0 & 0 & 1 & 0 & \text{差}
\end{array}
$$

(3) 二进制数的乘法。二进制数乘法过程可仿照十进制数乘法进行。但由于二进制数只有 0 或 1 两种可能的乘数位，导致二进制乘法更为简单。二进制数乘法的法则为

$$
0\times0=0, \quad 0\times1=1\times0=0, \quad 1\times1=1
$$

例如，1001 和 1010 相乘的过程如下：

$$
\begin{array}{ccccccc}
 & & & 1 & 0 & 0 & 1 & \text{被乘数} \\
\times) & & & 1 & 0 & 1 & 0 & \text{乘数} \\
\hline
 & & & 0 & 0 & 0 & 0 & \\
 & & 1 & 0 & 0 & 1 & & \text{部分积} \\
 & 0 & 0 & 0 & 0 & & & \\
1 & 0 & 0 & 1 & & & & \\
\hline
1 & 0 & 1 & 1 & 0 & 1 & 0 & \text{乘积}
\end{array}
$$

由低位到高位，用乘数的每一位去乘被乘数，若乘数的某一位为 1，则该次部分积为被乘数；若乘数的某一位为 0，则该次部分积为 0。某次部分积的最低位必须和本位乘数对

齐,所有部分积相加的结果则为相乘得到的乘积。

(4) 二进制数的除法。二进制数除法与十进制数除法很类似。可先从被除数的最高位开始,将被除数(或中间余数)与除数相比较,若被除数(或中间余数)大于除数,则用被除数(或中间余数)减去除数,商为1,并得相减之后的中间余数,否则商为0。再将被除数的下一位移下补充到中间余数的末位,重复以上过程,就可得到所要求的各位商数和最终的余数。

例如,100110÷110 的过程如下:

```
            0 0 0 1 1 0      商
  1 1 0 ⟌ 1 0 0 1 1 0
            1 1 0
          ─────────
            0 1 1 1
            1 1 0
          ─────────
                1 0      余数
```

所以,

$$100110 \div 110 = 110 \text{ 余 } 10$$

2. 二进制数的逻辑运算

二进制数的逻辑运算包括逻辑加法("或"运算)、逻辑乘法("与"运算)、逻辑否定("非"运算)和逻辑"异或"运算。

(1) 逻辑"或"运算,又称为逻辑加,可用符号"+"或"∨"来表示。逻辑"或"运算的规则如下:

$$0+0=0 \text{ 或 } 0 \vee 0 = 0$$
$$0+1=1 \text{ 或 } 0 \vee 1 = 1$$
$$1+0=1 \text{ 或 } 1 \vee 0 = 1$$
$$1+1=1 \text{ 或 } 1 \vee 1 = 1$$

可见,两个相"或"的逻辑变量中,只要有一个为1,"或"运算的结果就为1。仅当两个变量都为0时,或运算的结果才为0。计算时,要特别注意和算术运算的加法加以区别。

(2) 逻辑"与"运算,又称为逻辑乘,常用符号"×"或"·""∧"表示。"与"运算遵循如下运算规则:

$$0 \times 1 = 0 \text{ 或 } 0 \cdot 1 = 0 \text{ 或 } 0 \wedge 1 = 0$$
$$1 \times 0 = 0 \text{ 或 } 1 \cdot 0 = 0 \text{ 或 } 1 \wedge 0 = 0$$
$$1 \times 1 = 1 \text{ 或 } 1 \cdot 1 = 1 \text{ 或 } 1 \wedge 1 = 1$$

可见,两个相"与"的逻辑变量中,只要有一个为0,"与"运算的结果就为0。仅当两个变量都为1时,"与"运算的结果才为1。

(3) 逻辑"非"运算,又称为逻辑否定,实际上就是将原逻辑变量的状态求反,其运算规则如下:

$$\overline{0}=1, \quad \overline{1}=0$$

可见，在变量的上方加一横线表示"非"。逻辑变量为 0 时，"非"运算的结果为 1。逻辑变量为 1 时，"非"运算的结果为 0。

(4) 逻辑"异或"运算。"异或"运算，常用符号"$\oplus$"或"$\forall$"来表示，其运算规则为

$$0 \oplus 0 = 0 \text{ 或 } 0 \forall 0 = 0$$
$$0 \oplus 1 = 1 \text{ 或 } 0 \forall 1 = 1$$
$$1 \oplus 0 = 1 \text{ 或 } 1 \forall 0 = 1$$
$$1 \oplus 1 = 0 \text{ 或 } 1 \forall 1 = 0$$

可见：两个相"异或"的逻辑运算变量取值相同时，"异或"的结果为 0。取值相异时，"异或"的结果为 1。

以上仅就逻辑变量只有一位的情况得到了逻辑"与""或""非""异或"运算的运算规则。当逻辑变量为多位时，可在两个逻辑变量对应位之间按上述规则进行运算。特别注意，所有的逻辑运算都是按位进行的，位与位之间没有任何联系，即不存在算术运算过程中的进位或借位关系。下面举例说明。

例如：两变量的取值 $X = 00FFH$，$Y = 5555H$，求 $Z_1 = X \wedge Y$; $Z_2 = X \vee Y$; $Z_3 = \overline{X}$; $Z_4 = X \oplus Y$ 的值。

解：　　　　　　$X = 0000000011111111$，$Y = 0101010101010101$

则

$$Z_1 = 0000000001010101 = 0055H$$
$$Z_2 = 0101010111111111 = 55FFH$$
$$Z_3 = 1111111100000000 = FF00H$$
$$Z_4 = 0101010110101010 = 55AAH$$

F1.3　带符号数的表示方法：原码、反码、补码

计算机中的数是用二进制来表示的，有符号数中的符号也是用二进制数值来表示的，0 表示"＋"号，1 表示"－"号，这种符号数值化之后表示的数称为机器数，它表示的数值称为机器数的真值。

为将减法变为加法，以方便运算简化 CPU 的硬件结构，机器数有三种表示方法：即原码、反码和补码。

1. 原码

原码最高位为符号位，符号位后表示该数的绝对值。

例如：

$$[+112]_{原} = 01110000B, \quad [-112]_{原} = 11110000B$$

其中最高位为符号位，后面的 7 位是数值(字长为 8 位，若字长为 16 位，则后面 15 位为数值)。

原码表示时，+112 和 -112 的数值位相同，符号位不同。

说明：

(1) 0 的原码有两种表示法：
$$[+0]_原 = 00000000B, \quad [-0]_原 = 10000000B$$
(2) N 位原码的表示范围为 $1 - 2^{N-1} \sim 2^{N-1} - 1$。

例如：8 位原码表示的范围为 $-127 \sim +127$。

2. 反码

反码的最高位为符号位，正数的反码与原码相同，负数的反码为其正数原码按位求反。
$$[+112]_反 = 01110000B, \quad [-112]_反 = 10001111B$$

说明：

(1) 0 的反码有两种表示法：
$$[+0]_反 = 00000000B, \quad [-0]_反 = 11111111B$$
(2) n 位反码表示的范围为 $1 - 2^{n-1} \sim 2^{n-1} - 1$；

例如：8 位反码表示的范围为 $-127 \sim 127$。

(3) 符号位为 1 时，其后不是该数的绝对值。

例如：反码 11100101B 的真值为 -27，而不是 -101。

3. 补码

补码的最高位为符号位，正数的补码与原码相同；负数的补码为其正数原码按位求反再加 1。

例如：
$$[+112]_补 = 01110000B, \quad [-112]_补 = 10010000B$$

说明：

(1) 0 的补码只有一种表示法：$[+0]=[-0]=00000000B$；

(2) n 位补码所能表示的范围为 $-2^{n-1} \sim 2^{n-1} - 1$；

例如 8 位补码表示的范围为 $-128 \sim 127$。

(3) 八位机器数中：$[-128]_补 = 10000000B$，$[-128]_原$，$[-128]_反$ 不存在。

(4) 符号位为 1 时，其后不是该数的绝对值。

例如：补码 11110010B 的真值为 -14，而不是 -114。

有符号数采用补码表示时，就可以将减法运算转换为加法运算。因此计算机中有符号数均以补码表示。例如：
$$X = 84 - 16 = (+84) + (-16) \rightarrow [X]_补 = [+84]_补 + [-16]_补$$
$$(+84)_补 = 01010100B$$
$$(-16)_补 = 11110000B$$

$$\begin{array}{r} 01010100B \\ +\ 11110000B \\ \hline 01000100B \end{array}$$

所以 $[X]_补 = 01000100B$，即 $X = 68$。

在字长为 8 位的机器中，第 7 位的进位自动丢失，但这不会影响运算结果。机器中这一位并不是真正丢失，而是保存在程序状态字 PSW 中的进位标志 CY 中。

又如：

$$X = 48 - 88 = (+48) + (-88) \rightarrow [X]_\text{补} = [+48]_\text{补} + [-88]_\text{补}$$

$$[+48]_\text{补} = 00110000B$$

$$[-88]_\text{补} = 10101000B$$

$$
\begin{array}{r}
0 0 1 1 0 0 0 0B \\
+ \quad 1 0 1 0 1 0 0 0B \\
\hline
1 1 0 1 1 0 0 0B
\end{array}
$$

所以

$$[X]_\text{补} = 11011000B, \quad \text{即 } X = -40$$

为进一步说明补码如何将减法运算转换为加法运算，我们举一日常的例子：对于钟表，它所能表示的最大数为 12 点，我们把它称之为模，即一个系统的量程或所能表示的最大的数。若当前标准时间为 6 点，现有一只表为 9 点，可以有两种调时方法：

(1) $9 - 3 = 6$(倒拨)

(2) $9 + 9 = 6$(顺拨)

即有　　　　　　　　　　　　$9 + 9 = 9 + 3 + 6 = 12 + 6 = 9 - 3$

因此对某一确定的模，某数减去小于模的一数，总可以用加上该数的负数与其模之和(即补码)来代替。故引入补码后，减法就可以转换为加法。

补码表示的数还具有以下特性：

$$[X + Y]_\text{补} = [X]_\text{补} + [Y]_\text{补}$$

$$[X - Y]_\text{补} = [X]_\text{补} = [-Y]_\text{补}$$

F1.4　定点数与浮点数

1. 定点数(Fixed-Point Number)

计算机处理的数据不仅有符号，而且大量的数据带有小数，小数点不占有二进制一位而是隐含在机器数里某个固定位置上。通常采取两种简单的约定：一种是约定所有机器数的小数的小数点位置隐含在机器数的最低位之后，叫定点纯整机器数，简称定点整数。另一种约定所有机器数的小数点隐含在符号位之后、有效部分最高位之前，叫定点纯小数机器数，简称定点小数。无论是定点整数，还是定点小数，都可以有原码、反码和补码三种形式。

2. 浮点数(Floating-Point Number)

计算机多数情况下采用浮点数表示数值，它与科学计数法相似，把一个二进制数通过移动小数点位置表示成阶码和尾数两部分：

$$N = 2^E \times S$$

其中：E——N 的阶码(Exponent)，是有符号的整数；

　　　S——N 的尾数(Mantissa)，是数值的有效数字部分，一般规定取二进制定点纯小数形式。

例如：

$$1011101B = 2^{+7} \times 0.1011101$$
$$101.1101B = 2^{+3} \times 0.1011101$$
$$0.01011101B = 2^{-1} \times 0.1011101$$

浮点数的格式如下：

浮点数由阶码和尾数两部分组成，底数 2 不出现，是隐含的。阶码的正负符号 E_0，在最前位，阶反映了数 N 小数点的位置，常用补码表示。二进制数 N 小数点每左移一位，阶增加 1。尾数是这点小数，常取补码或原码，码制不一定与阶码相同，数 N 的小数点右移一位，在浮点数中表现为尾数左移一位。尾数的长度决定了数 N 的精度。尾数符号叫尾符，是数 N 的符号，也占一位。

例如：写出二进制数 $-101.1101B$ 的浮点数形式，设阶码取 4 位补码，尾数是 8 位原码。
$$-101.1101 = -0.1011101 \times 2^{+3}$$

浮点形式为

　　　　　　　　　　　阶码 0011　　　尾数 11011101

补充解释：阶码 0011 中的最高位"0"表示指数的符号是正号，后面的"011"表示指数是"3"；尾数 11011101 的最高位"1"表明整个小数是负数，余下的 1011101 是真正的尾数。

例如：计算机浮点数格式如下，写出 $X = 0.0001101B$ 的规格化形式，阶码是补码，尾数是原码。

$$X = 0.0001101 = 0.1101 \times 10^{-3}$$

又　　　　　　　　$[-3]_{补} = [-001B]_{补} = [1011]_{补} = 1101B$

所以浮点数形式如下：

1	101	0	1101000

F1.5　BCD 码与 ASCII 码

计算机毫无例外地都使用二进制数进行运算，但通常采用八进制和十六进制的形式读写。对于计算机专业技术人员，要理解这些数的含义很容易，但对非专业人员却不那么容易的。由于日常生活中，人们最熟悉的数制是十进制，因此专门规定了一种二进制的十进制码，称为 BCD 码，它是一种以二进制表示的十进制数码。

1. 8421BCD 码

二进制编码的十进制数，简称 BCD 码(Binarycoded Decimal)。这种方法是用 4 位二进制码的组合代表十进制数的 0，1，2，3，4，5，6，7，8，9 十个数符。4 位二进制数码有 16 种组合，原则上可任选其中的 10 种作为代码，分别代表十进制中的 0，1，2，3，4，5，6，7，8，9 这十个数符。最常用的 BCD 码称为 8421BCD 码，8，4，2，1 分别是 4 位二进制数的位取值。

1) BCD 码与十进制数的转换

BCD 码与十进制数的转换。BCD 码与十进制数关系直观，相互转换也很简单，将十进制数 75.4 转换为 BCD 码。

例如：

$$75.4 = (0111\ (0101.0100)\text{BCD}$$

若将 BCD 码 1000 0101.0101 转换为十进制数如：

$$(1000\ 0101.0101)\text{BCD} = 85.5$$

注意：同一个 8 位二进制代码表示的数，当认为它表示的是二进制数和认为它表示的是二进制编码的十进制数时，数值是不相同的。

例如：00011000，当把它视为二进制数时，其值为 24；但作为 2 位 BCD 码时，其值为 18。

又例如：00011100，如将其视为二进制数，其值为 28，但不能当成 BCD 码，因为在 8421BCD 码中，它是个非法编码。

2) BCD 码的格式

计算机中的 BCD 码，经常使用的有两种格式，即分离 BCD 码、组合 BCD 码。所谓分离 BCD 码，即用一个字节的低 4 位编码表示十进制数的一位，例如数 82 的存放格式为

$$\_\_\_1000\ \_\_\_0010$$

其中_表示无关值。组合 BCD 码，是将两位十进制数，存放在一个字节中，例 82 的存放格式是 1000 0010。

3) BCD 码的加减运算

由于编码是将每个十进制数用一组 4 位二进制数来表示，因此，若将这种 BCD 码直接交计算机去运算，由于计算机总是把数当作二进制数来运算，所以结果可能会出错。例如：用 BCD 码求 38+49。

解决的办法是：对二进制加法运算的结果采用"加 6 修正"，这种修正称为 BCD 调整。即将二进制加法运算的结果修正为 BCD 码加法运算的结果，两个两位 BCD 数相加时，对二进制加法运算结果采用修正规则进行修正。修正规则：

(1) 如果任何两个对应位 BCD 数相加的结果向高一位无进位，若得到的结果小于或等于 9，则该位不需修正；若得到的结果大于 9 且小于 16 时，该位进行加 6 修正。

(2) 如果任何两个对应位 BCD 数相加的结果向高一位有进位时（即结果大于或等于16），该位进行加 6 修正.

(3) 低位修正结果使高位大于 9 时，高位进行加 6 修正。

2. ASCII 码

ASCII(American Standard Code for Information Interchange)码是美国国家信息交换标准字符码的字头缩码。早期的 ASCII 码采用 7 位二进制代码对字符进行编码。它包括 32 个通用控制字符，10 个阿拉伯数字，52 个英文大、小字母，34 个专用符号共 128 个。7 位 ASCII 代码在最高位添加一个"0"组成 8 位代码，正好占一个字节，在存储和传输信息中，最高

位常作为奇偶校验位使用。扩展 ASCII 码，即第 8 位不再视为校验位而是当作编码位使用。扩展 ASCII 码有 256 个，如表 F1.3 所示。

表 F1.3　扩展 ASCII 码

Bin	Dec	Hex	缩写/字符	解释
0000 1010	10	0A	LF (NL line feed，new line)	换行键
0001 0110	22	16	SYN (synchronous idle)	同步空闲
0011 0000	48	30	0	
0011 0001	49	31	1	
0011 0010	50	32	2	
0011 0011	51	33	3	
0011 0100	52	34	4	
0011 0101	53	35	5	
0011 0110	54	36	6	
0011 0111	55	37	7	
0011 1000	56	38	8	
0011 1001	57	39	9	
0100 0001	65	41	A	
0100 0010	66	42	B	
0100 0011	67	43	C	
0100 0100	68	44	D	
0100 0101	69	45	E	
0100 0110	70	46	F	
0100 0111	71	47	G	
0100 1000	72	48	H	
0100 1001	73	49	I	
0100 1010	74	4A	J	
0100 1011	75	4B	K	
0100 1100	76	4C	L	
0100 1101	77	4D	M	
0100 1110	78	4E	N	
0100 1111	79	4F	O	
0101 0000	80	50	P	
0101 0001	81	51	Q	
0101 0010	82	52	R	
0101 0011	83	53	S	
0101 0100	84	54	T	
0101 0101	85	55	U	

Bin	Dec	Hex	缩写/字符	解释
0101 0110	86	56	V	
0101 0111	87	57	W	
0101 1000	88	58	X	
0101 1001	89	59	Y	
0101 1010	90	5A	Z	
0110 0001	97	61	a	
0110 0010	98	62	b	
0110 0011	99	63	c	
0110 0100	100	64	d	
0110 0101	101	65	e	
0110 0110	102	66	f	
0110 0111	103	67	g	
0110 1000	104	68	h	
0110 1001	105	69	i	
0110 1010	106	6A	j	
0110 1011	107	6B	k	
0110 1100	108	6C	l	
0110 1101	109	6D	m	
0110 1110	110	6E	n	
0110 1111	111	6F	o	
0111 0000	112	70	p	
0111 0001	113	71	q	
0111 0010	114	72	r	
0111 0011	115	73	s	
0111 0100	116	74	t	
0111 0101	117	75	u	
0111 0110	118	76	v	
0111 0111	119	77	w	
0111 1000	120	78	x	
0111 1001	121	79	y	
0111 1010	122	7A	z	

附录二　Proteus 快速入门

F2.1　Proteus ISIS 编辑环境及其设置

Proteus ISIS 编辑环境的设置主要是指模板和图纸的选择、文本格式和格点的设置。绘制电路图首先要选择模板，模板控制电路图外观的信息，比如图形格式、文本格式、设计颜色、线条连接点大小和图形等。然后设置图纸，如设置纸张的型号、标注的字体等。

F2.1.1　选择模板和图纸

在 Proteus ISIS 主界面中选择"Template"→"Set Design Defaults"菜单项，编辑设计的默认选项。

选择"Template"→"Set Graph Colours"菜单项，编辑图形颜色。

选择"Template"→"Set Graph Styles"菜单项，编辑图形的全局风格。

选择"Template"→"Set Text Styles"菜单项，编辑全局文本风格。

选择"Template"→"Set Graphics Text"菜单项，编辑图形字体格式。

选择"Template"→"Set Junction Dots"菜单项，弹出编辑节点对话框。

注意：模板的改变只影响当前运行的 Proteus ISIS，尽管这些模板有可能被保存后在别的设计中调用。

在 Proteus ISIS 主界面选择"System"→"Set Sheet Sizes"菜单项，将出现如图 F2.1 所示的对话框，在该对话框中用户可选择图纸的大小或自定义图纸的大小。

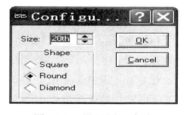

图 F2.1　设置图纸大小

F2.1.2　设置文本格式

在 Proteus ISIS 主界面中选择"System"→"Set Text Editor"菜单项，出现如图 F2.2 所示的对话框。在该对话框中可以对文本的字体、字形、大小、效果和颜色等进行设置。

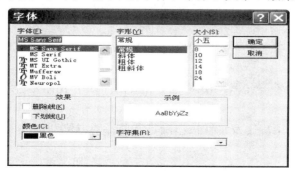

图 F2.2　设置文本格式

F2.1.3　设置格点

使用"View"菜单设置格点的显示或隐藏。在主界面中选择"View"→"Grid"菜单项设置编辑窗口中的格点显示与否，使用"View"菜单设置格点的间距。选择"View"→"Snap 10th"菜单项，或 Snap 50th、Snap 0.1in、Snap 0.5in 项，可调整格点的间距(默认值为 0.1in)

下面介绍 Proteus 电原理图绘制工具及其使用。

在 Proteus ISIS 中主要包含以下工具：

Component：元器件选取工具。

Junction Dot：节点放置工具。

Wire Label：连线标注或网络名称编辑工具。

Text Script：文本编辑工具。

Buses：总线绘制工具。

Subcircuit：子电路绘制工具。

Terminals：终端选取工具。

Device Pins：元器件引脚选取工具。

2D Graphics：二维图形绘制工具。

2D Graphics Symbols：二维图形符号选取工具。

2D Graphics Markers：标注工具。

1．拾取元件模式

1) 从元器件库中选择元器件

(1) 从工具箱选择"Component"图标 ⇨。

(2) 单击对象选择器中的"P"按钮，弹出"Pick Device"(元件拾取)对话框。

(3) 在"Keywords"文本框中输入一个或多个关键字，或使用元器件类列表和元器件子类列表，滤掉不希望出现的元器件，同时定位希望出现的元器件。

(4) 在元件列表区域中双击元器件，即可将元器件添加到设计中。

(5) 当完成元器件的提取后，单击"OK"按钮关闭对话框，并返回 Proteus ISIS。

2) 放置元器件

(1) 从工具箱中选择元器件图标。如果用户需要的元器件在对象选择器中未列出，则必须从元器件库中提取。

(2) 在对象选择器中选中需要的元器件。在 Proteus ISIS 的预览窗口可预览所选中的元器件。

(3) 在编辑窗口中希望元器件出现的位置双击，即可放置元器件。还可先单击然后对其进行拖动操作。

(4) 根据需要，使用旋转及镜像按钮确定元器件的方位。

3) 替换元器件

(1) 从元器件库中调出一个新类型元器件，添加到对象选择器中。

(2) 根据需要，使用旋转及镜像图标按钮确定元器件的方位。

(3) 在编辑窗口空白处单击，并移动鼠标指针使新元器件至少有一个引脚的末端与旧元器件的某一引脚重合，然后单击即出现对话框，单击"OK"按钮，替换过程即可完成。当自动替换被激活时，在放置新元器件过程中，必须保证光标在旧元器件内部。

注意：Proteus ISIS 在替换元器件的同时保留了连线。在替换过程中，先匹配位置，然后匹配引脚名称。

4) 编辑元器件

编辑元器件可通过元器件属性对话框或选择"Edit"→"Find and Edit Component"菜单项实现对元器件的编辑。

5) 隐藏电源引脚

在"Edit Component"对话框中，通过单击"Hidden Pins"按钮，可查看或编辑隐藏的电源引脚。

2. 放置节点模式 ─╂─

用户可使用"Template"→"Set Graphics Style"命令编辑 Wire Dot 图形风格，也可使用"Template"→"Set Junction Dots"命令设置节点的尺寸和形状。

(1) 放置节点。

① 从工具箱中选择"Junction Dot"图标按钮。

② 在编辑窗口希望放置连接点的位置双击，即可放置节点。

(2) 自动节点的放置。

(3) 自动删除节点。

当一条线或多条线被删除时，Proteus ISIS 将检测留下的节点是否有连接的线。若没有连接线，则系统会自动删除节点。当从已存在的电线上引出另外一条线时，Proteus ISIS 将自动放置节点。

3. 文本编辑

1) 放置和编辑脚本

(1) 从工具箱中选择"Text Script"图标，在编辑窗口单击，弹出"Edit Script Block"对话框。

(2) 在该对话框中选择"Script"选项卡。

(3) 在"Text"区域键入文本，同时，选择"Style"选项卡，还可在此选项卡中调整"Script"的属性。

(4) 单击"OK"按钮，完成"Text Script"的放置与编辑。

2) 编辑脚本

(1) 左击要编辑的脚本，选中该脚本，然后单击该脚本打开"Edit Script Block"对话框；或将光标放置在要编辑的脚本上，使用组合键"Ctrl+E"，打开"Edit Script Block"对话框。

(2) 根据需要调整脚本属性。可对"Edit Script Block"对话框包含的两个选项卡"Script"和"Style"分别进行编辑。

(3) 编辑完成后，单击"OK"按钮，或按组合键"Ctrl+Enter"保存更改。

4. 总线模式

1) 放置总线

(1) 从工具箱中选择总线"Bus"图标 。

(2) 在期望总线起始端出现的位置单击鼠标左键。

(3) 在期望总线路径的拐点处单击鼠标左键。

(4) 在总线的终点单击鼠标左键，然后单击鼠标右键，可结束总线放置。

2) 放置总线分支

在 Protel 软件里，总线和总线分支是两个不同的命令。而在 Proteus 中，总线分支既可以用总线命令，也可以用一般连线命令。在使用总线命令画总线分支时，粗线自动变成细线。为了使电路图显得专业而美观，我们通常把总线分支画成与总线成45°角的相互平行的斜线，下面举例来说明总线与总线分支的画法。

5. 连线标签模式

(1) 从工具箱中选择"Wire Label"图标 。

(2) 把鼠标指针指向期望放置标签的总线分支位置，被选中的导线变成虚线，鼠标指针处出现一个"×"号，此时单击鼠标左键，出现"Edit Wire Label"对话框。

(3) 在该对话框的"Label"选项卡中键入相应的文本，如"AD0"。

(4) 单击"OK"按钮，结束文本的输入。

6. 终端模式

从工具箱中选择"Terminal Mode"图标 ，出现如下所示的几种终端模式：

DEFAULT：默认端口。

INPUT：输入端口。

OUTPUT：输出端口。

BIDIR：双向端口。

POWER：电源。

GROUND：地。

BUS：总线。

放置终端：在编辑窗口中期望引脚出现的位置双击，即可放置终端。按住鼠标左键不放，可对其进行拖动操作。

标注终端：可使用手动方式打开终端编辑对话框，编辑终端属性。未标注的终端往往会被忽略。

编辑终端：使用通用的属性编辑方法即可编辑终端。可使用菜单命令"Tools"→"Property Assignment Tool"设置终端的电气类型。

7. 元件引脚模式

1) 放置引脚对象

(1) 从工具箱中选择"Pin"图标。

(2) 在对象选择器中选中期望的引脚。在 Proteus ISIS 的预览窗口可预览所选中的引脚。

(3) 根据需要，使用旋转及镜像图标确定引脚方位。

(4) 在编辑窗口中期望引脚出现的位置双击，即可放置引脚。如果按住鼠标左键不放，可对其进行拖动操作。

2) 编辑引脚名称、引脚编号及其电气类型

可使用手动方式编辑引脚属性，也可使用菜单命令"Tools"→"Property Assignment Tool"编辑一个或多个引脚的名称、引脚编号及类型属性。这一方法对于一组(例如总线)具有连续引脚名称的引脚是非常有效的。

8. 二维绘图工具的使用

Proteus ISIS 支持以下类型的 2D 图形对象：Line、Box、Circle、Arc、Closed Path、Text、Symbols、Makers。这些图形对象可直接用于画图，例如用于创建新的库元器件(元器件、符号、引脚和终端)。以下为放置各种类型图形对象的方法。

1) 放置直线

(1) 从工具箱中选择"Line"图标。

(2) 从对象选择器中选择线的期望图形类型。

(3) 在编辑框中单击作为线的开始，将光标移动到期望的位置单击，画线结束。

2) 放置矩形

(1) 从工具箱中选择"Box"图标。

(2) 从对象选择器中选择矩形框的期望图形类型，即系统已经定义好了各种边框线型及填充等的矩形，上排自左依次是画元件、画标界和画子电路，下排自左依次是画封闭导线、画封闭总线和画边界。

3) 放置圆

(1) 从工具箱中选择"Circle"图标。

(2) 从对象选择器中选择圆的期望图形类型。

(3) 在编辑框中单击，作为圆的中心。

(4) 将光标移动到期望圆的圆周上单击，即可得到一个圆。

4) 放置圆弧

(1) 从工具箱中选择"Arc"图标。

(2) 从对象选择器中选择圆弧的期望图形类型。

(3) 鉴于圆弧位于某一椭圆的一个象限，须先定义这一象限。在编辑框中单击作为象限的终点。

(4) 沿着这一象限拖动光标到象限的另一终点，释放光标。此时，将会出现一对剪切线，即此时允许选择相应象限中的一部分作为期望得到的圆弧。

(5) 移动光标到期望得到的圆弧处，单击，即可得到期望的圆弧。

5) 放置闭合线

(1) 从工具箱中选择放置闭合线图标。

(2) 从对象选择器中选择闭合线的期望图形类型。

(3) 在编辑窗口中，在期望闭合线的第一顶点出现的位置处单击。

(4) 若需输入一段直线，则只需移动光标即可。若需输入一段曲线，按住鼠标左键，

同时按下"Ctrl"键，然后移动光标。

(5) 单击放置第二个顶点。在放置期间，已放置的顶点不可删除或进行撤销操作。但是对已放置好的闭合线可进行编辑，同时，不需要的顶点或片断也可删除。

(6) 重复上述操作，完成闭合线绘制，或使用"Esc"键取消输入。直到最后一个顶点和第一个顶点重合时，多边线绘制完成。

6) 放置文字

(1) 从工具箱中选择"Text"图标。

(2) 从对象选择器中选择文本的期望类型。

(3) 使用旋转和镜像图标确定文字的方向。

(4) 在编辑窗口中，在期望文本右下方出现的位置单击。

(5) 在"String"文本框中输入文字，并设置字体类型"Font face"、字体高度"Height"及字体的修饰，如是否加粗等选项。

(6) 按"Enter"键，或单击"OK"按钮，完成文字的放置。

7) 放置图形符号

单击后没有可选项。

8) 放置图形标记

单击图形标记的图标后，在右边的"MAKERS"区出现 9 种图形标记，用来在已设计好的图形中做标记，或在设计元件时做符号使用。上排分别为原点、节点、总线节点、标签、引脚名，下排分别为引脚号、增量符、减量符、转换符。

F2.2　Proteus ISIS 库元件的认识

前面熟悉了 Proteus ISIS 的绘图工具和绘图方法，但由于大部分电路是由库中的元件通过连线来完成的，而库元件的调用是画图的第一步，如何快速准确地找到元件是绘图的关键。而 Proteus ISIS 的库元件都是以英文来命名的，这给英文水平不够好的读者带来不小的障碍。下面我们对 Proteus ISIS 的库元件按类进行详细的介绍，使读者能够对这些元件的名称、位置和使用有一定的了解。

F2.2.1　库元件的分类

1. 大类(Category)

元件拾取对话框左侧的"Category"中，共列出了几个大类，当要从库中拾取一个元件时，首先要清楚它的分类是位于哪一类，然后在打开的元件拾取对话框中，选中"Category"中相应的大类。

2. 子类(Sub-category)

选取元件所在的大类(Category)后，再选子类(Sub-category)，也可以直接选生产厂家(Manufacturer)，这样会在元件拾取对话框中间部分的查找结果(Results)中显示符合条件的元件列表。从中找到所需的元件，双击该元件名称，元件即被拾取到对象选择器中去了。

如果要继续拾取其他元件，最好使用双击元件名称的办法，对话框不会关闭。如果只选取一个元件，可以单击元件名称后单击"OK"按钮，关闭对话框。如果选取大类后，没有选取子类或生产厂家，则在元件拾取对话框中的查询结果中，会把此大类下的所有元件按元件名称首字母升序排列出来。

F2.2.2　各子类介绍

1. Analog ICs

Analog ICs(模拟集成器件)共有 8 个子类，如表 F2.1 所示。

表 F2.1　Analog ICs 子类示意

子　类	含　义	子　类	含　义
Amplifier	放大器	Miscellaneous	混杂器件
Comparators	比较器	Regulators	三端稳压器
Display Drivers	显示驱动器	Timers	555 定时器
Filters	滤波器	Voltage References	参考电压

2. Capacitors

Capacitors(电容)共有 23 个子类，如表 F2.2 所示。

表 F2.2　Capacitors 子类示意

子　类	含　义	子　类	含　义
Animated	可显示充放电电荷电容	Miniture Electrolytic	微型电解电容
Audio Grade Axial	音响专用电容	Multilayer Metallised Polyester Film	多层金属聚酯膜电容
Axial Lead Polypropene	径向轴引线聚丙烯电容	Mylar Film	聚酯薄膜电容
Axial Lead Polypropene	径向轴引线聚苯乙烯电容	Nickel Barrier	镍栅电容
Ceramic Disc	陶瓷圆片电容	Non Polarized	无极型电容
Decoupling Disc	解耦圆片电容	Polyester Layer	聚酯层电容
Generic	普通电容	Radial Electrolytic	径向电解电容
High Temp Radial	高温径向电容	Resin Dipped	树脂蚀刻电容
High Temp Axial Electrolytic	高温径向电解电容	Tantalum Bead	钽珠电容
Metallised Polyester Film	金属聚酯膜电容	Variable	可变电容
Metallised Polypropene	金属聚丙烯电容	VX Axial Electrolytic	VX 轴电解电容
Metallised Polypropene Film	金属聚丙烯膜电容		

3. CMOS 4000 series

CMOS 4000 series 数字电路共有 16 个子类，如表 F2.3 所示。

表 F2.3　CMOS 4000 series 子类示意

子　类	含　义	子　类	含　义
Adders	加法器	Gates & Inverters	门电路和反相器
Buffers & Driver	缓冲和驱动器	Memory	存储器
Comparators	比较器	Misc Logic	混杂逻辑电路
Counter	计数器	Mutiplexers	数据选择器
Decoders	译码器	Multivibrators	多谐振荡器
Encoders	编码器	Phase-locked Loops(PLL)	锁相环
Flip-Flops & Latches	触发器和锁存器	Registers	寄存器
Frequency Dividers & Timer	分频和定时器	Signal Switcher	信号开关

4. Connectors

Connectors(接头)共有 8 个子类，如表 F2.4 所示。

表 F2.4　Connectors 子类示意

子　类	含　义	子　类	含　义
Audio	音频插头	PCB Transfer	PCB 传输接头
D-Type	D 型接头	SIL	单排插头
DIL	双排插座	Ribbon Cable	蛇皮电缆
Header Blocks	插头	Terminal Blocks	接线端子台
Miscellaneous	各种接头		

5. Data Converters

Data Converters(数据转换器)共有 4 个子类，如表 F2.5 所示。

表 F2.5　Data Converters 子类示意

子　类	含　义	子　类	含　义
A/D Converters	模数转换器	Sample & Hold	采样保持器
D/A Converters	数模转换器	Temperature Sensors	温度传感器

6. Debugging Tools

Debugging Tools(调试工具)数据共有 3 个子类，如表 F2.6 所示。

表 F2.6　Data Converters 子类示意

子　类	含　义
Breakpoint Triggers	断电触发器
Logic Probes	逻辑输出探针
Logic Stimuli	逻辑状态输入

7. Diodes

Diodes(二极管)共有 8 个分类，如表 F2.7 所示。

表 F2.7　Diodes 子类示意

子　类	含　义	子　类	含　义
Bridge Rectifiers	整流桥	Switching	开关二极管
Generic	普通二极管	Tunnel	隧道二极管
Rectifiers	整流二极管	Variode	变容二极管
Schottky	肖特基二极管	Zener	稳压二极管

8. Inductors

Inductors(电感)共有 3 个子类，如表 F2.8 所示

表 F2.8　Inductors 子类示意

子　类	含　义
Generic	普通电感
SMT Inductors	表面安装技术电感
Transformers	变压器

9. Laplace Primitives

Laplace Primitives(拉普拉斯模型)共有 7 个子类，如表 F2.9 所示。

表 F2.9　Laplace Primitives 子类示意

子　类	含　义	子　类	含　义
1st Order	一阶模型	Operators	算子
2nd Order	二阶模型	Poles/Zeros	极点/零点
Controllers	控制器	Symbols	符号
Non-Linear	非线性模型		

10. Memory ICs

Memory ICs(存储器芯片)共有 7 个子类，如表 F2.10 所示。

表 F2.10　Memory ICs 子类示意

子　类	含　义	子　类	含　义
Dynamic RAM	动态数据存储器	Memory Cards	存储卡
EEPROM	电可擦除程序存储器	SPI Memories	SPI 总线存储器
EPOM	可擦出程序存储器	Static RAM	静态数据存储器
I^2C Memories	I^2C 总线存储器		

11. Microprocessor ICs

Microprocessor ICs(微处理器芯片)共有 13 个子类，如表 F2.11 所示。

表 F2.11　　Microprocessor ICs 子类示意

子　类	含　义	子　类	含　义
68000　Family	68000 系列	PIC 10 Family	PIC 10 系列
8051　Family	8051 系列	PIC 12 Family	PIC 12 系列
ARM　Family	ARM 系列	PIC 16 Family	PIC 16 系列
AVR　Family	AVR 系列	PIC 18 Family	PIC 18 系列
BASIC Stamp Modules	Parallax 公司微处理器	PIC 24 Family	PIC 24 系列
HC11 Family	HC11 系列	Z80 Family	Z80 系列
Peripherals	CPU 外设		

12. Modelling Primitives

Modelling Primitives(建模源)共有 9 个子类，如表 F2.12 所示。

表 F2.12　　Modelling Primitives 子类示意

子　类	含　义
Analog(SPICE)	数字(仿真分析)
Digital(Buffers & Gates)	数字(缓冲期和门电路)
Digital(Combinational)	数字(组合电路)
Digital(Miscellaneous)	数字(混合电路)
Digital(Sequential)	数字(时序电路)
Mixed Mode	混合模式
PLD Elements	可编程逻辑器件单元
Realtime (Actuators)	实时激励源
Realtime (Indictors)	实时指示器

13. Operational Amplifiers

Operational Amplifiers(运算放大器)共有 7 个子类，如表 F2.13 所示。

表 F2.13　　Operational Amplifiers 子类示意

子　类	含　义	子　类	含　义
Dual	双运放	Quad	四运放
Ideal	理想运放	Single	单运放
Macromodel	大量使用的运放	Triple	三运放
Octal	八运放		

14. Optoelectronics

Optoelectronics(光电器件)共有 11 个子类，如表 F2.14 所示。

表 F2.14 Optoelectronics 子类示意

子 类	含 义	子 类	含 义
7-Segment Displays	7 段显示	LCD Controllers	液晶控制器
Alphanumeric LCDs	液晶数码显示	LCD Panels Displays	液晶面板显示
Bargraph Displays	条柱显示	LEDs	发光二极管
Dot Matrix Displays	点阵显示	Optocouplers	光电耦合
Graphical LCDs	液晶图形显示	Serial LCDs	串行液晶显示
Lamps	灯		

15. Resistors

Resistors(电阻)共有 11 个子类，如表 F2.15 所示。

表 F2.15 Resistors 子类示意

子 类	含 义	子 类	含 义
0.6W Metal Film	0.6 瓦金属膜电阻	High Voltage	高压电阻
10W Wirewound	10 瓦绕线电阻	NTC	负温度系数热敏电阻
2W Metal Film	2 瓦金属膜电阻	Resistor Packs	排阻
3W Wirewound	3 瓦绕线电阻	Variable	滑动变阻器
7W Wirewound	7 瓦绕线电阻	Varisitors	可变电阻
Generic	普通电阻		

16. Simulator Primitives

Simulator Primitives(仿真源)共有 3 个子类，如表 F2.16 所示。

表 F2.16 Simulator Primitives 子类示意

子 类	含 义
Flip-Flops	触发器
Gates	门电路
Sources	电源

17. Switches and Relays

Switches and Relays(开关和继电器)共有 4 个子类，如表 F2.17 所示。

表 F2.17 Switches and Relays 子类示意

子 类	含 义
Key pads	键盘
Relays(Generic)	普通继电器
Relays(Specific)	专用继电器
Switches	开关

18. Switching Devices

Switching Devices(开关器件)共有 4 个子类，如表 F2.18 所示。

表 F2.18　　Switching Devices 子类示意

子　　类	含　　义
DIACs	两端交流开关
Generic	普通开关元件
SCRs	可控硅
TRIACs	三端双向可控硅

19. Thermionic Valves

Thermionic Valves(热离子真空管共)有 4 个子类，如表 F2.19 所示。

表 F2.19　　Thermionic Valves 子类示意

子　　类	含　　义
Diodes	二极管
Pentodes	五级真空管
Tetraodes	四极管
Triodes	三极管

20. Transducers

Transducers(传感器)共有 2 个子类，如表 F2.20 所示。

表 F2.20　　Transducers 子类示意

子　　类	含　　义
Pressure	压力传感器
Temperature	温度传感器

21. Transistors

Transistors(晶体管)共有 8 个分类，如表 F2.21 所示。

表 F2.21　　Transistors 子类示意

子　　类	含　　义
Bipolar	双极型晶体管
Generic	普通晶体管
IGBT	绝缘栅双极晶体管

F2.3　Proteus 虚拟仪器及其使用

F2.3.1　激励源

激励源为电路提供输入信号。Proteus ISIS 为用户提供了如表 F2.22 所示的各种类型的激励源，允许对其参数进行设置。

表 F2.22　激　励　源

名　称	意　义	名　称	意　义
DC	直流信号发生器	AUDIO	音频信号发生器
SINE	正弦波信号发生器	DSTATE	数字单稳态逻辑电平发生器
PULSE	脉冲发生器	DEDGE	数字单边沿信号发生器
EXP	指数脉冲发生器	DPULSE	单周期数字脉冲发生器
SFFM	单频率调频波发生器	SCLOCK	数字时钟信号发生器
PWLIN	分段线性激励源	SPATTERN	数字模式信号发生器
FILE	FILE 信号发生器		

实例——直流信号发生器的使用方法

直流信号发生器用来产生模拟直流电压或电流。

1．放置直流信号发生器

(1) 在 Proteus ISIS 环境中单击工具箱中的"Generator Mode"按钮图标，出现所有激励源的名称列表。

(2) 用鼠标左键单击"DC"，则在预览窗口出现直流信号发生器的符号。

(3) 在编辑窗口双击，则直流信号发生器被放置到原理图编辑界面中。可使用镜像、翻转工具调整直流信号发生器在原理图中的位置。

2．直流信号发生器属性设置

(1) 在原理图编辑区中，用鼠标左键双击直流信号发生器符号，出现属性设置对话框。

(2) 默认为直流电压源，可以在右侧设置电压源的大小。

(3) 如果需要直流电流源，选中左侧下面的"Current Source"，右侧自动出现电流值的标记，根据需要填写即可。

(4) 单击"OK"按钮，完成属性设置。

F2.3.2　虚拟仪器

虚拟仪器的名称及含义如表 F2.23 所示。

表 F2.23　虚　拟　仪　器

名　称	含　义	名　称	含　义
OSCILLOSCOPE	示波器	SIGNAL GERNERATOR	信号发生器
LOGIC ANALYSER	逻辑分析仪	PATTERN GENERATOR	模式发生器
COUNTER TIMER	计数/定时器	DC VOLTMETER	直流电压表
VIRTUAL TERMINAL	虚拟终端	DC AMMETER	直流电流表
SPI DEBUGGER	SPI 调试器	AC VOLTMETER	交流电压表
I2C DEBUGGER	I2C 调试器	AC AMMETER	交流电流表

实例 1——示波器的使用方法

1．放置虚拟示波器

(1) 在 Proteus ISIS 环境中单击虚拟仪器模式"Virtual Instrument Mode"按钮图标，出

现所有虚拟仪器名称列表。

(2) 用鼠标左键单击列表区的"OSCILLOSCOPE",则在预览窗口出现示波器的符号。

(3) 在编辑窗口单击鼠标左键,出现示波器的拖动图像,拖动鼠标指针到合适位置,再次单击左键,即可将示波器放置到原理图编辑区中。

2. 虚拟示波器的使用

(1) 示波器的四个接线端 A、B、C、D 应分别接四路输入信号,信号的另一端应接地。该虚拟示波器能同时观看四路信号的波形。

(2) 把 1 kHz、1V 的正弦激励信号加到示波器的 A 通道。

(3) 按仿真运行按钮开始仿真,出现如图 F2.3 所示的示波器运行界面。可以看到,左面的图形显示区有四条不同的水平扫描线,其中 A 通道由于接了正弦信号,已经显示出正弦波形。

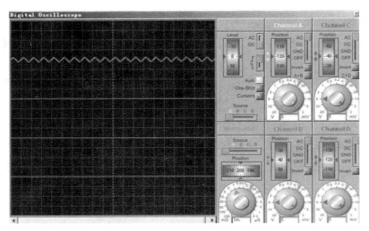

图 F2.3　正弦波图形

(4) 示波器的操作区共分为以下六部分。

Channel A:A 通道。

Channel B:B 通道。

Channel C:C 通道。

Channel D:D 通道。

Trigger:触发。

Horizontal:水平。① 四个通道区:每个区的操作功能都一样。主要有两个旋钮,"Position"用来调整波形的垂直位移;下面的旋钮用来调整波形的 Y 轴增益,白色区域的刻度表示图形区每格对应的电压值。内旋钮是微调,外旋钮是粗调。在图形区读波形的电压时,会把内旋钮顺时针调到最右端。② 触发区:其中"Level"用来调节水平坐标,水平坐标只在调节时才显示。"Auto"按钮一般为红色选中状态。选中"Cursors"光标按钮后,可以在图标区标注横坐标和纵坐标,从而读波形的电压和周期。单击右键可以出现快捷菜单,选择清除所有的标注坐标、打印及颜色设置。③ 水平区:"Position"用来调整波形的左右位移,下面的旋钮用于调整扫描频率。当读周期时,应把内环的微调旋钮顺时针旋转到底。

实例 2——电压表和电流表

Proteus VSM 提供了四种电表，分别是 AC Voltmeter(交流电压表)、AC Ammeter(交流电流表)、DC Voltmeter(直流电压表)和 DC Ammeter(直流电流表)。

1. 四种电表的符号

在 Proteus ISIS 的界面中，选择虚拟仪器图标，在出现的元件列表中，分别把上述四种电表放置到原理图编辑区中。

2. 属性参数设置

双击任一电表的原理图符号，出现其属性设置对话框，如图 F2.4 所示是直流电流表的属性设置对话框。

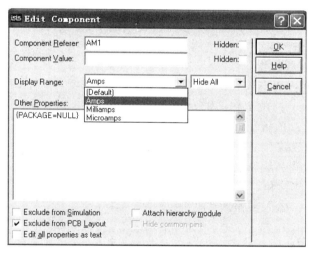

图 F2.4　直流电流表的属性设置对话框

在元件名称"Component Referer"项给该直流电流表命名为"AM1"，元件值"Component Value"中不填。在显示范围"Display Range"中有四个选项，用来设置该直流电流表是安培表(Amps)、毫安表(Milliamps)或是微安表(Microamps)，缺省是安培表。然后单击"OK"按钮即可完成设置。

3. 使用方法

这四个电表的使用方法和实际的交、直流电表一样，电压表并联在被测电压两端，电流表串联在电路中，要注意方向。运行仿真时，直流电表出现负值，说明电表的极性接反了。两个交流表显示的是有效值。

F2.4　Proteus 仿真方法

Proteus 有两种不同的仿真方式：交互式仿真和基于图标的仿真。

交互式仿真——实时直观地反映电路设计的各种性能，如频率特性、噪声特性等。

基于图标的仿真(ASF)——用来精确分析电路的各种性能，如频率特性、噪声特性。

图表仿真涉及一系列按钮和菜单的选择。其主要目的是把电路中某点对地的电压或某条支路的电流相对时间轴的波形自动绘制出来。图表仿真功能的实现包含以下步骤：

    (1) 在电路中被测点加电压探针，或在被测支路加电流探针。

    (2) 选择放置波形的类别，并在原理图中拖出用于生成仿真波形的图表框。

    (3) 在图表框中添加探针。

    (4) 设置图表属性。

    (5) 单击图表仿真按钮，生成所加探针对应的波形。

    (6) 存盘及打印输出。

F2.5　Proteus ARES 印制板设计工具

Proteus ARES 编辑环境当中提供了很多可使用的工具，选择相应的工具箱图标按钮，系统可提供相应的操作工具。

    (1) 放置和布线工具按钮：

Selection 按钮 ：光标模式，可选择或编辑对象。

Component 按钮 ：放置和编辑元件。

Package 按钮 ：放置和编辑元件封装。

Track 按钮 ：放置和编辑导线。

Via 按钮 ：放置和编辑过孔。

Zone 按钮 ：放置和编辑敷铜。

Ratsnest 按钮 ：输入或修改连线。

Connectivity Highlight 按钮 ：以高亮度显示连接关系。

    (2) 焊盘类型图标按钮：

Round Through-hole Pad 按钮 ：放置圆形通孔焊盘。

Square Through-hole Pad 按钮 ：放置方形通孔焊盘。

DIL Pad 按钮 ：放置椭圆形通孔焊盘。

Edge Connector Pad 按钮 ：放置板插头(金手指)。

Circular SMT Pad 按钮 ：放置圆形单面焊盘。

Rectangular SMT Pad 按钮 ：放置方形单面焊盘，具体尺寸可在对象选择器中选。

Polygonal SMT Pad 按钮 ：放置多边形单面焊盘。

Padstack 按钮 ：放置测试点。

印制电路板设计的一般步骤如下：

1. 绘制原理图

这是电路板设计的先期工作，主要是完成原理图的绘制，包括生成网络表。当然，有时也可以不进行原理图的绘制，而直接进入 PCB 设计系统。原来用于仿真的原理图需将信号源及测量仪表的接口连上适当的连接器。另外，要确保每一个元器件都带有封装信息。

2. 规划电路板

在绘制印制电路板之前，用户要对电路板有一个初步的规划，比如，电路板采用多大的物理尺寸，采用几层电路板(单面板、双面板或多层板)，各元件采用何种封装形式及其安装位置等。这是一项极其重要的工作，是确定电路板设计的框架。

3. 设置参数

参数的设置是电路板设计中非常重要的步骤。设置参数主要是设置元件的布置参数、层参数、布线参数等。一般说来，有些参数采用其默认值即可。

4. 装入网络表及元件封装

网络表是电路板自动布线的灵魂，也是原理图设计系统与印制电路板设计系统的接口，因此这一步也是非常重要的环节。只有将网络表装入之后，才可能完成对电路板的自动布线。元件的封装就是元件的外形，对于每个装入的元件必须有相应的外形封装，才能保证电路板设计的顺利进行。

5. 元件的布局

元件的布局可以让软件自动布局。规划好电路板并装入网络表后，用户可以让程序自动装入元件，并自动将元件布置在电路板边框内。当然，也可以进行手工布局。元件布局合理后，才能进行下一步的布线工作。

6. 自动布线

如果相关的参数设置得当，元件的布局合理，自动布线的成功率几乎是100% 。

7. 手工调整

自动布线结束后，往往存在令人不满意的地方，需要手工调整。

8. 文件保存及输出

完成电路板的布线后，保存完成的电路线路图文件。然后利用各种图形输出设备，如打印机或绘图仪输出电路板的布线图。

附录三　Keil C51 快速入门

F3.1　Keil C51 编辑环境及其设置

打开 Keil C51 软件 UVision 后，程序窗口的左边有一个项目工作区管理窗口，该窗口有 3 个标签，分别是 Files、Regs 和 Books，这 3 个标签页分别显示当前项目的文件结构、CPU 的寄存器及部分特殊功能寄存器的值(调试时才出现)和所选 CPU 的附加说明文件，如果是第一次启动 Keil C51，那么这 3 个标签页全是空的，如图 F3.1 所示。

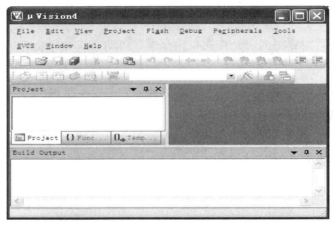

图 F3.1　Keil C51 打开后界面

F3.1.1　建立工程文件

在单片机项目开发中，有时有多个源程序文件，并且还要为项目选择 CPU 以确定编译、汇编、连接的参数，指定调试的方式等。为便于管理，Keil C51 使用工程项目(Project)的方法，将这些参数设置和所需的所有文件都放在一个工程项目中，只能对工程项目而不能对单一的源程序进行编译(汇编)和连接等操作。

先在硬盘上建立一个需保存工程文件的目录(例如在"我的文档" 中建立一个 test 的文件夹)，为便于管理及使用，目录名称可与工程名称一致。

选择"Project"→"New project"菜单，弹出相应对话框，要求给将要建立的工程起一个名字,可以在编辑框中输入一个名字(例如 test),扩展名不必输入(默认的扩展名为.uv2)，点击"保存"按钮，如图 F3.2 所示。随后弹出一个"为目标 target 选择设备"(Select Device for Target "Target1")对话框，这个对话框要求选择目标 CPU(即你所用单片机芯片的型号)，Keil C51 支持的 CPU 很多，我们选择 Atmel 公司的 AT89C51(或 AT89S51)芯片，用鼠标单击 Atmel 前的 "+" 号，选择 "AT89C51(或 AT89S51)" 单片机后按 "确定"，如图 F3.3 所示。随即系统弹出是否拷贝 8051 启动代码到工程项目并添加到当前项目组的提示(Copy Standard 8051 Startup Code to Project Folder and Add File to Project ?)，我们选 "否"。此时，在工程窗口的文件页中，出现了 "Target 1"，前面有 "+" 号，点击 "+" 号展开，可以看到下一层的 "Source Group1"。

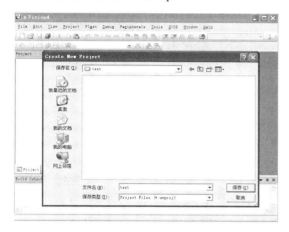

图 F3.2　建立新工程界面

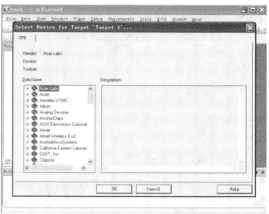

图 F3.3　选择单片机型号界面

F3.1.2　源程序文件的建立

使用菜单 "File" → "New"，如图 F3.4 所示，即在右侧打开一个新的文本编辑窗口，如图 F3.5 所示，在该窗口中可以输入汇编语言源程序或 C 语言源程序。程序输入完成后，选择 "文件"，在下拉菜单中选中 "另存为"，将该文件以扩展名为 .asm 格式(汇编语言源程序)或 .c 格式(C 语言源程序)保存在刚才所建立的一个文件夹中(test)，如图 F3.6 所示，这里假设源程序文件名为 test.asm。

图 F3.4　新建源程序文件界面

图 F3.5　打开新的文本编辑窗口

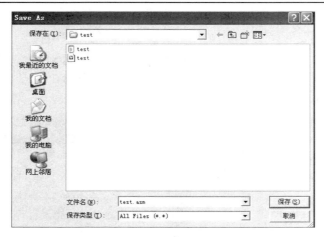

图 F3.6　保存源程序对话框

F3.1.3　选项设置

首先进行选项设置，将鼠标指针指向"Target 1"并单击右键，再从弹出的右键菜单中单击"Options for Target"选项。

从弹出的对话框中选择"Output"标签栏，并按如图 F3.7 所示设置其余各项。

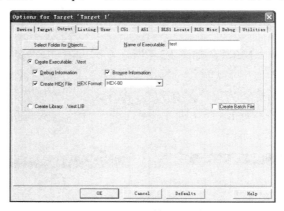

图 F3.7　"Output"标签栏

F3.1.4　添加文件到当前项目组中

这时的工程项目还是一个空的工程，里面什么文件也没有，把刚才编写好的源程序 test.asm 加载进工程。单击工程管理器中"Target 1"前的"+"号，出现"Source Group 1"后再单击，加亮后右击。如图 F3.8 所示，在出现的下拉窗口中选择"Add Files to Group 'Source Group1'"。注意，该对话框下面的"文件类型"默认为 C source file(*.c)，也就是以 c 为扩展名的文件，如我们的文件是以 asm 为扩展名的，那么在列表框中找不到 test.asm，要更改文件类型。点击对话框中"文件类型"后的下拉列表，如图 F3.9 所示，找到并选中"Asm Source File(*.a51，*.asm)"，这样在列表框中就可以找到 test.asm 文件了。我们可以在增加文件窗口中选择刚才以 asm 格式(或 c 格式)编辑的文件，鼠标点击"Add"按钮，这时源程序文件便加入到 Source Group 1 组里了，随后关闭此对话框。点击"Source Group 1"前的"+"号，可以看到 test.asm 文件已在其中，如图 F3.10 所示。双击后，即可打开该源程序。

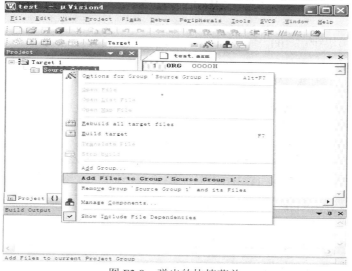

图 F3.8　弹出的快捷菜单

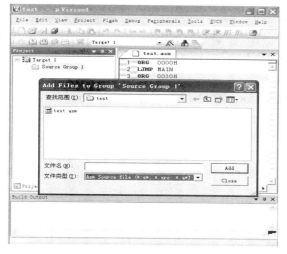

图 F3.9　添加文件对话框

图 F3.10　添加文件后菜单栏的变化

F3.1.5　编写源程序

程序文件编辑完毕后，单击"Project"菜单，选中"Built target"选项(或者使用快捷键 F7)，或者单击工具栏的快捷图标来进行编译(见图 F3.11)。

如果有错误，则在最后的输出窗口中会出现所有错误所在的位置和错误的原因，并有"Target not created"的提示。双击该处的错误提示，在编辑区对应错误指令处左面出现蓝色箭头提示，然后对当前的错误指令进行修改。

图 F3.11　编译快捷图标

F3.2　Keil C51 库函数

C51 运行库中提供了 100 多个预定义的库函数，用户可在自己的 C51 程序中直接使用这些预定义的库函数。多使用库函数将使程序代码简单、结构清晰，易于调试的维护。C51 库函数分为几大类，基本上分属于不同的 h 头文件。C51 库函数的原型放在"KEIL、C5l、INC"目录下，使用这些函数前必须用"#include"包含头丈件。

(1) 专用寄存器 includa 文件(见表 F3.1)。专用寄存器文件包括了标准型、增强型 51 单片机的 SFR(特殊功能寄存器)及位定义，一般 C51 程序中都必须包括本文件。

表 F3.1　专用寄存器 includa 文件

库文件	功能说明	备　注
reg51.h	标准 MCS-51 系列单片机的 SFR 及其位定义	8031/8051 可使用此头文件
reg52.h	增强型 51 系列单片机的 SFR 及其位定义	8052/8054/STC89 系列等使用此头文件
at89x51.h	标准 AT89x51 系列单片机的 SFR 及其位定义	AT89C51/AT89S51 可使用此头文件
at89x51.h	增强型 AT89x51 系列单片机的 SFR 及其位定义	AT89S52/AT89S54 等使用此头文件

(2) 绝对地址 include 文件 absace.h(见表 F3.2)。absacc.h 中包含 r，允许直接访问 8051 单片机不同区域存储器的宏，使用时应该用#inducje"absacc.h"指令将"absacc.h"头文件包含到源程序文件中。

表 F3.2　绝对地址 include 文件 absace.h

函数名	功　能	举例说明
CBYTE	允许访问 8051 程序存储器中的字节	rval=CBYTE[0x0030]; //从程序存储器 30H 单元读出内容
CWORD	允许访问 8051 程序存储器中的字	rval=CWORD[0x004]; //从程序存储器 08H 单元读出内容

DBYTE	允许访问 8051 片内 RAM 中的字节	rval=DBYTE[0x0030] //读出片内 RAM 的 30H 单元内容
		DBYTE[0x0020]=5; //常数 5 写入片内 RAM 20H 单元

DWORD	允许访问 8051 片内 RAM 中的字	rval=DBYTE[0x0004]; //读出片内 RAM 08H 单元内容
		DBYTE[0x0003]=15; //常数 15 写入片内 RAM 06H 单元

PBYTE	允许访问 8051 片外 RAM 中的字节	rval=PBYTE[0x0020]; PBYTE[0x0020]=5; //从片外 RAM 相对地址 20H 单元读写内容
PWORD	允许访问 8051 片外 RAM 中的字	rval=PBYTE[0x0003]; PBYTE[0x0003]=5;//从片外 RAM 相对地址 06H 单元读写内容

函数名	功　能	举　例　说　明

XBYTE	允许访问 8051 片内 RAM 中的字节	rval=DBYTE[0x0030];//读出片内 RAM 的 30H 单元内容
		DBYTE[0x0020]=5;//常数 5 写入片内 RAM 20H 单元

XWORD	允许访问 8051 片内 RAM 中的字	rval=DBYTE[0x0004];//读出片内 RAM　08H 单元内容
		DBYTE[0x0003]=15;//常数 15 写入片内 RAM 06H 单元

(3) ctype.h 字符转换的分类程序文件(见表 F3.3)。ctype.h 头文件中包含 ASCII 码字符分类函数，以及字符转换函数的定义和原型。在使用字符函数时，要用#include "ctype.h" 指令将 "ctype.h" 头文件包含到源程序文件中。

表 F3.3　ctype.h 字符转换的分类程序文件

函　数　原　型	功　能　说　明	返　回　值
bit isalnum(char ch)	检查 ch 是否为 0~9 或字母 a~z 及 A~Z	是，返回 1；否则返回 0
bit isalpha(char ch)	检查 ch 是否为字母 a~z 及 A~Z	是，返回 1；否则返回 0
bit iscntrl(char ch)	检查 ch 是否为控制字符(ASCⅡ码在 0~0x1F 之间)	是，返回 1；否则返回 0
bit isdigit(char ch)	检查 ch 是否为数字 0~9	是，返回 1；否则返回 0
bit isgraph(char ch)	检查 ch 是否为可打印字符，不包括空格	是，返回 1；否则返回 0
bitislower(char ch)	检查 ch 是否为小写字母 a~z	是，返回 1；否则返回 0
bit isprint(char ch)	检查 ch 是否为可打印字符，包括空格	是，返回 1；否则返回 0
bit ispunct(char ch)	检查 ch 是否为标点符号	是，返回 1；否则返回 0
bit isspace(char ch)	检查 ch 是否为空格、跳格符或换行符	是，返回 1；否则返回 0
bit isupper(char ch)	检查 ch 是否为大写字母 A~Z	是，返回 1；否则返回 0
bit isxdigit(char ch)	检查 ch 是否为十六进制数字	是，返回 1；否则返回 0
bittoascii(char ch)	将字符转换成 7 位 ASCⅡ码	返回与 ch 相对应的 ASCⅡ码
bit toint(char ch)	将十六进制数字转换成十进制数	返回与 ch 相对应的 ASCⅡ码
char tolower(char ch)	测试字符并将大写字母转换成小写字母	返回与 ch 相对应的 ASCⅡ码
char_tolower(char ch)	无条件将字符转换成小写	返回与 ch 相对应的 ASCⅡ码
char toupper(char ch)	测试字符并将小写字母转换成大写字母	返回与 ch 相对应的 ASCⅡ码
char_toupper(char ch)	无条件将字符转换成大写	返回与 ch 相对应的 ASCⅡ码

(4) intins.h 内部函数头文件(见表 F3.4)。intins.h 属于 C51 编译器内部库函数，编译时直接将固定的代码插入当前行，而不是用 ACALL 或 LCALL 指令来实现，这样大大提高了函数访问的效率。在使用内部函数时，要用#include "intins. h" 指令将 "Jntrins h" 头文件

包含到源程序文件中。

表 F3.4　　intins.h 内部函数头文件

函　数　原　型	功　能　说　明
unsigned char_chkflat_(float val)	检查浮点数 val 的状态
unsigned char_crol_(unsigned char val,unsigned char n)	字符 val 循环左移 n 位
unsigned char_cror_(unsigned char val,unsigned char n)	字符 val 循环右移 n 位
unsigned int_irol_(unsigned char val,unsigned char n)	无符号整数循环左移 n 位
unsigned int_iror_(unsigned char val,unsigned char n)	无符号整数循环右移 n 位
unsigned long_lrol_(unsigned char val,unsigned char n)	无符号长整数循环左移 n 位
unsigned long_lror_(unsigned char val,unsigned char n)	无符号长整数循环右移 n 位
void_nop_(void)	在程序中插入 NOP 指令，可用作 C 程序的时间比较
bit_testbit_(bit x)	在程序中插入 JBC 指令

(5) math.h 数学运算头文件(见表 F3.5)。math.h 头文件包含所有浮点数运算和其他的算术运算。在使用数学运算函数时，要用#include "math.h" 指令将 "math.h" 头文件包含到源程序文件中。

表 F3.5　　math.h 数学运算头文件

函　数　原　型	功　能　说　明
Int abs(int val)	计算机无符号整数 val 的绝对值
Double acos(double val)	计算参数 val 的反余弦值
Double asin(double val)	计算参数 val 的反正弦值
Double atan(double val)	计算参数 val 的反正切值
double atan2(double val1,double val2)	计算参数 val1/val2 的反正切值
Double cabs(struct complex val)	计算参数 val 的绝对值
Doubleceil(double val)	返回大于或等于参数 val 的最小整数值，结果以 double 形态返回
Double cos(double val)	计算参数 val 的余弦值
Double cosh(double val)	计算参数 val 的双曲线余弦值
Double exp(double x)	计算以 e 为底的 x 次方值，即 e^x
Double fabs(double val)	计算浮点数 val 的绝对值
Double floor(double val)	返回小于参数 val 的最小整数值，结果以 double 形态返回
Double fmod(double x,double y)	计算浮点数 x/y 的余数
Double frexp(double x,int * exp)	将参数 x 的浮点型切割成底数和指数。底数部分直接返回，指数部分则借参数 exp 指针返回，将返回值乘以 2exp 即为 x 的值
Void fprestore(struct FPBUF * p)	将浮点子程序的状态恢复为原始状态
Void fpsave(struct FPBUF * p)	保存浮点子程序的状态

函 数 原 型	功 能 说 明
Long labs(long val)	计算长整数 val 的绝对值
Double ldexp(double x)	计算参数 x 乘上 2exp 的值
Double log(double x)	计算以 e 为底的 x 对数值
Double log10(double x)	计算以 10 为底的 x 对数值
Double rnodf(double val,double * iptr)	将参数 val 的浮点型分割成整数部分和小数部分
Double pow(double x,double y)	计算以 x 为底的 y 次方值，即 x^y
Double sin(double val)	计算参数 val 的正弦值
Double sinh(double val)	计算参数 val 的双曲线正弦值
Double sqrt(double val)	计算参数 val 的平方根
Double tan(double val)	计算参数 val 的正切值
Double tanh(double val)	计算参数 val 的双曲线正切值

(6) setjmp.h 头文件(见表 F3.6)。setjmp. h 头文件用于定义 setjmp 和 longjmp 程序的 jmp_buf 类型，其函数可实现不同程序之间的跳转，它允许从深层函数调用中直接返回。在使用跳转函数时，要用#include "setjmp.h" 指令将 "setjmp.h" 头文件包含到源程序文件中。

表 F3.6　setjmp.h 头文件

函 数 原 型	功 能 说 明
int setjmp(jmp_buf env)	Setjmp 将状态信息存入 env 供函数 longjmp 使用。当直接调用 setjmp 时返回值为 0；当由 long jmp 调用时返回非零值。Setjmp 只能在语句 IF 或 SWITCH 中调用一次。
long jmp(jmp_buf env,int val)	Longjmp 将堆栈恢复成调用 setjmp 时存在 env 中的状态

(7) stdarg. h 变量参数表头文件(见表 F3.7)。stdrag.h 头文件包括访问具有可变参数列表函数的参数的宏定义。在使用变量参数函数时，要用#include "stdarg. h" 指令将 "stdarg. h" 头文件包含到源程序文件中。

表 F3.7　stdarg.h 变量参数表头文件

宏 名	功 能 说 明
type va_arg(va_list pointer,type)	读函数调用中的下一个参数，返回类型为 type 的参数
va_list	指向参数的指针
va_start(va_list point,last_argumnet)	开始读函数调用参数
va_end(va_list pointer)	结束读函数调用参数

(8) stddet. h 标准定义头文件。stddef.h 头文件中定义了 offsetof 宏，使用该宏可得到结构成员的偏移量。

(9) stdio. h 一般 I/O 函数头文件(见表 F3.8)。scdio.h 头文件包含字符 I/O 函数，它们通过处理器的串行接口进行操作，为支持其他 I/O 机制，只需修改 getkey()和 putchar()函数即可，而其他所有 I/O 支持函数依赖这两个函数，不需要改动。在使用一般 I/O 函数时，要用#include "stdio. h" 指令将 "stdio. h" 头文件包含到源程序文件中。

表 F3.8　stdio.h 一般 I/O 函数头文件

函 数 原 型	功 能 说 明
char_getkey()	_getkey 从单片机串口中读入一个字符，然后等待字符输入。该函数是改变整个输入端口机制应作修改的唯一一个函数
char getchar(void)	该函数使用_getkey()从串口读入字符，取了读入的字符马上传给 putchar()函数以作响应外，其他功能与_getkey()相同
char*gets(char*s，int n)	该函数通过 getchar()控制台设备读入一个字符送入由"s"指向的数据组。考虑到 ANSI 标准的建议，限制每次调用时能读入的最大字符数，函数提供了一个字符读数器"n"，在所有情况下，当检测到换行时，放弃字符输入
int printf(const chart*，...)	printf()以一定格式通过单片机串口输出数值的字符串，返回值为实际输出的字符数，参量可以是指针、字符或数值，第一个参量是字符串指针
putchar(char)	putchar()通过单片机输出"char"，和函数 getkey()功能相同，putchar()是改变整个输出机制所需修改的唯一一个函数
int puts(const char*,...)	puts()将字符串"s"和换行符写入控制台设备，错误时返回 EOF，否则返回一个非负数
int scanf(const char*，...)	scanf()在字符串控制下，利用 getchar 函数由控制台读入数据，每遇到一个值，就将它按顺序献给每个参数，注意：每个参量必须为指针
int sprintf(char*s，const char*，...)	Sprintf()与 printf()类似，但输出不显示在控制台上，而是通过一个指针 s，送入可寻址的缓冲区
int sscanf(char*s，const char*，...)	Sscanf()与 scanf()方式类似，但串输入不是通过控制台，而是通过另一个以空结束的指针
char ungetchar(char c)	Ungetchar()将输入字符推回输入缓冲区，因此下次 gets()或 getchar()可用该字符
Void vprintf(const char*fmstr，char*argptr)	用指针向流输出
Void vsprintf(chars*s，const char*fmtst，char*argptr)	写格式化数据到字符串

（10）stdlib.h 动态内存分配函数(见表 F3.9)。stdlib.h 头文件包括类型转换和存储器分配函数的原型和定义，在使用动态内存分配函数时，要用#include "stdlib.h" 指令将 "stdlib.h" 头文件包含到源程序文件中。

表 F3.9　stdlib.h 动态内存分

函　数　原　型	功　能　说　明
Flaot atof(void*string)	atof()将 string 字符串转换为浮点数
int atoi(void*string)	atoi()将 string 字符串转换为整数
long atoi(void*string)	atoi()将 string 字符串转换为长整数
Void*calloc(unsigned int num,unsigned int len)	Calloc()在存储器中动态分配内存空间的大小，num 指定元素的数目，len 指定每个元素的大小，两个参数的乘积即为内存空间的大小
Void free(void xdata*p)	释放 calloc()、malloc()或 realloc()定位的存储块
Void init_mempool(void*data*p,unsigned int size)	Int_mempool()指定用来进行动态分配内存空间并初始化。只有在初始化后才能使用 malloc()、malloc()、free()等函数，否则程序会出错
Void*malloc(unsigned int size)	Malloc()在存储器中动态分配内存空间的大小
Int rand (void)	Rand()用来产生一个 0～32 767 之间的伪随机数
Void*realloc(void xdata*p,unsigned int size)	Realloc()先释放 p 所指内存区域，并按照 size 指定的大小重新分配空间，同时将原有数据从头到尾复制到新分配的内存区域，并返回该内存区域的首地址
Void srand(int seed)	Srand()用来将随机数发生器初始化成一个已知值，对 rand()的相继调用将产生相同序列的随机数
Double strtod(char*string,char**endptr)	Strtod()将字符串 string 转换成双精度浮点数。String 必须是双精度数的字符表示格式，如果字符串有非法的非数字字符，则 endptr 将负责获取该非法字符
Long strol(char*string，char**endptr，unsigned char base)	Strol()会将字符串 string 根据 base(base 表示进制方式，范围为 0 或 2~36)来转换成长整数
Unsigned long stroul(char*string，char**endptr，unsigned char base)	Stroul()会将字符串 string 根据 base(base 表示进制方式，范围为 0 或 2~36)来转换成无符号的长整数

(11) string. h 缓冲处理函数(见表 F3.10)。string. h 头文件中包含字符串的缓冲区操作的原型。在使用缓冲处理函数时，要用#include "string. h"指令将 "string.h" 头文件包含到源程序文件中。

表 F3.10　String.h 缓冲处理函数

函　数　原　型	功　能　说　明
Void*memccpy(void*dest，void*src，char c，int len)	复制 src 中 len 个字符到 dest 中，如果实际复制了 len 个字符返回 NULL。若复制完字符 val 后就停止，此时返回指向 dest 中下一个元素的指针
Void*memchr(void*buf，char c，int len)	数序查找 buf 中的 len 个字符找出字符串 c,找到则返回 buf 中指向 c 的指针，没找到返回 NULL
Char mememp(void*buf1，void*buf2,int len)	逐个比较字符串 buf1 和 buf2 的前 len 个字符。相等则返回 0，如果字符串 buf1 大于或小于 buf2，则响应返回一个正数或负数

函 数 原 型	功 能 说 明
Void*memcpy(void*dest，void*src，int len)	由 src 所指内存中负责 len 个字符到 dest 中，返回指向 dest 中的最后一个字符指针。如果 src 和 dest 发生交叠，则结构是不可预测的
Void*memmove(void*dest, void*scr, int len)	Memmove()工作方式与 mencpy()相同，但复制可以交叠
Void*memset(void*buf, char c, int len)	Memset()将 c 值填充指针 buf 中 len 个单元
Char*strcat(char*dest, char*src)	将字符串 src 复制到字符串 dest 尾端。它假设 dest 定义的地址区足以接收两个字符串。返回指针指向 src 字符串的第一个字符
Char*strchr(const char*string, char c)	查找字符串 string1 中第一个出现的 c 字符，如果找到，返回首次出现指向该字符的指针
Char strcmp(char*string1, char*string2)	比较字符串 string1 和 string2，如果相等返回 0
Char*strcpy(char*dest, char*src)	将字符串 src 包括结束符复制到 dest 中，返回指向 dest 的第一个字符指针
Int strcspn(char*src, char*set)	查找 src 字符串中第一个不包含在 set 中的字符，返回值是 src 中包含在 set 里，则返回 src 的长度(包括结束符)。如果 src 是空字符串，则返回 0
Int strlen(char*src)	返回 src 字符串中字符的个数(包含结束字符)
Char*strncat(char dest, char*scr, int len)	复制字符串 src 中 len 个字符到字符串 dest 的结尾。如果 src 的长度小于 len，则只复制 src
Char strnemp(char*strings, char*string2, int len)	比较字符串 string1 和 string2 中前 len 个字符，如果相等返回 0
Char *strncpy(char*dest, char *src, int len)	Strncpy()与 strcpy()相似，但它只复制 len 个字符。如果 str 长度小于 len，则 string1 字符串以"0"补齐到长度 len
Char*strpbrk(cahr*string, char*set)	Strbrk()与 strspn()相似，但它返回指向查找到字符的指针，而不是个数。如果没找到，则返回 NULL
Int strrpos(const char*string, char c)	查找 string 字符串中最后一个出现的 c 字符，如果找到，返回该字符在 string 字符串中的位置
Char*strrchr(const char*string, char c)	查找 string 字符串中最后一个出现的 c 字符，如果找到，返回指向该字符的指针，否则返回 NULL。对 string 查找也返回指向字符的指针而不是空指针
Char*strrpbrk(char*string, char*set)	Strrpbrk()与 strpbrk()相似,但它返回字符在 string 中指向找到 set 字符串中最后一个字符的指针
Int strrpos(const char*string, char c)	Strrpos()与 strrchr()相似，但它返回字符在 string 字符串的位置
Int strspn(char*string, char*set)	Strspn()是查找 string 字符串中第一个包含在 set 中的字符，返回值是 string 中包含在 set 里字符的个数。如果 string 中所有字符都包含在 set 里，则返回 string 的长度(包括结束符)。如果 string 是字符串，则返回 0

F3.3　Keil C51 编译出错信息列表

在 51 单片机的 C 语言使用过程中，经常在编译过程中出现各种语法错误或者报警，Keil 的编译器通常会将报错信息在 output 窗口给出，双击这些错误或者报警的提示编译器会自动在代码窗口中将光标定义在错误位置。

注意：(1) 错误的光标定位未必准确，可能定位在出现错误的行，也可能定位在与错误相关的行。

(2) 编译器不能检查逻辑错误。

1．变量未被使用警告(Warning 280)

变量未被使用时，Keil 产生的一个警告事件，报警信息如下：

Warning 280：'i'：unreferenced local variable

此类警告通常是用户在代码中声明了一个变量却没有使用它时产生，该警告在通常情况下完全不影响程序的正常执行，只是浪费了 51 单片机的内部存储器空间。其解决办法是删除对该变量的声明。

2．函数未被声明警告(Warning C206)

函数未被声明时，Keil 给出的一个警告事件，报警信息如下：

PUTCHARTEST.C(36)：warning C206:'TimerOInit'：missing function-prototype

函数未被声明，虽然是一个警告事件，但是该事件会引起另外一个错误，所以其实质上是一个错误，必须解决。该警告是在系统使用了一个函数，却没有对这个函数进行声明造成的。其解决方法是：将该函数的实体放在调用函数的语句之前，或者在这个语句之前对该函数进行声明，又或者在被 c 文件引用的头文件中对该函数进行声明。

3．头文件无法打开错误(Error C318)

头文件无法打开时，Keil 给出的一个错误事件，报警信息如下：

Putchartest.c(2)：warning C318：can＇t open file 'stdio5.h'

造成该错误的原因是：c 文件在使用"#include+头文件名"语句引用头文件时，头文件名称错误或者路径错误，或者该头文件不存在，导致编译器无法找到该文件。其解决办法是：确认该头文件存在并且使用正确的路径和名称。

4．函数名称重复定义错误(Error C237)

函数名称重复定义错误时，Keil 给出的一个错误事件，报警信息如下：

PUTCHAARTEST.C(23):error C237：'InitUart'：function already has a　body

该错误是由于使用两个相同名称的函数导致的，在 Keil 的工程文件中，不允许有名称相同但是其实体不同的两个函数存在。其解决办法是修改其中的一个函数名称使两个函数不重复。

5．函数未被调用警告

函数未被调用时，Keil 给出的一个警告事件，报警信息如下：

　　***WARNING L16：UNCALLED SEGMENT,IGNORED FOR OVERLAY PROCESS

当一个函数在代码声明且拥有函数实体之后没有被调用，即会出现该警告事件，从理论上来说，该警告事件和变量未被使用警告事件类似，不会导致程序不能正常运行，仅仅占用代码空间，但是会增大系统的不稳定性。解决该警告的办法是：去掉该函数的声明和实体或者对该函数进行调用。

6. 函数未定义警告(Warning C206)

函数未定义时，Keil 给出的一个警告事件，报警信息如下：

　　PUTCHARTEST.C(36)：warning C206：'InitUart'：missing function-prototype

当用户代码调用了一个函数，但是这个函数的实体并不存在时，产生函数未定义警告，并且会触发一个错误，所以这个警告必须解决。其解决办法是对该函数进行定义。

7. 内存空间溢出错误警告

内存空间溢出错误时，Keil 给出的一个错误警告事件，报警信息如下：

　　***ERROR L107：ADDRESS SPACE OVERFLW

由于 51 单片机的内部存储空间是有限的,通常来说只有 256 字节,其中可以用于 RAM 操作的为 128 字节，也就是说，data 类型数据的存储空间地址范围为 0x00～0x7f。当代码的全局变量和函数里的局部变量超过这个大小则会出现内存空间溢出的错误。其解决办法是：将部分变量放在外部存储空间 xdata 中。

如果在 Keil 编译时将存储模式设为 SMALL，则局部变量首先选择使用工作寄存器 R2～R7，当存储器不够用时，则会使用 data 的内存空间，但是当被使用的该内存大小超过 128 字节时也会出现内存空间溢出错误，此时的解决方法是：将以 data 类型定义的公共变量修改为 Idata 类型的定义。

8. 函数重入警告

函数重入警告时，Keil 给出的如下所示的一个警告事件，这个警告事件相对比较复杂。

　　***WARNING L15：MULTIPLE CALL TO SEGMENT

该警告表示编译器发现有一个函数可能会被主函数和一个中断服务程序或者调用中断服务程序的函数同时调用，又或者同时被多个中断服务程序调用。由于这个函数没有被定义为重入性函数，所以在函数被执行时它可能会被一个中断服务程序中断执行，从而使得结果发生错误并可能会引起些变量形式的冲突，如引起函数内一些数据的丢失。而可重入函数在任何时候都可以被中断服务程序中断运行，但是相应数据不会丢失。

产生这个警告的另外一个原因是：函数局部变量对应的内存空间会被其他函数的内存区所覆盖，如果该函数在执行过程中被打断，则它的内存区就会被别的函数使用，这会导致内存冲突。

如果用户确定两个函数绝对不会在同一时间被执行(该函数被主程序调用并且中断被禁止)，并且该函数不占用内存(假设只使用寄存器)，则可以完全忽略这种警告。

如果该函数可以在其执行时被调用，这时可以采用以下几种方法解决：

(1) 当主程序调用该函数时禁止中断，可以在该函数被调用时用#programa disable 语句来实现禁止中断的目的。

(2) 复制两份该函数的代码，一份放到主程序中，另一份放到中断服务程序中。

(3) 将该函数用可重入关键字 reentrant 定义，此时编译器产生一个可重入堆栈，该堆栈被用于存储函数值和局部变量，但是此时可重入堆栈必须在 STARTUP. A51 文件中配置。这种方法消耗更多的内存空间并会降低这个函数的执行速度。

9. 常见 Keil 编译错误

表 F3.11 是按照首子母排序的常见 Keil 编译错误和警告列表，方便读者查询。

表 F3.11　常见 Keil 编译错误和警告列表

错 误 信 息	说　　　明
Ambiguous operators need parentheses	当进行不明确的运算时需加上括号
Ambiguous symble	不明确的符号
Argument list syntax error	参数表语法错误，如少一个参数
Array bounds missing	数组没有上标或下标，或者少了界限符
Array size toolarge	数组尺寸太大
Bad character in parameters	参数中有不适当的字符，如将非指针变量赋给了指针变量参数
Bad file name format in include directive	在用 "include" 将文件包含进来时文件名格式不正确
Bad ifdef directive syntax	编译预处理 ifdef 有语法错误
Bad undef directive syntax	编译预处理 undef 有语法错误
Bit field too large	为字段太长
Call of non – function	调用了未定义的函数
Call of function with no prototype	调用了没有说明的函数
Cannot modify a const object	不允许修改一个常量
Case outside of switch	缺少了 case 语句
Case syntax error	CASE 语句语法错误
Code has no effect	代码无效，也就是不可能被执行到
Compound statement missing	缺少 "|"
Conflicting type modifiers	类型说明不正确
Constant expression required	要求常量表达式未赋值
Constant out of rang in comparison	在比较操作中常量超出范围
Conversion may lose significant digits	在进行转换时会丢失有意义的数据
Conversion of near pointer not allowed	不允许对近指针进行转换操作
Could not find file	找不到文件
Declaration missing	声明缺少 "；"
Declaration syntax error	在声明中出现语法错误
Default outside of switch	在 switch 语句之外出现了 default 关键字
Define directive needs an identifier	定义编译处理需要一个标识符
Division by zero	除数为 0
Do statement must have while	Do-while 语句中缺少 while 关键字

错 误 信 息	说　　明
Enum syntax error	枚举类型语法错误
Enumeration constant syntax error	枚举常数语法错误
Error directive	编译预处理命令错误
Error writing output file	对输出文件写操作错误
Expression syntax error	表达式语法错误
Extra parameter in call	在外部调用时出现多余参数错误
File name too long	文件名过长
Function call missing)	调用函数时少了")"
Function definition out of place	定义函数时位置超出
Function should return a value	函数没有返回值
Goto statement missing lable	在使用 Goto 语句时必须有标号
Hexadecimal or octal constan too large	十六进制或八进制常数过大
Illegal character	非法字符
Illegal initialization	初始化时出现问题
Illegal octal digit	非法的八进制数字
Illegal pointer subtraction	非法的指针相减操作
Illegal structure operation	结构操作非法
Illegal use of floating point	非法的浮点数运算
Illegal use of pointer	非法的指针使用方法
Improper use of a typedef symbol	类型定义符号使用不恰当
In-line assembly not allowed	不允许使用行间汇编
Incompatible storage class	存储类别不相同
Incompatible type conversion	类型转换不能相容
Incorrect number format	数据格式错误
Incorrect use of default	Default 使用错误
Invalid indirection	无效的简接运算
Invalid pointer addition	指针相加无效
Irreducible expression tree	无法执行的表达式运算
Lvalue required	需要逻辑值 0 或非 0 值
Macro argument syntax error	宏参数语法错误
Macro expansion too long	宏扩展以后超出允许范围
Mismatched number of parameters in definition	定义中参数个数不匹配
Misplaced break	不应出现 break 语句
Misplaced continue	此处不应出现 continue 语句
Misplaced decimal point	此处不应出现小数点

续表二

错 误 信 息	说　　　明
Misplaced elif directive	不应编译预处理 elif
Misplaced else	此处不应出现 else
Misplaced else directive	此处不应出现编译预处理 else
Misplaced endif directive	此处不应出现变异预处理 endif
Must be addressable	必须是可以编址的
Must take address of memory location	必须存储定位的地址
No declaration for function	函数没有声明
No stack	缺少堆栈
No type information	没有类型信息
Non-portable pointer assignment	不可移动的指针(地址常数)赋值
Non-portable pointer comparison	不可移动的指针(地址常数)比较
Non-portable pointer conversion	不可移动的指针(地址常数)转换
Not a valid expression format type	表达式格式不合法
Not an allowed type	不允许使用该类型
Numeric constant too large	常数太大
Out of memory	没有足够的内存
Parameter is never used	参数没有被使用
Pointer required on left side of ->	符号"->"的左边必须是指针
Possible use of before definition	使用之前没有定义
Possible incorrect assignment	赋值可能不正确
Redeclaration of	重复定义
Redefinition of is not identical	两次定义不一致
Register allocation failure	寄存器寻址失败
Repeat count needs an lvalue	重复计数需要逻辑变量
Size of structure or array not known	函数或数组大小不确定
Statement missing ;	缺少";"
Structure or union syntax error	结构体或联合体语法错误
Structure size too large	结构体太大
Sub scripting missing]	下标缺少"]"
Superfluous & with function or array	函数或数组中有多余的"&"
Suspicious point conversion	可疑的指针转换
Symbol limit exceeded	符号超限
Too few parameters in call	调用函数时没有完整地给出参数
Too many default cases	在 case 语句中使用了超过一个的 default
Too many error or warning messages	错误或警告信息太多

错　误　信　息	说　　明
Too many type in declaration	声明中使用了太多类型
Too much auto memory in function	函数占用的局部变量太大
Too much global data defined in file	全局变量过多
Type mismatch in parameter	参数的类型不匹配
Type mismatch in redeclaration of	重定义类型错误
Unable to create output file	无法建立输出文件
Unable to open include file	无法打开被包含的文件
Undefined to open　input file	无法打开输入文件
Undefined lable	标号没有定义
Undefined structure	结构没有定义
Unexpected symbol	符号没有定义
Unexpected end of file in comment started on line	从某行开始的注释没有结束标志
Unexpected end of file in conditional started on line	从某行开始的条件语句没有结束标志
Unknown assemble instruction	未知的汇编结构
Unknown option	未知的选项
Unknown preprocessor	未知的预处理命令
Unreachable code	不能使用到的代码
Unterminated string or character constant	字符串缺少引号
Void functions may not a value	Void 类型的函数不应该有返回值
Wrong number of arguments	调用函数的参数数目有误
Not an argument	某个表达式不是参数
Not part of structure	某个表达式不是结构体的一部分
Statement missing (	语句缺少"("
Statement missing)	语句缺少")"
Declared but never used	被声明的表达式没有使用
Is assigned a value which is never used	被赋值的表达式没有使用
Zero length structure	结构体的长度为零

F3.4　Keil C51 程序调试方法

编译成功后，就可以进行调试并仿真了。单击"Project"菜单，在下拉菜单中单击"Start"→"Stop Debug Session"(或者使用快捷键 Ctrl+F5)，或者单击工具栏的快捷图标就可以进入调试界面。左面的工程项目窗口给出了常用的寄存器 R0～R7 以及 A、B、SP、DPTR、PC、PSW 等特殊功能寄存器的值。在执行程序的过程中可以看到，这些值会随着程序的执行发生相应的变化。

在存储器窗口的地址栏处输入 C：0000H 后回车，则可以观看所有单片机片内程序存储器的内容，

在联机调试状态下可以启动程序全速运行、单步运行、设置断点等，单击菜单"Debug"→"Go"选项，启动用户程序全速运行。

下面介绍几种常用的调试命令及方法：

1. 复位 CPU

用"Debug"菜单或工具栏的"Reset CPU"命令可以复位 CPU。在不改变程序的情况下，若想使程序重新开始运行，执行此命令即可。执行此命令后程序指针返回到 000H 地址单元。另外，一些内部特殊功能寄存器在复位期间也将重新赋值。

2. 全速运行(F5)

用"Debug"工具栏的"Go"或快捷命令"Run"命令按钮，即可实现全速运行程序。当然若程序中已经设置断点，程序将执行到断点处，等待调试指令。

3. 单步跟踪(F11)

用"Debug"工具栏的"Step"或快捷命令"StepInto"命令按钮，可以单步跟踪程序。每执行一次此命令，程序将运行一条指令(以指令为基本执行单元)。当前的指令用黄色箭头标出，每执行一步箭头都会移动，已执行过的语言呈绿色。在汇编语言调试下，可以跟踪到每一个汇编指令的执行。

4. 单步运行(F10)

用"Debug"工具栏的"Step Over"或快捷命令"Step Over"按钮，即可实现单步运行程序，此时单步运行命令将把函数和函数调用当作一个实体来看待，因此单步运行是以语句(该语句不管是单一命令行还是函数调用)为基本执行单元。

5. 执行返回(Ctrl + F11)

在用单步跟踪命令跟踪到子函数或子程序内部时，使用"Debug"菜单栏中的"Step Out of Current Function"或快捷命令按钮"Step Out"，即可将程序的 PC 指针返回到调用此子程序或函数的下一条语句。

6. 停止调试(Ctrl + F5)

由于"Led_Light"程序使用了系统资源 P1 口，为了更好地观察这些资源的变化，用户可以打开它们的观察窗口。选择"PeripheralsI/O-PortsPort1"命令，即可打开并行 I/O 口 P1 的观察窗口。

附录四　51系列单片机汇编指令

1. 数据传送指令(29 条)

数据传送指令如表 F4.1 所示。

F4.1　数据传送指令

汇编指令		操 作 说 明	代码长度/字节	指令周期	
				Tosc	Tm
(1) 程序存储器查表指令(共 2 条)					
MOVC	A,@A+DPTR	将以 DPTR 为基址，A 为偏移地址中的数送入 A 中	1	24	2
MOVC	A,@A+PC	将以 PC 为基址，A 为偏移地址中的数送入 A 中	1	24	2
(2) 片外 RAM 传送指令(共 4 条)					
MOVX	A,@DPTR	将片外 RAM 中的 DPTR 地址中的数送入 A 中	1	24	2
MOVX	@DPTR,A	将 A 中的数送入片外 RAM 中的 DPTR 地址单元中	1	24	2
MOVX	A,@Ri	将片外 RAM 中@Ri 指示的地址中的数送入 A 中	1	24	2
MOVX	@Ri,A	将 A 中的数送入片外@Ri 指示的地址单元中	1	24	2
(3) 片内 RAM 及寄存器间数据传送指令(共 18 条)					
MOV	A,Rn	将 Rn 中的数送入 A 中	1	12	1
MOV	A,direct	将直接地址 direct 中的数送入 A 中	2	12	1
MOV	A,#data	将 8 为常数送入 A 中	2	12	1
MOV	A,@Ri	将 Ri 指示的地址中的数送入 A 中	1	12	1
MOV	Rn,direct	将直接地址 direct 中的数送入 Rn 中	2	24	2
MOV	Rn,#data	将立即数送入 Rn 中	2	12	1
MOV	Rn,A	将 A 中的数送入 Rn 中	1	12	1
MOV	direct,Rn	将 Rn 中的数送入 direct 中	2	24	2
MOV	direct,A	将 A 中的数送入 direct 中	2	12	1
MOV	direct,@Ri	将@Ri 指示单元中的数送入 direct 中	2	24	2
MOV	direct,#data	将立即数送入 direct 中	3	24	2
MOV	direct,direct	将一个 direct 中的数送入另一个 direct 中	3	24	2
MOV	@Ri,A	将 A 中的数送入 Ri 指示的地址中	1	12	1
MOV	@Ri,direct	将 direct 中的数送入 Ri 指示的地址中	2	24	2
MOV	@Ri,#data	将立即数送入 Ri 指示的地址中	2	12	1
MOV	DPTR,#data16	将 16 为立即数直接送入 DPTR 中	3	24	2

续表

汇编指令	操 作 说 明	代码长度/字节	指令周期	
			Tosc	Tm
PUSH direct	将 direct 中的数压入堆栈	2	24	2
POP direct	将堆栈中的数弹出到 direct 中	2	24	2
(4) 数据交换指令(共 5 条)				
XCH A,Rn	A 中的数和 Rn 中的数全交换	1	12	1
XCH A,direct	A 中的数和 direct 中的数全交换	2	12	1
XCH A,@Ri	A 中的数和@Ri 中的数全交换	1	12	1
XCHD A,@Ri	A 中的数和@Ri 中的数半交换	1	12	1
SWAP A	A 中的数自交换(高 4 位与低 4 位)	1	12	1

2. 算术运算类指令(共 24 条)

算术运算类指令如表 F4.2 所示。

表 F4.2　算术运算类指令

汇编指令	操 作 说 明	代码长度/字节	指令周期	
			Tosc	Tm
ADD A,Rn	Rn 中与 A 中的数相加,结果在 A 中,影响 PSW 位的状态	1	12	1
ADD A,direct	direct 中与 A 的数相加,结果在 A 中,影响 PSW 位的状态	2	12	1
ADD A,#data	立即数与 A 中的数相加,结果在 A 中,影响 PSW 位的状态	2	12	1
ADD A,@Ri	@Ri 中与 A 中的数相加,结果在 A 中,影响 PSW 位的状态	1	12	1
ADDC A,Rn	Rn 中与 A 中的数带进位加,结果在 A 中,影响 PSW 位的状态	1	12	1
ADDC A,direct	direct 中与 A 中的数带进位加,结果在 A 中,影响 PSW 位的状态	2	12	1
ADDC A,#data	立即数与 A 中的数带进位加,结果在 A 中,影响 PSW 位的状态	2	12	1
ADDC A,@Ri	@Ri 中与 A 中的数带进位加,结果在 A 中,影响 PSW 位的状态	1	12	1
SUBB A,Rn	Rn 中与 A 中的数带借位减,结果在 A 中,影响 PSW 位的状态	1	12	1
SUBB A,direct	direct 中与 A 的数带借位减,结果在 A 中,影响 PSW 位的状态	2	12	1
SUBB A,#data	立即数 A 中的数带借位减,结果在 A 中,影响 PSW 位的状态	2	12	1
SUBB A,@Ri	@Ri 中与 A 中的数带借位减,结果在 A 中,影响 PSW 位的状态	1	12	1
INC A	A 中数加 1	1	12	1
INC Rn	Rn 中数加 1	1	12	1
INC direct	direct 中数加 1	2	12	1
INC @Ri	@Ri 中数加 1	1	12	1
INC DPTR	DPTR 中数加 1	1	24	2
DEC A	A 中数减 1	1	12	1
DEC Rn	Rn 中数减 1	1	12	1

汇编指令		操 作 说 明	代码长度/字节	指令周期	
				Tosc	Tm
DEC	direct	direct 中数减 1	2	12	1
DEC	@Ri	@Ri 中数减 1	1	12	1
MUL	AB	A,B 中两无符号数相乘,结果低 8 位在 A 中,高 8 位在 B 中	1	48	4
DIV	AB	A、B 中两无符号数相除,商在 A 中,余数在 B 中	1	48	4
DA	A	十进制调整,对 BCD 码十进制加法运算结果调整	1	12	1

3. 逻辑运算指令(共 24 条)

逻辑运算指令如表 F4.3 所示。

表 F4.3　逻辑运算指令

汇编指令		操 作 说 明	代码长度/字节	指令周期	
				Tosc	Tm
ANL	A,Rn	Rn 中与 A 中的数相"与",结果在 A 中	1	12	1
ANL	A,direct	direct 中与 A 中的数相"与",结果在 A 中	2	12	1
ANL	A,#data	立即数与 A 中的数相"与",结果在 A 中	2	12	1
ANL	A,@Ri	@Ri 中与 A 中的数相"与",结果在 A 中	1	12	1
ANL	direct,A	A 和 direct 中数进行"与"操作,结果在 direct 中	2	12	1
ANL	direct,#data	常数和 direct 中数进行"与"操作,结果在 direct 中	3	24	2
ORL	A,Rn	Rn 中和 A 中数进行"或"操作,结果在 A 中	1	12	1
ORL	A,direct	direct 中和 A 中数进行"或"操作,结果在 A 中	2	12	1
ORL	A,#data	立即数与 A 中的数相"或",结果在 A 中	2	12	1
ORL	A,@Ri	@Ri 中和 A 中数进行"或"操作,结果在 A 中	1	12	1
ORL	direct,A	A 中和 direct 中数进行"或"操作,结果在 direct 中	2	12	1
ORL	direct,#data	立即数和 direct 中数进行"或"操作,结果在 direct 中	3	24	2
XRL	A,Rn	Rn 中和 A 中数进行"异或"操作,结果在 A 中	1	12	1
XRL	A,direct	direct 中和 A 中数进行"异或"操作,结果在 A 中	2	12	1
XRL	A,#data	立即数与 A 中的数相"异或",结果在 A 中	2	12	1
XRL	A,@Ri	@Ri 中和 A 中数进行"异或"操作,结果在 A 中	1	12	1
XRL	direct,A	A 中和 direct 中数进行"异或"操作,结果在 direct 中	2	12	1
XRL	direct,#data	立即数和 direct 中数进行"异或"操作,结果在 direct 中	3	24	2
RR	A	A 中数循环右移(移向低位),D0 移入 D7	1	12	1
RRC	A	A 中数带进位循环右移,D0 移入 C,C 移入 D7	1	12	1
RL	A	A 中数量循环左移(移向高位),D7 移入 D0	1	12	1
RLC	A	A 中数带进位循环左移,D7 移入 C,C 移入 D0	1	12	1
CLR	A	A 中数清 0	1	12	1
CPL	A	A 中数取反	1	12	1

4. 程序转移类指令(共 17 条)

程序转移类指令如表 F4.4 所示。

表 F4.4　程序转移类指令

汇编指令	操 作 说 明	代码长度/字节	指令周期	
			Tosc	Tm
(1) 无条件转移指令(共 9 条)				
LJMP　addr16	长转移，程序转到 addr16 指示的地址处	3	24	2
AJMP　addr11	短转移，程序转到 addr11 指示的地址处	2	24	2
SJMP　rel	相对转移，程序转到 rel 指示的地址处	2	24	2
LCALL　addr16	长调用，程序调用 addr16 处的子程序	3	24	2
ACALL　addr11	短调用，程序调用 addr11 处的子程序	2	24	2
JMP　@A+DPTR	程序散转，程序转到 DPTR 为基址，A 为偏移地址处	1	24	2
RET1	中断返回	1	24	2
RET	子程序返回	1	24	2
NOP	空操作	1	24	1
(2) 条件转移指令				
LZ　rel	A 中数为 0，程序转到相对地址 rel 处	2	24	2
JNZ　rel	A 中数不为 0，程序转到相对地址 rel 处	2	24	2
DJNZ　Rn,rel	Rn 中数减 1 不为 0，程序转到相对地址 rel 处	2	24	2
DJNZ　direct,rel	Direct 中数减 1 不为 0，程序转到相对地址 rel 处	3	24	2
CJNE　A,#data,rel	#data 与 A 中数不等，转至 rel 处。C=1,data>(A); C=0, data<(A)	3	24	2
CJNE　A,direct,rel	direct 与 A 中数不等，转至 rel 处。C=1, data>(A); C=0,data<(A)	3	24	2
CJNE　Rn,#data,rel	#data 与 Rn 中数不等,转至 rel 处。C=1, data>(Rn); C=0, data<(Rn)	3	24	2
CJNE　@Ri,#data,rel	#data 与 @Ri 中数不等，转至 rel 处。C=1, data>(@Ri); C=0, data<(@Ri)	3	24	3

5. 布尔指令(共 17 条)

布尔指令如表 F4.5 所示。

表 F4.5　布尔指令

汇编指令	操作说明	代码长度/字节	指令周期	
			Tosc	Tm
(1) 位操作指令(共 12 条)				
MOV　C,bit	Bit 中状态送入 C 中	2	12	1
MOV　bit,C	C 中状态送入 bit 中	2	24	2
ANL　C,bit	Bit 中状态与 C 中状态相"与"，结果在 C 中	2	24	2
ANL　C,/bit	Bit 中状态取反与 C 中状态相"与"，结果在 C 中	2	24	2
ORL　C,bit	Bit 中状态与 C 中状态相"或"，结果在 C 中	2	24	2
ORL　C,/bit	Bit 中状态取反与 C 中状态相"或"，结果在 C 中	2	24	2
CLR　C	C 中状态清 0	1	12	1
SETB　C	C 状态置 1	1	12	1
CPL　C	C 中状态取反	1	12	1
CLR　bit	Bit 中状态清 0	2	12	1
SETB　bit	Bit 中状态置 1	2	12	1
CPL　bit	Bit 中状态取反	2	12	1
(2) 位条件转移指令(共 5 条)				
JC　rel	进位位为 0 时，程序转至 rel	2	24	2
JNC　rel	进位位不为 0 时，程序转至 rel	2	24	2
JB　bit,rel	Bit 状态为 1 时，程序转至 rel	3	24	2
JNB　bit,rel	Bit 状态不为 1 时，程序转至 rel	3	24	2
JBC　bit,rel	Bit 状态为 1 时，程序转至 rel，同时 bit 位清 0	3	24	2

附录五　51系列单片机常用汇编程序

```
;==========1==========
;片内 RAM 初始化子程序
;入口      :R0, R7
;占用资源:A, R0, R1, R7
;堆栈需求:2 字节
IBCLR    :MOV     A, R0
          MOV     R1, A
          CLR     A
IBC1     :MOV     @R1, A
          INC     R1
          DJNZ    R7, IBC1
          RET

;==========2==========
;片外 RAM 初始化子程序
;入口      :R7, ADDPL, ADDPH
;占用资源:A, R7
;堆栈需求:2 字节
EBCLR1   :MOV     A, ADDPL
          MOV     DPL, A
          MOV     A, ADDPH
          MOV     DPH, A
```

```
              CLR      A
EBC11    :MOVX    @DPTR, A
              INC      DPTR
              DJNZ     R7, EBC11
              RET

;===========3============
;片外 RAM 初始化子程序(双字节个单元)
;入口      :R6, R7, ADDPL, ADDPH
;占用资源:A, R6, R7
;堆栈需求:2 字节
EBCLR2   :MOV     A, ADDPL
              MOV      DPL, A
              MOV      A, ADDPH
              MOV      DPH, A
              MOV      A, R7
              JZ       EBC21
              INC      R6
EBC21    :CLR      A
              MOVX     @DPTR, A
              INC      DPTR
              DJNZ     R7, EBC21
              DJNZ     R6, EBC21
              RET

;===========4============
;内部 RAM 数据复制程序
;入口      :R0, R7
;占用资源:A
;堆栈需求:2 字节
;出口      :R1
IBMOV    :MOV     A, R0
              ADD      A, R7
              MOV      R0, A
              MOV      A, R1
              ADD      A, R7
              MOV      R1, A
IBM1     :DEC      R0
              DEC      R1
              MOV      A, @R0
              MOV      @R1, A

              DJNZ     R7, IBM1
              RET

;===========5============
;外部 RAM 数据复制程序
;入口      :ADDPH, ADDPL, R7
;占用资源:ACC
;堆栈需求:2 字节
;出口      :R0, R1
EBMOV1   :MOV     A, ADDPL
              ADD      A, R7
              MOV      DPL, A
              CLR      A
              ADDC     A, ADDPH
              MOV      DPH, A
              MOV      A, R7
              ADD      A, R1
              XCH      A, R0
              ADDC     A, #00H
              MOV      P2, A
EBM11    :DEC      R0
              CJNE     R0, #0FFH, EBM12
              DEC      P2
EBM12    :DEC      DPL
              MOV      A, DPL
              CJNE     A, #0FFH, EBM13
              DEC      DPH
EBM13    :MOVX    A, @R0
              MOVX     @DPTR, A
              DJNZ     R7, EBM11
              RET

;===========6============
;外部 RAM 数据复制程序
;入口      :ADDPH, ADDPL, R6, R7
;占用资源:ACC
;堆栈需求:2 字节
;出口      :R0, R1
EBMOV2   :MOV     A, ADDPL
              ADD      A, R7
              MOV      DPL, A
```

MOV	A, R6
ADDC	A, ADDPH
MOV	DPH, A
MOV	A, R7
ADD	A, R1
XCH	A, R0
ADDC	A, R6
MOV	P2, A
MOV	A, R7
JZ	EBM21
INC	R6

EBM21　:DEC　R0
　　　　CJNE　R0, #0FFH, EBM22
　　　　DEC　P2
EBM22　:DEC　DPL
　　　　MOV　A, DPL
　　　　CJNE　A, #0FFH, EBM23
　　　　DEC　DPH
EBM23　:MOVX　A, @R0
　　　　MOVX　@DPTR, A
　　　　DJNZ　R7, EBM21
　　　　DJNZ　R6, EBM21
　　　　RET

;==========7==========
;外部 RAM 数据复制到内部 RAM 程序
;入口　　:ADDPH, ADDPL, R7
;占用资源:ACC
;堆栈需求:2 字节
;出口　　:R0
ITEMOV　:MOV　A, ADDPL
　　　　ADD　A, R7
　　　　MOV　DPL, A
　　　　MOV　A, ADDPH
　　　　ADDC　A, #00H
　　　　MOV　DPH, A
　　　　MOV　A, R0
　　　　ADD　A, R7
　　　　MOV　R0, A
ITEM1　:DEC　R0

　　　　DEC　DPL
　　　　MOV　A, DPL
　　　　CJNE　A, #0FFH, ITEM2
　　　　DEC　DPH
ITEM2　:MOVX　A, @DPTR
　　　　MOV　@R0, A
　　　　DJNZ　R7, ITEM1
　　　　RET

;==========8==========
;限幅滤波程序
;入口　　:A, SDAT, DELTY
;占用资源:B
;堆栈需求:2 字节
;出口　　:A
JUGFILT　:MOV　B, A
　　　　CLR　C
　　　　SUBB　A, SDAT
　　　　JNC　JUGFT1
　　　　CPL　A
　　　　INC　A
JUGFT1　:SETB　A
　　　　SUBB　A, #DELTY
　　　　JNC　JUGFT3
　　　　MOV　A, SDAT
　　　　RET
JUGFT3　:MOV　A, B
　　　　MOV　SDAT, A
　　　　RET

;==========9==========
;中位值滤波程序
;入口　　:ADDPH, ADDPL, N
;占用资源:ESELSORT
;堆栈需求:4 字节
;出口　　:A
MEDFILT　:LCALL　ESELSORT
　　　　MOV　A, N
　　　　CLR　C
　　　　RRC　A
　　　　ADD　A, ADDPL

```
            MOV    DPL, A
            MOV    A, ADDPH
            MOV    DPH, A
            JNC    MEDFT1
            INC    DPH
MEDFT1  :MOVX    A, @DPTR
            RET
```

;==========10===========
;N 点算术平均滤波
;入口　:ADDPH, ADDPL, N
;占用资源:B, R3, R4
;堆栈需求:2 字节
;出口　:A
```
AVFILT  :MOV    A, ADDPL
            MOV    DPL, A
            MOV    A, ADDPH
            MOV    DPH, A
            CLR    A
            MOV    R3, A
            MOV    R4, A
            MOV    R7, N
AVFT1   :MOVX   A, @DPTR
            INC    DPTR
            ADD    A, R4
            MOV    R4, A
            JNC    AVFT2
            INC    R3
AVFT2   :DJNZ   R7, AVFT1
            MOV    R7, N
            MOV    R2, #00H
            LCALL  NDIV31
            MOV    A, R4
            RET
```

;==========11===========
;N 点加权平均滤波
;入口　:ADDPH, ADDPL, N
;占用资源:B, R3, R4
;堆栈需求:2 字节
;出口　:A

```
QAVFILT :CLR    A
            MOV    R3, A
            MOV    R4, A
            MOV    R7, N
            MOV    P2, ADDPH
            MOV    R1, ADDPL
            MOV    DPTR, #QAVTAB
QAVFT1  :MOVC   A, @A+DPTR
            MOV    B, A
            MOVX   A, @R1
            INC    DPTR
            INC    R1
            MUL    AB
            ADD    A, R4
            MOV    R4, A
            MOV    A, B
            ADDC   A, R3
            MOV    R3, A
            DJNZ   R7, QAVFT1
            MOV    A, R4
            JNB    ACC. 7, QAVFT2
            INC    R3
QAVFT2  :MOV    A, R3
            RET
QAVTAB  :DB
```

;==========12===========
;一阶加权滞后滤波程序
;入口　:A, DELTY
;占用资源:B, R3, R4
;堆栈需求:2 字节
;出口　:A
```
BQFILT  :MOV    B, A
            CLR    A
            MOV    DPTR, #ABTAB
            MOVC   A, @A+DPTR
            MUL    AB
            MOV    R4, A
            MOV    R3, B
            MOV    A, #01H
```

```
            MOVC    A, @A+DPTR                CPL     A
            MOV     B, DELTY                  ADDC    A, #00H
            MUL     AB                        MOV     @R0, A
            ADD     A, R4                     INC     R0
            MOV     R4, A                     DJNZ    R7, NCPT1
            MOV     A, B                      MOV     R0, B
            ADDC    A, R3                     RET
            MOV     R3, A
            MOV     A, R4
            JNB     ACC. 7, FT1
            INC     R3
FT1     :MOV       A, R3
            MOV     DELTY, A
            RET
BQTAB   :DB        80H, 80H
```

; ============15============

; 双字节无符号数加法程序 （R3R4+R6R7）=
(R3R4)

; 入口   :R3, R4, R6, R7

; 占用资源:ACC

; 堆栈需求:2字节

; 出口   :R3, R4, CF

```
NADD    :MOV       A, R4
            ADD     A, R7
            MOV     R4, A
            MOV     A, R3
            ADDC    A, R6
            MOV     R3, A
            RET
```

; ============13============

; 双字节取补程序 / (R3R4)=(R3R4)

; 入口   :R3, R4

; 占用资源:ACC

; 堆栈需求:2字节

; 出口   :R3, R4

```
CMPT    :MOV       A, R4
            CPL     A
            ADD     A, #01H
            MOV     R4, A
            MOV     A, R3
            CPL     A
            ADDC    A, #00H
            MOV     R3, A
            RET
```

; ============14============

; N节取补程序 / ([R0])=([R0])

; 入口   :R0, R7

; 占用资源:ACC, B

; 堆栈需求:2字节

; 出口   :R0

```
NCMPTN  :MOV       B, R0
            SETB    C
NCPT1   :MOV       A, @R0
```

; ============16============

; N 字节无符号数加法程序 （[R0]+[R1]）=
([R0])

; 入口   :R0, R1, R7

; 占用资源:ACC, B

; 堆栈需求:2字节

; 出口   :R0, CF

```
NADDN   :MOV       B, R0
            CLR     C
NADN1   :MOV       A, @R0
            ADDC    A, @R1
            MOV     @R0, A
            INC     R0
            INC     R1
            DJNZ    R7, NADN1
            MOV     R0, B
            RET
```

; ============17============

```
;双字节无符号数减法程序
 (R3R4-R6R7)=(R3R4)
;入口      :R3,R4,R6,R7
;占用资源:ACC
;堆栈需求:2 字节
;出口      :R3,R4
NSUB      :MOV    A,R4
           CLR     C
           SUBB    A,R7
           MOV     R4,A
           MOV     A,R3
           SUBB    A,R6
           MOV     R3,A
           RET
;===========18============
;N 字节无符号数减法程序（[R0]-[R1]）=
（[R0]）
;入口      :R0,R1,R7
;占用资源:ACC,B
;堆栈需求:2 字节
;出口      :R0,CF
NSUBN     :MOV    B,R0
           MOV     R7,N
           CLR     C
NSUBN1    :MOV    A,@R0
           SUBB    A,@R1
           MOV     @R0,A
           INC     R0
           INC     R1
           DJNZ    R7,NSUBN1
           MOV     R0,B
           RET
;===========19============
;单字节无符号数乘法程序
 (R3R4*R7)=(R2R3R4)
;入口      :R3,R4,R7
;占用资源:ACC,B
;堆栈需求:2 字节
;出口      :R2,R3,R4
```

```
NMUL21    :MOV    A,R4
           MOV     B,R7
           MUL     AB
           MOV     R4,A
           MOV     A,B
           XCH     A,R3
           MOV     B,R7
           MUL     AB
           ADD     A,R3
           MOV     R3,A
           CLR     A
           ADDC    A,B
           MOV     R2,A
           CLR     OV
           RET
;===========20============
;单字节无符号数乘法程序（R2R3R4*R7）=
（R5R2R3R4）
;入口      :R2,R3,R4,R6,R7
;占用资源:ACC,B
;堆栈需求:2 字节
;出口      :R5,R2,R3,R4
NMUL31    :MOV    A,R4
           MOV     B,R7
           MUL     AB
           MOV     R4,A
           MOV     A,B
           XCH     A,R3
           MOV     B,R7
           MUL     AB
           ADD     A,R3
           MOV     R3,A
           CLR     A
           ADDC    A,B
           XCH     A,R2
           MOV     B,R7
           MUL     AB
           ADD     A,R2
           MOV     R2,A
```

```
        CLR     A                           CLR     OV
        ADDC    A, B                        RET
        MOV     R5, A               ;===========22===========
        CLR     OV                  ;双字节无符号数乘法程序 (R3R4*R6R7)=
        RET                         (R5R2R3R4)
;===========21===========           ;入口    :R3, R4, R6, R7
;单字节无符号数乘法程序 (R5R2R3R4*R7)=   ;占用资源:ACC, B
(R7R5R2R3R4)                        ;堆栈需求:2 字节
;入口    :R5, R2, R3, R4, R7          ;出口    :R5, R2, R3, R4
;占用资源:ACC, B                   NMUL22  :MOV     A, R4
;堆栈需求:2 字节                            MOV     B, R7
;出口    :R7, R5, R2, R3, R4                MUL     AB
NMUL41  :MOV     A, R4                      XCH     A, R4
        MOV     B, R7                       MOV     R5, B
        MUL     AB                          MOV     B, R6
        MOV     R4, A                       MUL     AB
        MOV     A, B                        ADD     A, R5
        XCH     A, R3                       MOV     R5, A
        MOV     B, R7                       CLR     A
        MUL     AB                          ADDC    A, B
        ADD     A, R3                       MOV     R2, A
        MOV     R3, A                       MOV     A, R3
        CLR     A                           MOV     B, R7
        ADDC    A, B                        MUL     AB
        XCH     A, R2                       ADD     A, R5
        MOV     B, R7                       MOV     R5, A
        MUL     AB                          MOV     A, B
        ADD     A, R2                       ADDC    A, R2
        MOV     R2, A                       MOV     R2, A
        CLR     A                           CLR     A
        ADDC    A, B                        ADDC    A, #00H
        XCH     A, R5                       XCH     A, R3
        MOV     B, R7                       MOV     B, R6
        MUL     AB                          MUL     AB
        ADD     A, R5                       ADD     A, R2
        MOV     R5, A                       MOV     R2, A
        CLR     A                           MOV     A, B
        ADDC    A, B                        ADDC    A, R3
        MOV     R7, A                       XCH     A, R5
```

```
        MOV     R3, A                       XCH     A, R5
        CLR     OV                          MOV     R3, A
        RET                                 MOV     A, R2
;===========23=============                 MOV     B, R7
;双字节无符号数乘法程序（R2R3R4*R6R7）=       MUL     AB
(R1R5R2R3R4)                                ADD     A, R1
;入口     :R2, R3, R4, R6, R7               MOV     R1, A
;占用资源:ACC, B                            MOV     A, B
;堆栈需求:2 字节                            ADDC    A, R5
;出口     :R1, R5, R2, R3, R4               MOV     R5, A
NMUL32  :MOV     A, R4                      CLR     A
        MOV     B, R7                       ADDC    A, #00H
        MUL     AB                          XCH     A, R2
        XCH     A, R4                       MOV     B, R6
        MOV     R5, B                       MUL     AB
        MOV     B, R6                       ADD     A, R5
        MUL     AB                          MOV     R5, A
        ADD     A, R5                       MOV     A, B
        MOV     R5, A                       ADDC    A, R2
        CLR     A                           XCH     A, R1
        ADDC    A, B                        MOV     R2, A
        MOV     R1, A                       CLR     OV
        MOV     A, R3                       RET
        MOV     B, R7               ;===========24============
        MUL     AB                  ;N 字节无符号数乘法程序（[R0]*[R1]）=
        ADD     A, R5               ([R0])
        MOV     R5, A                       ;入口     :R0, R1, M, N
        MOV     A, B                        ;占用资源:ACC, B, R2, R5, R6, R7, NCNT
        ADDC    A, R1                       ;堆栈需求:2 字节
        MOV     R1, A                       ;出口     :R0
        CLR     A                   NMULMN  :MOV     A, M
        ADDC    A, #00H                     ADD     A, R0
        XCH     A, R3                       MOV     R5, A
        MOV     B, R6                       XCH     A, R1
        MUL     AB                          XCH     A, R5
        ADD     A, R1                       ADD     A, N
        MOV     R1, A                       XCH     A, R0
        MOV     A, B                        MOV     R6, A
        ADDC    A, R3                       MOV     B, M
```

	MOV	NCNT, B
NMLMN1	:DEC	R0
	DEC	R1
	CLR	A
	XCH	A, @R1
	MOV	@R0, A
	DJNZ	NCNT, NMLMN1
	MOV	NCNT, B
NMLMN2	:CLR	A
	XCH	A, @R0
	MOV	R2, A
	MOV	A, R6
	MOV	R0, A
	MOV	A, R5
	MOV	R1, A
	MOV	R7, N
	CLR	C
NMLMN3	:MOV	A, R2
	MOV	B, @R1
	INC	R1
	MUL	AB
	ADDC	A, @R0
	MOV	@R0, A
	INC	R0
	MOV	A, B
	ADDC	A, @R0
	MOV	@R0, A
	DJNZ	R7, NMLMN3
	INC	R0
	INC	R6
	DJNZ	NCNT, NMLMN2
	MOV	A, R0
	CLR	C
	SUBB	A, M
	SUBB	A, N
	MOV	R0, A
	RET	

;==========25==========

;单字节无符号除法程序

(R2R3R4/R7)=(R2)R3R4 余数 R7

;入口　　：R2, R3, R4, R7

;占用资源：ACC, B, F0

;堆栈需求：3 字节

;出口　　：(R2), R3, R4, R7, OV

NDIV31	:MOV	A, R2
	MOV	B, R7
	DIV	AB
	PUSH	A
	MOV	R2, B
	MOV	B, #10H
NDV311	:CLR	C
	MOV	A, R4
	RLC	A
	MOV	R4, A
	MOV	A, R3
	RLC	A
	MOV	R3, A
	MOV	A, R2
	RLC	A
	MOV	R2, A
	MOV	F0, C
	CLR	C
	SUBB	A, R7
	JB	F0, NDV312
	JC	NDV313
NDV312	:MOV	R2, A
	INC	R4
NDV313	:DJNZ	B, NDV311
	POP	A
	CLR	OV
	JZ	NDV314
	SETB	OV
NDV314	:XCH	A, R2
	MOV	R7, A
	RET	

;==========26==========

;单字节无符号除法程序　(R5R2R3R4/R7) =

(R5)R2R3R4 余数 R7

;入口　　:R2, R3, R4, R7

;占用资源:ACC, B, F0

;堆栈需求:3 字节

;出口　　:(R5), R2, R3, R4, R7, OV

```
NDIV41  :MOV    A, R5
         MOV    B, R7
         DIV    AB
         PUSH   A
         MOV    R5, B
         MOV    B, #18H
NDV411  :CLR    C
         MOV    A, R4
         RLC    A
         MOV    R4, A
         MOV    A, R3
         RLC    A
         MOV    R3, A
         MOV    A, R2
         RLC    A
         MOV    R2, A
         MOV    A, R5
         RLC    A
         MOV    R5, A
         MOV    F0, C
         CLR    C
         SUBB   A, R7
         JB     F0, NDV412
         JC     NDV413
NDV412  :MOV    R5, A
         INC    R4
NDV413  :DJNZ   B, NDV411
         POP    A
         CLR    OV
         JZ     NDV414
         SETB   OV
NDV414  :XCH    A, R5
         MOV    R7, A
         RET
```

;===========27===========

;双字节无符号除法程序 (R5R2R3R4/R6R7) =

(R2)R3R4 余数 R6R7

;入口　　:R5, R2, R3, R4, R6, R7

;占用资源:ACC, B, F0

;堆栈需求:4 字节

;出口　　:(R2), R3, R4, R6, R7, OV

```
NDIV42  :MOV    A, R1
         PUSH   A
         MOV    B, #00H
NDV421  :MOV    A, R2
         CLR    C
         SUBB   A, R7
         MOV    R1, A
         MOV    A, R5
         SUBB   A, R6
         JC     NDV422
         MOV    R5, A
         MOV    A, R1
         MOV    R2, A
         INC    B
         SJMP   NDV421
NDV422  :PUSH   B
         MOV    B, #10H
NDV423  :CLR    C
         MOV    A, R4
         RLC    A
         MOV    R4, A
         MOV    A, R3
         RLC    A
         MOV    R3, A
         MOV    A, R2
         RLC    A
         MOV    R2, A
         XCH    A, R5
         RLC    A
         XCH    A, R5
         MOV    F0, C
         CLR    C
```

```
          SUBB    A, R7                            MOV     R5, A
          MOV     R1, A                            MOV     R2, #00H
          MOV     A, R5               NDVMN1  :MOV     R7, N
          SUBB    A, R6                            LCALL   NSUBN
          JB      F0, NCV424                       MOV     A, R5
          JC      NDV425                           MOV     R1, A
NCV424    :MOV    R5, A                            JC      NDVMN2
          MOV     A, R1                            INC     R2
          MOV     R2, A                            SJMP    NDVMN1
          INC     R4                  NDVMN2  :MOV     R7, N
NDV425    :DJNZ   B, NDV423                        LCALL   NADDN
          POP     A                                MOV     A, NCNT
          CLR     OV                               SWAP    A
          JNZ     NDV426                           RR      A
          SETB    OV                               MOV     NCNT, A
NDV426    :XCH    A, R2               NDVMN3  :MOV     A, R3
          MOV     R7, A                            MOV     R0, A
          MOV     A, R5                            MOV     R7, M
          MOV     R6, A                            LCALL   NRLCN
          POP     A                                MOV     F0, C
          MOV     R1, A                            MOV     A, R4
          RET                                      MOV     R0, A
;==========28===========                           MOV     A, R5
;N 字节无符号除法程序(组合)([R0]/[R1])              MOV     R1, A
=([R0])                                            MOV     R7, N
    ;入口    :R0, R1, M, N                         LCALL   NSUBN
    ;占用资源:ACC, R2, R3, R4, R5,                  JB      F0, NDVMN4
R7, NCNT, F0, NADDN, NSUBBN, NRLCN                 JC      NDVMN5
    ;堆栈需求:4 字节              NDVMN4:     MOV     A, R3
    ;出口    :R0                                MOV     R0, A
    ;NDIVMN  :MOV    A, M                         INC     @R0
          CLR     C                                SJMP    NDVMN6
          SUBB    A, N                NDVMN5:     MOV     A, R5
          MOV     NCNT, A                          MOV     R1, A
          ADD     A, R0                            MOV     R7, N
          MOV     R4, A                            LCALL   NADDN
          XCH     A, R0               NDVMN6:     DJNZ    NCNT, NDVMN3
          MOV     R3, A                            MOV     A, R4
          MOV     A, R1                            MOV     R1, A
```

```
        MOV     A, R2                           CLR     C
        MOV     @R1, A          NDVMN4  :MOV    A, @R0
        MOV     A, R3                           ADDC    A, @R1
        MOV     R0, A                           MOV     @R0, A
        RET                                     INC     R0
;===========29============                      INC     R1
;N 字节无符号除法程序(集成) ([R0]/R[1])          DJNZ    R7, NDVMN4
=([R0])                                         MOV     A, #08H
    ;入口    :R0, R1, M, N                       MUL     AB
    ;占用资源:ACC, R2, R3, R4, R5, R7, F0        MOV     B, A
    ;堆栈需求:2 字节                 NDVMN5  :MOV    A, R3
    ;出口    :R0                                 MOV     R0, A
    NDIVMN  :MOV    A, M                         MOV     R7, M
            CLR     C                           CLR     C
            SUBB    A, N            NDVMN6  :MOV    A, @R0
            MOV     B, A                        RLC     A
            ADD     A, R0                       MOV     @R0, A
            MOV     R4, A                       INC     R0
            XCH     A, R0                       DJNZ    R7, NDVMN6
            MOV     R3, A                       MOV     F0, C
            MOV     A, R1                       MOV     A, R4
            MOV     R5, A                       MOV     R0, A
            MOV     R2, #00H                    MOV     A, R5
    NDVMN1  :MOV    R7, N                       MOV     R1, A
            CLR     C                           MOV     R7, N
    NDVMN2  :MOV    A, @R0                      CLR     C
            SUBB    A, @R1          NDVMN7  :MOV    A, @R0
            MOV     @R0, A                      SUBB    A, @R1
            INC     R0                          MOV     @R0, A
            INC     R1                          INC     R0
            DJNZ    R7, NDVMN2                  INC     R1
            MOV     A, R4                       DJNZ    R7, NDVMN7
            MOV     R0, A                       JB      F0, NDVMNB
            MOV     A, R5                       JC      NDVMN8
            MOV     R1, A           NDVMNB  :MOV    A, R3
            JC      NDVMN3                      MOV     R0, A
            INC     R2                          INC     @R0
            SJMP    NDVMN1                      SJMP    NDVMNA
    NDVMN3  :MOV    R7, N           NDVMN8  :MOV    R7, N
```

```
          MOV     A, R4
          MOV     R0, A
          MOV     A, R5
          MOV     R1, A
          CLR     C
NDVMN9  : MOV     A, @R0
          ADDC    A, @R1
          MOV     @R0, A
          INC     R0
          INC     R1
          DJNZ    R7, NDVMN9
NDVMNA  : DJNZ    B, NDVMN5
          MOV     A, M
          CLR     C
          SUBB    A, N
          ADD     A, R3
          MOV     R1, A
          MOV     A, R2
          MOV     @R1, A
          MOV     A, R3
          MOV     R0, A
          RET
```

```
;===========30============
;N 字节数据左移程序 RLC([R0])=(CF[R0])
;入口     :R0, R7
;占用资源:ACC, B
;堆栈需求:2 字节
;出口     :R0, CF
NRLCN   : MOV     B, R0
          CLR     C
NRLN1   : MOV     A, @R0
          RLC     A
          MOV     @R0, A
          INC     R0
          DJNZ    R7, NRLN1
          MOV     R0, B
          RET
```

```
;===========31============
;原码有符号双字节减法程序 (R3R4-R6R7)=
R3R4
```

```
;入口     :R3, R4, R6, R7
;占用资源:ACC, DADD
;堆栈需求:6 字节
;出口     :R3, R4, OV
DSUB    : MOV     A, R6
          CPL     ACC. 7
          MOV     R6, A
          LCALL   DADD
          RET
```

```
;===========32============
;原码有符号双字节加法程序 (R3R4+R6R7)=
R3R4
;入口     :R3, R4, R6, R7
;占用资源:ACC, SR0, NADD, NSUB, CMPT
;堆栈需求:4 字节
;出口     :R3, R4, OV
DADD    : MOV     A, R3
          MOV     C, ACC. 7
          MOV     SR0, C
          XRL     A, R6
          MOV     C, ACC. 7
          MOV     A, R3
          CLR     ACC. 7
          MOV     R3, A
          MOV     A, R6
          CLR     ACC. 7
          MOV     R6, A
          JC      DAB2
          LCALL   NADD
          MOV     A, R3
          JB      ACC. 7, DABE
DAB1    : MOV     C, SR0
          MOV     ACC. 7, C
          MOV     R3, A
          CLR     OV
          RET
DABE    : SETB    OV
          RET
```

```
DAB2      :LCALL   NSUB                      MOV      SR0, C
          MOV      A, R3                     MOV      A, R5
          JNB      ACC. 7, DAB1              CLR      ACC. 7
          LCALL    CMPT                      MOV      R5, A
          CPL      SR0                       MOV      A, R6
          SJMP     DAB1                      CLR      ACC. 7
;===========33===========                    MOV      R6, A
;原码有符号双字节乘法程序                      LCALL    NDIV42
  (R3R4*R6R7)=(R5R2R3R4)                     MOV      A, R3
;入口     :R3, R4, R6, R7                    JB       ACC. 7, IDIVE
;占用资源:ACC, SR0, NMUL22                    JB       OV, IDIVE
;堆栈需求:4 字节                              MOV      C, SR0
;出口     :R5, R2, R3, R4                    MOV      ACC. 7, C
IMUL      :MOV      A, R3                     MOV      R3, A
          XRL      A, R6                     RET
          MOV      C, ACC. 7     IDIVE    :SETB     OV
          MOV      SR0, C                    RET
          MOV      A, R3           ;===========35===========
          CLR      ACC. 7          ;单字节顺序查找程序
          MOV      R3, A           ;入口     :R0, R1, A, R7
          MOV      A, R6           ;占用资源:B
          CLR      ACC. 7          ;堆栈需求:2 字节
          MOV      R6, A           ;出口     :R0, R1, A
          LCALL    NMUL22    FINDB1    :MOV      B, A
          MOV      A, R5                     MOV      DPL, R1
          MOV      C, SR0                    MOV      DPH, R0
          MOV      ACC. 7, C    FINDB11   :MOVX     A, @DPTR
          MOV      R5, A                     CJNE     A, B, FINDB12
          RET                               MOV      R1, DPL
;===========34===========                    MOV      R0, DPH
;原码有符号双字节除法程序                      CLR      A
  (R5R2R3R4/R6R7)=(R3R4) 余数(R6R7)           RET
;入口     :R5, R2, R3, R4    FINDB12   :INC      DPTR
;占用资源:ACC, SR0, NDIV42                    DJNZ     R7, FINDB11
;堆栈需求:6 字节                              MOV      A, #0FFH
;出口     :R3, R4, R6, R7, OV                RET
IDIV      :MOV      A, R5           ;===========36===========
          XRL      A, R6           ;单字节顺序查找程序
          MOV      C, ACC. 7       ;入口     :R0, R1, A, R6, R7
```

```
;占用资源:B                              SUBB    A,#01H
;堆栈需求:2 字节                          MOV     R1,A
;出口      :R0,R1,A                      MOV     A,DPH
FINDB2    :MOV      B,A                  SUBB    A,#00H
          MOV      DPL,R1               MOV     R0,A
          MOV      DPH,R0               CLR     A
          MOV      A,R7                 RET
          JZ       FINDB21    FINDS12   :DJNZ   R7,FINDS11
          INC      R6                   MOV     A,#0FFH
FINDB21   :MOVX    A,@DPTR              RET
          CJNE     A,B,FINDB22
          MOV      R1,DPL     ;  ===========38==========
          MOV      R0,DPH     ;双字节字符串顺序查找程序
          CLR      A          ;入口      :R0,R1,R3,R4,R6,R7
          RET                 ;占用资源:ACC,B
FINDB22   :INC     DPTR       ;堆栈需求:2 字节
          DJNZ     R7,FINDB21 ;出口      :R0,R1,A
          DJNZ     R6,FINDB21 FINDS2    :MOV    DPL,R1
          MOV      A,#0FFH             MOV     DPH,R0
          RET                          MOV     A,R7
                                       JZ      FINDS21
                                       INC     R6
;===========37==========       FINDS21  :MOVX   A,@DPTR
;双字节字符串顺序查找程序                INC     DPTR
;入口      :R0,R1,R3,R4,R7              CLR     C
;占用资源:ACC,B                         SUBB    A,R4
;堆栈需求:2 字节                         JNZ     FINDS22
;出口      :R0,R1,A                     MOVX    A,@DPTR
FINDS1    :MOV      DPL,R1              SUBB    A,R3
          MOV      DPH,R0               JNZ     FINDS22
FINDS11   :MOVX    A,@DPTR              MOV     A,DPL
          INC      DPTR                 CLR     C
          CLR      C                    SUBB    A,#01H
          SUBB     A,R4                 MOV     R1,A
          JNZ      FINDS12              MOV     A,DPH
          MOVX     A,@DPTR              SUBB    A,#00H
          SUBB     A,R3                 MOV     R0,A
          JNZ      FINDS12              CLR     A
          MOV      A,DPL                RET
          CLR      C          FINDS22   :DJNZ   R7,FINDS21
```

```
            DJNZ    R6, FINDS21              MOV     A, R0
            MOV     A, #0FFH                 SUBB    A, R2
            RET                              JNZ     FINDN4
;============39============                 INC     DPTR
;N 字节字符串顺序查找程序          FINDN4  :DJNZ    R7, FINDN1
;入口    :ADDPH, ADDPL, R0, R6, R7, N        DJNZ    R6, FINDN1
;占用资源:ACC, B, R2, NCNT                   MOV     A, #0FFH
;堆栈需求:2 字节                             RET
;出口    :ADDPH, ADDPL, A          ; ============40============
FINDN   :MOV     A, R0             ;单字节最值查找程序
            MOV     R2, A          ;入口    :R0, R1, R6, R7
            MOV     A, ADDPL       ;占用资源:ACC, B
            MOV     DPL, A         ;堆栈需求:2 字节
            MOV     A, ADDPH       ; 出 口      :R0(最 大 值),R1(最 小 值),
            MOV     DPH, A         R2, R3, R4, R5
            MOV     A, R7          FMAMIB  :MOV     DPL, R1
            JZ      FINDN1                   MOV     DPH, R0
            INC     R6                       MOVX    A, @DPTR
FINDN1  :MOV     A, R2                       MOV     R0, A
            MOV     R0, A                    MOV     R1, A
            MOV     A, N                     MOV     A, DPL
            MOV     NCNT, A                  MOV     R3, A
FINDN2  :MOVX    A, @DPTR                    MOV     R5, A
            CLR     C                        MOV     A, DPH
            SUBB    A, @R0                   MOV     R2, A
            JNZ     FINDN3                   MOV     R4, A
            INC     DPTR                     MOV     A, R7
            INC     R0                       JZ      FMMB1
            DJNZ    NCNT, FINDN2             INC     R6
            MOV     A, DPL         FMMB1   :MOVX    A, @DPTR
            CLR     C                        MOV     B, A
            SUBB    A, N                     SETB    C
            MOV     ADDPL, A                 SUBB    A, R0
            MOV     A, DPH                   JC      FMMB2
            SUBB    A, #00H                  MOV     R0, B
            MOV     ADDPH, A                 MOV     R3, DPL
            CLR     A                        MOV     R2, DPH
            RET                              SJMP    FMMB3
FINDN3  :CLR     C              FMMB2   :MOV     A, B
```

```
            CLR     C                               SUBB    A,#00H
            SUBB    A,R1                            MOV     R0,A
            JNC     FMMB3                           CLR     A
            MOV     R1,B                            RET
            MOV     R5,DPL              FINDF2  :DJNZ   B,FINDF1
            MOV     R4,DPH                          DJNZ    NCNT,FINDF1
FMMB3   :INC    DPTR                                MOV     A,#0FFH
            DJNZ    R7,FMMB1                        RET
            DJNZ    R6,FMMB1
            RET                         ;===========42===========
;===========41===========        ;浮点数最值查找程序
;浮点数顺序查找程序                   ;入口    :ADDPH,ADDPL,R6,R7
;入口    :R0,R1,R2,R3,R4,R6,R7         ;占用资源: ACC,B,NCNT,ITEMOV, EBMOV,
;占用资源:B,NCNT,FCMP             MOVB,MOVR1,FCMP
;堆栈需求:2 字节                      ;堆栈需求:5 字节
;出口    :R0,R1,A                     ;出口    :[R0](最大值),[R1](最小值),
FINDF   :MOV    DPL,R1              R2,R3,R4,R5
            MOV     DPH,R0              FMAMIF  :MOV    A,ADDPL
            MOV     A,R7                            MOV     R3,A
            MOV     B,A                             MOV     R5,A
            MOV     NCNT,R6                        MOV     DPL,A
            JZ      FINDF1                          MOV     A,ADDPH
            INC     NCNT                            MOV     R2,A
FINDF1  :MOVX   A,@DPTR                            MOV     R4,A
            INC     DPTR                            MOV     DPH,A
            MOV     R5,A                            MOV     B,R7
            MOVX    A,@DPTR                        MOV     R7,#03H
            INC     DPTR                            LCALL   ITEMOV
            MOV     R6,A                            MOV     R7,#03H
            MOVX    A,@DPTR                        LCALL   IBMOV
            INC     DPTR                            MOV     A,B
            MOV     R7,A                            JZ      FMMF1
            LCALL   FCMP                            INC     NCNT
            JNZ     FINDF2              FMMF1   :PUSH   B
            MOV     A,DPL                           MOVX    A,@DPTR
            CLR     C                               INC     DPTR
            SUBB    A,#03H                          MOV     R2,A
            MOV     R1,A                            MOVX    A,@DPTR
            MOV     A,DPH                           INC     DPTR
                                                    MOV     R3,A
```

```
         MOVX    A, @DPTR          SEARCHB  :MOV    B, A
         INC     DPTR                       MOV    A, R1
         MOV     R4, A                      ADD    A, R7
         LCALL   MOVR1                      MOV    R7, A
         LCALL   FCMP                       MOV    A, R0
         JNC     FMMF2                      ADDC   A, R6
         MOV     A, R0                      MOV    R6, A
         XCH     A, R1                      MOV    A, R7
         MOV     R0, A                      SUBB   A, #01H
         LCALL   MOVB                       MOV    R7, A
         MOV     R5, DPL                    JNC    SECH1
         MOV     R4, DPH                    DEC    R6
         MOV     A, R0             SECH1    :MOV   A, R7
         XCH     A, R1                      CLR    C
         MOV     R0, A                      SUBB   A, R1
         SJMP    FMMF3                      MOV    A, R6
FMMF2    :MOV    A, R0                      SUBB   A, R0
         XCH     A, R1                      JNC    SECH2
         MOV     R0, A                      MOV    A, #0FFH
         LCALL   MOVR1                      RET
         LCALL   FCMP              SECH2    :MOV   A, R7
         MOV     A, R0                      ADD    A, R1
         XCH     A, R1                      MOV    R2, A
         MOV     R0, A                      MOV    A, R6
         JZ      FMMF3                      ADDC   A, R0
         JC      FMMF3                      RRC    A
         LCALL   MOVB                       MOV    DPH, A
         MOV     R3, DPL                    MOV    A, R2
         MOV     R2, DPH                    RRC    A
FMMF3    :POP    B                          MOV    DPL, A
         DJNZ    B, FMMF1                   MOVX   A, @DPTR
         DJNZ    NCNT, FMMF1                CLR    C
         RET                                SUBB   A, B
;  ============43============               JNC    SECH3
;单字节折半查找程序                          INC    DPTR
;入口     :A, R0, R1, R6, R7                MOV    R0, DPH
;占用资源:B, R2                             MOV    R1, DPL
;堆栈需求:2 字节                            SJMP   SECH1
;出口     :R0, R1            SECH3    :JZ    SECH5
```

```
MOV    A, DPL              SECH4   : SJMP   SECH1
SUBB   A, #01H             SECH5   : MOV    R0, DPH
MOV    R7, A                        MOV    R1, DPL
JNC    SECH4                        CLR    A
MOV    R6, DPH                      RET
DEC    R6
```

参 考 文 献

[1]　彭伟. 单片机 C 语言程序设计实训 100 例：基于 8051+Proteus 仿真. 北京：电子工业出版社，2009.

[2]　李明，等. 单片机原理与接口技术. 大连：大连理工大学出版社，2009.

[3]　陈忠平. 51 单片机 C 语言程序设计经典实例. 北京：电子工业出版社，2012.

[4]　周航慈. 单片机应用程序设计技术. 北京：北京航空航天大学出版社，2011.

[5]　朱清慧，等. Proteus 教程：电子线路设计、制版与仿真. 2 版. 北京：清华大学出版社，2011.

[6]　高锋. 单片微型计算机原理与接口技术. 北京：科学出版社，2007.

[7]　贾振国，等. 智能化仪器仪表原理及应用：基于 Proteus 及 C51 程序设计语言. 北京：中国水利水电出版社，2011.

[8]　王东锋. 单片机 C 语言应用 100 例. 北京：电子工业出版社，2009.

[9]　楼然苗，等. 单片机课程设计指导. 北京：北京航空航天大学出版社，2012.

[10]　徐爱钧. 单片机原理实用教程：基于 Proteus 虚拟仿真. 北京：电子工业出版社，2009.

[11]　程国钢. 51 单片机应用开发案例手册. 北京：电子工业出版社，2011.

[12]　龚尚福. 微机原理与接口技术. 西安：西安电子科技大学出版社，2008.

[13]　劳郑锋，等. 单片机典型应用开发范例大全. 北京：中国铁道出版社，2011.